# 建设工程网络解析

编　　　　著　江苏锦禾建设集团有限公司
主要编写人员　杨稳生　葛启元　许世华　吕钢

东南大学出版社
·南京·

**图书在版编目（CIP）数据**

建设工程网络解析／江苏锦禾建设集团有限公司编
著． —南京：东南大学出版社，2019.1
ISBN 978 - 7 - 5641 - 7588 - 7

Ⅰ．①建… Ⅱ．①江… Ⅲ．①建筑工程 – 施工管理 –
研究　Ⅳ．①TU721

中国版本图书馆CIP数据核字（2017）第 325662 号

**建设工程网络解析**

| | | |
|---|---|---|
| 编　　著 | 江苏锦禾建设集团有限公司 | |
| 主要编写人员 | 杨稳生　葛启元　许世华　吕钢 | |
| 出版发行 | 东南大学出版社 | |
| 出 版 人 | 江建中 | |
| 责任编辑 | 顾晓阳 | |
| 社　　址 | 南京市玄武区四牌楼 2 号　（邮编：210096） | |

| | | |
|---|---|---|
| 经　　销 | 新华书店 | |
| 印　　刷 | 江苏凤凰扬州鑫华印刷有限公司 | |
| 开　　本 | 700 mm × 1000 mm　1/16 | |
| 印　　张 | 41.75 | |
| 字　　数 | 630 千字 | |
| 版　　次 | 2019 年 1 月第 1 版 | |
| 印　　次 | 2019 年 1 月第 1 次印刷 | |
| 书　　号 | ISBN 978 - 7 - 5641 - 7588 - 7 | |
| 定　　价 | 138.00 元 | |

# 前　言
## PREFACE

　　《建设工程网络解析》记述的是江苏锦禾建设集团有限公司在公共网络平台，给网友解决有关建设工程方面实际问题的部分记述，涉及面很广，内容包括建设规划、建筑结构、工程设计、项目监理、市政公用工程、职业资格应试，以及文物保护、古建探析、园林工程等很多方方面面。回答问题、解决疑难十分切贴，在答疑的时点，均为当时的提问者解决了不少实际问题，产生了相当的价值和效用。

　　本次整理汇编《建设工程网络解析》时，我们订立了一条原则，那就是每一条目均是公司在互联网百度栏目中的经典优质解答。

　　由于互联网属于开放的公共通用平台，在网上公开发布，易被相关人员参阅、参考、参照，尽管每一条目工程应用性价值都很大，但由于存在工程技术时效性和知识产权等问题，引用不慎，必将纷繁难辨，这也是本次集中整理、收编出版的重要原因之一。

　　《建设工程网络解析》共分四个部分，即：规划设计、工程管理、计价成本、执业教育四大篇章。

　　第一部分规划设计方面的内容，由：1. 城镇规划设计（27 条）；2. 建筑设计与制图（86 条）；3. 结构设计（81 条）；4. 强弱电及消防、通风、水暖设计（19 条）；5. 市政公用工程设计（38 条）五个方面，共 251 条。

第二部分为工程管理篇。江苏锦禾建设集团有限公司，作为国家总承包一级资质施工企业，且兼备了其他市政、装饰、钢结构等各类相关专业资质的建筑安装企业集团，对于工程项目管理自然是公司最首要的本质职能。为此，在《建设工程网络解析》中收编工程管理方面的知识内容，是本次整理出版的核心任务之一。这其中的工程施工技术、项目运行程序、工序工艺做法及相应管理要领等，是整个文本的重中之重。对于这部分，我们按工种、工序或工作内容的前后次序等进行了分类，具体包括：

（1）工程测量及项目前期工作                   31 条

（2）土石方、地基处理及基坑降水、地下防水工程   46 条

（3）挡土墙、深基坑、基础及地下工程         46 条

（4）钢筋工程                              82 条

（5）支架、模板及木作工程                 9 条

（6）混凝土工程                         30 条

（7）砌体工程                            25 条

（8）钢结构工程                        19 条

（9）屋面、门窗、楼地面及房屋上部结构防水工程   17 条

（10）装饰装修                           30 条

（11）消防、保温、排暖、通风、管道、给排水、环境工程  45 条

计 380 条

整个第二部分中，除上述内容外，还包括进度管理（14 条），质量管理（66

条。其中包括：实体工程质量 33 条、内业及工程资料 33 条两部分），机械、电器及设备管理（15 条），职业健康及安全文明施工（54 条）4 个方面，计 529 条。

第三部分为计价成本篇，分为成本管理（33 条）、计量计价（81 条）、合同管理（45 条）3 个方面，计 159 条。

第四部分执业教育篇包括报名认证（34 条）、试题解析（42 条）、就业指导（87 条）3 个方面，计 163 条，为致力于应试考证人员提供了切实可行的备考参照，尤其是部分试题解析、证件使用等方面更具实用价值。

值得一提的是，第四部分中的就业指导，为现实社会上的年轻人，因就业、跳槽、换岗、上位、进取等各类困扰的盲从现象，提供了部分切实可行的建设性意见。

《建设工程网络解析》是一本具有相当学术价值的专业著述，如：第一部分城镇规划设计第 1.1 条，江苏省某市滨河风光带规划，不仅为该市在相应区域的城市规划中所采纳和引用，近日发现，与该市相毗邻的盐城市大丰区的某区域范围内，也出现了该规划理念的影子，将该区域范围内的蒋界河段中，串场河与通榆河段之间建起了栅栏，禁止大型运输船只通行，也即将建成河段观光带，让人甚感欣慰。

翻开《建设工程网络解析》后，你会发现，很多的解答、解析，都是值得参考、参照的，如第二部分钢筋工程中第 1.4.2 条——梁上插筋及梁柱钢筋绑扎施工应注意的构造；实体工程质量第 3.1.20 条——设计未考虑抗浮，地下室出现上浮事故的责任认定；第三部分成本管理第 1.7 条——地下室无梁楼盖与有梁楼盖的经济性比较等等不一一列举。其中，第四部分"试题解析"

中的第 2.28 条——工程预付款试题解析示例，是对一级建造师教材中勘误修正性质的解析。该条目中的这条题例，多年来一直原本原样的收编在一建教材中，但对该题例的解析却一直都在进行不断的修正和调整，直到 2016 版为止，教材中的解析还应待进一步商洽和研究。

《建设工程网络解析》在一定程度上已经达到了相当的水准和高度，得到了百度网络平台中，一批建设工程界，具有相当理论水平人员和在线专家的一致好评和赞誉，并对部分答案给予了专业回答、优质解答、推荐答案、最佳答案等各类形式的认定，在此，对给予认证的相关专家表示由衷的感谢！

由于《建设工程网络解析》收编内容规范性、技术性、知识性、实用性较高，也可作为建设工程系列各大专院校师生，实用技术参考资料。

由于原作疏漏较多，加之水平所限，残次错缺在所难免，敬请广大读者批评指正，我们虚心接受并致以诚挚的谢意！

江苏锦禾建设集团有限公司　编写组

2018 年 8 月 20 日

# 目 录
## CONTENTS

# 01

>>> 规划设计篇

# 一、城镇规划设计

## 1.1 江苏省某市滨河风光带规划

东台市河垛河风光带怎样规划?

>> 2014-03-02 16:25    提问者采纳    网友采纳

**答:**

首先,请提问者注意一下:是何垛河而不是"河垛河"!何垛之名有里下河水乡特色,"垛"(音 duǒ)字本意是墙或某些建筑物突出的部分,有支撑或掩蔽作用。用于地名的垛,大多指草堆、土堆,或者其他垛状物堆起来的地方。何垛,顾名思义为"何"氏之垛。兴化有荻垛、大垛、何垛、垛田等。当然,东台何垛河的"何垛"之名与兴化何垛是否有联系,目前还没有考证。

何垛河过去为东台境内何垛盐场的运盐河,所以也叫何垛场灶河。西起台城西侧串场河,流经通榆运河,向东在东台境内经台东、海丰、头灶等镇区,再向东偏北到下游解家坝流入东台市与盐城市大丰区与大丰市分界的丁溪河合并后流入大丰,进入大丰境内后东台市与盐城市大丰区即为川东港,至大丰的川东港闸入海,因此何垛河仅限于东台境内,全长近 30 km。

这里需要说明的是:很多有关东台的网站上所说何垛河西起台城东侧通榆运河实际上是不对的!通榆河是 1958 年 8 月全省水利会议制定的江苏省水利综合治理规划的一部分,1959 年 2 月初才开工的。而串场河始挖于唐大历元年(公元 766 年),原是常丰堰(范公堤的前身)复堆河(宋代兴修范公堤时基本上是沿串场河走向的),是一条因筑堤取土而挖成的河流。串场河也因串通各盐场而得名。何垛河既为何垛场灶运盐河,自然西起点应为串场河。何垛河具体兴挖时间不详,但有资料显示从清康熙年间起,何垛河就已经整治过若干次,尽管现穿越市区的河段是 1972 年开挖的,但开挖现河段前原来确实存在何垛河,只是原穿越城区的河段弯曲狭窄,现废旧取新,当仍用原名。何垛河的历史远久于通榆河,因此何垛河西端应为串场河,只是现在正准备开工的里下河川东港工程项目中，何垛河部分西起点是通榆河。

何垛河的串场河口到通榆河口部分，是东台市核心市区范围内连接串场河与通榆河的黄金水道，过去一直以其在东台市区附近具有较好的通航条件而承担通航功能。近期因在何垛河以南 2 km 左右新开了一条，从泰东河截弯取直，经串场河海岔口子直接向东到通榆河，与何垛河基本平行，具有内河三级通航能力的东台人俗称的"引江河"，从而消减了何垛河原有黄金水道的通航功能。因此，何垛河该河段可以直接废止其通航功能，而直接规划成为东台核心市区范围内的一部分河流风光带。在串场河口与通榆河口两端封口明示"非游船禁止入内"。

景点重点也应该放在连接串场河与通榆河之间的何垛河段，该段处于东台核心市区范围内，总长度只有 3 600 m，投资规模不大，是展示东台形象的最好平台。重点做一些景点规划，一侧从东台的地域变迁、人文历史、发展成就、自然景观、水乡风光、里下河特色和海滨平原的"东方灵土，垒起高台"等，做图文景观景点；另一侧展示东台特色餐饮，做美食一条街，由西向东从鱼米之乡的淡水美食到黄海之滨的特色海鲜依次渐进。每隔一段，夹一吹拉弹唱之所，以展示东台人现实生活之景况，让该风光带成为外地人到东台的梦牵神往之所，本地人娱乐休闲的得意爽心之地。也可将图文景观与餐饮休闲间杂排列。

当然，何垛河风光带规划应随着东台市区范围的东移而东延，何垛河的通榆河口到下游的解家坝全段都将成为东台的城区范围，尤其是近期已经将城区的规划范围扩到海丰以东。已进入城区规划范围的部分均应考虑在内，目前尚未进入城区总体规划的部分也应考虑在整体风光带规划之中。整个河段两侧做好灯光设计，夹杂图文景观。

游船规划：在川东港工程项目完成后，可将过去的老轮船码头重新更改为游船码头，游船可设计成以下几种开行线路：

　　串场河　　　何垛河　　　何垛河　　　何垛河　　　何垛河

　1. 游船码头————北关桥————何垛桥————川东闸————城东新区————

　　何垛河　　丁溪河　丁溪河　　　　　通榆河　　　通榆河

海丰————解家坝————西渣————吴家河（蟒河）————川东闸————引江

引江河　　串场河　　串场河

河口＿＿＿海道桥＿＿＿北关桥＿＿＿游船码头

（全程约 65 km，3 小时快船）

　　2. 2 号线可按 1 号线的全程返回线开行

串场河　　丁溪河　　　　丁溪河　　何垛河

　　3. 游船码头＿＿＿丁溪＿＿＿吴家河（蟒河）＿＿＿解家坝＿＿＿城东新区

何垛河　　何垛河　　何垛河　　何垛河　　串场河

　　＿＿＿海丰＿＿＿川东闸＿＿＿何垛桥＿＿＿北关桥＿＿＿游船码头

（全程约 70 km，也用 3 小时快船）

　　4. 4 号线可按 3 号线的全程返回线开行按以上河段，还可设计成好几条开行方案。

　　东台市位于江苏省中部沿海地区，范公堤将东台一分为二，堤西属苏中里下河碟形洼地东部碟缘，堤东是黄河夺淮后泥沙淤积形成的滨海平原。现在的东台，已经建成了具有中等规模以上的现代化工商业经济城市，同时，也完全有理由相信，一定能建成令人心怡神往的优秀旅游城市！

# 1.2　内蒙古的六大工程指什么

>> 2014-05-07 13:08　　提问者采纳　　网友采纳

答：＿＿＿＿＿＿＿＿＿＿＿＿＿＿＿＿＿＿＿＿＿＿＿＿＿＿＿＿＿＿＿

　　谈到内蒙古的六大工程，在不同时期有不同的几种说法，因为每一次都是只说六项，而且都称为"六大工程"，所以我把几个"六大工程"都列出来：

　　1. 2006 年 1 月 5 日，在呼和浩特市政府召开的创建国家环保模范城市动员大会上，呼和浩特市市长汤爱军宣布要重点抓好"蓝天、碧水、绿色、宁静、整洁、可持续" 六大工程。我认为你所要了解的"内蒙古六大工程"，不是指这个。

2. 2011年12月22日，内蒙古自治区提出："十二五"时期，内蒙古重点实施"两化融合"推进工程、电子政务应用工程、数字城市建设工程、电子信息产业振兴工程、"三网融合"推进工程和信息安全保障工程六大信息化重点工程。

3. 2013年8月24日，内蒙古自治区党委办公厅印发的《内蒙古自治区党委关于在党的群众路线教育实践活动中开展"四大行动"、推进"六大工程"的意见》中提出以"扶贫攻坚、创业就业、平安创建、百姓安居、人才强区、干部素质提升"为主要内容的"六大工程"。

按我估计，你所需要的"六大工程"应该是第三项，即"扶贫攻坚、创业就业、平安创建、百姓安居、人才强区、干部素质提升"六大工程。

## 1.3 左店乡陆桥中心村何时开工

**》》 2014-10-15 06:32** 　提问者采纳　网友采纳

答：————————————

尽管左店乡陆桥中心村雨污水管网工程施工项目9月29日才发布招标公告，但实际早已在做了，估计年底能够完成。

追问：怎么规划的，是不是许多自然村合并，中心村选址在什么位置？

回答：

规划是将原来比较分散的老陆桥、王庄、戚庄、蔡庄、沈桥等几个散落村庄，全部合并到311省道路口附近。

## 1.4 城区内规划建房的相关规定

**》》 2014-10-22 14:31** 　提问者采纳　网友采纳

答：————————————

国家对城区包括规划区内的建房，没有明确的规定。但对于已经建成的城区范围内，是不允许私自建房的，除了所在地政府进行的城区改造外。

## 1.5 在集镇规划区内基础设施费分摊

>> 2014-10-24 09:24    提问者采纳    网友采纳

答:

在集镇规划区内的农民建房集镇基础设施配套费:可以收,但一般不收。

## 1.6 浙江杭州地区房屋日照间距

>> 2014-10-27 15:14    提问者采纳    网友采纳

答:

你想了解的问题,在建筑上的专业说法叫日照间距问题。指的是冬至日,要使得太阳光能照射到底层房屋的窗台位置为准。杭州地区,日照间距大约为1:1 ~ 1:1.2。

按你家的情况来看,至少得在 32 ~ 38 m 之间。

## 1.7 中国在斯里兰卡有工程吗

>> 2014-12-25 09:54    提问者采纳    网友采纳

答:

从《参考消息》2014 年 12 月 9 日报道中得知,2015 年中国在斯里兰卡应该是有工程的。现在我将该报道节录部分,供你参考。印媒称:中国在斯里兰卡启动一项大型供水工程,利用"软实力"来加深同科伦坡的关系。

《印度教徒报》网站 12 月 7 日援引中国媒体的报道称,中国机械设备工程股份有限公司(中设)承建的水厂建设工程合同金额约 2.3 亿美元,是斯里兰卡最大的单体供水项目。

项目建成后，将为距斯里兰卡首都科伦坡不远的 42 个村庄的 60 万人提供清洁用水。中设早前曾在斯里兰卡承建耗资 12 亿美元的普特拉姆燃煤电站。

据报道，该工程包括新建一个日处理 5.4 万 t 的净水厂和其他基础设施，其中包括铺设 1 000 多 km 的输水管道，项目工期为 3 年。

分析人士说，这项新工程是北京和科伦坡为加强两国关系所采取的多项举措之一。

## 1.8　城市区内原有建筑物高度数据的获取

>> 2014-04-17 21:30　　提问者采纳

答：—————————————————————————————

要想获得市区内建筑物的高度数据很简单：

1. 要想获得所有市区内建筑物的准确数据到所在城市"档案馆"。

2. 仅想获得所在市区内建筑物的大概数据到所在城市"规划局"。

3. 仅仅是获得所在市区内"某幢"个别建筑物的高度数据，可以自己实际测量，想精确的话就拿测量工具来测量。仅想得到大概数据的话可采用"阳光照射投影法"简单计算一下即可获得。

追问：但是档案馆、规划局不会轻易给你数据的。

答：—————————————————————————————

不知道你要市区内建筑物的高度数据是哪里用？一般档案馆、规划局是不会轻易给你数据的，只有在接受当地"委托"进行城市规划时，相关部门才会给予提供。

其他情况他们不会提供的，因为这也是一种保密数据，受国家《保密法》限制的。如果你是接受了当地委托后来从事规划工作的话，就不需要担心没有数据。如果不是，只是想获得个别建筑物的高度情况，大型建筑物、标志性建筑物在网上也 可以查到，自己到现场实测也可以，自己测量出来的数据更具有说服力。

## 1.9　城市规划建设与建筑工程等概念的区分

>> 2014-04-25 13:03　　提问者采纳

答：

城市规划建设、建筑工程、交通建设、土地利用与规划等，直观理解要素有：

1. 城市规划建设，是在城市规划范围内、在城市规划框架下组织实施项目。

2. 建筑工程是项目的建造过程的组织实施工程。

3. 交通建设泛指道路、河道、桥梁工程。

4. 土地利用与规划包含城市布局、村镇建设、农田保护、矿藏开发和利用等。

对与不对，供你参考。

## 1.10　对于高层建筑大概的高度估测报数方法和理解

>> 2014-07-10 07:19　　提问者采纳

答：

你的这个问题，应该是你问别人该建筑多高时，别人回答你"几百米"高，而实际这幢建筑的高度才一百多米高，所以你才在网上提出"一百多米也算在几百米里面吗"？

这里，应该这样去理解人家给你的回答：

1. 超过 100 m 的建筑一般看上去是很高的，至于准确的有多高，回答者可能也不是很清楚。

2. 超过 100 m，但肯定没有 200 m 时，一般来说，应回答成"大约一百多米高吧"，而给你回答成"几百米"高，略微显得夸张了一点。

3. 人的视角对于高度是很难把握尺度的，一般来说，人的视角对于平视更易于把握准确的尺度，而对于高度则很不容易。所以尽管给你回答的语言有点夸张，作为听者的你本人应该"见怪不怪"，也就是说，应该见怪而不能怪。

## 1.11 房屋建筑面积中"公摊面积"范围

➤➤ 2014-08-17 08:18 　　提问者采纳

答:

房子建筑面积 200 m² 公摊面积 40 多 m² 这样不正常。

一般情况下,公摊面积假如不超过 10%,或稍微多一点点,还让人好接受,都已经达到 20% 的公摊面积了,让人不好接受。

追问:是 22 层的,但销售说公摊 23% 是属于正常范围,不知道是怎么算的?

回答:

22 层是高层的,中间有电梯、管道井什么的,公摊稍微大一点。但他们说"23% 是属于正常范围",你就叫他们拿出点规范、标准或什么规定之类的依据来给你看。

你就说:有依据才好让人接受!

## 1.12 建筑物平移工程实例及意义

➤➤ 2014-10-19 09:36 　　提问者采纳

答:

将建筑物用轨道移动到别处的,现在全国已经有好多例子了。比较典型的是江苏南通的一户私人民居,因建设苏通大桥让路,但这户人家又不想拆迁,后来就采用了平移的办法。

为什么说这一家比较典型呢,因为近现代的小建筑,本身并不具备什么很大的价值,但做建筑平移的代价并不小。

此外,在长江三峡工程中,有很多古建都被相应移走了,并且整个移动过程中都能保证其原貌不受改变,因此说,现在的建筑物平移技术已经相当成熟。是否需要采用平移方案,关键只看该建筑物是否有值得平移的价值。

## 1.13 哈尔滨地区的楼间距矛盾与日照间距的概念

正前方盖一栋 32 层楼，是南向的，和我家的楼间距是 120 m，我在 9 楼。请问是否会挡光？如果 32 层楼两侧盖楼，会对我家的采光造成多大影响（地区是哈尔滨）？

➤➤ 2014-10-24 15:59 　提问者采纳

答：

因为你家在哈尔滨，正前方盖一栋 32 层楼，是南向的，和你家的楼间距是 120 m，你家住在 9 楼。你说的这种情况，对你们家肯定会造成很大的影响。

所谓日照间距，指的是冬至日的日照情况。因为你家在哈尔滨，到冬至日，整个中午都不可能见到太阳的。

不过要跟你说一下，现在国家对于高层建筑采用了一个全天日照图谱。也就是说，早晨和傍晚的日照时间，是可以累加计算的。

这样一来，你们家的日照肯定是符合要求的。

## 1.14 澳门"威尼斯人"大型建筑群简介

➤➤ 2014-10-30 15:19 　提问者采纳

答：

澳门"威尼斯人"又称"大中华国际赌场"。

1. 澳门"威尼斯人"是一个集酒吧、饮食、购物、住宿、娱乐为一体的大型国际度假村。这里有亚洲最豪华的套房、世界级购物体验、震撼人心的卓越娱乐及令人难以抗拒的餐饮享受。

2. 澳门"威尼斯人"项目之大足以容纳 90 架波音 747 客机，在亚洲其他地方，难以找到与此匹敌的综合性旗舰项目有"世界最大"的美称。因此在亚洲可以号称无可匹敌。

3. 澳门"威尼斯人"内的娱乐场有百家乐、纸牌。位于娱乐场内，有 14 间贵宾厅，厅内高贵奢华的装潢设计，可满足不同类型客户的心理需求，让客人享受无压力的娱乐及贴心服务。

4. 澳门"威尼斯人"包括华丽景点和 3 000 多间豪华套房，以及各种娱乐设施。有超过 30 家来自世界各地特色菜的餐馆和超过 350 个国际品牌专卖店的大运河购物中心，还有大运河的贡多拉等，都是"威尼斯人"的最大特色。

5. 澳门"威尼斯人"场内设有超过 120 万 m² 超宽阔的会议可用空间，在娱乐的同时，也可以在其中进行商务会议或是宴会。

因此，你问"澳门'威尼斯人'是亚洲第几大单体"，至少说，到目前为止，亚洲还没有找到比澳门"威尼斯人"更大的单体项目。

## 1.15  规划指标容积率的计算依据及计算方法

>> 2014-11-03 10:26    提问者采纳

答：

1. 所谓容积率这个词，是规划部门对某一区域规划时，所采用的一个衡量土地规划利用效率的指标。它是指建设项目在用地范围内，地上总建筑面积（但必须是标高以上的建筑面积）与项目总用地面积的比值。对于开发商来说，容积率决定地价成本在房屋中占的比例，而对于住户来说，容积率直接涉及居住的舒适度。一个良好的居住小区，高层住宅容积率应不超过 4，多层住宅应不超过 1.5，绿地率应不低于 40%。但由于受土地成本的限制，并不是所有项目都能做得到。

2. 容积率 = 总建筑面积 / 用地面积。

3. 关于容积率的计算依据问题，国家目前还没有统一的容积率计算规则，一般可以参照北京市规划委员会发布的《容积率指标计算规则》（市规发 [ 2006 ] 851 号）来进行计算。

## 1.16 高速公路规划范围的概念

>> 2014-11-12 08:52 　提问者采纳

答：————————————————————————————————————

1. 要修高速，在路边钉的钢筋点是准备修高速的施工界点位置。征地的界点还在路边钢筋点向外的一部分内。准确的征地界址、征地位置、尺寸，要查看征地拆迁图。

2. 如果是在路的中间，那就是路的中轴线位置。

追问：大概多远呀？

回答：

按照国家《公路管理条例》的有关规定：公路两侧建筑控制区范围：从公路边沟外缘起，国道不少于 20 m，省道不少于 15 m，县道不少于 10 m，乡道不少于 5 m。高速同样有国家高速与省高速之分。也就是说：从你所说的那个钢筋点向外还需要按上述规定的 20 m（国家高速）或 10 m（省高速）的范围征用。

## 1.17 区域建筑高度的概念

>> 2014-04-08 13:43 　网友采纳

答：————————————————————————————————————

1. 建筑高度是建筑学中的建筑物高度概念。通常有建筑物的"建筑高度"、建筑物的"结构高度"、建筑物的"建筑总高度"等几个概念。单纯地讲，建筑高度通常是指完成后包含装饰装修后的建筑物高度；建筑物的"结构高度"是指不含装饰装修的结构高度；而当用到建筑物的"建筑总高度"时，通常是该建筑物有一个很高的"天线"（或很高的"避雷装置"），建筑总高度是包含建筑物"天线"（或"避雷装置"）的高度。

2. 区域建筑高度是城市规划中对"某一区域"已建建筑物的高度现状描述，或规划中对"未来"建筑物高度的控制性指标。

## 1.18　地震断裂带附近规划建设项目所应考虑的问题

校园规划，有一条地震断裂带穿过，不能用来建房屋，能用来做操场吗？

➤➤ 2014-04-17 20:43　　网友采纳

答：————————————————————————————

完全可以，没问题。

1. 地震断裂带不是"某一天就一定地震，就一定断裂下陷"的"肯定"概念。只是发现"该地方"处于"断裂带"处，一旦地震发生，"有可能"该地方会出现断裂、沉陷、错位等地震灾害。

2. 地震断裂带处不能建造房屋的意思是：尽管地震发生的概率不大，但是一旦地震发生后，对房屋的伤害损失太大。而我们所认为的"建操场完全可以"指的是：尽管地震发生，建操场而产生的伤害很小，或者说，几乎没有什么太大的伤害。

追问：请问是哪部规范有详细规定？

回答：

学校建操场在这个问题上，目前没有规范规定可以参考。

## 1.19　人类建筑高度 10 000 米的可能性畅想

➤➤ 2014-04-24 14:02　　网友采纳

答：————————————————————————————

人类的智慧是非常了不起的，但人类的智慧是建立在自然的物质基础上的，凭本人估计，人类要想建 10 000 m 高的建筑应该说可能性不大。可以从以下几个方面分析：

1. 到目前为止由自然力形成的最大高度只有 8 844 m。而且，这个海拔高度，是建立在 50 多万平方 km，周围平均海拔 3 000 多 m，有 140 多个 7 000 m 以上山峰的"世界屋脊"之巅。

2. 建筑材料不具备"建造 10 000 m 以上建筑物"的条件。人类虽然发现并制造出了很多高强材料，但能用于建造这么"大体量"的建筑物，是否需要把地球上所有能用于"该建筑物"的物质，全部都收集起来集中放到"地球的这么一个部位"。如果这样，势必形成地球自然构造的不平衡。

3. 人类的生存条件，不具备"建造 10 000 m 以上建筑物"的条件。大家都知道飞机的正常飞行高度大约在 10 000 m 左右，但人在飞机中的生存空间是一个"人造空间"。一般登过山的人都知道，人在登山过程中，到达 1 000 m 以上时，就开始产生"耳膜闭塞"效应。正常生活在海拔 5 000 m 左右的人群与普通人群的体格状况和体质条件是不同的。因此说 10 000 m 以上的高空不是人类的"适宜生存"空间，更谈不上建造过程的人体条件是否具备。

4. 不是人类的"适存"空间，因此人类建造 10 000 m 高的"此类"建筑物基本没有必要性。

理由有很多，不能在网上用短短的几句话就能说完。但有一点可以肯定：人类在自己的"适存"空间里建造"能够脱离地球"的"遥远飞行器"那是"没完没了"的，飞出"银河系"都有可能。

## 1.20　30 多年前的违章建筑，规划拆迁应当尊重事实

南京市的违章建筑应该由什么部门来判定？我家现居住的房屋 1979 年前就已存在，并且在南京市房产档案馆能查阅到我家所居住房屋的档案，不过，我家所居住的房屋的确存在于档案图纸上，但却找不到我家居住的房屋土地所有人或单位，以及房屋产权所有人或单位。现城市行政执法部门把我家所居住的房屋认定为违章建筑，请问他们的这种做法合理合法吗？他们是不是有判定一栋建筑是否是违章建筑的权利？还是一栋建筑是否是违章建筑是由其他部门或多个部门来判定的？这种部门应该是什么部门？

≫　2014-05-15 08:09　网友采纳

答：———————————————————————————————

认定是否属于"违章建筑"就是"城管"部门最主要的"职能"，所以不要跟人硬顶。

像你说的这种情况，应该说是一个比较复杂的问题。尽管 1979 年前就已存在，因为（可能）是在市区范围内，所以当时就是违章建筑，只是那个时候管得"不严格"，一直以"尊重事实"为原则才"拖延"至今。

既然是已经"拖延"到了现在了，就要"想方设法"继续请人家"尊重事实"。我估计你把这个问题放到网上来咨询，可能没过多久就要来拆迁你们家的这个房子，所以"城管"他们也急于认定下来，拆迁的时候可以少给你们一点拆迁补偿款。

好好跟人家商量，不能"强"来，"想方设法"请人家继续"尊重事实"。

追问：那我家所居住的这个建筑门前已竖立了文物保护单位的碑了（竖立时间为 2012 年），为什么还会被认定为违章建筑呢？难道文物保护单位所确定的文物建筑也属于违章建筑？还有就是，为什么居住了 30 多年都可以管得不严格，偏偏在要拆迁时来管得这么严格，难道城管就是在拆迁的这段时间里成立的部门吗？

回答：

你的追问中说得很对，城管虽然不是"在拆迁的这段时间里成立的部门"，但组建"城管"的确也基于了这样的"一个考虑"。

## 1.21　不是规划区内违章建筑的举报

不是规划之内违章建筑，又影响周围居民的排污，怎么举报他？

>> 2014-05-24 11:10　　网友采纳

答：———————————————————————————————

影响周围居民生活的排污是可以举报的，但人家是否属于违章建筑，那倒不一定：

1. 看看在不在规划区内，如果在规划区以内，但手续不齐全、不合法，那才有可能称之为"违章建筑"。

2. 假如不在规划区，那就有很多难说的方面。

## 1.22 老宅基地相关材料的查证

>> 2014-08-16 08:44 　网友采纳

答：

不知道你老家位置是在什么地方，你的这个问题分两种情况：

1. 农村集体土地的：可以到当地的村民委员会专门负责所在村民房建设的"农房员"查找。

2. 城市国有土地的：到土管局去查找。

## 1.23 全球已建成的大型建筑简介

我们身边哪些建筑物的面积大约是 $1\,hm^2$、$1\,km^2$？

>> 2014-09-29 07:18 　网友采纳

答：

$1\,hm^2 = 10\,000\,m^2$，$1\,km^2 = 1\,000\,m \times 1\,000\,m = 1\,000 \times 1\,000 = 1\,000\,000\,m^2$ $= 100\,hm^2$。从上面的计算就知道了：

1. 2007年俄罗斯计划建造建筑面积约270万 $m^2$，主体高度450 m的"水晶岛"，但到目前为止七八年过去了，一纸空谈。

2. 目前，世界上最大的单体建筑，或说面积最大的建筑是中国成都新世纪环球中心。项目总建筑面积约 176 万 $m^2$，地上建筑面积约 117.6 万 $m^2$，地下建筑面积约 58.4 万 $m^2$。

3. 占地面积最大的是美国的五角大楼，它占地面积235.9 万 $m^2$，大楼高 22 m，共有 5 层，总建筑面积 60.8 万 $m^2$，使用面积约 34.4 万 $m^2$（从理论上来说，应该算是一个建筑群）。

4. 世界第一高的迪拜塔，虽然高度 828 m 为世界之最，但总的建筑面积也只有 14 万 $m^2$。因此说，它的建筑体量，不是世界上最大的建筑物。

5. 建筑面积 1 h m² 的建筑物很多，就中国大陆境内都有几百幢（总数肯定大于 200 幢，实际上现在是已经多得不便于具体计量），就上海而言就有上百幢，凡 30 层以上的建筑，建筑面积很少是低于 1 万 m² 的。

## 1.24 商住小区内道路宽度规划尺寸

国家规定商业住宅楼楼房前后硬化路面是多少 m？

>> 2014-10-17 07:15　　网友采纳

答：————————————————————————————

你是想了解前后路面宽度问题吧？这个问题国家没有强制性规定，而是满足消防要求即可，一般 3 m 左右就可以了。

## 1.25 国家级开发区对土地使用的规划

>> 2014-10-22 09:33　　网友采纳

答：————————————————————————————

作为国家级开发区，它是先规划好了，才能报上去审批，经批准后才能成为国家级开发区。因此，国家级开发区对土地使用规划，这个问题已经不是问题了。既然已经成为国家级开发区，那就已经不允许你再更改土地使用规划了。

## 1.26 张家港塘桥镇金巷村在规划区内

张家港塘桥镇金巷村规划区内的危房能重新修建吗？

>> 2014-10-22 13:31　　网友采纳

答：

张家港塘桥镇金巷村规划区内的危房能重新修理，但不能修建。因为，很多人都是以"修"为名，而其实为"建"的。

## 1.27  高层小区内消防通道设置

我们小区共 5 栋 33 层，高层建筑近千户，消防通道和小区内业主进出就一条不到 6 m 的路段，这样符合设计要求吗？

>> 2014-10-31 07:04    网友采纳

答：

你所说的这个情况不符合消防要求的有关规定。至少应有两条，可以双向循环进出的通道出口。

# 二、建筑设计与制图

## 2.1 现代民居建筑风格

宽 9.7 m、长 12 m 的地基，建两层半，什么格式比较好？

>> 2014-05-07 08:06    提问者采纳    网友采纳

答：

所谓私房的建筑"风格"，实际上大多指的是房屋的外观设计，当然，如果资金条件许可的话，室内也可以进行一些"风格"上的考量。目前外观方面，外面比较流行"欧式"风格。也就是说：

1. 墙面做点线条，上部装点雕塑；

2. 屋顶多做点造型，而不是中式普通民居的"整巴掌"式的三角坡屋面；

3. 外墙材料的"色调"观感上做些变化，而不是中式普通民居中的"一色清"。

但这些都是需要费用的，其实有些方面没必要，只是"仁者见仁，智者见智"。

## 2.2 设计院手工绘图板及绘图工具

设计院老式绘图板什么样？

>> 2014-05-10 12:35    提问者采纳    网友采纳

答：————————————————————————————————————

绘图板也叫制图板，过去设计院老式的绘图板有两种：实心板；空心板。

1. 实心板：实心板很多都是自制的。采用质地比较好的松木板，顺纹方向两顶头用 2 根同质材料的小木条封头，便于绘图用的丁字尺在侧面上下走动，使用的面是放在面前左右向，是顺着木纹方向的。绘图板规格有 1# 板、0# 板两种，1# 板为 600×840×12 厚，0# 板为 840×1 200×15 厚。负责总图设计的，也有人用超大的绘图板，但那属于"非规格"的。其实 0# 板已经是很重了，20 kg 左右，拿起来很不方便。1# 板以下的小板应该有，但我们没有用过，也没有看到过。

2. 空心板：空心板是后来才有的，规格尺寸与实心板是一样的，但板的制作大不相同。采用的是中间木条格子，正反两面用三夹板覆面，四周用细木条覆边，正反两面都可用于制图。后来的这种空心板都不是自己制作的，而是到新华书店（那时没有专业的文化用品商店）去买现成的成品，外观相当漂亮，拿起来也很轻便。

此外，制图工具中还有一个制图架子、丁字尺、一字尺、三角尺、绘图笔等，其中绘图笔有一套三支的和一套五支的两种。我至今保留的是一套三支的，分别是

0.3、0.6、1.2 三个规格。其实一字尺的安装有很多人都不会，我学得比较"精心"，所以很多人都请我帮他们安装一字尺。目前我还保留了一套完整的制图工具放在家里，有时还拿出来回味"过去"。尽管二十多年过去了，但保存得好好的，现在拿出来应该都可以用。

## 2.3　主群楼断开设计

主裙楼基础是怎么断开做的，以前没注意到，主裙楼之间或者长框架分成两段，基础是连起来的吗？做什么形式的？不是沉降缝就可以连体基础么，否则断开咋做，我看距离都很小，几十厘米吧。

>> 2014-05-13 15:17　　提问者采纳　网友采纳

答：————————————————————————————————————

主裙楼基础是断开做的，较长的框架结构也是断开做的，有分成两段，也有分成三段甚至更多的。断开的地方设置的是叫沉降缝，沉降缝是由上到下包括基础全部断开的，断开的各部分都是相对独立的结构，各自独立承受荷载。至于断开咋做，一定要到工地上去看一看，在这里几句话是说不清楚的。

## 2.4　砌块嵌草铺装设计

简述砌块嵌草铺装路面的特点及适用范围？

>> 2014-05-14 15:07　　提问者采纳　网友采纳

答：————————————————————————————————————

砌块嵌草铺装路面的特点是表露环境的自然、典雅、幽静。

砌块嵌草铺装路面的适用范围是园林内，景点与景点之间的连接小道，城市绿地的水边小路、池边小路、通幽小道等。

## 2.5　阳台走水管设计

阳台走水管的吊顶问题，阳台水管走顶要吊全顶吗，还是走一般宽度边就能包住？另外什么品牌水管质量好？

>> 2014-05-20 14:03 　　提问者采纳　　网友采纳

答：————————————————————————————

涉及装修问题，各人的审美观是各不相同的，你认为好，其他人看了不一定也认为好。至于阳台水管走顶，我认为是吊全顶好，但这个问题确实需要你自己决定。

水管质量问题，现在国内的管道市场都相对比较成熟，都还可以。不过，我个人不太相信十大品牌什么的。有一个国际高端的品牌"德标管业"你可以考察一下。

记住：别看价钱便宜的，别怕麻烦，多转转，对比一下，要不以后漏水、爆管什么的就麻烦了。

追问：就是不想吊全顶啊，现在高层普遍高度不够，那样太压抑了，走边如果能盖住就不想吊全顶，再说这样万一漏水也方便维修不是？

答：————————————————————————————

可以，你的想法我表示赞同！ 说实话，装修这事情，需要有一定的计划性，尤其费用计划，很多人在动手之前都想得很天真，到处都想弄得"多么多么"的美好。但实际装修过程中，很快就会发现"这儿不够，那儿不够"的。最后弄得"没主张"。

## 2.6　高层建筑空气悬浮层对空气质量的影响

高层空气悬浮层是真的吗？

>> 2014-05-21 12:39 　　提问者采纳　　网友采纳

答：————————————————————————————

城市具有热岛效应，下面各层的空气与高层的空气往往不一致（也就是几十米），但因为空气存在差异时极易形成对流，所以，如果房屋周围绿化不错，高层是否存在空气悬浮层，对空气质量几乎没有影响。

## 2.7　施工现场生活区厨卫设置间距

农民工厕所与厨房的距离。

>> 2014-05-25 13:42　　提问者采纳　　网友采纳

答：

你说到"农民工厕所与厨房"的问题，那肯定指的是建筑工地生活区的布置问题。

厕所与厨房要保持一定的距离，一般是将厨房与厕所分别布置在宿舍区的两端。当生活区很大时，也可将厨房布置在生活区的中间，两端设置厕所。

当生活区很小时，厕所与厨房至少也要有 20 m 以上的距离，并且一定要搞好厕所清洁工作，不能滋生蝇、蛆、臭虫，确保农民工有一个环境卫生、条件适宜的生活空间。

## 2.8　钢结构屋面坡度计算和取值

钢结构课程设计，屋面坡度为 1∶9，计算跨中高度时为小数，如何取值？

>> 2014-06-26 07:53　　提问者采纳　　网友采纳

答：

你所想了解的"钢结构课程设计，屋面坡度为 1∶9，计算跨中高度时为小数，如何取值"这个问题，我只能用举个例子的办法说说。

1. 假如该项目是钢结构屋架的厂房，跨度为 18 m、坡度 1∶9 的两面坡屋面，则从屋脊分水线到边柱的距离为 9 m，按 1∶9 的屋面坡度计算，跨中高度正好为 1 m。假如该钢屋架支座处屋架高度为 1.2 m，则跨中的屋架高度为 2.2 m。

2. 但你所说的跨中高度为小数，则该屋架的跨度不是我所举的正好 18 m 的这种例子，而是如 24 m 或 30 m 这种情况（一般钢结构比较大的跨度模数为

6 m）。如按 24 m 考虑，则从屋脊分水线到边柱的距离为 12 m，按 1：9 的屋面坡度计算，跨中高度为 1.333 m，遇到这种情况尺寸取值精度到 mm。如该钢屋架支座处屋架高度仍按 1.2 m 考虑，则跨中的屋架高度为 2.533 m。

跨中高度遇到小数时的取值原则为：精确到 mm。

## 2.9　基础墙与一层平面图对应关系

框架结构地梁顶标高为 −0.4 m，问：−0.4 m 到 ±0.00。墙体是否就是"一层平面图"中所对应的墙体？

>> 2014-07-12 10:36　　提问者采纳　　网友采纳

答：

−0.4 m 到 ±0.00 墙体不是一层平面图中所对应的墙体。这是因为：

1. 凡 ±0.00 以下的墙体都是基础墙，按你所说情况，还有 0.4 m 的基础墙。

2. 一层平面图中所对应的墙体中，有相应的门窗洞口位置。在你所说的情况中，框架结构的门洞口应该是从 ±0.00 开始向上的，而不是从 −0.4 m 向上。

## 2.10　建筑设计甲级资质相关要求

建筑设计甲级专项资质申请需要什么材料和人员。注意不是建筑装饰工程设计甲级专项，是单纯的建筑设计甲级专项。如有知道，可拨打电话 13161063560。

>> 2014-08-22 12:26　　提问者采纳　　网友采纳

答：

你想了解的"单纯的建筑设计甲级专项"，没有这个专项资质，只有建筑装饰、消防、通信、水利水电等有，称之为专项的甲级资质。建筑设计甲级就是工程设计综合甲级资质（证书等级：工程设计综合资质甲级，Class of Certificate:

Engineering Design Integrated Qualification Class-A）。

在我国，工程设计综合甲级资质是工程设计资质等级最高、涵盖业务领域最广、条件要求最严的资质，住房和城乡建设部确定全国最终授予工程设计综合甲级资质的企业将控制在 50 家左右。所以申报这个资质难度比较大。所需要的要求没有办法在网上说全，我只告诉你资历要求吧：

1. 具有独立企业法人资格。

2. 注册资本不少于 6 000 万元人民币。

3. 近 3 年年平均工程勘察设计营业收入不少于 10 000 万元人民币，且近 5 年内 2 次工程勘察设计营业收入在全国勘察设计企业排名列前 50 名以内；或近 5 年内 2 次企业营业税金及附加在全国勘察设计企业排名列前 50 名以内。

4. 具有 2 个工程设计行业甲级资质，且近 10 年内独立承担大型建设项目工程设计，每行业不少于 3 项，并已建成投产。

## 2.11　建筑楼顶菜园设置

楼顶用什么方法种菜最简单？

>> 2014-08-27 10:37　　　提问者采纳　　　网友采纳

答：

想在楼顶种菜最简单的方法是：在楼顶按你自己的需要尺寸大小，先用砖块围砌约 20 cm 高的地方出来；然后找熟土虚铺 15 ～ 18 cm 的厚度，以后就可以在上面按你所想的菜种上去了。不过，不能种植较大的菜，因为体型较大的菜，根系深度就不够了。

## 2.12　民用建筑歇山顶造型可结合一些西式元素

民用建筑可以采用单檐歇山顶吗？建了一个小三合院，有人建议用单檐歇山顶，可以吗？

>> 2014-09-29 10:51　　　[提问者采纳]　[网友采纳]

答：————————————————————————————————

建了一个小三合院，有人建议用单檐歇山顶，完全可以。

现在盖房子，讲究一点造型，请人好好设计一下，歇山顶是中国特色，能不能再结合一些西式元素，中西合璧，应该是比较显眼的。

## 2.13　徽式建筑的形象描述

怎么形容徽派建筑？

>> 2014-10-13 08:17　　　[提问者采纳]　[网友采纳]

答：————————————————————————————————

徽派建筑是中国古建筑最重要的流派之一。其实徽派建筑并非指安徽的建筑，指的是主要流行于钱塘江上游新安江流域的徽州地区一府六县及淳安、建德等地的建筑，包括浙西的婺州（今浙江金华）、衢州及泛徽州地区的江西浮梁、德兴等地。历史上的徽派建筑最初多由婺州，主要由浙江的东阳工匠参与建造。

徽派建筑集徽州山川风景之灵气，融风俗文化之精华，风格独特，结构严谨，雕镂精湛，不论是村镇规划构思，还是平面及空间处理、建筑雕刻艺术的综合运用等，都充分体现了鲜明的地方特色。

徽派建筑在总体布局上，一般依山就势，构思精巧，自然得体；在平面布局上，规模灵活，变幻无穷；在造型、空间结构和空间利用上，讲究造型丰富，以马头墙、小青瓦最有特色；在建筑雕刻艺术的综合运用上，融石雕、砖雕为一体，显得富丽堂皇。

## 2.14　设计制图中长度设置

工程图学画图时按照数据还是图给长度?

>> 2014-10-18 14:37　　提问者采纳　　网友采纳

答:
1. 过去工程制图都是手工制图,所以都是按所要画图的实际长度来进行制图。
2. 现在工程图都是电脑制图,采用数据制图。

## 2.15　主体结构中墙高起算位置

墙高是从哪算起?

>> 2014-10-20 09:16　　提问者采纳　　网友采纳

答:
通常所说的主体结构墙高,一般都是从基础顶面算起的,也就是从正负零开始算。

## 2.16　标准砖墙体厚度及各种墙体厚度的应用

24 墙、37 墙、50 墙是什么意思?

>> 2014-10-20 10:03　　提问者采纳　　网友采纳

答:
1. 你想了解"24墙、37墙、50墙是什么意思",得先了解标准砖的几何尺寸概念。

标准砖的几何尺寸是 240×115×53，了解了标准砖的几何尺寸后，也就知道了。

2. 所谓 24 墙指的就是一砖厚的墙体，37 墙和 50 墙指的是一砖半厚墙和两砖厚的墙体。

3. 37 墙和 50 墙，一般是用于北方地区房屋的外墙。因为北方地区冬天天气比较寒冷，必须采用加厚的墙体才能达到房屋的保温要求。因此，这两种墙体，在南方地区很少采用。

4. 北方地区建筑物内的隔墙，一般还是采用 24 墙的。

## 2.17　从楼梯等局部信息判断建筑类型

谁知道这是哪个建筑物内的？

>>> 2014-10-21 13:49　　　提问者采纳　　网友采纳

答：

这一看就知道它不是什么古建筑，教堂、宫殿、城堡等肯定都不是。这说不定就是我们国内的，什么西式的现代建筑。

因为你仅仅提供了这一张照片，信息量太少，没有办法判定是什么建筑物内的。像北京、上海、广州、南京、哈尔滨等大城市，这一类的仿西式建筑比较多，但都是比较现代的。

## 2.18　建筑平面图中比例尺应用

建筑平面图上的比例怎么看？

>> 2014-10-23 09:29　　提问者采纳　　网友采纳

答：

建筑平面图上的比例一般是 1：50、1：100、1：150 等几种，1：100 最常用。

## 2.19　民用建筑中功能间配置和组成

民用建筑平面由哪些房间组成？

>> 2014-10-23 09:33　　提问者采纳　　网友采纳

答：

民用建筑平面由下列房间组成：

1. 卧室；2. 起居间；3. 厨房；4. 卫生间；等等。

## 2.20　钢结构屋架弦杆支撑点距离说法的指称位置

钢屋架的弦杆侧向支撑点间的距离说的是哪个地方的长度？

>> 2014-10-28 11:21　　提问者采纳　　网友采纳

答：

钢屋架的弦杆侧向支撑点间的距离说的是：

1. 钢屋架在安装过程中，需要进行侧向支撑，而所需进行支撑的点，往往是由设计单位预先设计确定的。

2. 钢屋架安装所需要的支撑点数量，在一榀屋架上，不能仅仅支撑一个点，仅支撑一两个的情况下是很不安全的。

3. 屋架侧向支撑点一般都是设置在屋架的上弦杆和下弦杆上。

4. 在一榀屋架的弦杆上，支撑点与支撑点之间的距离，就是你想了解的这个长度。

追问：也就是说它的距离在一榀屋架上，而不是两榀屋架间的距离？

答：

对的。

## 2.21  建筑加层设计类型

常用的加层方法有哪几种？

>> 2014-11-04 10:46    提问者采纳    网友采纳

答：

常用的加层方法有两种：一是按原设计的结构构造形式加层；二是采用轻质结构加层。

## 2.22  施工图中建筑或结构高度尺寸的图示符号

施工图上的 $h$ 是什么意思？

>> 2014-11-11 12:24    提问者采纳    网友采纳

答：

施工图上的 $h$ 一般表示为高的意思。如梁上标注为 250（$b$）×550（$h$），括号中的 $h$ 就是指梁的高度尺寸。

## 2.23　对建筑物生动描述的词句

描写建筑的好词好句有哪些?

>> 2014-11-11 12:40　　提问者采纳　　网友采纳

答：————————————————————————

描写建筑的好词好句多得很。

1. 两个字的如：庄严 、高耸、崭新、林立、秀美、别致、坚固、簇新、轻捷、灵巧、光亮等。

2. 四个字的如：造型美观、气魄宏大、曲径深幽、精巧华丽、高耸入云、挺拔清秀等。

3. 好的句子如：

走出……展现在我眼前的是一座现代化的漂亮建筑，它由各种形状的玻璃和不锈钢组合而成，这就是……

这……像"孔雀开屏"，晶莹透明，在彩色灯辉映下不断闪出水晶般的色彩，非常华丽。

……楼上下共有 5 层，雕梁画栋、金碧辉煌，每一层都有宽大的回廊和休息室，室内布置有仿古的桌椅，墙上有古今名人的字画。

一座座高楼大厦，在夕阳雾影中，披着五彩缤纷的薄纱，像一个个风姿绰约、亭亭玉立的仙女。

瞧，太阳照在……上，犹如一颗明珠发出了璀璨的光芒，把……点缀得更加绚丽。太多了！一下子不能全部说出来。

## 2.24　较大空间厂房安全出口设置所需考虑的问题

请问二层厂房，在第二层内算距离的时候，这个安全出口是第二层的一个门（不直通室外），还是第一层的门（包含楼梯间的门都直通室外）？

>> 2014-11-12 08:27　　提问者采纳　　网友采纳

答：————————————————————————

二层厂房，在第二层内算距离的时候，这个安全出口是第二层的一个门，而不是第一层的门。这是因为：一旦二层上的某点出现安全事态时，一般认定一层（即使不是直通室外）的状态是安全的。也就是说，以离开了有安全事态环境的层次（二层），即脱离了安全事态环境。

追问：公共建筑和住宅楼规范上要求的是从房间门到安全出口的距离，这个安全出口（直接到楼梯间）也是每一层的安全出口吧？

回答：

对的。

其实你简单地想一下就知道了，现在很多超高层建筑，从其中的某一层，如果计算到底层离开该建筑物的话，哪里能满足安全距离呢？

## 2.25　《看守所建筑设计规范》最新版本

《看守所建筑设计规范》最新版是多少？

>> 2014-11-13 14:08　　提问者采纳　　网友采纳

答：————————————————————————

《看守所建筑设计规范》最新版就是，标准编号：JGJ 127-2000，实施日期：2000-08-01，替代标准是：GA 9-1991，颁布部门：中华人民共和国建设部、中华人民共和国公安部。

## 2.26　钢木屋架中弦的长度确定

弦的钢筋长度怎么计算？

>> 2014-11-14 08:25　　提问者采纳　　网友采纳

答：————————————————————————————

你问：弦的钢筋长度怎么计算？是钢木屋架吗？钢木屋架弦的钢筋长度为屋架计算节点长度外加两端所需加工的螺丝口尺寸。

两端的螺丝口尺寸一般为 150 ~ 200 mm 左右，也就是说弦的钢筋长度等于节点计算长度外加 300 ~ 400 mm。

## 2.27　建筑施工图中索引与图示

请问，建筑图纸这个符号是什么意思，怎么看？

>> 2014-11-27 09:41　　提问者采纳　　网友采纳

防护栏杆 —
详06J403-1 ⟨88⟩

答：————————————————————————————

这是一个防护栏杆的做索引表示，要求：

该防护栏杆，按 06J403-1 标准图集中，第 88 页"防护栏杆"的做法去做。

## 2.28　房屋室内外高差处理措施

老家修门前路后门房离路面距离太高怎么办？

>> 2014-12-12 11:49　　提问者采纳　　网友采纳

答：————————————————————————————

假如尺寸比较大的话，就加一段坡道。假如尺寸比较小的话，就做个踏步吧。

## 2.29  山西省著名建筑及其特色概括

能不能介绍一些山西省著名的建筑物？

>> 2014-04-09 13:17　　提问者采纳

答：———————————————————————————————

山西省比较著名的建筑物有应县木塔、乔家大院、王家大院、常家大院古建筑群，平遥古城建筑群，雁门关，皇城相府，鹳雀楼，九龙壁，悬空寺，以及永济县普救寺的莺莺塔等，都是山西省著名的古建筑。

总之，山西古建筑的特色可以概括为"奇、悬、巧"三个字。如悬空寺，像一个玲珑剔透的浮雕，镶嵌在万仞峭壁间，近看悬空寺，大有凌空欲飞之势。全寺共有殿阁40多间，表面上只是由十几根碗口粗的木柱支撑，其实有的木柱根本不受力，从而使悬空寺外貌惊险，奇特、壮观。

## 2.30  建筑标高与房屋净空高度

建筑标高（房屋净空）一层地面结构标高 − 0.05，建筑标高为正负零。一层结构层高 2 920 mm（建筑层高 2 900 mm），板厚 120 mm，二层楼面建筑标高 2.900 m，板厚 120 mm。图纸做法：1. 20 mm 的地坪；2. 30 mm 的预留层（用户自理）。请问：一层的净空是多少？按正负零为标准，20 mm 地坪应该做到什么位置？二层的净空是多少？

>> 2014-04-17 08:08　　提问者采纳

答：———————————————————————————————

所谓建筑标高，有两个重要概念：1. 绝对标高，指的是建筑物假定正负零位置相当于绝对高程（平均海平面）的数字。如通常图纸上所注明的"本工程正负零相当于绝对高程＋5.600 m"等。2. 相对标高，指的是假定建筑物完成后的底层室内地坪面标高为 ±0.000 m，以此为标准设计成建筑物各部位的相对高度，这个相对高度的数字即为相对标高。

你所说的情况：

1. 一层的净空是 2 900（建筑层高）－30（预留层）－20（地坪找平层）－120（楼板结构厚度）－15（板下抹灰）＝2 715 mm。

2. 假如二楼的标准层高也是 2 900 mm，则理论上二层的净空高度应与一层相同，二层的净空高度为 2 715 mm。

这里需要说明的是，因为 30 mm 厚的预留层是由自己装修用的，所以在你接手房屋的时候应把这个数字加上去，为 2 715＋30＝2 745 mm。

追问：你好，你的解答很详细，谢谢！我想请问下，一层地面结构标高是－0.05，那么按图纸做法，20 mm 地坪做完后的标高是否为－0.03？用户接房后，装修 30 mm 至正负零？

回答：

你说的意思我已经清楚了，但单位搞错了，工程上标高是以"m"为单位，平面尺寸是以"mm"为单位。一层地面结构标高是－0.050 m，20 mm 地坪做完后是－0.030 m，用户接房后装修 30 mm 至 ±0.000 m，你现在理解得非常对。

## 2.31 工程说明或项目概况介绍的写法

请教一下，工程说明怎样写？如何写才能符合规范？比如，现在有一块地，长 30 m，宽 30 m，面积 900 $m^2$。填土 3 m，石角 50 cm。在上面还有一间 10×10 的砖木结构平房。我该怎样把这些东西描述清楚？

>> 2014-04-29 08:31   提问者采纳

答：————————————————————————————————

因为你有很多东西没有说清楚，只能给你提供个"框架"，你可以按框架对照着"填写"就行了：

1. 项目名称：

2. 建设单位（业主）：

3. 设计单位：

4. 地质勘察单位：

5. 监理单位：

6. 施工单位：

7. 安全监督单位：

8. 质量监督单位：

9. 建设地点：

10. 建筑面积：

11. 施工总体设想：

不管你是什么项目，只要按上面的内容要求填写，你的《工程说明》就写好了，而且让人家一看"条理清楚"。

## 2.32  高层建筑设计思路构想描述

高楼建筑的设计建设思路怎么写？

>> 2014-04-29 18:28    提问者采纳

答：

高楼建筑的设计建设思路应该从以下几个方面叙述：

1. 项目概况：包括建设单位、设计单位、建设主管部门等。

2. 项目建设地点：包括选址的过程，该项目选择该地点的必要性等。

3. "拟""想"的建设高度，以及在此地建设"此高度"的必要性和重要性等。

4. 建筑设计构想：既然你讲的是"高楼"，就应该从"高"字上做文章，着重描述一下区域高度情况。

5. 结构设计构想：寻求其他类似建筑的"可参照性"。

6. 其他相应配套设计的构想：如给排水设计、强电弱电设计、排暖通风设计、周围环境与景观设计等。内容很多，无法在网上用短短的几句话就能说清楚，多找找参考资料吧！

## 2.33  河南省特色建筑简介

河南省有哪些特色的建筑，请介绍得具体一点，谢谢！

▶▶  2014-05-07 11:15    提问者采纳

答：

河南省作为中华文明的重要发祥地之一，其特色建筑自然很多，有很多古建筑都很有特色，并很有历史意义，如嵩山少林寺、禹州钧窑、开封府、包公祠、白马寺、广化寺、太昊陵等，太多了。因为没有办法了解它们真正的建造时间、历史背景，也没有办法能够全部罗列出来，现只简单地说一些近代的、现代的、有一定特色的建筑：

1. 郑州黄河第一铁路桥。郑州黄河第一铁路桥建成于 1905 年，为卢汉铁路修建的郑州第一座跨越黄河的铁路桥。目前仅保留 160 m 长一段，具有重大历史纪念意义。

2. 南乾元街 75 号院。南乾元街 75 号院是民国时期建成的，位于郑州市南乾元街与菜市街口。该建筑是具有一定中原地域特色的住宅建筑。

3. 天主教堂修女楼。天主教堂修女楼是 1912 年建成的，位于郑州市解放西路 81 号 2 号院。天主教堂修女楼是意大利传教士修建的，是河南省保存很少的欧式建筑。天主教堂修女楼和北大清真寺都是具有一定的宗教特色的建筑，并是具有一定重要宗教史的特殊建筑。北大清真寺也是民国时期建成的，位于郑州市清真寺街。

4. 彭公祠（五亭）。彭公祠建成于 1925 年，位于太康路人民公园内。彭公祠是纪念彭象乾的建筑，现仅存五座六角攒尖顶的纪念亭。彭公祠与胡公祠均是一类纪念性的建筑，具有一定特色，也具有一定的文化价值。胡公祠现仅存大殿和大门，是一座五楹单檐歇山式建筑。

5. 东方红影剧院。东方红影剧院是河南省保留不多的影剧院建筑，该影剧院是1949 年建成的，在当时来说是整个河南省最重要的文化娱乐活动的场所。

6. 中州皇冠假日宾馆主楼。中州皇冠假日宾馆主楼建成于 1959 年，当时建造该工程时就取了个代号叫 5902 工程，意为"1959 年第二号工程"。当年，它与同样始建于 1959 年的河南省委第三招待所（即黄河迎宾馆，代号为"5901"工程）、郑州市委办公大楼并称为"河南三大工程"。建筑立面轴线对称，整齐有序，有一定特色。

7. 郑州大学主教学楼，化学系楼，郑州大学工学院原水利、机械、土建、电机系教学楼等几个建筑组团。该建筑组团都是 20 世纪 60 年代建成的苏式风格建筑，厚重大气，建筑布局以轴线对称为主要特色。郑州大学是新中国建立后在河南所创办的第一所综合大学。

8. 河南省人民会堂。河南省人民会堂于 1979 年建成，是河南省政治、经济、文化生活的重要活动场所。该建筑造型简洁稳重，虚实对比强烈，条形窗韵律感极强。河南省有特色的建筑很多，如郑州绥靖公署、河南宾馆、河南饭店、河南省体育馆、中国银行办公楼等。

## 2.34 低层民用建筑中楼梯布置

一楼楼梯设计错了，二楼还没建好，可以改吗？

>> 2014-05-23 10:43　　提问者采纳

答：

在工程上，不管什么做错了都是可以改的。现在你没有把具体情况讲清楚，也就不知道怎么帮你去改了。但改不一定就是拆，望你好好把握一下。

追问：房屋是大门朝南，楼梯在大门正对面，北墙，中间，然后楼梯右手边是卫生间，左手边是厨房，最不能让我忍受的是楼梯的第一个台阶在厨房门前面。

回答：

按你介绍的情况，那就拆掉，按你自己的想法重做一下就行了。

## 2.35　多层建筑中楼梯净空高度确定

楼梯的净空高度不足，改成不等跑楼梯，第一层高度要降低吗？

>> 2014-05-30 13:00　　提问者采纳

底层长短跑

答：

像你提供的图的情况，如果想把第一跑再加长，将中间平台提高，我担心：

1. 中间平台平直距离不够。

2. 起跑位置顶住底层人家的进户门，让底层住户进出以及楼上人员上下楼梯感到不方便，有太拥挤的感觉。

建议：可以采取把外面的两阶踏步平移到室内来有可能问题就解决了。因为你没有标注其他的具体尺寸，没有办法帮你猜想处理。

追问：这个是加长之后的图，我想的也是这个中间平台到第二层之间的平直距离会不会不够。如果把外面的移到室内来是不是降低了第一层的高度？这是 ppt 上的，只是示意图，没尺寸。

回答：

其他不变，就是楼梯进口处室外的两阶踏步挪进来就行了，与层高无关。

## 2.36　建筑物内水平、垂直方向的概念

建筑的水平方向和垂直方向各指的是什么？

>> 2014-06-05 19:10　　提问者采纳

答：

1. 建筑的水平方向指的是同一楼层内的各个位置，或各个房间。

2. 建筑的垂直方向指的是同一建筑内上下各个楼层，即 1 楼的同一个位置，与 2 楼的同一个位置。

追问：同一层楼，是长向为垂直，短向为水平吗？

回答：

同一楼层内，无论是长向还是短向都是水平方向。只有不同的楼层，才是垂直方向。

## 2.37 施工图出图时的规格尺寸

图纸晒好后可不可以沿着细线把边裁掉？

>> 2014-06-07 06:53    提问者采纳

答：————————————————————

图纸最外框的细实线，就是剪裁线，从理论上来说，就是可以沿着这条细实线剪裁掉的，但是：

1. 一方面当图纸较多的时候，不便于装订（尽管装订边也是比其他边框放宽了一点的，但当图纸很多时，仅凭放宽的那一点不够）。

2. 另一方面是都沿这条线剪裁掉，图纸一旦出现破边，想粘贴、修补一下的话，就有可能会伤及粗框线内的图面。

所以，基本没有人沿着外框的细实线剪裁掉，一般都在该外框线的外边，再放个 10 ~ 20 mm 左右。

## 2.38 如何建立空间概念

建筑初学制图怎么认识空间点、坐标等，比如说 $b$ 点 10，0，20 让你确定他的位置，怎么做？

答：————————————————————————————————————

一般中学里都学过平面几何、立体几何、解析几何，学习几何的目的，就是让人在头脑里建立空间概念的。建议你一个方法：用硬纸板做一个纸盒，做好后剪掉连在一体的三面，剩下的连在一起的三面，在内侧从角点开始画上刻度线，这就是我帮你建立的一个空间直角坐标系。有了这个坐标系，不管你想画什么图，都可以把你想画的东西放到这个坐标系里面来对照。

按我说的这个方法去做，马上你的空间概念就都建立起来了。

## 2.39　制图比例尺及图面位置效果的确定

我要在 A4 纸上画教室平面图，教室宽 8 m，长 9 m，比例尺应该是多少？

答：————————————————————————————————————

你要在 A4 纸上画教室平面图，教室宽 8 m，长 9 m，建议用 1 ∶ 100 的比例尺。A4 纸的尺寸是 210×297，用 1 ∶ 100 的比例来画 8 m×9 m 的教室，图面尺寸是 80×90，放到 A4 纸的正中略偏上一点，下面写上图名加说明什么的，图面效果比较适中。

## 2.40　设计在悬挑结构上装饰柱的施工注意点

框架柱顶为什么没有混凝土？我们学校建的宿舍，二楼柱顶咋是空的？想了几天不明白，求助专家！我说的是二楼，不是三楼（如图）。

>> 2014-07-18 08:11　　　提问者采纳

答：————————————————————————————

1. 你说的是二楼走廊外的装饰柱，它不是框架柱，也不能称构造柱，就是突出墙面的装饰柱。

2. 它的底层部分是没有的，因此该柱是置于一楼顶挑梁上的。

3. 二层的顶处，该部位也是悬挑结构，所以底下的装饰柱现在暂时还不能顶住它，等到主体结构完成后，此处做柔性填充。

当然，这种设计是不一定称得上"很妥当"的。

## 2.41　建筑设计中"对称符号"的应用

建筑设计中一栋独立的建筑和另外一栋独立建筑施工图（完全）相同，但方向相反（即所谓的对称），两栋建筑物相邻。我想问下，设计单位能画一栋建筑，在一层平面图下用对称符号表示另外一栋建筑物吗？这样表示符合制图标准吗？

>> 2014-08-20 08:22　　　提问者采纳

答：————————————————————————————

只有是在同一幢建筑里面的两边完全对称时，才能用对称符号来表示，不是同一幢建筑，不能用对称符号来表示。根据你所说的情况，是两个不同的单体，所以不能用对称符号。

提问者评价：谢谢！我也是这样认为的，但我没有证据，我们的工程就出现这样的问题，干错了，都不想承担责任。

## 2.42 世界最高建筑迪拜塔中的工程技术突破

建造迪拜塔有哪七个工程突破？

>> 2014-08-26 15:18　　提问者采纳

答：

建造迪拜塔，在工程方面应该说远远不止"七个"突破：

1. 迪拜塔不但高度惊人，连建筑物料和设备也"分量十足"。

1）迪拜塔总共使用 33 万 $m^3$ 混凝土；

2）3.9 万 t 钢材；

3）14.2 万平方米玻璃；

4）大厦内设有 56 部升降机，速度最高达每秒 10 m；

5）双层的观光升降机，每次最多可载 42 人。

2. "迪拜塔"也为建筑科技掀开新的一页，史无前例地把混凝土垂直泵上逾 460 m 的地方，打破台北 101 大厦建造时的 448 m 纪录。

3. "迪拜塔"光是大厦本身的修建就耗资至少 10 亿美元，还不包括其内部大型购物中心、湖泊和稍矮的塔楼群的修筑费用。

4. 为了修建"迪拜塔"，共调用了大约 4 000 名工人和 100 台起重机。

5. "迪拜塔"层数最多，建筑高度最大，总层数 162 层，总高度达 828 m。

6. "迪拜塔"不仅仅电梯数量多（56 部电梯），而且电梯速度最快，达每秒 18 m，是速度最快且运行距离最长的电梯。

7. 三天就能建一层楼。"迪拜塔"位于阿联酋第二大城市迪拜的中心城区，其周围约 200 $hm^2$ 的开发地段价值超过 200 亿美元。各方通力合作之下，工程的速度惊人，三天就可建一层。

8. "迪拜塔"中的豪华酒店，其豪华程度令人叹为观止，评论家们都不知道该给它定为几星：是五星，六星，还是七星？酒店建在海滨的一个人工岛上，是一个帆船形的塔状建筑，一共有 56 层，321 m 高，由英国设计师 W.S.Atkins 设计。

最后，我相信它不可能成为永远第一的建筑。

## 2.43 屋顶阳光房设计

准备在一层屋顶上，建一座长 48 m、宽 10 m、净高 4 m 的阳光房。求助有经验的工程师或厂商提供设计资料？

**>>** 2014-09-01 06:44    提问者采纳

答：————————————————————————————————

你要准备在原有的屋顶上建阳光房，想法是不错的。但要查看一下，原来的屋面结构设计情况，不要出结构问题。

我没有这方面的资料，但可以向你推荐一下：上海名墅实业有限公司的阳光房知名度比较好，不妨向他们咨询咨询。他们的地址是：

上海市松江区泗泾镇鼓浪路 635 弄 21 号 101 室。

## 2.44 木工图纸的识读

工地木工图纸造型怎么看，在哪里可以找到？

**>>** 2014-09-28 10:18    提问者采纳

答：————————————————————————————————

你想真正看懂工地上的木工图纸，必须要找一本《工程制图与识图》看看。建议：买中国建筑工业出版社的书籍。其他的相关书籍比较多，但大多内容不理想。

## 2.45 圆井垫层的形状设计

砌圆井垫层是什么形状？

2014-10-11 09:41　　提问者采纳

答：

砌圆井垫层的形状一般是采用圆的。

追问：方的不行吗？

回答：

方的也可以，但一般不做成方的。

追问：为什么呢？一般为啥不做方的，方的浪费？

回答：

方的浪费一点。此外，做成方的就要做得比较方正，圆的可以做得大概化一点，毕竟是个垫层，也没有什么事。

## 2.46 建筑设计上 $h+4.6$ 所表达的意思

建筑上 $h+4.6$ 是什么意思？

2014-10-13 16:22　　提问者采纳

答：

建筑上 $h+4.6$ 指的是：在相应于标高 $h$ 处，再向上加上 4.6 m 的位置。

## 2.47 国标代号表示法

国标代号是什么？

>> 2014-11-26 10:06　　提问者采纳

答：————————————————————————————

国标的代号是"GB"。

## 2.48　建筑剖面图的识读

　　帮我看下这份建筑图，我想知道哪条线是完成面，1是建筑的完成面，还是2呢？我问的完成面是指建筑施工完后的地面，那么如果室内要装修的话，是在1的基层上铺贴东西吗？比如从1建筑完成面到楼板底有3 m，那么铺贴地砖后就没有3 m了吗？

>> 2014-04-04 15:27　　网友采纳

答：————————————————————————————

　　1是建筑施工完成后的地面标高，2是室外地面完成后的标高，1与2之间的300 mm是标注的室内外高差300 mm。

　　主体结构地下室顶面完成后的结构面标高可能与室外地面标高相同，但这里所标注的指的不是结构面标高。

　　追问：有些结构面和完成面差好几十厘米，这是什么情况？故意填满的？

　　回答：

　　在楼地面上如果出现结构面与完成面相差几十厘米的情况，是架空，一般不会采用"填满"做法。

　　追问：这么做的目的是什么呢？

　　回答：

　　这样做有几种情况：

　　1. 有跃层的情况，建筑物局部结构高度不一致，把结构高度低的调整到同一完成面上。

　　2. 变电站、信息机房、水泵房、控制室等，虽然结构高度一致，但局部有较为密集的管道、管线，而完成后的地表面标高又是相同的。

其他，说不定还有什么特殊用途的建筑等。

## 2.49　建筑平面不规则的概念

建筑中什么叫做平面不规则？角部重叠又是什么意思？在什么工程中使用？

▶▶ 2014-04-17 11:56　 网友采纳

答：

平面不规则通常指的是由两个以上的不同几何图形经合理组合而形成的同一建筑物平面图形。有时也对建筑物的立体效果进行不规则的"异形"处理。

角部重叠是跟"平面不规则"联系在一起的，指的是：当采用两个以上不同几何图形进行平面组合时，通过什么位置予以"衔接"呢？一般来说，通常将两个不同图形中的某两个角点予以重叠来进行"衔接"，因重叠位置往往采用不同几何图形中的角点位置，故称之为：某图形与某图形的"角部重叠"。

追问：是不是一个建筑物从一层一直到某层时突然缩了回去，在图纸上表示的就叫做平面不规则呢？

答：

不是你说的这个意思，而是在同一平面上由几个不同几何图形组合而成的平面图形才叫"平面不规则"。我最后说的"有时也……"那不叫平面不规则，但这种情况往往是"平面不规则"的建筑物才这样处理的。

## 2.50　查找建筑图集资料的途径

请问在哪里可以查一些建筑图集资料？

▶▶ 2014-04-21 07:50　 网友采纳

答：——————————————————————————————

要想获得一些建筑图集资料，有以下两个途径：

1. 到建筑书店去购买正版的。

2. 从网上下载。不要指望在网上能免费查阅到"全版"的，这是因为网站上介绍图集的目的是"想卖书"的。

## 2.51 椭圆形绘制方法

如何绘制椭圆形？

>>> 2014-04-26 07:35 　　网友采纳

答：——————————————————————————————

不知道你想绘制多大的椭圆形，仅仅是在图纸上绘制椭圆形很简单，买个"建筑模板"上面就有。如果想做椭圆形大件，就请电脑设计放大。

## 2.52 跃层式房屋的楼梯改造设计

刚买了套楼中楼，想在楼板开口做楼梯，开口长为 3.2 m，宽为 800 cm，需要加固吗？如果需要，怎么加固呢？

>>> 2014-05-08 09:38 　　网友采纳

答：——————————————————————————————

你想在原来的楼板上开口做楼梯，不是一件"开玩笑"的事：

1. 首先，要弄清你所想开口的这块楼板尺寸有多大，开间尺寸、进深尺寸。

2. 原来楼板是什么楼板？是预制板还是现浇板？现在一般现浇板比较多，我估计你这应该是现浇板。

3. 弄清原来楼板的受力情况设计，单向板还是双向板？如果是单向板比较好做。

4. 无论是单向板还是双向板，开口后都要采取加固措施。

5. 新增加楼梯的荷载怎么传递，由哪里的构件来承担。

其实涉及的事情蛮多的，要慎重一点。所以，想在楼中楼里面另外开口做楼梯，不能"开玩笑"，要找个专业人员设计一下，这样你住在里面才住得踏实。

## 2.53　扶手电梯留置空间尺寸的计算

建筑层高为 4.5 m，倾斜角度为 30°，求扶手电梯的长度。

>> 2014-05-19 10:21　　网友采纳

答：————————————————————————————————

建筑层高为 4.5 m，倾斜角度为 30° 时，该扶手电梯的长度是 4.5/sin30° = 9 m。

其实计算扶手电梯长度时，还应加上下两端平直段长度，上端一般 1 m 左右，下端 1.5 m 左右。如果加上去，总长度约在 11.5 ~ 12.0 m 之间。

## 2.54　节点详图——索引的识读

这个叫什么？

>> 2014-05-22 18:34　　网友采纳

答：————————————————————————————————

这是一幅《节点施工详图》。该节点的具体做法，按该索引指定的图纸（或图集）去查找。

## 2.55 建筑隔离墙的概念

建筑隔离墙是主体吗？

》》 2014-05-25 10:47　　网友采纳

答：————————————————————————

你既然问的是"建筑隔离墙"，就不应该是建筑物内部的隔墙，而是建筑物内部有临时功能区隔要求的隔离墙。建筑物内部的隔离墙有可移动的和相对固定平时不移动两种。可移动的隔离墙，如大型酒店里的屏风，就属于临时性的隔离墙。平时相对固定，特定情况移动的如地下人防工程中的隔离墙，平时固定不动，战时启用。

按我估计，你要问的就是人防隔离墙，它不属于主体部分，而属于独立的人防部分。

另外，还有一种隔离墙就是建筑物与建筑物之间的隔离墙。但那在室外，应该不是你这里所要了解的情况。

## 2.56 仿古建筑属于建筑学研究的范畴

仿古建筑属于建筑学里的，还是土木工程里的？求准确答案。

》》 2014-06-16 07:02　　网友采纳

答：————————————————————————

仿古建筑重点研究的是建筑造型，一般都是在"仿"字上下功夫；土木工程偏向建筑结构，重点在于结构的安全性。因此，单独提出这样的问题，应归类于建筑学。

## 2.57　主楼 11 层，裙楼 1~2 层的沉降缝设置

主体结构 11 层，1 ~ 2 层有突出部分为商场，基础做过混合桩基处理，请问商场与主体之间要设沉降缝吗？

>> 2014-07-28 18:52　　网友采纳

答：—————————————————————————————————————

按你所说的"主体结构 11 层，1 ~ 2 层有突出部分为商场，基础做过混合桩基处理"的情况，为了避免因不均匀沉降而引起的局部结构破坏，商场与主体之间一般都设置沉降缝。

追问：现在主体已施工至 5 层，商场与主体之间未设沉降缝，有处理方案吗？

回答：

如果是按图施工的，就没有问题，说明设计时已经考虑了"无须设置"沉降缝。如果没有按图施工，那就要处理，至于怎么处理，肯定会有处理方案的，不过要请设计院出面处理。在网上向我们咨询处理方案，只要你把具体情况讲清楚，我们当然会有处理办法，但我们给你做出的任何方案都不具效力，只有原设计单位的处理方案才能有效。按我分析，可能原设计单位已经考虑过了具体情况，"原设计就没有设置沉降缝"。

建议你：好好地向原设计院咨询一下。

## 2.58　绿色设计流程

绿色建筑设计如何申报？流程有哪些？

>> 2014-08-26 14:26　　网友采纳

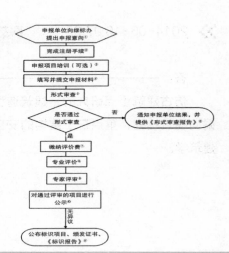

答：
我把绿色建筑设计的申报流程发给你，希望对你能有帮助。

## 2.59　建筑设计所能提供的额外服务

建筑设计工程可以提供什么额外的服务？

>> 2014-08-29 11:25　　网友采纳

答：
建筑设计工程可以提供的额外服务，一般就是：负责所设计项目的技术咨询服务。具体可包括：

1. 技术详细交底（一般技术交底是设计单位所必需的义务，但详细交底就不是义务了）。

2. 新技术、新材料、新工艺的技术推广服务。

3. 材料供应商的推介服务。

4. 与工程项目相关的图集、规范、标准的提供等。

## 2.60　电梯井道尺寸

井道 1.4 m 和 0.7 m 可以安装电梯吗？

>> 2014-08-30 06:15　　网友采纳

答：
井道 1.4 m 和 0.7 m 安装电梯，一般这种情况不太可能：

1. 第一种可能是，图示尺寸标错了，已经被你查出来，所以当成"笑话"放到网上来问的。

2. 第二种可能就是非载人的专用货梯。按我估计，应该是第一种情况，是不是尺寸应该为 1 400×1 700，而误写成了 1 400×700 了。

## 2.61  紧贴住宅楼门面房的高度限制

紧贴住宅楼的门面房建筑高度权限是多少？

>> 2014-08-31 09:46    网友采纳

答：

紧贴住宅楼的门面房建筑没有高度权限，只有高度限制，其限制条件是：不得影响紧靠建筑物最底层住户的正常采光条件。

## 2.62  钢结构图纸识别基础知识

为什么我会看房建的施工图而钢结构的施工图看不懂呢，它们的基础是一样的吧？

>> 2014-09-02 15:33    网友采纳

答：

你能看房建的施工图，那么钢结构的施工图也一定能看，它们的基础是一样的，制图的基本原理也是一样的，主要就是需要再了解一下：

1. 钢结构知识，学习一下《钢结构》教材。

2. 钢结构中的图例，在工程制图有关钢结构的相关图例中看看就行了。

## 2.63  采光瓦 FRP 的特性

frp 瓦是不是时间越长硬度越高？

>> 2014-09-03 12:25 网友采纳

答：————————————————————————————

FRP 瓦是一种采光瓦，它是和钢结构配套使用的采光材料。FRP 瓦一般不用小写，而用大写字母 FRP 来表示，它是 Fiber Reinforced Plastics 的缩写，它的主要成分是玻璃纤维增强塑料聚酯。FRP 瓦有平板瓦和波纹板两种，俗称玻璃钢瓦、透明瓦、采光瓦、采光带等。它的特点是：

1. 具有很好的抗碎性，易清洗，耐酸碱，安装方便。

2. 产品采光光线呈散光状，光线柔和，透光率保持度高，可有效地阻隔绝大多数紫外光。

3. 产品属于易燃材料，可在火灾发生时，迅速燃烧后将室内的浓烟排出，可以减少火灾人员伤亡，产品在燃烧过程中不产生熔滴，可有效保护现场人员的安全。

可能有这种特性，但没有"时间越长硬度越高"的说法。

## 2.64　地下储藏室位置上的选择

选地下储藏室什么位置的好，没有管道？

>> 2014-09-23 07:37 网友采纳

答：————————————————————————————

挑选地下储藏室，一般有两种选择：靠近通道出入口处；最远端的边角处。

1. 靠近通道出入口处：优点是出入方便，就是搬运物品的时候显得轻松、爽快。缺点就是安全问题，假如小区的物业管理不是很好的话，那就不要做这样的选择。

2. 最远端的边角处：优点是安全、可靠，一般小偷总是优先选择方便的地方下手，不太愿意到巷道较深的远端去做这种事情。缺点显而易见，出入不怎么方便。

此外，挑选地下储藏室最忌讳的就是管道间附近，即使管道一点都不渗漏，但有管道的储藏室内总是潮阴阴的。原因很简单，夏天整个环境温度都比较高，但管道表面总是冰凉冰凉的，吸附着很多冷凝水，储藏室内的东西自然都很容易发霉。但你已经说了没有管道，那就好。

## 2.65 结构物、构造物、建筑物的区别

结构物、构造物、建筑物的概念上的区别有哪些？

>> 2014-09-25 08:02　　 网友采纳 　2014-12-09　　 优质解答

答：——————————————————————————————

你想了解"结构物、构造物、建筑物的区别"，我下面举了一些例子不知道能不能让你理解。

1. 结构物：厂区内往往有些设备不是设置在同一平面内，那些能够安放或安装设备的框架、排架、墩台、墩台基础等就是一种结构物，指的是不包含其上部设备在内的，仅仅起支承作用的结构部分。

除此之外，还有一种结构物不支承任何物品，是独立设置的。如海边的瞭望塔、体育场所的观景台、园林中的造型构架等，这种结构物与构造物就不便于区别，但有时候，人们也把它们称为结构物。

2. 构造物：构造物一般用"构筑物"一词来表述的比较多一点，指的是有一定特定功能，并且能够独立发挥功能，一般不作为独立为人的生活、起居、办公、休闲、娱乐、医疗等直接服务的建筑。如水塔、配电房、燃气管道、输电线路、灯塔，还有上述提到的瞭望塔、观景台、造型构架等。

3. 建筑物：直接为人的生活、起居、办公、休闲、娱乐等服务的建筑，都统称建筑物。如商场、宾馆、医院、住宅楼、办公楼、民居、别墅等都是建筑物。

建筑物与结构物、构造物的区别：建筑物与其他两类的区别一般很容易理解，它们的主要区别在于：一个能够直接起到住人的作用，另外两个不能直接住人（尽管构造物里面往往也能容纳一两个人居住，但那是看护设备或让人值守使用的）。

结构物与构造物的区别：结构物只能起到支承作用（当然也有一部分不支承其他物品的特殊结构），不独立发挥特定功能。构造物一般指的是能够独立发挥特定

功能的，包含结构体和功能体的组合。

正因为结构物与构造物有如此区别，故上述所说的瞭望塔、观景台、造型构架等，尽管没有单独的什么"功能体"附在其上，但它们的独立存在，已经实实在在赋予了它们特定的功能，故本人认为这几种类型的结构物可以分类为构造物类。

## 2.66    建筑构造的概念

什么叫建筑构造?

>> 2014-09-25 12:52    网友采纳

答：

建筑构造指的是：一般的建筑工程中，不需要设计特别注明，而是在其他类似工程项目上，也同样需要这样做的一些简单的构造措施、施工工法、通用结构模式等。

追问：墙、柱等都是建筑里面的什么?

回答：

1. 墙、柱是建筑里面的结构，需要专业设计。

2. 墙、柱里面有些节点做法、通用的配筋等，就是一些构造做法和构造措施。

## 2.67    国内已建成的绿色建筑简介

现在已经建好的绿色高层建筑有哪些?

>> 2014-09-25 15:11    网友采纳

答：

现在已经建成的绿色高层建筑有：

1. 湖北武汉中心

开发单位：武汉王家墩中央商务区建设投资股份有限公司。

设计目标：绿色建筑设计与运营评价标识、LEED-NC 金奖。

2. 天津万科时尚广场

开发单位：天津滨海时尚置业有限公司。

荣获奖项：2011 年第二批绿色建筑设计标识——绿色建筑三星级。

3. 广州珠江新城

开发单位：广州市城市建设开发有限公司。

设计目标：绿色建筑设计与运营评价标识、LEED-NC 金奖。

4. 广州某超高层项目

开发单位：越秀集团。

设计目标：绿色建筑设计评价标识。

5. 苏州国际财富广场项目

开发单位：苏州工业园区地产经营管理公司。

设计目标：绿色建筑二星级。

6. 无锡节能环保大厦

开发单位：无锡节能环保投资有限公司。

设计目标：绿色建筑设计评价标识二星级。

当然，肯定还有，我们所能知道的很有限。

## 2.68　角的画法和相应的工具

画一个准确的角所用的工具是什么？

>> 2014-09-27 13:37　　网友采纳

答：

不知道你是要在图纸上画，还是在室外场地上画。

1. 在图纸上画：现在制图，一般都不需要自己手工画图。假如，实在是自己想练习画一个角度的话，可以用三角尺和量角器配合使用，就可以比较精确地画出一个角度了。

2. 在室外场地上画：所用的工具是经纬仪、木桩、锤头、小圆钉、白灰等。当然，现在很多都使用全站仪了，用全站仪更方便一点。

## 2.69 国标楼梯、栏杆、栏板图集编号

国标 06j403-1-128 是什么内容？

>> 2014-09-28 07:44 　 网友采纳

答：
国标 06j403 是国家标准设计图集《楼梯 栏杆 栏板》。06j403-1-128 是 PC18 型玻璃平台栏板。

## 2.70 圆顶式门头装饰小件设计和配置

请教建筑设计上面的一点小问题为什么圆拱顶部要设置一个这样的方块，有什么作用（见黑色箭头处）？

>> 2014-10-08 12:03 　 网友采纳

答：
该圆拱顶部所设置的这样一个方块，已经不是什么结构需要，而仅仅是装饰作用。但此处这样设置似有不妥，进门时给人以压抑之感！ 我个人认为，若有异面突出的，应踩于主人脚下更妥一些。不过，仁者见仁，智者见智。

追问：现在新房子很多都是这样设计的，这样设计是什么风格？ 或者说是什么风水说？

回答：
你说的这种情况，不是什么外来风格，是中国特色的演化。过去讲究迷信的人，往往在门上的正中间安装一面镜子，像一面照妖镜似的以辟邪气。科学技术水平都

发展到了现代阶段，再讲什么迷信，什么风水，已经不存在任何实质性的意义了。如果认为起到一定的装饰效果，那倒是可以考虑的。至于是否起到一定的装饰效果，是否美观，我前面已经说了一句话，那就是：仁者见仁，智者见智。

## 2.71　古典式民居建筑现代版设计造型和风格

这是什么风格的建筑？

>> 2014-10-08 12:32　　网友采纳

答：

图片很清楚，房子也很漂亮。这是一种典型的，中国古典"顶头府"式民居的现代翻版建筑。

但现在做这样的设计，确实存在一些现代民居所必需的使用功能上的缺陷，这个问题使用这种造型设计出来的房子不好解决。它只能适用于过去农耕经济条件、社会条件下的农用民居。

## 2.72　建筑图中窗的表示符号和相应数字的含义

建筑中 C2415 代表什么意思？

>> 2014-10-09 07:08　　网友采纳

答：

建筑施工图中 C2415 代表的意思是：1. C 代表窗；2. 24 表示该窗的宽度是 2 400 mm；3. 15 表示该窗的高度是 1 500 mm。

该窗应该是比较大的窗户，你所说的房子大概是办公楼、医院等公共建筑。但一般情况下，这类建筑中窗户的高度又比 1 500 这个数字大。

## 2.73 对识读建筑图最行之有效的方法

有什么东西对建筑识图有帮助？

>> 2014-10-10 14:49    网友采纳

答：
对建筑识图有帮助的就是参与工作。

1. 要么就是从事设计、制图，不要怕画错，错了不要紧，过一段时间后，什么都知道了。

2. 要么就是到施工现场去做施工员，一两个项目做了以后，也什么都知道了。

3. 在一边工作的过程中，一定要看书学习，遇到问题及时对照，马上就什么都知道了。

其实，光看书、看图纸、看图集是看不懂的，一定要与实际情况对照得起来方能有效。

## 2.74 浴室设计中对镜子安装位置的考虑

镜子不对浴柜安装、镜柜比浴柜超出，这样安装对吗？

>> 2014-10-14 06:53    网友采纳

答：
1. "镜子不对浴柜安装、镜柜比浴柜超出"，这种安装法不存在什么对错之分。

2. 装饰装修应根据主人的生活、品位、习性、爱好和通常惯例等来确定具体的装饰装修方案。

3. 装饰装修往往会出现多次的反反复复，也就是说，按某一种方案试安装出来后发现仍存在问题时，弄不好就会推翻先前的计划（或方案）。但按新想出来的方案试装出来后，说不定还没有原来的好，类似情况很多。

所以，对于装饰装修来说，不能求全责备。没有最好，只有更好。

## 2.75　设计图纸中没有注明的做法，应服从国家规范的标准

图纸上没要求粉墙，按什么标准来做？

>> 2014-10-14 13:37　　网友采纳

答：─────────────────────────────

当设计图纸上有明确标准的，按设计所要求的标准执行；

当设计图纸上没有明确标准的，执行国家规范，按国家规范的合格标准来做。

## 2.76　广州塔（小蛮腰）项目简介

南粤最有代表性的建筑物有哪些？

>> 2014-10-15 11:17　　网友采纳

答：─────────────────────────────

南粤最有代表性的建筑物就是广州的小蛮腰。小蛮腰，官方名称广州塔，又称广州新电视塔，昵称小蛮腰，位于广州市海珠区（艺洲岛）赤岗塔附近，距离珠江南岸 125 m，与海心沙岛和广州市 21 世纪 CBD 区珠江新城隔江相望。

小蛮腰（广州塔）塔身主体 450 m（塔顶观光平台最高处 454 m），天线桅杆 150 m，总高度 600 m。小蛮腰为中国第一高塔，世界第四高塔。小蛮腰产权隶属广州城投集团，由广州建筑和上海建工集团负责施工，总建筑面积 114 054 $m^2$，于 2009 年 9 月竣工。广州塔已于 2010 年 9 月 30 日正式对外开放，2010 年 10 月 1 日正式公开售票接待游客。

小蛮腰有 5 个功能区和多种游乐设施，包括 488 m 的世界最高的户外观景平台、高空横向摩天轮、极速云霄极限游乐项目，有 2 个观光大厅，1 个悬空走廊连天梯。

此外，小蛮腰还有 4D 和 3D 动感影院、中西美食、会展设施、购物商场及科普展示厅。

## 2.77　商品住宅"所属面积"的概念

实际建筑面积是多少？楼后面还剩多少所属面积？

>> 2014-10-17 07:09　　网友采纳

答：——————————————————————————————————

房地产单位在销售房屋时，一般都是按建筑面积销售的，但他们卖给购房者的建筑面积，购房者回去后怎么也算不到那么多，这是怎么回事呢？这就是你想要了解的核心问题"楼后面还有多少所属面积"，为什么不能按实际面积销售？

这个问题是由房屋建筑的基本特性所决定的，因为任何一套房屋，它都不可能单独悬浮在空中，那楼梯、走道、电梯井、管道井、设备用房等，这些在自己的房屋内根本就不能直接看到。那不在房屋套内能直接看到的，而又必须存在的公用建筑面积，怎么来妥善安排呢？这就必须分派到相应的所属房屋里去。这就是所属面积的一个基本概念。

## 2.78　售票中心在民用建筑中分类

售票中心属于民用建筑吗？

>> 2014-10-18 12:58　　网友采纳

答：——————————————————————————————————

建筑分为工业建筑与民用建筑。民用建筑又分为居住建筑与公用建筑。售票中心属于公共的民用建筑。

## 2.79　屋面分隔缝的图面表示

什么是分格缝？在屋顶平面图上是怎么表示的？

>>> 2014-10-19 12:41　　网友采纳

答：————————————————————————————————

屋面上的分格缝，又叫分仓缝。

分格缝在屋顶平面图上，就是直接画上分格线，把分格线索引出来，表明分格缝的具体做法。

## 2.80　高层建筑中"挑空设计"的危害性

高层挑空设计的危害有哪些？

>>> 2014-10-22 08:12　　网友采纳

答：————————————————————————————————

高层、超高层建筑的建筑外形，一般都是比较规则的设计，而做成挑空的情况很少，这是因为：

1. 挑空设计，会造成建筑重心偏离，不利于整体结构受力模型的建立。

2. 挑空设计，会造成建筑外形的不规则，不利于建筑对于风荷载的抵御。

3. 挑空设计，不利于建筑物抵御地震荷载的作用等等。

## 2.81 耐高温 2000℃的保温板叫耐火砖

保温板耐高温达 2 000℃，有这种保温板吗？

>> 2014-10-24 07:09　　网友采纳

答：

这种材料不叫保温板，一般称之为耐火材料，或称耐火板、耐火砖之类的。

## 2.82 为什么 4、5、6 层的标高都是 55 m

为什么 4、5、6 层的标高都是 55 m，而且楼层越高，标高越低？

>> 2014-10-24 15:45　　网友采纳

答：

你说的这个情况应该是设计的人弄错了。去找一下设计院，一方面错误一定要纠正过来，另一方面也必须把图纸弄明白才能开始实施。

## 2.83 伸缩缝、沉降缝表面处理的区别

请问建筑学专家，伸缩缝和沉降缝的表面处理一样吗？

>> 2014-10-27 15:08　　网友采纳

答：

伸缩缝和沉降缝的表面处理不一样。

1. 伸缩缝一般指的是防止温度变化而引起的建筑物伸缩变形，建筑结构的基础部分没有断开，缝宽也比较小，嵌缝一般采用油膏之类的柔性材料就可以了。

2. 沉降缝是一种防止地基不均匀沉降引起结构问题而设置的变形缝。沉降缝从建筑结构的基础部分开始断开，缝宽较大，一般缝内可以适当填充泡沫板，也可以不填充，一般采用金属板盖缝。

## 2.84　仿古建筑中木质装板包括的构配件

木结构建筑中，哪些属于木质装板？

>> 2014-10-31 07:33　　网友采纳

答：————————————————————————————————————

木结构建筑中的梁下挂枋、檐廊下的木质挂枋、每榀屋架的梁柱间封板等都属于木质装板。

## 2.85　上海环球金融中心大厦刀锋外观

地王大厦旁像刀锋的建筑叫什么？

>> 2014-11-01 08:17　　网友采纳

答：————————————————————————————————————

地王大厦，全国有好几个，深圳、广州、南宁、上海等。不知道你是不是说的上海，上海的那个像刀锋的建筑叫上海环球金融中心。上海环球金融中心是一幢以办公为主，集商贸、宾馆、观光、会议等设施于一体的综合型大厦，地上 101 层，高 492 m。上海环球金融中心建成时是中国第 1. 世界第三高楼。

现在，新建的上海中心尽管目前还没有竣工交付使用，但其结构高度已经超过了上海环球金融中心。

## 2.86 建筑图中玻璃门表示

建筑施工图上 bm3630 是什么意思？

▶▶ 2014-11-01 09:27 　　网友采纳

答：————————————————————————————————

你问的这个符号数字应该表达的是：玻璃门宽度为 3 630 mm。假如有什么异常情况，你就把图纸发上来看看再说。

# 三、结构设计

## 3.1 基础工程桩基础计算题

某直线上桥墩的桩基，桩端嵌入倾斜岩层内，如图所示。桩身混凝土采用 C25，混凝土受压弹性模量 $E = 2.9 \times 10^7$ kPa，桩的直径为 1 m，$C_0 = 1\,500$ MN/m$^3$。根据水文调查，洪水时覆盖土层将会全部被冲走。已知作用在承台底面中心点 $O$ 处之外荷载为：$N = 10\,200$ kN，$M = 3\,000$ kN · m。试计算承台位移及各桩桩顶所受的力。

求解，说明解法及出处，感谢。

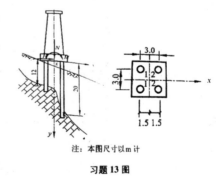

注：本图尺寸以 m 计

**习题 13 图**

▶▶ 2014-04-03 10:55 　　提问者采纳　　网友采纳

答：————————————————————————————————

1. 计算各桩位桩顶所承受的荷载时可不考虑承台的刚性因素，可直接算出来：

外侧（坡底）20 m 的桩位单桩受压力为（10 200 × 1.5 + 3 000）/3/2 = 3 050 kN

内侧（坡顶）12 m 的桩位单桩受压力为（10 200 × 1.5 − 3 000）/3/2 = 2 050 kN

2. 计算承台位移量时应考虑承台刚性因素，用门式刚架模型来进行计算。我这里没有资料还算不出来。

追问：完全不把它当桩基看？不考虑嵌入岩层等桩基的因素？

回答：因为这个桩径 1 000 mm，桩的截面不小，嵌岩部位可视为固定端。

## 3.2 斜向结构内力分析

斜向结构在竖向均布荷载作用下其内力如何分析？

>> 2014−05−12 11:09　　　提问者采纳　　网友采纳

答：

建筑物的斜向结构一般有楼梯、坡道、斜屋面等结构中的斜梁、斜板等。斜向结构在竖向均布荷载作用下，其内力分析时，一般是把斜向结构进行水平投影，按假定中水平状态的内力计算出来，然后按水平状态的内力情况分别进行配筋计算。计算出来后配筋长度仍按斜向长度进行配置。

这里需要提醒注意的是：有人认为，斜向结构在竖向均布荷载作用下，产生"斜向结构的上半部分会不会出现'拉应力'，下半部分会不会出现'压应力'的情况"，其实这是不存在的。

## 3.3 双层双向板分布筋设置

双层双向板的分布筋问题，双层双向钢筋的板负筋是不是就不要分布筋了？

>> 2014-05-20 16:41　　　提问者采纳　　网友采纳

答：————————————————————————————————————

回答你这个问题之前，首先要了解分布筋的作用。分布筋的作用有以下两点：

1. 控制受力钢筋位置，使受力钢筋固定在理论上的受力位置。

2. 分承受力钢筋与受力钢筋之间空隙处结构荷载，并将这部分结构荷载传递给受力钢筋。

综上所述，双层双向钢筋的板，并不能说负筋就不要分布筋，而是因为双向均有受力钢筋，可以相互绑扎固定后形成钢筋网片，以受力钢筋代替了分布筋的作用。同样，也并不能仅仅说是负筋就不要分布筋，板下的正弯矩钢筋也是一样的情况。

## 3.4　单向板分布筋设置

单向现浇楼板里面下部纵向钢筋有没有分布筋？

>> 2014-05-21 12:20　　　提问者采纳　　网友采纳

答：————————————————————————————————————

回答你这个问题之前，首先要向你介绍一下分布筋的作用。分布筋的作用有以下两点：

1. 控制受力钢筋位置，使受力钢筋固定在理论上的受力位置。

2. 分承受力钢筋与受力钢筋之间空隙处结构荷载，并将这部分结构荷载传递给受力钢筋。

如上所述，单向现浇板里面是有分布筋的。

## 3.5　柱水平截面长边的概念

柱截面长边尺寸什么意思？

>> 2014-05-24 11:23　　　提问者采纳　　　网友采纳

答：————————————————————————————————————

柱子一般有方形柱子、圆形柱子和其他异形柱子等多种。圆形柱子当然也就不存在长边短边之说了。非正方形的柱子，横断面上就能看出长边短边的分别。所谓"柱截面长边尺寸"指的是柱子横断面上稍大一点的边长尺寸。

## 3.6　结构设计时最小配筋率的计算与核验

进行设计时纵向钢筋配筋表中最小配筋率计算，求指导那个 657 是哪里来的？

>> 2014-06-25 08:56　　　提问者采纳　　　网友采纳

答：————————————————————————————————————

1. 上表中第二行 65.7 kN·m 是 2 截面点通过荷载结构计算得来的。

2. 上表底下配筋率验算中 657，是写错了数字，应该按 2 截面实际配筋量 829 mm² 计算。他错在误把该截面的弯矩值当成了配筋量，657 是 65.7，漏写了一个小数点。

| 截面 | | 1 | B | 2 | C |
|---|---|---|---|---|---|
| 弯矩设计值(kN·m) | | 98.78 | -98.78 | 65.7 | -75.08 |
| $\alpha_s = M/\alpha_1 f_c b h_0^2$ | | 0.025 | 0.253 | 0.017 | 0.192 |
| $\xi = 1 - \sqrt{1 - 2\alpha}$ | | 0.025 | 0.297 | 0.017 | 0.215 |
| 选配钢筋 | 计算配筋(mm²) $A_s = \alpha_1 f_c b \xi h_0 / f_y$ | 892.5 | 1060.3 | 606.9 | 767.6 |
| | 实际配筋(mm²) | 2Φ18+1Φ22 | 3Φ22 | 1Φ16+2Φ20 | 1Φ16+2Φ22 |
| | | 889 | 1140 | 829 | 961 |
| 支座截面0.1 < ξ < 0.35，跨中截面 ξ < $\xi_b$ = 0.55 | | | | | |
| 配筋率验算：$\rho = \dfrac{A_s}{bh} = \dfrac{657}{200 \times 450} = 0.73\% > \rho_{min} = \max(\dfrac{0.45 f_t}{f_y} = \dfrac{0.45 \times 1.27}{300} = 0.19\%$及 $0.2\%)$ | | | | | |

3. 上表所列的四个控制截面中，只有 2 截面的弯矩值最小，配筋量也最小，故最小配筋率应按该截面进行验算。

4. 该最小配筋率用 65.7 计算得 0.73%，都满足了最小配筋率的要求，那采用 829 mm² 计算更加满足。

## 3.7　8 m 跨度梁截面高度的确定

8 m 的跨度应该打多高的梁？

▶▶ 2014-07-09 14:55　　提问者采纳　　网友采纳

答：

梁分主梁和次梁，上部荷载较大的主梁，梁的截面高度就要很大；上部荷载不大的次梁，梁的截面高度就不需要很大。一般来说：

1. 主梁的截面高度取计算跨度的 1/12 ~ 1/8。你所说的 8 m 跨，则取 700 ~ 1 000 mm 高，即 70 cm ~ 1 m 左右。

2. 如果不是主梁，而是荷载不大的次梁，则可取梁计算跨度的 1/16 ~ 1/12。按你所说的 8 m 跨，即可取 500 ~ 700 mm 高，即 50 ~ 70 cm 就可以了。

所以，你的这个问题不能直接给出准确答案，一定要根据该梁所承受的荷载情况来确定。

## 3.8　刚性楼板假定的概念

地下室楼板要不要强制刚性楼板假定？

▶▶ 2014-08-08 09:07　　提问者采纳　　网友采纳

答：

所谓刚性楼板假定，其含义是假定楼板平面内刚度无限大，平面外刚度为零。这是一个特有概念，目的是使结构计算概念明了。

《高层建筑混凝土结构技术规程》（JGJ3-2010）第5.1.5条规定：进行高层建筑内力与位移计算时，一般可假定楼板在其自身平面内为无限刚性。

该规程中用的是一个"可"字，因此，不是强制性的。但对地下室楼板还是建议你采用刚性假定，建议你看一下"土木在线论坛"上的一篇文章《一个强制刚性楼板假定，把我害惨了》。

## 3.9　框架结构风荷载位移角比不满足要求怎么办

五层框架风荷载下位移角比不满足怎么办？

>> 2014-08-15 08:49　　　提问者采纳　　网友采纳

答：
你试试把楼层现浇板做刚性假定，也许问题就解决了。

## 3.10　剪力墙结构与框架剪力墙结构抗震性比较

剪力墙结构和框架剪力墙结构哪个抗震性能好？

>> 2014-08-27 11:09　　　提问者采纳　　网友采纳

答：
你的这个问题"剪力墙结构和框架剪力墙结构哪个抗震性能好"，很简单：当然是纯剪力墙结构的抗震性能更好一点。毕竟框架剪力墙结构中，框架柱与柱之间的空间部分，大大地消减了很大一部分抗震能力。

## 3.11 多层建筑与高层建筑坚固性比较

多层和高层哪个坚固?

>>> 2014-08-31 09:42 　　提问者采纳　　网友采纳

答:———————————————————————————————

多层和高层的建筑设计都是按一定使用年限设计的,从这个理论上来讲,其坚固情况就不具备可比性。但是其坚固情况,应该是有一定差别的:

1. 高层建筑一般设计使用年限,往往比多层建筑更长一点;

2. 高层建筑在结构上,都是按一定结构受力模型的理想状态设计的,它的实际受力状况比多层建筑更接近于理想受力状态。

因此,从以上分析就可以知道,高层一般情况下应该比多层更坚固一点。当然,这里一定要说清楚,多层建筑也是建立在一定的结构模型状态下的,我这里只是说,高层建筑的实际受力状况,一般有可能更接近于理想的受力状态。

## 3.12 抗弯构件锚固段画法

抵抗弯矩图中钢筋锚固段处怎么画?

>>> 2014-09-02 15:23 　　提问者采纳　　网友采纳

答:———————————————————————————————

所谓"抵抗弯矩图中钢筋锚固段"指的是:在支座内的锚固情况。一般地:

1. 先将所配置的钢筋规格按规范计算出必需的锚固长度。

2. 再按梁(或板,或墙)内该钢筋的正常平直长度方向顺长配置到支座的最外端(去掉保护层)。如果配置到支座最外端,已满足锚固长度的话,就不需要弯起;如果配置到支座最外端,该抵抗弯矩的钢筋锚固长度还不够的话,就沿外侧向支座结构内做 90° 的弯起。弯起长度为：该钢筋所需要的总的锚固长度，减去已经在支座内的，平直部分已有的长度尺寸就够了。

## 3.13　框架结构柱钢筋常用规格

框架结构柱用多少厘米的钢筋？

>> 2014-09-27 14:14　　提问者采纳　　网友采纳

答：

既然你说了是框架结构，那一定需要找人设计。至于框架具体的柱还是梁怎么配筋，一定要服从设计人员帮你计算所得的结果，不能仅仅靠在网上问。或许有哪个不懂的人，在网上给你随便说说，但你简单想一想就知道了，能按人家随便说说的结果去做吗？当然不能。

一般框架结构选用的钢筋规格为：18、20、22、25、28 等，很少用再大的了。当然，框架柱选用小于 18 的情况也比较少。

## 3.14　结构计算时，怎么才能算无相邻荷载影响

怎么才能算作无相邻荷载影响？

>> 2014-09-29 11:16　　提问者采纳　　网友采纳

答：

在相邻荷载较小的情况下，就按无相邻荷载影响考虑。

所谓较小的相邻荷载，本人认为：相邻附加荷载与结构计算后得出的主荷载相比，当相邻附加荷载与主荷载之比不超过 10% 时，就可以按不考虑相邻荷载的影响（我个人认为，仅供参考，不作为参照依据）。

## 3.15  框架结构梁板承载力确定验算

如何进行给定部分条件下框架房屋梁及楼板承载力是否符合强度要求的验算？例如：C25 混凝土，HRB335 级钢筋。梁横截面 400 mm×200 mm，配筋 5 根直径 18 mm，横向计算跨径 5.0 m，纵向计算跨径 4.2 m。楼板长 × 宽 × 厚＝4 m×5 m×0.13 m，配筋 8 mm@100。墙体采用标准黏土砖。

>> 2014-10-16 12:37　　　提问者采纳　　网友采纳

答：————————————————————————————

在你所提供的条件中，还需要提供：

1. 梁板是不是整体浇筑的；

2. 板的配筋 8 mm@100 是单层配置，还是双层配置的。如果是双层配置的，梁板也是一起整体浇筑的，只要混凝土强度没有问题，那就肯定是安全的。

追问：梁板是整体浇筑，板的钢筋是双层配置，采用的是 C25 预拌商品混凝土，可否告知一些参考资料让我学习一下？

回答：

《混凝土结构设计规范》（GB50010-2010）。

## 3.16  钢筋混凝土楼板寿命期

楼板寿命多久？

>> 2014-10-19 13:04　　　提问者采纳　　网友采纳

答：————————————————————————————

不知道你想了解的是什么楼板？一般的钢筋混凝土楼板，在正常的受力状况下（使用上不超过正常的设计荷载），按现在的混凝土强度寿命推算，不要说是设计寿命 50 年、70 年什么的，实际上一百年也不会有问题。

## 3.17　钢筋等量代换的相关做法

钢筋等量代换怎么算？

>> 2014-10-30 15:47　　　提问者采纳　　网友采纳

答：

钢筋的等量代换有等强度代换和等截面代换两种：

1. 等强度代换指的是采用不同强度等级的钢筋代换，以确保原设计的所需总强度值不变为原则，采用大于或等于原设计总强度值的方式进行代换。

2. 等截面代换指的是采用同强度等级的不同规格钢筋的代换。这种代换比较简单，只要能确保原设计钢筋总截面面积不变就行了。

3. 此外，对采用最低配筋率来配筋的情况，无论采用什么强度等级（指不小于原设计强度等级）的钢筋进行代换，都要确保钢筋原设计的总截面面积。

## 3.18　门窗框护角常用钢筋规格

请问别墅门窗护角筋用多大规格的钢筋？

>> 2014-11-03 16:22　　　提问者采纳　　网友采纳

答：

你指的是门窗框周边的护角混凝土吗？门窗框周边的护角混凝土内配 12 的钢筋就行了，记住还要加套 φ6@200 的箍筋，做成门窗框柱梁结构。

## 3.19　楼板面局部承压应力验算考虑的因素

楼板承重问题，假设一个人重 70 kg，他单脚（设脚 250 mm × 100 mm）站在楼板上，那么他对楼板产生单位面积下载荷：70/0.25 × 0.1 = 2 800 kg/m²。一般的民用楼板设计上是不会超过 600 kg/m² 的，那么他会不会把楼板踏穿？

>>> 2014-11-06 15:15          提问者采纳          网友采纳

答：————————————————————————

你说的这个问题，我给你的答复是：不会把楼板踏穿。原因是：

1. 因楼板自身存在相当的强度，故可以将人脚底面对楼板荷载扩散，作用在大于脚底面的接触面上。

2. 所谓民用楼板设计上不会超过 600 kg/m²，指的是总荷载作用的设计值。而不是指的局部集中点上的局部应力状态。楼板面的局部应力状态，应按其混凝土的抗压强度来进行评判，是否会在局部应力状态下破坏。

追问：非常感谢你的回答，我想咨询你一个问题，楼板设计承重 800 kg/m²，有一个重 3 t 的设备放置上面，是否可行？如果通过扩大受力面积，减少应力的方式，需要考虑哪些因素？

回答：

你介绍的该楼板面设计承载力达到 800 kg/m²，应该算是非常大的，说明对该楼板设计的时候，大概就是需要考虑安装该设备的。

现你想了解的是楼板设计承重 800 kg/m²，有一个重 3 t 的设备放置上面。按楼板承载力设计情况，那个 3 t 重的设备需要近 4 m² 的面积才能满足要求。也就是说，需要相当于占用楼板面 2 m×2 m 大小的地方才可以。根据这个情况，你了解一下该设备的基座设计情况。如果想通过扩大受力面积来减少应力的话，可在原设备基座下加 8～10 mm 厚的钢板，钢板下要用砂浆与楼板面垫实。至于该加垫钢板的固定，可按原设备基座的固定位置做相应的固定就行了。

不过，还需提醒一下：该设备运行时，是否有震动？没有震动的话，肯定就没有问题。如果有震动的话，再与设计院沟通一下，设计时是否已经考虑进去了。

追问：这是款立式注塑机，带振动，并且机器的底面积是 2 m² 左右，但是附带的避震垫脚直径为 100 mm，共 6 个，这样是不是每平方米的受力更大了？能给个 QQ，继续请教你吗？谢谢！

回答：

我不用 QQ，有个邮箱 njaz163@163.com，以后有什么事情也可以发到这个邮箱来。

根据你说的这个情况，它已经附带了减震、避震装置，那就没有问题，可以直接安装，不要做什么加垫。它的基座底面积是 2 m² 左右也不要紧，因为：

一方面，你介绍的楼板设计承载力就是比较大的，可能当时设计的时候，你们就是指定需要安装该设备的；

另一方面，要注意在该设备的附近总的五六个平方米范围内，不要经常都堆放很多的东西就行了。你放心安装，放心使用吧，没有问题的！

## 3.20    密肋楼盖局部加腋的图示代号

GY 在结构图中代表什么意思？

>> 2014-11-06 15:20    提问者采纳    网友采纳

答：
GY 在结构图中代表的意思是：密肋楼盖的局部加腋构造。

## 3.21    低层房屋地基基础与抗震设置

全砖地基可以加盖二楼吗？

>> 2014-11-13 13:40    提问者采纳    网友采纳

答：
不在地震频发地区，砖基础盖二层楼，没有问题。想有防震要求的话，最好加一下圈梁、构造柱。

追问：构造柱是什么？

回答：

构造柱一般是设置在墙与墙交叉点处的墙角位置，用钢筋混凝土浇筑所形成的一种柱子。

## 3.22 房屋结构中梁布置方案比较

以下哪种梁的布置方式好？

第一张图片是房子的客厅和阳台的结构图，在其上空现浇楼板。第二张是现浇梁的布置图，请高手帮忙分析下，哪种布置合理。

▶▶ 2014-11-13 15:26    提问者采纳    网友采纳

答：————————————————————————————————————

第二张图中的"方式二"布置稍合理一些。

1. 第一张图，纯用现浇板，尺寸太大了点（尽管你没有标注尺寸，仅从相应比例上看的），不经济。

2. 第二张图中的"方式一"，把一根大梁放在了房间的中央，让人有"千斤压顶"之感。

3. 第二张图中的"方式一"，开间尺寸仅 4.2 m，中间就设置大梁也是不经济的。

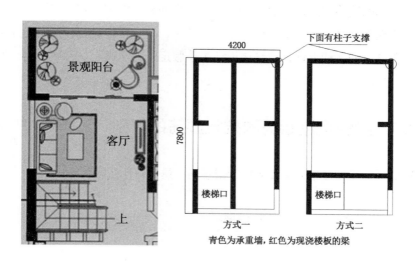

青色为承重墙，红色为现浇楼板的梁

### 3.23　梁结构中钢筋弯锚长度的确定

梁钢筋的弯锚长度怎么确定？

>> 2014-11-13 16:08　　提问者采纳　　网友采纳

答：—————————————————————————————————

梁钢筋的弯锚长度问题还是比较复杂的，但说起来往往很简单，这要看锚固在柱内、梁内还是剪力墙内，当然锚固的长度是一样的，都是大于 0.5 hc + 5 d。具体要查看 G101—1，或与设计单位联系解决也行。

### 3.24　房屋结构中配置的钢筋，怎么才能表现得有力

房子钢筋怎么才有力？

>> 2014-11-14 08:17　　提问者采纳　　网友采纳

答：—————————————————————————————————

房子里面的钢筋很多，有梁的钢筋，有柱子钢筋，也有楼板里的钢筋等。

房子钢筋怎么才有力？这个问题不好回答你，这么跟你说吧：按设计人员对相应的钢筋所进行的结构设计，在结构设计中，假定的力学模型状态下，相应的钢筋表现得最有力。

### 3.25　梁侧构造腰筋和抗扭腰筋的区别

梁的侧部钢筋构造中构造腰筋和抗扭腰筋，具体有什么区别？

>> 2014-11-28 09:08　　提问者采纳　　网友采纳

答：────────────────────────────────────────

构造腰筋和抗扭腰筋，在 101 图集上书面语是构造钢筋和受扭钢筋。构造腰筋和抗扭腰筋在安装钢筋的时候是一样的，安装根本没什么区别，那么它们有什么本质的区别吗？顾名思义，它们的区别在：

1. 构造腰筋是构造措施，是为防止梁侧出现枣核状裂缝的工程措施，没有太多的结构上的意义。

2. 抗扭腰筋是根据结构构件的受力情况，按结构力学计算的需要而配置的腰筋。

追问：具体问下抗扭腰筋的问题。图集上说，同该梁下部钢筋。这句话是不是可以理解为锚固方式，长度都相同。当下部钢筋的直径有大有小，是取值最小钢筋的锚固值？

回答：

抗扭腰筋是通过结构计算而配置的。图集上说，同该梁下部钢筋。这句话所说的意思是：配置长度与下部钢筋相同，而不是锚固方式和配筋直径，更不能与"下部钢筋的直径有大有小，是取大值还是取最小钢筋"联系在一起。

抗扭腰筋的配筋是通过结构的抗扭计算而配置的。所以，抗扭钢筋的配筋情况，就不一定能够正好与该梁下部钢筋的配筋直径一致，自然其锚固也就不一定能与该梁下部钢筋一致。

## 3.26　悬臂梁中某点的弯矩计算方法

悬臂梁计算某点弯矩，需要加上固定端的支反力偶吗？

比如这个图中的第三种情况，我取右边分析，设点到右边端点的距离是 $x$，请问 $M = 0.5\,gx^2 - M$ 端吗？

≫≫　2014-12-25 09:45　　　提问者采纳　　　网友采纳

答：────────────────────────────────────────

悬臂结构一般是取从悬臂端向固定端分析的次序，而不是从固定端向悬臂端做力学分析。因此，从悬臂端开始的话，就不存在是否"要加上固定端的支反力偶"

| 荷载形式 | | | | |
|---|---|---|---|---|
| M 图 | | | | |
| V 图 | | | | |
| 反力 | $R_B=F$ | $R_B=F$ | $R_B=ql$ | $R_B=qa$ |
| 剪力 | $V_B=-R_B$ | $V_B=-R_B$ | $V_B=-R_B$ | $V_B=-R_B$ |
| 弯矩 | $M_B=-Fl$ | $M_B=-F_b$ | $M_B=-\frac{1}{2}ql^2$ | $M_B=\frac{qa}{2}(2l-a)$ |
| 挠度 | $w_a=\frac{Fl^3}{3EI}$ | $w_A=\frac{Fb^2}{6EI}(3l-b)$ | $w_A=\frac{ql^4}{8EI}$ | $w_A=\frac{q}{24EI}$ $\times(3l^4-4b3l+b^4)$ |

的问题了。

追问：那我从固定端开始呢？

回答：

哪里有人从固定端开始呢？

## 3.27  柱网上如何布置梁板

柱网上要如何布置梁板？

>> 2014-04-09 11:59    提问者采纳

答：

你的这个问题太大，不能详细说，只能说个大概：

1. 先布置主梁。主梁直接支承于承重柱网的承重柱上。

2. 再布置次梁。次梁一般支承于主梁上，在柱网轴线位置，也支承于柱顶，嵌固于柱顶的主梁内。

3. 最后布置板。板有单向板和双向板之分，当长短边之比小于 2：1 时，一般可以设计成双向板。当长短边之比大于 2：1 时，应设计成单向板。单向板的受力筋方向应平行于主梁方向，也就是说让板的荷载传递到次梁上，再由次梁传递到主梁，通过主梁将所有楼面荷载传递到承重柱上，最后由承重柱将所有结构荷载传递到基础上。

## 3.28 柱顶斜坡长度计算

左面柱子（a柱）高5m，右面柱子（b柱）高4.5m，用三角连起来下方直线是10m长，求上方斜线的长度，用什么公式解？

>> 2014-04-11 20:20   提问者采纳

答：————————————————————————————

两柱子的高差是5.0-4.5=0.5m，下方直线是10m，则上方斜线长度为 $\sqrt{0.5^2 + 10^2}$ =10.012m，计算出来的结果是10.012m，也就是说，只长了1cm多一点点。

## 3.29 板式楼梯荷载传递及结构计算方法

板式楼梯的荷载传递的疑问？

我在做毕业设计，可是遇到楼梯不懂啊。如图，板式楼梯，我取了两个板来说明（平台板和楼梯斜板）。楼梯板看成单向板，所以板上的力的传递首先是平分短边方向，得到两个长方形，那是不是左边长方形区域的力传给左边梁，右边长方形区域的力传给右边梁？为什么书上又说是传给楼梯梁（TL1和TL2）呢？难道单向板不是沿短边方向传力，然后由长边方向的梁来承受这个力的吗？同理，平台板也应该是由KL2和TL1这两个长边梁来受力，不是吗？

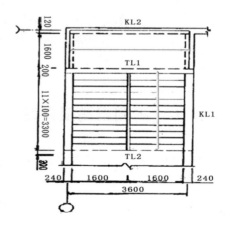

>> 2014-04-12 09:31　　提问者采纳

答：

一般来说，楼梯段（斜板）部分多设计成单向板，沿楼梯段长方向传递荷载，用你所提供的图来说就是楼梯段的荷载传递到 TL1、TL2，再由 TL1、TL2 传递到楼梯间两侧的墙（或梁或柱），这是因为楼梯段沿短边方向一侧有 KL1，而另一侧是悬空的。当然，也可以做成沿短边方向受力的单向板，那就必须在楼梯段悬空的一侧加设一道斜梁，但大多数情况下，这样设计有问题。一方面造价会增加，另一方面可能出现净空高度不够，促使层高需要增加。

追问：谢谢您的回答！我还想再问一个问题，就是楼梯板的荷载计算一般是以 1 m 宽为计算单元，这个 1 m 的取值是哪个方向上？是不是对于楼梯斜板，是沿 TL1 的长度方向？我这么问是因为最后算得一个均布线荷载，但是我不懂是哪个方向上的，不懂怎么加载到梁上计算。

回答：

无论是沿长边方向受力，还是沿短边方向受力，其计算方法都是一样的，取 1 m 宽度为计算单元。像你所提供的图示情况：假如设计成沿楼梯段长方向传递荷载，也就是楼梯段的荷载传递到 TL1、TL2 的话，楼梯段宽度是 1.6 m，但只取 1 m 进行计算。算出来以后再把这个均布荷载通过力的传递而加载到 TL1、TL2 的梁上。

提问者评价：谢谢您的帮助！我懂了书上讲不清的地方，可惜分没更多，不然多给您！

## 3.30　雨棚梁高度确定

雨篷梁高度不按跨度的 1/12 ~ 1/8, 可以么?

>> 2014-04-17 21:36　　提问者采纳

答：

雨篷梁的截面高度 $h$ 不能太小。这是因为雨篷梁不仅仅是受弯构件，而且同时必须具备一定的抗扭能力，是抗弯梁同时还是抗扭梁，所以梁高按梁净跨度的 1/12 已经是不算大了。

追问：我的不是单纯的悬挑，最外面还有两个直径 300 mm 的圆柱子支撑着，我想着雨篷就是受点恒载、雪载，就把梁设小点。

回答：

雨篷外面有柱子，雨篷不是悬挑的雨篷梁可以按普通简支梁板来计算，没问题。

## 3.31  钢柱在基础中插入深度的确定

钢柱插入基础深度看什么规范？是哪一章节？

>>> 2014-04-21 07:31　　　提问者采纳

答：————————————————————————————————————

钢柱插入基础内的深度是通过结构的受力情况计算来确定的，而不是通过哪一本规范或什么构造措施来确定。

## 3.32  荷载作用面的概念

什么叫荷载作用面？"荷载作用面的长边垂直／平行于板跨"又是什么意思？

>>> 2014-04-21 17:04　　　提问者采纳

答：————————————————————————————————————

1. 只要学过力学的人基本上都知道，力的"三要素"——大小、方向、作用点，作用点的"点"字只是一个很抽象的概念。理论上来说，"点"是没有面积的，因此说力的作用点只能是一个假想的位置。其实任何一个物体对另一个物体产生力的作用时，都需要一个相当的接触面，而不是一个非常抽象的"点"。这个接触面就是你要问的"什么叫荷载作用面"。

2. 既然荷载是发生在一个"作用面"上的，那么"面"就一定有一个几何图形和几何尺寸。在工程力学方面，研究荷载的作用面往往是一个"很规则"的几何图形，甚至是方方正正的。你的第二个问题可能是因为你的疏忽，并没有表达完整、表达清楚，可能是"该荷载作用面的长边垂直于某一条边，且平行于板跨"。即该荷载作用在一个"比较"方方正正的荷载面上，且该荷载作用面的长边垂直于某一个指定的线或面，同时与板的跨度方向平行。即：在空间结构上，当仅仅用某一条线与另一条垂直作为条件的话，可以找出"若干"条符合条件的"线"。因此，要想确定某一条线的前提条件除了"垂直于某一条边"外，还必须再设定一个条件"平行于板跨"方向。

## 3.33　偏心受压与偏心受拉的工程实例

举出实际工程中的偏心受压构件和偏心受拉构件各五种？

>> 2014-04-23 10:41　　提问者采纳

答：

所谓偏心受压构件和偏心受拉构件，实际上就是相当于轴心受压、轴心受拉构件同时存在了一个弯矩作用的构件。

1. 偏心受压构件一般大多为竖向构件，如框架柱（所有的框架柱基本上都是偏心受压构件）、带牛腿的排架柱、剪力墙、排架梁（侧向的风载、地震荷载等作用）、钢桁架结构桥梁的上弦杆、存在水流冲击的桥梁墩台等。

2. 偏心受拉构件一般大多为斜向的拉索构件，如斜拉吊索桥的吊索，幔围结构中的吊索、悬索，桁架结构中的水平拉杆、斜拉杆（小偏心，通常忽略），钢桁架结构桥梁的下弦杆等。

追问：如果是混凝土结构中的构件，除了下弦杆、水池的池壁、工业筒仓的仓壁外，还有什么偏心受拉构件啊？

回答：

因为混凝土的受拉性能很差，所以，设计成混凝土的受拉构件很少。钢筋混凝土的受拉构件，最终拉力还是由钢筋来承受的，混凝土只是钢筋的保护层。所以不要说是设计成"偏心受拉构件"，就是设计成轴心受拉构件的都很少。

你刚才说到了水池池壁、工业筒仓，从理论上来说水池池壁和工业筒仓，基本上都是轴心受拉的构件。它还不像桁架结构中的水平拉杆、斜拉杆，由于自重的作用使它们成为"小偏心受拉杆"（这仅仅是我这样归类进去的，一般教材里还是把这类杆件按轴心受拉构件考虑），水池池壁和工业筒仓是无法把它们收编到偏心受拉构件中去的。

另外，双肢桥或三肢桥的中间联系拉杆，也可以按我前面的这种"思路"归类到"偏心受拉构件"中去。但怎么说都还是杆件，还是因杆件自重使得它们成为"偏心受拉"。

## 3.34  基础工程结构计算中宽度修正与验算

建筑地基规范中关于基础的宽度 *b* 是怎么定义的呢？在进行地基承载力宽度修正和变形计算时，地基宽度是窄边，而在冲切抗剪验算时，示意图又好像是长边，这是为什么？

>> 2014-04-23 11:10    提问者采纳

答：————————————————————————————

从你所提供的"问题"资料来看，你想了解的是"柱下独立"基础的情况。

1. 你所讲的前面一句话是对的，"在进行地基承载力宽度修正和变形计算时"，地基宽度选择窄边，因为窄边尺寸小，如地基沉降产生的很小变形，对上部结构的"柱"产生较大的附加应力。如基础尺寸为 4 000 mm × 8 000 mm，假如在 4 000 mm 边长的外缘处沉降 30 mm 对柱产生的附加应力，肯定比在 8 000 mm 边长的外缘处沉降 30 mm 对柱产生的附加应力要大得多。

2. 在对地基土的抗冲切、抗剪切验算时不仅仅是长边需要验算，短（窄）边也需要验算。因为地基土体往往并非是"各相同性"的"匀质结构"，应根据所处地点的地形、地貌、土体结构等情况予以确定。如基岩存在"某一方向"的坡度等将会对某一方向的土体抗剪切产生影响等。所以，有时候短边、长边都需要验算。

## 3.35 结构计算中主次梁荷载模型与传递假定

主梁自重荷载为什么只计算纵梁的，不计算横梁的？在计算一榀框架内力组合时，我感觉边柱恒载 $P_1$ 的主梁荷载 应该包括纵梁和横梁，但是好像所有的例题都不计算横梁，只是计算纵梁，求解答？

>> 2014-04-24 14:54　　提问者采纳

答：

结构计算尤其是框架的结构计算，它总是"建立在一定的理论力学模型"的基础之上的。一个方向就已经够复杂了，两个方向还好算吗？

追问：难算是难算，但我感觉应该算啊，为什么不算呢？

回答：

1. 做结构计算，总是先建立"结构模型"。

2. 建立了结构模型后，不是不算，而是按预先"选定"的"模型"来进行计算。

3. 所有荷载也没有漏算，而是把所有的荷载都简化"传递"到预先"选定"的模型里面去，一点都不能漏掉。

4. 如果两个方向的跨度（或荷载组合）相差不大，计算了一个方向，同理可以"推定"另一个方向。如果两个方向的跨度（或荷载组合）相差很大，计算了一个"受力最不利情况"的方向，另一方向就不需计算。

## 3.36 桩基础中基础联系梁、承台高度的确定与计算

桩基础联系梁能不能设计成承受首层墙体荷载的地梁？第一次做桩基础，希望前辈指点。多层框架结构，承台埋深 0.6 m，有抗震设防要求的柱下桩基承台，宜沿两个主方向设置联系梁。联系梁顶面宜与承台顶面位于同一标高。承台高度如何

按下列简化方法计算：

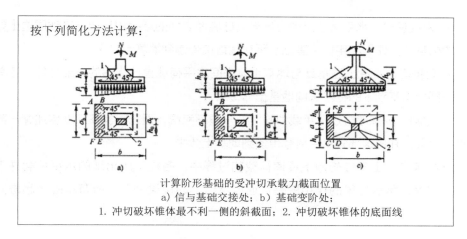

计算阶形基础的受冲切承载力截面位置
a) 信与基础交接处；b) 基础变阶处；
1. 冲切破坏锥体最不利一侧的斜截面；2. 冲切破坏锥体的底面线

确定？如果设置成承受首层墙体荷载的地梁是不是按照框架梁来计算？

>>> 2014-04-25 11:20 　　提问者采纳

答：────────────────────────────

1. 承台厚度按"抗冲切"计算，高度应结合基础埋深和承台梁的情况。

2. 地梁可以设置成承受首层墙体荷载，可以按照框架梁来计算，如果上部没有，也应该按简支梁计算。

## 3.37　桩基础水平荷载传递

桩基考虑水平承载力吗，可以用承台拉梁来平衡吗？

>>> 2014-04-26 16:21 　　提问者采纳

答：────────────────────────────

不管柱底计算出来的剪力（水平力）有多大，它都需要通过"基础部分"来承受，基础承受水平荷载后，又将上部结构传递过来的水平荷载传递到地基土体中。基础承受、传递水平荷载的受力工作状态分为两种，即有桩基的与无桩基的两种。

1. 无桩基时，水平荷载是由土体与基础底面之间的摩擦和基础与基础周边土体之间的相互"挤压"作用，将基础水平荷载直接传递到地基土体中。

2. 有桩基时，除上述基础与地基土体之间水平荷载直接传递的一部分外，还有相当一部分由基础下的桩基来向地基土体传递。

3. 你问"桩基考虑水平承载力吗"，一般不考虑，但它实实在在地传递着一部分水平荷载，并将这部分水平荷载传递到地基土体中。

一般来说，上部结构向下传递荷载的过程中，各柱下所出现的水平荷载并不相等。因此，承台拉梁的作用就是：通过承台上的拉梁来使得所有基础一起协同工作。

## 3.38　双向板应力传递中荷载认定范围

双向板顶层柱中柱集中荷载怎么计算？

>>　2014-05-13 15:33　　提问者采纳

答：

你的这一句话"双向板顶层柱中柱集中荷载怎么计算"中间没有标点断句，让一般人很难理解。按我的理解是不是：

（有一个建筑物，顶层是双向板，我想了解在这个）双向板顶层（结构中的）柱，中（间）柱（的）集中荷载（是）怎么计算（的）？如果是这样的一个问题，才让人好回答你。

中间柱承受着各相邻跨度范围内，距邻跨柱"各 1/2 范围内"板体结构传来的"全部"荷载。

## 3.39　砖壁柱的设置和作用

砖壁柱是什么意思，砖壁柱有什么作用，丁字墙的砖壁柱怎么摆，还有墙的转角处怎么放置？

**2014-05-13 16:39**　　提问者采纳

答：————————————————————————————

过去的一般厂房，大多都是采用的砖墙到顶。但由于需要较大的空间，所以很多厂房中间不砌隔墙，而采用一跨一跨的三角形木屋架，或竹木屋架，或钢屋架，或钢木屋架等。但又因为长距离"整片"的砖墙强度很差，极易失稳，故通常在搁置屋架的砖墙处增加砖壁柱来给予加强。也有因通长墙体面积较大，或墙体高度较大的情况下，不在搁置屋架的地方外加砖壁柱给予加强的做法。如长距离的围墙、比较高的山墙等情况。所以，砖壁柱的作用就是：

1. 加强墙体整体稳定性。

2. 提高墙体局部承载能力。至于丁字墙的砖壁柱怎么砌，砖头怎么排布等，在网上几句话说不清楚，要向有经验的泥工"老"师傅用现场操作的方法多多请教请教！

## 3.40　桩筏基础应力传递分析

桩筏基础的问题，桩筏基础中桩间土和桩一起承受筏板传递下来的力吗？筏板是和土接触还是直接坐落在桩上？另外，基础底面还受到浮力作用，设计时需要考虑进去吗，如何考虑？

**2014-05-16 16:05**　　提问者采纳

答：————————————————————————————

1. 桩筏基础中桩间土和桩一起承受筏板传递下来的荷载。

2. 筏板是和土接触也是直接坐落在桩上的。

3. 基础底面所受的浮力作用，设计时一般不考虑进去。筏板虽然与地基土体直接接触，但也不考虑其承载作用，而直接考虑桩的承载力。

## 3.41　结构中裂缝宽度验算

开裂弯矩 $M_{cr}$ 会不会比短期效应组合下的弯矩 $M_s$ 还大？如果会的话，还有裂缝吗？裂缝宽度验算时是不是应该小于等于零。

>> 2014-05-21 16:03　　提问者采纳

答：

你问"开裂弯矩 $M_{cr}$ 会不会比短期效应组合下的弯矩 $M_s$ 还大"，这是完全有可能的。但因为是短期荷载效应组合，一般是不会出现裂缝的，不要把混凝土想象得"一点弹性都没有"。

后面一句话不知道你问的是什么"小于等于零"。

追问：就是裂缝宽度 $w$ 那个公式得数应该是负的吗？

回答：

裂缝宽度是结构构件中，在外荷载作用下，结构内钢材的变形与混凝土变形之差，不会出现负数。

计算结果中如果出现负数，就表明裂缝不存在。

追问：所以说如果 $M_{cr}$ 比 $M_s$ 还大，$w$ 就应该是负数？

回答：

那就表明没有裂缝出现。

## 3.42　梁结构计算中截面有效高度确定

根据构造要求，梁最底层钢筋 2 根 32 mm 通过支座截面，支点截面有效高度 $h_0 = h-(35 + 35.8/2) = 1\ 300-(35 + 35.8/2) = 1\ 247$ mm。我想问这个支点截面有效高度到底是怎么出来的？

>> 2014-06-08 06:41　　提问者采纳

答：————————————————————————————

梁计算截面的有效计算高度（$h_0$）是梁下受力钢筋的受力形心到梁截面上边的
距离。

从你提供的上述计算式来看：该梁高度为 1 300，受力钢筋保护层厚度为
35，你说到了"梁最底层钢筋 2 根 32 mm 通过支座截面"，但计算式中写明的
是 35.8/2，说明该梁下除 2 根 32 mm 钢筋外，还有其他钢筋。否则，这里应该是
32/2，而不是 35.8/2。

## 3.43　结构设计人员属于高强度劳动者

为什么有人做结构设计却总在抱怨，而其他人却在挤破 头皮想入这行？有懂行
的人能讲讲结构设计的利弊与内幕吗？

>> 2014-07-28 19:05　　　提问者采纳

答：————————————————————————————

1. 其实，搞结构设计的人，整天坐在办公室里头昏脑涨的，比较辛苦，非常劳累。

2. 搞结构的人做好一个项目后，整天都是提心吊胆的，并不是担心自己算错，
而是担心施工质量能不能达到自己假定的受力模型的状态。

3. 没有搞过结构设计的人，看到的是：整天坐在办公室里，一般是"大门不出，
二门不迈"。应该是再舒服没有了。《围城》里这么讲的：城里的人，争着要出去；
城外的人，争着要进来。讲的就是这个道理。

追问：请问你是做结构的吗？我是学道桥的，几个前辈劝我别去做结构，一来
专业上手要时间，二来做自己专业其实也不错。可能是没接触过做结构设计的工作，
对其也抱着一定的幻想。结构现在是不是过度饱和了，而且设计费也在压低？补充：
想去做结构的原因是个人觉得就业面宽一点，以后选择甲方单位的面更广。

回答：
做结构的就业面并不宽。你既然学道桥专业的，非常好，怎么能放弃呢。

有一句话：站在这山，看到那山高。其实，当你到了那山之后，重新回过头一看，

才发现起初站的这山并不低。

目前道桥专业是比较抢手的专业，自己现在没有感觉出来的原因并不是专业的问题，而是需要自己再努力的问题。这个努力并不仅仅是过去所说的努力学习，更重要的是努力工作，要充分发挥自身的能动价值，让凡是与你接触过的人都希望继续跟你合作下去。

抓紧时间找个"活"，先干起来再说吧！

## 3.44　50 年的两层老房屋能抗震吗

50 年的两层老楼能抗多少级的地震呢？东北的两层老楼，这抗震吗？

>> 2014-08-05 20:43　　提问者采纳

答：

50 年的二层老楼基本都是不抗震的。不要说是两层的楼房，就是四、五层的混合结构房屋都是不能抗震的。因为那时候国家的设计规范上，就没有严格的抗震要求。

## 3.45　排架结构填充墙以及牛腿施工缝留置做法

排架结构厂房，370 厚煤矸石多孔砖，可以先砌砖墙然后牛腿柱子一侧当砖模，再浇筑牛腿柱子吗？牛腿柱混凝土断面留在牛腿上面可以吗？

>> 2014-08-13 07:04　　提问者采纳

答：

1. 先砌墙，然后把砌好的墙当砖模，排架结构厂房一般不允许这样做，这是混合结构中构造柱的做法。应该先浇筑排架柱，在排架柱内留出墙体拉结筋，模板拆除后，从排架柱中凿出拉结筋再砌墙。

2. 你想了解"牛腿柱混凝土断面留在牛腿上面可以吗",其实是施工缝的问题。一般不在这里留施工缝。

## 3.46　通信信号塔地基与基础设计中通常所采用的钢筋规格

通信信号塔地基用的钢筋一般用什么标号的?

➤➤ 2014-10-09 07:39　　提问者采纳

答:

你的这个问题"通信信号塔地基用的钢筋一般用什么标号的",一般人不能回答你,因为每个单体的信号塔地基都有独立的设计图纸,必须按图施工。

通常的信号塔基础所用钢筋,主筋一般都采用二级钢,直径 16、18、20、22、25 等每种规格都有可能。

## 3.47　肋梁的设置原理

建筑中什么是助梁?

➤➤ 2014-10-13 15:25　　提问者采纳

答:

你应该是打错了一个字,建筑工程中有的是"肋梁",而不是"助梁"。肋梁指的是:梁板结构中,因为板的跨度或宽度尺寸较大,为了避免"可能产生的刚度不够"而附加的梁结构。

该肋梁结构,一般不是按结构计算来配置的,往往是按构造要求进行配置的。

## 3.48　地震荷载作用下，角柱与内柱破坏性比较

为什么角柱的震害重于内柱？

>> 2014-10-16 12:07　　提问者采纳

答：

举个简单的例子给你听听，就能很直观地了解你所提的问题了：

1. 一根梁一般属于典型的受弯构件，梁的中和轴线附近所承受的拉应力或压应力都远远小于上下表面所承受的拉应力或压应力。

2. 同理，当柱成为受弯构件时，柱的外表面的应力，是不是应该大于柱内芯处的应力呢？

3. 再同理，当你把一幢高层建筑或超高层建筑，简化假定成一根独立的悬臂柱的话，那么，当有侧向荷载作用时，该"独立的悬臂柱"是不是成了一根典型的受弯构件了。该"悬臂柱"外围所承受的力量是不是远远大于该"悬臂柱"核芯处所能承受的力量。

追问：第 1 条为什么说中和轴线附近拉压应力小于上下表面的拉压应力，你能用示意图表示一下吗？

回答：

受弯构件，就是一侧受压、一侧受拉的。从每一侧的最外边，向中间方向，拉压应力都是递减的，中间拉压应力均为 0 的点，连起来就是中和轴。

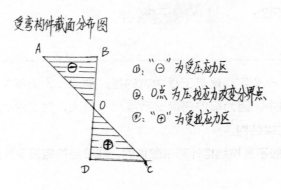

## 3.49　地圈梁设置所需考虑的问题

砌砖至正负零是否做圈梁?

>> 2014-10-19 10:07　　提问者采纳

答:

你想了解"砌砖至正负零是否做圈梁"这个问题,关键是要看你砌的是什么房子。

1. 大型结构的房屋,一般在正负零处基本上都有圈梁或其他连续梁、框架梁等代替圈梁。

2. 现在很多民用的两层、三层的小楼房一般在正负零处也设置圈梁。

3. 目前只有比较小的、或临时性的、或生产用房,一般都没有设置圈梁。有关圈梁的设置问题,大致就是这么个情况。

追问:那是否有硬性规定呢?

回答:

没有硬性规定。

## 3.50　预应力空心板的图示方法及各代号的意义

建筑 4ykb36_33 是什么意思?

>> 2014-11-07 10:00　　提问者采纳

答:

1. 4ykb 指的是:4 块预应力空心板。

2. 36 是:该空心板的跨度为 3 600 mm。

3. 第一个 "3" 为该板宽度为 300 mm。

4. 第二个"3"是该板的设计荷载等级为 3 级。

## 3.51　荷载规范中浆砌机砖的概念

请问建筑荷载规范里的浆砌机砖是指水泥砂浆砌筑的实心砖吗?

>> 2014-11-10 14:59　　提问者采纳

答:

建筑荷载规范里的浆砌机砖指的是:水泥砂浆、混合砂浆等砌筑的实心砖。

## 3.52　结构图中梁柱图示画法的相关规定

画梁的布置图,矩形柱大小有明确规定还是随意画的?

>> 2014-11-19 10:21　　提问者采纳

答:

搞设计的,肯定不是随意画的,尤其是梁下柱的布置情况,更为郑重其事。至于你想了解"矩形柱大小有明确规定",肯定是有规定的,柱的大小也一定是要按比例来画的,不能随意画。具体涉及有关制图方面的规定,应按《建筑制图规范》(GB/T 50104-2010)中的相关标准执行。

## 3.53　原设计预制桩更改为钻孔灌注桩的必要条件

在施工过程中,通常在什么情况下,才不得不把原来已经设计好的预制预应力桩临时变更为钻孔灌注混凝土桩?

**>>** 2014-11-27 12:38    提问者采纳

答：————————————————————————————————————

　　一般是预制预应力桩在受到施工现场条件限制，现场不具备预制桩沉桩条件的情况下，临时变更为钻孔灌注桩。追问：如果是地质条件引起的无法沉桩会进行这种修改吗？比如地下有石头之类的。回答：施工现场不具备预制桩的沉桩条件包括很多方面，当然包括地面情况、地下情况以及施工设备条件等。当地质条件不能使用预制桩的时候，也可以临时变更为钻 孔灌注桩的。但无论哪种情况，都应由设计院出具变更后方可有效，否则，不能私 自变更。

　　追问：能回答下我吗？我们本来接了个预制预应力桩的活，可前几天对方突然通知我们因为现场地质条件无法沉桩，好像是说下面有石头之类的，如果预制桩不能沉桩难道改成钻孔灌注混凝土就可以穿过石层吗？

　　回答：

　　你说的这个情况中间是不是有夹层，而不是有石头。如果你钻孔桩也能做不是最好吗？

## 3.54　三层民用房屋墙体厚度设计必须考虑到的结构问题

　　做三层的房子砌 18 cm 的红砖墙，每一层浇圈梁可以承受得了吗？

**>>** 2014-12-19 06:58    提问者采纳

答：————————————————————————————————————

　　不能这样做。砌成 24 墙，部分砌成空斗墙也是可以的。墙体是一种竖向承重的结构构件。竖向构件的承载力不是取决于强度、刚度，而是主要取决于结构稳定性，竖向结构构件的稳定性大小又主要取决于截面惯性矩的大小，截面惯性矩的大小与构件的几何尺寸、形状等有着很大的关系。

说到结构问题，就显得有些太复杂了点。如果想节省点材料，三层的混合结构可以局部砌成空斗墙，或者改成框架结构，中间的填充墙砌成 12 墙也没有问题。

## 3.55  筏板基础中倒置梁与倒置板的概念以及该类型结构中箍筋开口方向

建筑筏板中倒置梁和倒置板是什么意思？箍筋口是不是朝下的？

>> 2014-12-25 09:35　提问者采纳

答：

你想了解的是建筑基础底板的结构问题。

1. 建筑基础筏板中倒置梁和倒置板，是将地基反力假想成作用在该基础底板上的外荷载，并通过该假想来假定该基础底板的结构受力模型，再通过该假定的结构受力模型，进行基础底板的力学计算。

2. 在基础底板中，尽管筏板部分已经按假定的倒置梁和倒置板进行结构配置，但施工中的箍筋口不需要向下。这是因为：一方面，结构模型是一种假定；另一方面，箍筋口的朝上与朝下问题，更重要的是为了施工方便而决定的，并不完全取决于梁身结构内的力学问题或结构问题。

从纯粹的梁身结构受力特点方面来讲，箍筋开口安排在梁身结构的受拉区才是比较合理的，只要箍筋开口放在受压区，就存在一种可能受压"绷裂"的缺陷。但无论是一般的梁板结构中的梁，还是倒置结构中的梁，梁身受拉区和受压区都不是沿梁身的通长方向而一成不变的。但作为图集中的箍筋开口却要求朝上的一个方向，这显然不是因梁身结构的受力情况而考虑的问题。

## 3.56  普通民用房屋结构中梁的设置所需考虑的方面

长 3.12 m，宽 4.35 m，中间需要设梁吗？

>> 2014-12-26 07:08　　提问者采纳

答：————————————————————————

这个房间尺寸比较小，中间不需要另外再增加什么梁了。直接做整体现浇板也行，搁置预制板也行。不过，现在预制板已经很少用了，基本上都是以现浇板为主的。

追问：一般长宽超过多少 m 就要设梁？

回答：

是否需要加设梁的问题，并不完全取决于房屋开间、进深的几何尺寸，更重要的是上部荷载情况。上述你没有提到荷载情况，一般只能认定为普通民用房屋，故"长 3.12 m，宽 4.35 m"中间没有必要加设一道梁。是否需要加设梁，一定要结合房屋的结构情况、荷载情况。

## 3.57　小型钢结构厂房的梁柱设计

钢结构厂房，长 4 m，宽 4 m，高 6 m，用多大的立柱、多大的梁？

>> 2014-05-07 07:19　　网友采纳

答：————————————————————————

你需要做 6 m 高的厂房，虽然长、宽均只有 4 m，尺寸不大，但高度太高了。你想设计该结构的柱、梁、板，不是仅仅靠在网上问一问，或哪个"不懂事的人"在网上给你说一说就行的事。

建议你：实实在在找人设计一下，并且需要严格地算一算，尤其是"基础"部分。

## 3.58　三层房屋的基础工程设计

我想做三层楼房，请问要挖多大多深的基础？

>>> 2014-05-11 08:02    网友采纳

答：

像这种事情不应该拿到网上来问（当然也正因为拿到网上来问过了，我才给你说清楚了），因为拿到网上来问给出的答案也是很难正确的：

1. 你说的"三层楼房"，到底房屋的结构是什么样子，你没有在网上说得很清楚。

2. 你房子建在哪里，那里的地质条件怎么样，你也没有说得很清楚。是建在山区的岩层上，还是建在江河湖海边的淤泥沼泽地上？地质条件的差异性太大了，就是同一地块前后相差 10 m、20 m 都有可能存在很大的地质差别。

如果你所建"三层楼房"不是很大，就找个比较专业的人帮你看看。如果你所建"三层楼房"规模比较大，那就要找个勘察单位帮你勘探一下。毕竟建房子是个大事，不要"盲目"做。

## 3.59　设计说明与结构详图不一致时的认定做法

结构设计总说明里面钢筋选用了 300 和 400 的一级钢和三级钢，但是在基础详图里面又写出了钢筋为 235 和 335 的，请问，在结构设计总说明中的钢筋材料与后面具体的结施图中钢筋材料不一样的情况下，应该按照哪种要求施工？

>>> 2014-05-12 08:00    网友采纳

答：

按结构详图施工，理由如下：

1. 结构详图才是针对所设计的项目进行的具体设计。

2. 如果有人向你提出疑问，你可以说：结构设计总说明往往是套用的通用说明，任何项目都是执行具体的单体设计。

当然，像这种情况，在图纸会审的时候应该提出来。以上说法是早已过了图纸会审，已经到了施工阶段，又不想把这事拿出来说的情况下，就这样应付一下的。

## 3.60　主副楼在筏板基础中相连时的连接与锚固

主楼和副楼的伐板钢筋怎么锚固?

>> 2014-05-21 17:21　　网友采纳

答:————————————————————————————————

一般主楼与副楼之间是有"沉降缝"隔开的,所以一般不存在锚固问题。除非主副楼之间高差很小,可以连成整体,这时才存在锚固问题。当连成整体时,副楼钢筋伸入主楼里去,锚固长度满足《钢筋混凝土工程施工质量验收规范》(GB50628-2010)中钢筋工程中的有关规定就行了。

## 3.61　梁结构图中负筋的标注方法

图纸上梁负筋怎样标注?

>> 2014-05-21 18:27　　网友采纳

答:————————————————————————————————

梁上的负筋标注有两种,第一种是平法标注,即标注在房屋结构平面图上梁的位置的上部;第二种是剖面标注,即将梁画出一张独立的剖面图,在剖面图中负筋的相应位置上标出来。剖面标注直观明了,所以大多采用剖面标注法。

## 3.62　在原设计基础上计划加层所应考虑的问题

4 层地基能建 5 层吗?

>>> 2014-05-26 07:43　网友采纳

答：

不能！

1. 无论是地基基础，还是建筑物上部的结构构件，都是通过一定的理论计算而进行配置的，不是胡乱瞎弄的。

2. 如果有人说：我这个 4 层楼本来就不是什么正规设计院设计的，地基放得很"大"。这我就要更加提醒你，他为什么要给你加大？如果是你要求他按 5 层考虑而放大，那就不是"4 层地基建 5 层"的问题。如果是"考虑到……"情况才考虑加大的，那他所说的那种情况是一种"必要的"安全储备，那你就最好不要"占用"他考虑到的"那个"安全储备。

3. 有很多人都会跟你说"4 层地基能建 5 层"，他们都是基于同样的"考虑"，用放弃"安全储备"的思想来满足你一时的"想法"。如果你认为可以这样"不需要安全储备"，自己尽管做，没有任何人可以阻拦，你也根本不需要把这样一句话放到网上来咨询。既然你把这句话放到网上来问了，又有人给你答复了"能"，其实质是：① 满足你的心理需求；② 不需要对你负责任。

4. 那我这样跟你说，是不是"我就一定要对你负责任"呢？那倒不是，我是对我自己负责任，我要对我在任何一个场合里说的话负责任，我要对工程技术负责任。

5. 再通俗地说一个道理：4 层的地基能建 5 层，5 层的地基能建 6 层，6 层的地基能建 7 层……那就乱套了，不要标准、不要规范、也没有什么计算规则。

2009 年 5 月 2 日上午 9：00 左右，当时外面淅沥沥下着大雨。南京江宁高桥门附近一幢 4 层改 5 层的房子，还没有施工完成，才封顶仅十几天，在几分钟之内轰然倒塌，教训非常惨重！

## 3.63　框架梁支座锚固长度不够时的构造做法

以框架梁为支座的锚固长度怎么计算？框架梁的宽度只有200,这要怎么处理？

答：

以框架梁为支座，但框架梁的宽度只有 200，满足不了锚固长度的要求，可以在梁的外侧去掉保护层厚度后位置向两侧直角弯去，向两侧弯曲的部分，可以作为锚固长度计算。

追问：向两侧弯之后还要向下弯吗？

回答：

1. 当两侧有位置的话，不需要再向下弯。

2. 光圆钢筋端部要做弯钩，其他变形钢筋不需要。

## 3.64　梁内结构钢筋类型及各自的作用

梁的钢筋有哪些？各自的作用是什么？

2014-07-07 08:42　网友采纳　专业回答

答：

梁内的钢筋有以下几种类型：

1. 纵向的受力钢筋：当是简支梁时，纵向的受力钢筋在梁的下部，作用是承受因梁的正弯矩而引起的梁下部受拉。悬挑梁则该钢筋应配置在梁的上部。

2. 纵向架立钢筋：梁的形体一般为矩形，当然其他异形梁也很多。但无论哪种截面几何图形，总需要用钢筋骨架来控制截面形状，因此架立钢筋的作用就是起形成梁截面几何形状的作用。

3. 纵向弯起钢筋：在纵向钢筋中往往还有弯起钢筋，但不是所有的梁都有，只有在梁内剪力较大时才需要配置弯起钢筋。梁内的弯起钢筋也称为腹筋，其作用是承受和抵抗梁内剪应力。

4. 箍筋：梁内的钢筋除了纵向钢筋外，还需要箍筋。箍筋有开口箍筋和闭口箍筋两种，以闭口箍筋为主，尤其有一定抗震要求的，开口箍筋是禁止使用的。箍筋的作用是：① 架立纵向钢筋，使纵向钢筋在箍筋的架立下形成钢筋骨架；② 箍筋也是腹筋，用来承受梁内剪应力。

当然，有些几何尺寸较大的梁内还会配置一定数量的腰筋、拉筋等，这些都是梁内的构造钢筋。具体要多与工程接触，多到工程上去看，就很快能够弄清楚了。仅凭我在网上这样给你做出的回答，弄不好还是云里雾里搞不清楚。

## 3.65　长宽 14 m × 21 m 二层厂房的空间结构布置

我家要盖房子，独立柱好还是打圈梁好？

>> 2014-07-16 07:44　　网友采纳

答：

独立柱与圈梁不是同一个可选择的概念，但我理解你的意思：我家要盖房子，（底下想要很大的空间），是中间用一根独立柱好呢，还是（不要独立柱），（而在上面浇筑一道大梁好呢）？按我的这个猜想给你说明一下：

想获取较大空间，中间最好不要有柱，这样才能让人看上去宽敞、敞亮、爽心、有气势。问题在于梁的跨度尺寸不能太大，跨度太大就不经济了。在一般家庭房屋中，如果梁的跨度达到 8 m 以上就不经济了。因为达到 8 m 跨度的梁，需要 70~80 cm 高，也就相当于房屋总高度要提高五六十公分高，就显得有些不划算了。再加之，跨度很大的话，梁内的配筋也需要增加很多。不超过 8 m，建议你中间就可以不用独立柱子。

追问：听那个盖房子的说，挖个 2 m 的大坑里面铺石灰还有钢筋什么的，再一层一层上来缩成一个柱子，说那叫独立柱；四周打上圈梁；我家地基有墙脚了；地基长 14 m，宽 21 m；墙脚长 14 m，宽 13 m；墙脚是前几年弄好的。现在是计划一楼盖厂房，二楼住人。

回答：

按你所提供的尺寸，如果整个底层是一个整体空间，长 14 m，宽 21 m，空间比较大，那中间加 1 ~ 2 个独立柱。

追问：他给算好要六个，一个独立柱能撑起多重？

回答：

中间用六根柱子，太多了，这样把一楼弄得很零碎，不好看！

一根柱子能承受多重，要看柱子截面尺寸的大小、配筋量的多少、混凝土强度的高低等。

## 3.66 物理学中评价材料硬度的指标体系

2 cm 厚普通铁板硬度和 2 cm 厚汽车弹簧钢板硬度分别是多少？

>> 2014-08-21 06:58 网友采纳

答：

硬度，物理学专业术语，材料局部抵抗硬物压入其表面的能力称为硬度。硬度的指标有很多种，有洛氏硬度、布氏硬度、维氏硬度、里氏硬度、肖氏硬度、巴氏硬度、努氏硬度、韦氏硬度等。

但无论哪种硬度指标，对于普通铁板和汽车弹簧钢板来说，都是汽车弹簧钢板的硬度大。至于说 2 cm 厚普通铁板硬度和 2 cm 厚汽车弹簧钢板硬度的具体硬度数值，需要经过测定后才能得出。

## 3.67 洪积土地基适用性

洪积土的粗碎粒和细碎粒是不是不适用于建筑物的地基，如果是，为什么？

>> 2014-08-26 15:39 网友采纳

答：

洪积土的地质条件，无论是粗碎粒，还是细碎粒，一般都不适宜作为建筑物的地基。小房子或临时性建筑无所谓。

## 3.68 梁端铰链工艺应用

土建施工中梁端铰链是一种什么工艺？

>> 2014-09-01 06:21    网友采纳

答：

土建施工中梁端铰链是：梁与梁下柱之间的一个连接装置。一般的桥梁施工中用得较多，预制的排架体系的排架柱与柱顶梁之间也有使用，但不多见。

## 3.69 梁柱节点做法

建房大梁搁置在柱子上多少为好？

>> 2014-09-03 06:18    网友采纳

答：

1. 现在建房的梁和柱都是钢筋混凝土的，大梁在柱顶位置，一般为整体现浇。

2. 过去木结构的柱、梁，在柱的顶部一般采用榫头连接，所以，大梁相当于搁置了满柱子截面。

## 3.70 土力学应力状态解读

结构布置差不多，很对称，除了地质原因外，造成了土体的反力大小不一样，是什么原因?

>>> 2014-09-03 18:11　网友采纳

答:─────────────────────────────

在地基土力学中,土的反力有三种:主动土压力、静止土压力和被动土压力。在同一地质条件下(即除了地质原因),三种土压力值是不一样大的,其中,主动土压力最小,静止土压力居中,而被动土压力最大。这就是你想了解的,结构布置差不多,可反力不一样的原因。土的反力大小,就是由它们所处的压力状况所决定的。

追问:一栋建筑的基础为什么会呈现三种土压力啊?我用的是筏基,有什么影响吗?

回答:

土力学的概念都比较抽象,凭空说可能说不清楚,你最好把图纸发上来,我来帮你分析。现在仅把几个概念说给你听一下:

1. 静止土压力:土体与结构之间保持"原位"不动的状态下,并不是说相互之间就不存在力的作用,这种状态之下土体与结构之间的压力,称为静止土压力。

2. 主动土压力:结构在填土的作用下,有朝背离填土一侧"移动"的趋势时,土体与结构之间的土压力,称为主动土压力。这种状态下,因为结构有背离填土的"趋势",故它们之间的压力最小。

3. 被动土压力:结构在外力的作用下,有朝土体方向"移动"的趋势时,将有可能使得土体产生"变形""趋势"时,土体与结构之间的压力,称为被动土压力。

这里,我用了好几个"趋势",意思是,实际上并没有"移动"的意思。

## 3.71 挑梁负筋与主筋的关系

挑梁副筋应深入框架梁为挑梁净长的多少倍?

>>> 2014-09-24 07:36　网友采纳

答：————————————————————————————————

挑梁副筋不能用"应伸入框架梁多少"，而是要能够与该挑梁的主筋形成一个整体的挑梁钢筋骨架。因此，挑梁的副筋长度，一般与该挑梁的主筋长度相同。

## 3.72　二十多年木结构房屋的坚固性评估

老家小楼二层，1990 年建成，砖瓦＋少许钢筋建成外部，里面一、二楼用直径约 30 cm 的普通圆木分隔开，具体木材已经不知，常年大风。请问这种楼二层能住人吗？家具已有数件，两个木质床和三个木质橱柜，该地无白蚁，约 5 m×9 m 的房间。

>> 2014-09-25 12:42　　网友采纳

答：————————————————————————————————

直径约 30 cm 的普通圆木，是一种很大的木料了。

1. 按我估计：木料的搁置方向，应该是按开间 5 m 的方向搁置的。

2. 你还说明了肯定没有白蚁什么的。那你就放心住吧，肯定没有任何问题！

## 3.73　梁上开孔对结构影响情况探析

开孔时把主梁靠近柱子部位的钢筋开断了，怎么补救？

>> 2014-09-26 06:52　　网友采纳

答：————————————————————————————————

你说的是主筋被打断了，还是箍筋之类的腹筋被打断了？

1. 一般情况下，梁的主筋在梁的上表面和梁的下表面，垂直于梁长度方向的是箍筋，比较大的梁中部也有时配置平行于主筋方向的腹筋（加强梁中配筋在混凝土浇筑前的钢筋骨架稳定性）。

2. 在梁上面开洞，一般是不允许的，但有时给水管、燃气管"无路可走"，不得不在梁上开洞，那也是没有办法的事。

3. 由于梁的主要受力钢筋配置在梁的上下两个表面，被迫在梁上开洞的时候，

总是在梁的中部开洞，所以，通常情况下，在梁上开洞，打不到上下两个表面的受力钢筋，一般打断的都是梁中部的腹筋（箍筋、中部架立筋、弯起筋等）。只要在梁上开的洞不是很大，对梁的受力就不会有太大的影响，并且做安装的人，也大多懂得一点这方面的知识，所以不要太担心。

4. 梁上开洞，打断弯起钢筋是很有可能的，弯起钢筋是补充梁截面中"斜截面抗剪强度不够"而配置的。所以，假如你确实有点不放心的话，你可以发一个照片上来，我帮你看看。如果确有问题的话，该加固的还是必须采取加固措施。

## 3.74  跨度为 6.600 m 的梁，截面高度、宽度的取值

简支梁的跨度为 6 600 m，$b$、$h$ 取值为多少比较好计算钢筋？

>> 2014-09-29 08:48　　网友采纳

答：─────────────────────────────

你应该少了一个 m，跨度为 6 600 mm。这样跨度的简支梁，梁高 $h$ 取 650 ~ 700 比较合适，宽度 $b$ 取 240、250 或 300 都可以，但不要超过 300，这样比较好计算钢筋。

## 3.75  建筑材料抗弯强度在工程应用中的意义

抗弯强度在工程应用上有什么意义？

>> 2014-10-08 16:38    网友采纳

答：

抗弯强度要看你指的是什么材料。

1. 钢材的抗弯强度在工程应用上的意义在于：钢材的可加工性能。

2. 混凝土的抗弯强度反映混凝土的可变形量。

3. 木材的抗弯强度，是反映木材力学性能的主要指标。

## 3.76　农村二层房屋的一般结构设置

农村二层房，6 m×6.2 m 尺寸，楼板厚度及配筋多少，圈梁做多大合适？

>> 2014-10-10 10:12    网友采纳

答：

你想在农村盖一幢二层楼房，平面尺寸 6 m×6.2 m，建议：

1. 楼板厚度不能小于 130 厚。

2. 配筋选用 12 的二级钢，上下双层均布，钢筋间距不大于 120。

3. 圈梁 240×200（高度）就可以了，配筋采用 14 的，箍筋采用 6 点的，间距 200 就行了。

4. 混凝土强度均采用 C25（因为农村自拌混凝土的强度往往很难保证，所以不能随便听人家说了以后轻易降低标号）。

## 3.77　四层半民用房屋基础顶应加设一道地圈梁，以增强房屋的抗震性

大方脚上面放楼板需要打现浇吗？

>> 2014-10-11 07:29　　网友采纳

答：——————————————————————————

你讲的是目前农村民房建筑问题。大方脚上面搁置楼板，不做现浇的很多。在非地震区，这种做法对结构没有很大的影响。但假如有条件的话，做一地圈梁对房屋的整体结构的抗震当然是有好处的了。

追问：四层半的房子，不是农村的，以前是田地，现在成安置区啦。

回答：

以前是田地不是问题，关键是房子高度有四层半，所以，建议你还是做一道地圈梁后再搁置楼板。

## 3.78　自家建房给邻居原有房屋造成影响的处理

您好！我是属于包工包料那种建房模式，在建房过程中，由于邻居地基不牢，导致邻居的墙出现裂缝，我想咨询一下我和包工头各承担多大责任？

>> 2014-10-11 09:32　　网友采纳

答：——————————————————————————

因为是你们建房给邻居家房屋造成了墙体裂缝，肯定要帮人家做一下修补，此外，可能还要贴钱给他们。当然，最好的办法就是直接贴钱给他们家自己去修一下。这是因为：

1. 你帮他修好了，再贴钱给他们，他们说不定不好意思要，因为都是邻居，以后怎么相处。但事实上对他家房子已经造成了一定的影响，这个阴影又老是放在心里很纠结。

2. 让他们自己去修倒可以稍微多给一点，也就去掉了一个阴影。事实上，墙体一点半点的裂缝，只是有一点阴影，对结构是不会有多大影响的。

像这种事情最好也不要跟包工头说多少难过话，房主自己出一点钱把事情处理掉就算了。

不管什么事情，大家坐下来好好商量一下就行了。

## 3.79　梁高中间三分之一范围的概念和含义

梁高的中间三分之一范围内是什么意思？

>> 2014-10-16 09:18　网友采纳

答：

要回答你的这个问题，首先要弄清一个概念：梁是一种受弯构件，一般来讲，梁身沿梁的高度方向，由一侧的受拉状态逐步转变为受压状态。理解了上述概念之后，就能理解"梁高的中间三分之一范围"，这句话的意思就是：在梁的这个区间范围内，梁身所承受的拉应力与压应力均很小，是一个由拉应力逐步转变为压应力（或者说由压应力逐步转变为拉应力）的过渡区间。

## 3.80　简支板及板内架立筋的概念

简支板是什么板？架立筋是什么意思？

>> 2014-10-18 14:58　网友采纳

答：

简支梁、简支板等，这是建筑结构上常说的一种专业术语。其实想要理解也很简单：简支板就是用最简单的支承方式，将板搁置在两端支承点、支承梁或支承墙上的板。

架立筋，也是建筑结构上的专业术语，其意思也很简单：假如一块板，板内配置的钢筋是上下两层的，底下的一层可以直接放在模板上，钢筋与模板之间用一些小垫块垫一下就行了。那上面的一层钢筋怎么弄？上面的一层钢筋就要用一些小短钢筋来进行支撑，这些起支撑作用的钢筋就是架立钢筋，简称架立筋。

### 3.81 20 m 跨度间无柱子框架可以吗

20 m 跨度间无柱子框架可以吗？

>> 2014-10-24 07:05    网友采纳

答：

20 m 跨度中间无柱子框架，这个框架的跨度也太大啦！采用预应力钢筋混凝土结构恐怕做不了的，不知道你所说的是什么用途的建筑。

1. 对于多层或高层建筑，可以采用钢结构框架。

2. 如果是单层工业建筑，建议采用预应力装配式排架体系。

# 四、强弱电及消防、通风、水暖设计

## 4.1 建筑中管道套管设置

建筑中管道的套管必须是铁的吗？套管必须高出地面吗？

>> 2014-08-11 08:42    提问者采纳    网友采纳

答：

建筑中套管，不能说是"铁"的，而是钢管。至于是否需要高出地面，那要分

清情况，你把具体情况发出来，我们可以帮你判断一下。

追问：这个套管必须要有吗，还是可以不设？比如卫生间内的管道是必须要设置的吗？

回答：

卫生间有几个地方要设套管，还有几个地方不设套管：

1. 主上水、下水立管，便器接口管需要设套管；

2. 洗脸盆、洗衣机、地漏处等下水管，不需要设套管。从你提供的照片看，可能是主上水管，此处应该设置套管。

## 4.2　新风风管保温设置

新风风管需要保温吗？

>> 2014-08-16 08:19　　提问者采纳　　网友采纳

答：

新风风管自身不带保温，如在有保温需要的地方使用，那就要做保温。

## 4.3　消防水箱重力自流管的作用于工作原理

消防水箱间重力自流管起的作用是什么？主要的工作原理是怎样的？

>> 2014-10-30 07:58 　　提问者采纳　　网友采纳

答：————————————————————————————

消防水箱间重力自流管起的作用是让一个消防水箱的消防水容量，在发生火警时，扩大为两个或多个水箱容量。它主要的工作原理就是一个"连通器"。

## 4.4　防雷接地桩的相关标准和规定

防雷接地桩有什么标准？

>> 2014-11-01 09:59 　　提问者采纳　　网友采纳

答：————————————————————————————

防雷接地桩所应执行的标准是《建筑物防雷设计规范》（GB 50057-2000）。具体要求是：

第 3.3.5 条利用建筑物的钢筋作为防雷装置时应符合下列规定：

1. 建筑物宜利用钢筋混凝土屋面、梁、柱、基础内的钢筋作为引下线。本规范第 2.0.3 条第二、三款所规定的建筑物尚宜利用其作为接闪器。

2. 当基础采用硅酸盐水泥和周围土壤的含水量不低于 4% 及基础的外表面无防腐层或有沥青质的防腐层时，宜利用基础内的钢筋作为接地装置。

3. 敷设在混凝土中作为防雷装置的钢筋或圆钢，当仅有一根时，其直径不应小于 10 mm。被利用作为防雷装置的混凝土构件内有箍筋连接的钢筋，其截面积总和不应小于一根直径为 10 mm 钢筋的截面积。

4. 利用基础内钢筋网作为接地体时，在周围地面以下距地面不小于 0.5 m，每根引下线所连接的钢筋表面积总和应符合下列表达式的要求：

$$S \geqslant 4.24k^2 \tag{3.3.5}$$

式中：$S$ 为钢筋表面积总和（m²）。

5. 当在建筑物周边的无钢筋的闭合条形混凝土基础内敷设人工基础接地体时，

接地体的规格尺寸不应小于表 3.3.5 的规定。

6. 构件内有箍筋连接的钢筋或成网状的钢筋，其箍筋与钢筋的连接，钢筋与钢筋的连接,应采用土建施工的绑扎法连接或焊接。单根钢筋或圆钢或外引颈埋连接板、线与上述钢筋的连接应焊接或采用螺栓紧固的卡夹器连接，构件之间必须连接成电气通路。

其他具体详细情况，那就得自己再去查看《建筑物防雷设计规范》了。

## 4.5　气瓶间与气灭房间设计的相关规定

气瓶间和气灭房间必须是同层吗？

>> 2014-11-10 15:50　　提问者采纳　　网友采纳

答：

根据《建筑设计防火规范》（GB 50016）的有关规定：气瓶间可以设置在与用气建筑相邻的单层专用房间内。气瓶间建筑耐火等级不应低于现行国家标准"二级"；应通风良好，并设有直通室外的门；与其他房间相邻的墙应为无门、窗洞口的防火墙；至少配备 2 个 8 kg 干粉灭火器。

根据以上规定：气瓶间和气灭房间应该设置在同层，否则，不能满足防火要求。

## 4.6　电器施工图中漏电保护器图面表示符号

图纸上 Vigi 什么意思？

>> 2014-11-12 12:36　　提问者采纳　　网友采纳

答：

你说的是电施图纸吧，电施中标注的"Vigi"表示的是漏电保护器。

## 4.7　上下穿越楼板管道的防水处理措施

如何做好穿楼板的管道的防水工作，防止或减少管道周边的渗漏现象？

▶▶ 2014-12-28 16:16　　提问者采纳　　网友采纳

答：

如何做好穿楼板的管道的防水工作，防止或减少管道周边的渗漏现象？这个问题其实很简单：

1. 在穿越楼板的地方，按规定设防水套管，并注意做好防水节点的处理，就能防水。

2. 建议你参照标准图集施工，一定能达到预定的防水效果，杜绝管道周边的渗漏现象。

## 4.8　二类高层建筑应急照明箱设置

二类高层建筑行政楼 30 m，每层面积 800 m²，总面积不到 5 000 m²！应急照明每层只有 1 ~ 2 路，能 2 ~ 3 层设置一个应急照明箱么？

▶▶ 2014-08-26 14:22　　提问者采纳

答：

我将涉及应急照明的几项规范摘录如下：

1. 《高层民用建筑设计防火规范》（GB 50045-1995）节录：

第 9.2.1 条　高层建筑的下列部位应设置应急照明：

第 9.2.1.1 条　楼梯间、防烟楼梯间前室、消防电梯间及其前室、合用室和避难层（间）。

第 9.2.1.2 条　配电室、消防控制室、消防水泵室、防烟排烟机房、供消防用电的蓄电池室、自备发电机房、电话总机房以及发生火灾时仍需坚持工作的其他房间。

第9.2.1.3条　观众厅、展览厅、多功能厅、餐厅和商业营业厅等人员密集的场所。

第9.2.1.4条　公共建筑内的疏散走道和居住建筑内走道长度超过20 m的内走道。

第9.2.2条　疏散用的应急照明，其地面最低照度不应低于0.5 lx（"lx"是照度单位），消防控制室、消防水泵房、防烟排烟机房、配电室和自备发电机房、电话总机房以及发生火灾时仍需坚持工作的其他时间的应急照明，仍应保证正常 照明的照度。

2.《消防安全标志设置要求》（GB 15630-1995）节录：

第5.1条　商场（店）、影剧院、娱乐厅、体育馆、医院、饭店、旅馆、高层公寓和候车（船、机）室大厅等人员密集的公共场所的安全出口、疏散通道处、层间异位的楼梯间（如避难层的楼梯间）、大型公共建筑常用的光电感应自动门或360度旋转门旁设置的一般平开疏散门，必须相应地设置"安全出口"标志。在远离安全出口的地方，应将"安全出口"标志与"疏散通道方向"标志联合设置，箭头必须指向通往安全出口的方向。

第5.7条　各类建筑中的隐蔽式消防设备存放地点应相应地设置"灭火设备""灭火器"和"消防水带"等标志，远离消防设备存放地点应将灭火设备标志与方向辅助标志联合设置。

第5.10条　设有火灾报警电话的地方应设置"火警电话"标志。

第6.4条　方向辅助标志应设置在公众选择方向的通道处，并按通向目标的最短路线设置。

第6.5条　设置的消防安全标志，应使大多数观察者的观察角接近90°。

第6.10.1.1条　疏散通道中，"安全出口"标志宜设置在通道两侧部及拐弯处的墙面上，标志牌的上边缘距地面不应大于1 m，标志的间距不应大于20 m，袋形走道的尽头离标志的距离不应大于10 m。

第6.10.1.2条　疏散通道出口处，"安全出口"标志应设置在门框边缘或门的上部。

第 6.10.1.3 条　悬挂在室内大厅处的疏散标志牌的下边缘距地面的高度不应小于 2.0 m。

第 6.10.2 条　附着在室内墙面等地方的其他标志牌，其中心点距地面应在 1.3 ~ 1.5 m 之间。

第 6.12 条　对于地下工程，"安全出口"标志宜设置在通道的两侧部及拐弯处的墙面上，标志的中心点距地面高度应在 1.0 ~ 1.2 m 之间，也可设置在地面上。标志的间距不应大于 10 m。

3.《民用建筑电气设计规范》（JGJ/T 16-92）节录：第 24.7.2 条下列部位须设置火灾事故时的备用照明：

（1）疏散楼梯（包括防烟楼梯间前室）、消防电梯及其前室；

（2）消防控制室、自备电源室（包括发电机房、UPS 室和蓄电池室等）、配电室、消防水泵房、防排烟机房等；

（3）观众厅、宴会厅、重要的多功能厅及每层建筑面积超过 1 500 m² 的展览厅、营业厅等；面积超过 200 m² 的演播室，人员密集建筑面积超过 300 m² 的地下室；

（4）建筑面积超过 200 m² 的演播室，人员密集建筑面积超过 300 m² 的地下室；

（5）通信机房、大中型电子计算机房、BAS 中央控制室等重要技术用房；

（6）每层人员密集的公共活动场所等；

（7）公共建筑内的疏散走道和居住建筑内长度超过 20 m 的内走道。

## 4.9　通风工程中风幕机类型

风幕在工程中叫什么？

>> 2014-08-29 12:22　提问者采纳

答：

风幕，在工程中一般就是送风机安装，或风幕机安装。风幕机有普通风幕机、异形风幕机和特种风幕机（也有称之为非标风幕机的）三种。

## 4.10　防火门侧边间隙的作用

问大家一下防火门边上的变形缝是什么意思，有什么作用？

>> 2014-09-01 06:31　　提问者采纳

答：———————————————————————————————

1. 防火门一般均为成品门，在主体结构施工时，防火门位置一般是先留下预留门洞口，然后在门洞口内安装防火门。

2. 所谓防火门边上的变形缝就是防火门的成品门，门框与预留洞口之间的自由间隙。该自由间隙，一般不叫变形缝，但也有这么叫变形缝的说法。其作用就是：任何物体都有热胀冷缩现象，有火警情况发生时，随着温度的升高，以防止防火门受热变形而不便于开闭。

## 4.11　恒温混水阀的品种

适合于双管用的恒温混水阀有哪几种？

>> 2014-10-15 07:08　　提问者采纳

答：———————————————————————————————

适合于双管用的恒温混水阀有：蓝腾、九牧、斯格雅、汉斯格雅、凯鹰、辉瓷、美标等几种品牌。各个品牌各有优点，不知道你想选用什么档位的。

追问：我是开浴室的，哪种适合？

回答：

九牧的价格高一点，其他的价格都相差不大。开浴室的话，没有必要选太贵的东西。

## 4.12 电器施工图中"接轿厢"三字所表达的意思

图纸上的"接轿厢"是什么啊？

>> 2014-10-21 13:09 　提问者采纳

答：

你指的是电梯井内的电路图。图纸上的"接轿厢"三个字，在这里表示的是：电梯轿厢的接线，就是从该位置接入。

如果想了解得更详细一点的话，那把图纸发上来再讲。

## 4.13 变频调制开关在电器施工图中的表示方式

有一张设计院动力平面图，这个电气符号是什么意思？高手指点一下，谢谢！

>> 2014-10-21 13:51 　提问者采纳

答：

你想了解的门右侧的那个图示符号是变频调制开关。

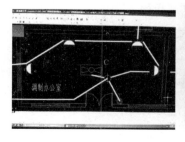

## 4.14 水暖管道进出口方向设置

水暖管道下进上出可不可以？

>> 2014-10-21 14:34    提问者采纳

答：————————————————————————————————

不可以。因为暖气（热水）是向上的，冷凝后的水是向下的。

追问：水暖哦。

回答：

不可以。

追问：为什么？水暖下进上出，不是更容易储存水吗？

回答：

1. 下进上出，供暖管道中的水会出现紊流。

2. 供暖管道属于压力管道。也就是说，供暖管道的正常工作状态都是处于压力状态下，不存在断水或断流而需要储水的说法。

追问：但是我的想法是靠水从底部溢上来，就跟溢流阀的作用一样，热力不是会久一点吗？紊流是什么意思？

回答：

紊流，就是流向比较乱、不规则的意思。

## 4.15 工业厂房中自动报警系统设置

厂房设计的消防设计问题，单层厂房（机械加工），火灾危险等级戊类，耐火等级二级，建筑面积 1.1 万 $m^2$，请问：电气设计时需要设置火灾自动报警系统吗？

>> 2014-10-24 13:48    提问者采纳

答：————————————————————————————————

根据你所说的情况，电气设计时肯定需要设置火灾自动报警系统。这是因为：单体结构的建筑面积 1.1 万 m²，太大了。超过 1 万 m²，如果不设置，审图的时候，消防这一块肯定过不了。

追问：有规范类的依据吗？

回答：

这一块，目前没有强制性规定。问题是现在消防局审图比较严格，你最好亲自去咨询一下，免得白忙活了。

## 4.16  高层建筑裙楼防烟前室设置所需考虑的方面

什么情况下楼梯间不需要设置防烟前室？

>> 2014-05-20 17:28  网友采纳

答：

在高层或超高层建筑中按消防要求楼梯间都要求设置防烟前室，但要想回答你的这个问题那只能变成了一个"脑筋急转弯"：多层以下的房屋（七层以下）肯定不需要。

追问：高层底下的裙楼如果是多层建筑，楼梯间也要防烟前室吧？

回答：

高层底下裙楼的楼梯间，如果与以上高层部分是同一个楼梯间，那肯定还是要按高层统一设置。

如果高层底下裙楼是独立的楼梯间，可以按多层建筑考虑。所以，我说了一个"脑筋急转弯"，竟然一下子说"中"了，你问的就是多层问题。

## 4.17  长度为 90 m 的平房教室，是否需要考虑防雷设计

90 m 长的平房教室加盖彩钢顶，要不要设避雷线？

>> 2014-06-04 08:19 　　网友采纳

答：————————————————————————————

90 m 长的平房教室，并加盖了彩钢屋顶，肯定需要另外设置避雷线、避雷针，形成一道避雷网。

1. 彩钢屋面虽然是由能够导电的钢材做成的，但不能以彩钢屋面能导电的这一特性，让其来发挥导电功能作为避雷网，因为受到雷击后，将直接影响彩钢屋面的结构安全。

2. 有人错误地认为彩钢屋面能形成"电"屏蔽作用，保护受屏蔽内的人员不受雷电影响。其实，这是错误的。因为作为房屋总是有较大面积的门窗洞口，不能形成真正的屏蔽状态，也就不能起到真正的屏蔽作用。

3. 你所说的教室长度达到 90 m，长度较长，屋面面积较大，整个房屋受雷击影响的概率也就较大。

所以，很多方面的情况都能说明，你所说的房屋需要另外设置避雷装置。

## 4.18　中央空调设备（LCCP）的单体组成

LCCP 是什么设备的缩写？

>> 2014-10-30 16:16 　　网友采纳

答：————————————————————————————

LCCP 是中央空调设备的缩写，具体来说它包括暖气炉、热泵、空气净化设备、壁炉、

屋顶一体机、屋顶分体机等。

LCCP 实际上是"全周期气候性能"英文"Life Cycle Climate Performance"翻译过来的。

## 4.19　别墅区卫星接收器设置

关于别墅区设置卫星信号电视的问题

我们这里有 7 栋别墅，每栋别墅里大约有 3 ~ 5 台电视，以前安装有线电视的时候，所有的线路都做好了，都在 1 号别墅的弱电室里，我现在想通过安装锅盖来实现每个电视都能看到电视节目，安装小锅的话，每个电视必须安装一套（一个小锅、一个高频头、一个小锅机顶盒）吗？如果是的话，安装小锅就不太实际了，而且麻烦；安装大锅的话，一个大锅可以供几个机顶盒使用（正常使用）？与中间线路的长短有关系吗？大锅有 1.2 m 的，也有 1.8 m 的。也可以只安装一个 1.8 m 的大锅在 1号别墅，可不可以通过一个系统分给所有的电视机顶盒？

≫ 2014-11-01 10:56　　网友采纳

答：————————————————————————————————

你说的这个情况，应该安装一个大锅和一套卫星信号放大设备，再配备一套信号分配装置，给各栋别墅都能共享比较好。

# 五、市政公用工程设计

## 5.1　我国哪些工程属于碾压混凝土工程

我国哪些工程属于碾压混凝土工程？

≫ 2014-05-13 16:20　　提问者采纳　　网友采纳

答：————————————————————————————————

一般在城镇道路工程中"混凝土路面"的基层混凝土采用碾压混凝土，而河堤大坝等一般不采用碾压混凝土。这是因为：

1. 碾压混凝土具有一定的透水性。

2. 城镇道路的混凝土路面工程中正需要的就是——基层需要一定的透水性，以防止混凝土路面的路基内因长期浸水而造成路面破坏，保证城镇道路的耐水通行能力。

3. 河堤大坝类构筑物最怕的就是透、漏、渗等产生"管涌"而"溃坏"大坝。

追问：具体工程有哪些？类似大朝山水电站大坝工程、桃林口水库碾压混凝土坝。

回答：

1. 对不起，在河堤大坝后面漏了一个"宜"字，应该是"河堤大坝等一般不'宜'采用碾压混凝土"。

2. 其实，过去的水利枢纽工程中"大坝"一般都使用了碾压混凝土，如新疆喀腊塑克大坝（目前是世界上纬度最高的水利大坝）、广西田林县那比大坝、新疆山口水电站大坝、湖南江垭大坝等都采用的是碾压混凝土大坝，包括长江三峡大坝也局部使用了碾压混凝土（但目前没有三峡大坝碾压混凝土渗漏的有关报道，长江三峡大坝碾压混凝土方案中左厂房 12 号坝段上部为常态混凝土，下部为上下游面均设有常态混凝土防渗结构的碾压混凝土结构形式）。

3. 原中国水利水电科学研究院的刘致彬、祁立友合著的《碾压混凝土坝的渗漏与修补》发表后，有人提出，原来碾压混凝土采用的是 CCD 施工法，即分层碾压的层与层之间未进行必要的"处理"，所以在层与层之间的接缝处出现渗漏。随后就有人提出了"RCD 施工法"，即在碾压混凝土的层与层之间加设结合层的措施。但此后按"RCD 施工法"建成的大坝仍然"渗漏"不止。

4. 此后辽宁观音坝管理局的孟丽娟等发表《RCD 碾压混凝土坝体渗漏的探究》，表明采用"RCD 施工法"施工的碾压混凝土坝体渗漏问题不能解决。

5. 其实在此前已经对碾压混凝土的坝体渗漏问题有过"沿水面采用常规混凝土，背水面采用碾压混凝土的工程"的工程先例，如福建溪柄薄拱大坝。但坝体渗漏仍然非常严重，可参见清华大学叶源新等人合著的《溪柄碾压混凝土薄拱坝坝体渗漏处理》。

6. 2013 年辽宁白石水库管理局的王洪健等发表《基于 RCD 碾压混凝土坝体

渗漏的探究》，继续探讨碾压混凝土的渗漏问题。

总之，有关碾压混凝土大坝透水、渗漏的问题接连不断，但仍有使用，难以理解。碾压混凝土用于道路工程的，不仅仅限于城镇的混凝土路面的路基，高速公路也常有使用。如沈海高速（G15）江苏段的沿海高速的局部路段、宁杭高速（G25）南京段的部分路段等，都有使用。

## 5.2  桥梁断面横坡设置

桥梁通路线平面计算各墩时桥面标准横坡是什么意思？

➤➤ 2014-09-01 09:33　　　提问者采纳　　网友采纳

答：————————————————————————————————————————

桥梁问题中有五大件与五小件，其中五小件就是：1. 桥面铺装；2. 桥面的防水排水；3. 伸缩缝；4. 桥梁栏杆与扶手；5. 桥梁灯具设置。由这五小件你就可以看出，桥面的防水排水很重要。

所谓桥面标准横坡，就是为了使桥面很好地、迅速地排水而必须设置一定的标准坡度。这个坡度，一般在全路段都要统一，否则将直接影响行车安全。

所以，在桥梁进行平面计算时，必须将该标准横坡考虑进去。

## 5.3  电杆横担的种类

电杆有几种横担？

➤➤ 2014-10-14 13:31　　　提问者采纳　　网友采纳

答：————————————————————————————————————————

现在的电杆种类很多，不同的电杆有不同的横担：

1. 过去比较简单的水泥电杆，大多用的是陶瓷横担；

2. 后来采用钢管电杆,高度增加了,架空缆线也加粗了,为了适应负荷(重量负荷)的增加,采用了钢横担;

3. 现在随着超高压线路的建设,一般都采用钢架电杆,相应的也采用了钢桁架来做横担。所以横担的种类很多。

## 5.4　管道盲板设置的相关规定

设计采用 PE100 的盲板,能改用 DN100 的盲板吗?

>> 2014-10-22 11:13　　　提问者采纳　　网友采纳

答:——————————————————————————————————

设计采用 PE100 的盲板时,能用 DN100 的盲板代替。但设计采用 DN100 的盲板时,不能用 PE100 的盲板代替。

## 5.5　国内外著名桥梁

国内、国外著名的桥梁有哪些?

>> 2014-10-24 12:21　　　提问者采纳　　网友采纳

答:——————————————————————————————————

我国著名的桥梁很多,比较突出的有:

1. 苏通大桥:建成时是世界最大跨度的吊索桥,主跨跨径达到 1 088 m。

2. 青岛湾跨海大桥:建成时是中国最长的跨海大桥,全长 36.4 km。

3. 杭州湾跨海大桥:全长 36 km。

4. 巫山长江大桥:世界最长的拱桥,于 2005 年 5 月建成,单拱跨度 492 m。

5. 在建的重庆朝天门长江大桥,单拱跨度超过了 500 m,达 546 m。

国外大桥有：

1. 俄罗斯的跨东博斯鲁斯海峡的俄罗斯岛大桥，其主跨 1 104 m，截至 2013 年，是主跨最大的斜拉桥。

2. 美国庞恰特雷恩湖 2 号桥，全长 38.42 km，位于美国路易斯安那州，是世界最长的桥（参见 2005 年版吉尼斯世界纪录）。

3. 法国法赫德国王大桥，长 25 km。

4. 世界单跨最长的桥是日本明石海峡大桥，是一座悬索桥，主跨度为 1 991 m。

## 5.6 拱形悬索桥施工次序

假如要建造这座桥，应该先造哪一块，再造哪一块，我觉得肯定是先造底下支撑的柱子，然后造那个拱门，再造两边的楼梯和中间的过道。不知道对不对？请懂的建筑师帮我看下，谢谢！ 另外，建造这样的人行天桥从施工到竣工大概需要多长时间？

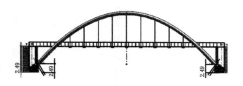

>> 2014-11-11 14:46    提问者采纳    网友采纳

答：

1. 你所说的施工程序是对的。先造底下支撑的拱架基础，然后造那个拱门，再造两边的楼梯和中间的过道。

2. 因为这是钢结构的，所有构件都不是在现场制作的，所以，在现场施工最主要的工期就耽搁在做两个端部的拱架基础上，当拱架基础完成后一个月左右就完成了。另加上做基础大约一个月，总工期就 2 ~ 3 个月。

## 5.7　斜拉桥塔吊附属配置或装饰设计所需考虑的问题

斜拉桥可不可以在桥塔上面架设风车，能否通过减小风车大小、降低风车高度和加固塔柱等方式使其可行？如果是无背索斜拉桥呢？

>> 2014-11-12 07:41　　提问者采纳　　网友采纳

答：

不知道你想在斜拉桥的桥塔上架设"风车"做什么用？一般不会这样做，目前也基本上没有（非常小型的除外）。

1. 假如你想做成风力发电机来对该斜拉桥的用电系统供电，不可行，保养、维修不方便，不能正常发挥作用。

2. 假如不是想它发挥什么其他使用功能，只是想作为装饰作用的话，也不能这样做。因为作为斜拉桥，非常希望它承受静荷载，它越是"安静"，使用寿命才能越长。架上小风车来做装饰，则因滥求装饰而伤及使用寿命，不可取。

## 5.8　架空横管的支架确定

支撑单根高度 4 m 的横管，采用什么支架？

>> 2014-11-14 09:51　　提问者采纳　　网友采纳

答：

支撑单根高度 4 m 的横管，采用什么支架，具体如下：

1. 要看该横管的大小。

2. 要看上面有没有较大的荷载。一般建议采用角钢焊接两个支架就行了。至于用多大的角钢，焊成多大的支架，就要根据上面所说的两个情况来确定。

## 5.9  普通市政管道、水井是否对四层房屋构成什么影响

我的家在乡下，有一幢四层高的落地楼，后墙两个墙脚 50 cm 左右，有两三个雨水井、污水井以及一条 10 m 的管道，会影响墙体或墙脚的承受力吗？

>> 2014-11-30 07:34　　提问者采纳　　网友采纳

答：

你所想了解的这个情况，不会有任何问题，不要怕！如果一幢四层小楼因为房屋周边有两三个雨水井、污水井就对结构产生影响，那谁还敢盖楼房。放心吧，没有问题的！

追问：好的，谢谢！

回答：

雨水井、污水井和供水（或下水）管道的几何尺寸太小，对一幢四层的楼房来说影响微乎其微，不会产生任何影响的，放心吧！

## 5.10  小型水库除险加固

浅谈小型水库的主要几种除险加固技术？

>> 2014-12-26 16:06　　提问者采纳　　网友采纳

答：

针对小型水库除险加固常用的有：

1. 土石坝坝坡滑动破坏加固技术。土石坝坝坡在重力和其他作用力作用下都有向下和向外移动的走势。如果坝坡内岩土的抗剪强度能够抵抗住这种走势，则此坝坡是稳定的，否则就会失稳而发生滑坡。

2. 土石坝坝体灌注黏土浆加固技术。目前，坝体灌浆的方法可分为充填式和劈

裂式两种，前者是指自重灌浆（孔口压力为零），后者是指利用灌浆压力劈开坝体，形成一道近于垂直并连续的浆体帷幕。其实，两种灌浆方法都是压力灌浆，只是所用的压力大小不同而已。

3. 坝体和坝基的密实加固技术。小型水库坝的最大隐患是坝体填筑质量达不到设计要求，以及对软弱坝基处理不当，因此提高坝体和坝基密度是消除病险库的首要课题。提高坝体和坝基密度更是兴建小型水库坝体的关键技术之一。坝体密度除用碾压法进行填筑施工外，也不排除采用振冲压密法进行填筑施工。新建坝的软弱坝基的加固也有很多方法可以选择，如振冲压密法、排水砂井分期填筑法、深层搅拌法、强夯法、换填法及化学灌浆法等。

4. 土工合成材料加固技术。随着高分子化学工业的迅速发展，自20世纪以来，相继出现了各种不同的合成纤维，诸如：聚氯乙烯纤维、聚乙烯、聚酰胺纤维等。由于合成纤维比人造纤维具有优越的性能，逐渐被人们所接受，实践也表明土工合成材料是一种理想的新颖工程材料。

## 5.11　景区沥青道路做法

我现在在修景区的4 m沥青路，有些路路基已经出来了，但不是太顺，上坡还是上坡，下坡还是下坡，行不行啊？

▶▶ 2014-05-20 17:32　　提问者采纳

答：
跟业主或监理沟通好了，怎么做都可以，而网上的人跟你说可以，没有用！
追问：这种情况规范上允许吗？
回答：
不管什么工程项目，都是优先执行设计，设计中没有明确的或设计中给予指定的，应查找图集。当设计中没有明确，图集中也查找不到的，最后才查找规范。按你所说的这个情况，肯定行，而且规范上一般没有限制。既然你已经拿出来提问，那就建议你跟业主或监理好好沟通一下就行了。如果业主、监理这边不好讲，跟设计沟通也行。

## 5.12　简单居住区是否需要布置消防通道

哪些类型的居住区内宜设有消防车道？

**》》** 2014-06-05 18:25　　提问者采纳

答：————————————————————————————

既然称为居住区，那就不是一两幢房子。那么，这里我就告诉你：无论哪种类型的居住区都应设置消防通道。

## 5.13　暗挖隧道施工图高程标注方式

暗挖隧道的施工图上的高程指的是什么？

**》》** 2014-08-08 10:09　　提问者采纳

答：————————————————————————————

暗挖隧道的施工图上的高程一般采用绝对高程标注。

## 5.14　室外绿化工程的标高定位

绿化图纸中 -0.45 比室内低多少？

**》》** 2014-08-15 08:31　　提问者采纳

答：————————————————————————————

绿化图纸中 -0.45 的位置，就是比主体建筑室内完成后的底层地面低 450 mm。

## 5.15　桥梁工程专家董军

董军是中国桥梁专家吗？

>> 2014-08-30 10:51　　　提问者采纳

答：————————————————————————————

你想了解的董军应该是桥梁专家，他在 2009 年出版了《桥梁工程》一书，约 68 万字，由机械工业出版社出版。

你想一下就知道了：能出版 68 万字的大型桥梁方面的学术巨著，他能不是桥梁专家吗？

## 5.16　荒山治理设计包括哪些施工图及施工设计资料

荒山治理施工图都包括哪些？

>> 2014-09-28 14:12　　　提问者采纳

答：————————————————————————————

荒山治理施工图一般都包括：1. 进山通道布置图；2. 树木栽种情况布置图；3. 草皮植被图；4. 水资源利用布置图，包括人工上水布置图和雨水利用布置图等。此外，还应包括一份荒山治理与护山计划，如果有蓄水池等结构物，还应具备结构物施工图等。

## 5.17　古代防洪灌溉工程所体现古人的哪些进步理念

防洪灌溉工程体现了古人哪些进步的理念？

>> 2014-10-18 15:22　　　提问者采纳

答：

防洪灌溉工程体现了古人以下两大进步理念：

1. 防灾减灾。

2. 水资源利用。

## 5.18 江河堤岸的护岸长度确定

护岸长指码头从哪到哪的长度？

>> 2014-10-28 15:08 提问者采纳

答：

你问的护岸长，指的是码头两端点之间的长度。但往往护岸长度还远远不止码头的两个端点之间。也就是说，为了码头的安全，出了码头以外，往往还需要很长的一段护岸。

## 5.19 市政工程与城市基础设施概念上的区别

市政工程和基础设施的本质区别是什么？市政工程范围大，还是基础设施范围大？请专家回答，谢谢！

>> 2014-10-30 11:13 提问者采纳

答：

市政工程和基础设施的区别在于：

1. 按现在的工程划分，市政工程所包含的范围一般指的是：城市道路工程、城市桥梁工程、城市轨道交通工程、城市给水排水工程、城市管道工程、城市生活垃圾填埋处理工程、城市绿化与园林附属设施工程等。

2. 基础设施工程中一般大致就包括了除城市生活垃圾填埋处理的以外的全部市

政工程的范围。也就是说市政工程与城市基础设施的区别，就在于市政工程中包括了城市生活垃圾填埋处理。

从以上说明就知道，这两个概念的大小，也就一目了然了。

## 5.20　桥梁抗震等级分类

桥梁抗震分类疑问，抗震设计细则条款，单跨大于 150 m 的桥梁，属于抗震设防 A 类。现在一座总长 1 000 多米的高速公路桥梁，其中有一跨是 170 m，其他都是 40 m，是整座桥按 A 类，还是其中 170 m 跨段按 A 类？假如中间还有 95 m 跨，那么到底是归于哪一类？

>> 2014-11-01 09:53　　提问者采纳

答：

桥梁抗震分类是按整座桥梁来分类的。只要其中有某一项指标达到某一类后，就整座桥梁达到这一类别，而不是把同一座桥梁分成几段来归类。你所想了解的该桥梁的抗震要求，应为一类。

## 5.21　桥梁伸缩缝弹簧的作用及供应商简介

桥梁伸缩缝弹簧用在什么地方？哪里做得比较好？

>> 2014-11-01 10:39　　提问者采纳

答：

桥梁伸缩缝指的是为满足桥面变形的要求，通常在两梁端之间、梁端与桥台之间或桥梁的铰接位置上设置伸缩缝。对桥梁伸缩缝的要求是：

1. 在平行、垂直于桥梁轴线的两个方向，均能自由伸缩，牢固可靠，车辆驶过时应平顺、无突跳与噪声。

2. 要能防止雨水和垃圾、泥土渗入阻塞；安装、检查、养护、消除污物都要简易方便。在设置伸缩缝处，栏杆与桥面铺装都要断开。

追问：谢谢，但是我问的是桥梁伸缩缝控制弹簧，不是伸缩缝，是聚氨酯的那种。

回答：

是聚氨酯的那种伸缩缝，聚氨酯弹簧应该沿整个伸缩缝通缝全长布置，而不是设置在某个部位，或某几个点位。建议使用山东泰安云梵聚氨酯制品有限公司生产的桥梁伸缩缝弹簧。

泰安云梵聚氨酯制品有限公司是桥梁控制弹簧、伸缩缝位移聚氨酯弹簧、聚氨酯胶辊、聚氨酯包胶、玻纤用 NDI 切割辊等产品专业生产加工的公司。

追问：不过据我看，这种伸缩缝是有位移控制箱的，好像叫模数式伸缩缝，我朋友公司就是买的泰安云梵聚氨酯制品有限公司的，反应不错，性价比很高，看来我们没有用错。

## 5.22　桥梁设计中直线墩与曲线墩的概念

桥梁图纸中直线墩和曲线墩是什么意思？

>> 2014-11-06 08:52　　提问者采纳

答：

你所说的这座桥梁，它不是一条直线的，所以，在该桥梁图纸中，才出现了直线墩和曲线墩的说法。所谓直线墩，指的是在该桥梁直线段，相对应的桥墩；曲线墩，指该桥梁曲线段所对应的桥墩。

追问：再问下曲线墩的内侧基础和外侧基础是指什么？谢谢！

回答：

既然谈曲线，那当然就是指弯曲的方向，你想了解"曲线墩的内侧基础和外侧基础"，我用一个比喻你就好理解了。该桥梁就好像人的一条胳膊，正常总是有一定的弯曲的，膀臂朝里弯曲的这一边就是内侧，外面的那就是外侧。

## 5.23　某特定区域范围内道路宽度尺寸计算

某住宅小区内有一栋建筑，占地为边长 35 m 的正方形，现在拆除建筑并在其中铺一面积为 900 m² 的草坪，使周围的人行道宽度相等，问人行道宽多少 m？

>> 2014-11-14 09:04　　提问者采纳

答：

35 × 35−900 = 325 m²

设该人行道宽度为 $B$，则：

35 × 2$B$ +（35−2$B$）× 2$B$ = 325，计算得 $B$ = 2.5 m。

## 5.24　热力蒸汽管补偿及过路高度

这样一段饱和蒸汽管道能通过吗？管道温度 158°，管径 DN125，支架 6 m 一格，升高部分采取管道加强措施。

>> 2014-12-18 10:32　　提问者采纳

答：

跨路管道，管道下净空高度 4.500 m 就可以了。

按你所提供的情况来看，跨路部分管道中标高为 5.000 m，管道直径为

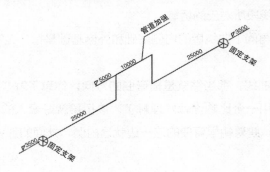

125 mm，管道下净标高为 4.875 m。现就需要知道路面标高是多少，也就是说看看正负零的位置与路面的相互关系。只要确保路面向上到管道下口净空高度大于 4.500 m 就行了。

追问：我是问补偿的问题，离地高度肯定是大于 4.5 m 的。

回答：

两端的每段净尺寸 25 m，中间过路管架正好可以代作补偿，不需要另外再加补偿。

## 5.25 混凝土结构面上大型树木栽种绿化设计要考虑的方面

混凝土上面栽大树土层厚度是多少？

▶▶ 2014-05-15 10:40　网友采纳

答：

你说的"混凝土上面栽大树土层厚度是多少"这个问题，因为树的品种太多，你所说的这棵"树"是什么品种，又大到什么程度，这个"大树"将来还能"长"多大等等，都没能具体讲清楚，所以很难回答你的这个问题。

这里我要告诉你的是关于"混凝土上面栽大树土层厚度是多少"这个问题，是没有一个统一规定的，也没有哪个规范有具体的规定。要根据所栽"树"的情况来确定。

## 5.26 挡土墙设计中墙顶标高与暗梁标高的概念

在挡土墙中，墙顶标高与暗梁标高是不是一回事？

▶▶ 2014-05-27 13:18　网友采纳

答：

挡土墙中墙顶标高与挡土墙内的暗梁顶面标高本来就不是一回事：

1. 挡土墙的墙顶标高一般是标注的建筑标高。

2. 挡土墙内的暗梁顶面标高是结构标高。因挡土墙作为一个特定的构筑物，有可能以上说的两个标高是一致的，但也完全有可能是不一致的，所以一定要看清具体设计中，这两个标高是不是一致的。

## 5.27　杭州湾跨海大桥和青岛跨海大桥简介

目前世界上最大的跨海大桥是杭州湾跨海大桥吗？

**>>** 2014-06-17 07:56　 网友采纳

答：

目前世界上最大的跨海大桥不是杭州湾跨海大桥，而是青岛海湾大桥。

1. 杭州湾跨海大桥是我国自行设计、施工、建造的特大跨海大桥，是国家高速G15沈海高速浙江段的干线项目。北起浙江嘉兴海盐郑家埭，南至宁波慈溪水路湾，全长36 km，其中桥长35.7 km，双向六车道高速公路，设计时速100 km/h，总投资107亿元，设计使用寿命100年以上。杭州湾跨海大桥以"长桥卧波"为设计理念。

2. 青岛海湾大桥即胶州湾跨海大桥，也是我国自行设计、施工、建造的特大跨海大桥。它是国家高速公路网G22青兰高速公路的起点段，是山东省"五纵四横一环"公路网上框架的组成部分，是青岛市规划的胶州湾东西两岸跨海通道"一路、一桥、一隧"中的"一桥"。大桥起自青岛主城区海尔路，经红岛到黄岛，大桥全长36.48 km，投资额近100亿，历时4年完工。全长超过我国杭州湾跨海大桥和美国切萨皮克跨海大桥，是当今世界上最长的跨海大桥，也是世界第二长桥。大桥于2011年6月30日全线通车。2011年上榜吉尼斯世界纪录和美国"福布斯"杂志，荣膺"全球最棒桥梁"荣誉称号。

## 5.28 水利大坝可能造成环境侵蚀

水坝工程为什么会使河口三角洲受侵蚀？

>> 2014-07-29 09:59 网友采纳

答：

水坝工程会使河口三角洲受侵蚀，应从这样几个方面予以理解：

1. 既然建设了水坝，那就有建设前与建设后的区别。在建坝之前，水流畅行无阻，在若干年正常状态下，存在一种平衡体系。一旦水坝建成后，就改变了原来的这种平衡体系。

2. 建坝的目的和作用就是挡水。在建坝之前，没有被淹没的部位，建坝后就有可能被淹没。原来不适应水环境的物种，就有可能遭到伤害，甚至被灭绝。

因此说，水坝工程会使河口三角洲遭受侵蚀。

## 5.29 河道中心纵断面起止点的概念

河道中心纵断面起止点指的是什么？

>> 2014-08-19 06:56 网友采纳

答：

一般一条河道工程，往往会分为好几个标段，那每个标段的起止位置是怎么来确定的呢？就是在河道的中心线上来进行确定。你想了解的"河道中心纵断面起止点"，就是划分河道标段时所给定的一些起止数字。

## 5.30 市政栈桥设计所涉及的规范

市政工程栈桥设计要用到哪些规范？

>> 2014-08-30 10:01　　网友采纳

答：

　　因为你没有讲具体是什么样的栈桥，我只能凭感觉，现在做栈桥应该以钢结构为主，所以，就凭感觉说几个规范吧：

　　1.《钢结构设计规范》（GB 50017-2003）。

　　2.《冷弯薄壁型钢结构技术规范》（GB 50018-2002）。

　　3.《组合钢模板技术设计规范》（GB 50005-2003）（2005 修订版）。

　　4.《钢桥制造规范》（TB 10212-2009），等等。

## 5.31　道路施工图中"（pta）k0＋934.190"所表达的意思

(pta)k0＋934.190 在道路施工图中是什么意思？

>> 2014-08-31 10:48　　网友采纳

答：

(pta)k0＋934.190 在道路施工图中是：检测点位置在 k0＋934.190 处。

## 5.32　管道加强圈设置

DN450 管道用加强圈吗？

>> 2014-09-23 06:49　　网友采纳

答：

　　一般管径较大的压力管道都需要制作加强圈。管径较小或输送介质的压力不大的中等管径的压力管道，一般都不需要制作加强圈。像你所需了解的 DN450 管道，属于中等管径，是否需要用加强圈，要看所输送介质的压力情况来确定。

1. 当所输送介质的设计压力 $P$ < 0.01 mPa 时，属于低压管道，可以不做。

2. 当所输送介质的设计压力 0.4 mPa < $P$ ≤ 1.6 mPa 时，属于次高压管道，一般设计都会要求去做。

3. 当所输送介质的设计压力 0.01 mPa ≤ $P$ ≤ 0.4MPa 时，属于中压管道，应按设计要求去做。当设计未做明确要求时，需要在图纸会审时提出来，形成图纸会审纪要，然后按会审纪要中明确的做法去做。

4. 当所输送介质的设计压力 $P$ > 1.6MPa 时，属于高压管道，你所想了解的 DN450 管道，一般不会采用。

## 5.33　双液注浆适用范围和构造程序

双液注浆泵适用范围？

≫　2014-09-29 07:50　　网友采纳

答：

双液注浆泵的适用范围是：

1. 适用材料：水泥注浆 、化学注浆、混合注浆都可以。

2. 适用地层状况（或适用对象）：岩石注浆、沙砾注浆、黏土注浆、煤体注浆、煤岩体注浆等。

3. 双液注浆泵的工作原理：封闭泥浆达到一定强度后，在单向阀管内插入双向密封注浆芯管进行分层注浆。

4. 双液注浆泵的工作程序：

（1）首先加大压力使浆液顶开橡皮套，挤破套壳料，在土体产生劈裂。

（2）沿着裂缝扩散压浆，扩散范围受注浆压力、时间、浆液配比、土层特征等因素的影响。

（3）一般从底部开始，每 1 m 注浆一次，达到一定的压力后提起 1 m 再注浆，这样重复进行。

（4）注浆完成后清洗管内残留浆液，以便于第二次重复注浆使用。

## 5.34　雨水管能否进入化粪池出水管

雨水可以进入化粪池出水管吗？

>> 2014-10-17 07:26　　网友采纳

答：————————————————————————————————

雨水不可以进入化粪池进水管。雨水可以进入化粪池出水管的远端（指的是可以在靠近城市排水系统管网的一端），靠近化粪池的近端也是不可以的。也就是说：雨水不得进入化粪池。因为雨水进入化粪池的话，一旦突降大雨，使得化粪池溢出，形成环境污染。

## 5.35　城市排污管道大小规格的设置因素

城市公共排污管道大小标准？

>> 2014-10-20 08:43　　网友采纳

答：————————————————————————————————

城市公共排污管道的大小，没有一个固定或统一的标准数字。城市公共排污管道的大小是根据流量大小，由各段管道的单体设计来确定的。

## 5.36　"贫混凝土"的概念和用途

20 cm 厚贫混凝土是什么意思？

>> 2014-10-20 09:32

答：————————————————————————————————

你想了解的"20 cm 厚贫混凝土是什么意思":

1. "20 cm 厚"指的是混凝土的厚度，这不需要解释。

2. "贫混凝土"指的是：水泥用量较少的一种混凝土。贫混凝土一般用于路基施工、水利工程的堤坝中，也有比较少的用于房屋地基处理、基础垫层高度不够的加厚。

## 5.37　所谓"绿洲怎么开垦"的实质性含义

请问绿洲怎么开垦?

≫ 2014-10-20 12:48　　网友采纳

答：

只有开垦荒地，让荒地成为绿洲，从没有听说过开垦绿洲的说法。但你既然把这句话放到网上来问，我估计应该是很好的一片绿地，是不是被什么建设项目无端的拿来占用了的意思。如果是这样的话，看他们手续是否齐全，发现手续不齐全的话可以投诉。

## 5.38　塔柱与墩台、柱的概念上的区别

塔柱属于墩台还是柱?

≫ 2014-10-21 09:32　　网友采纳

答：

塔柱与墩台的重要区别在于：柱的截面一般是上下连续的，而墩台与柱之间有一个比较明显的台阶。如果有明显台面的话就是墩台，否则就是柱。

# 02

>> 工程管理篇

# 一、施工技术、工序做法及相应管理

## （一）工程测量及项目前期工作

### 1.1.1　未引测绝对高程情况下的建筑物标高的确定

本工程正负零相当于室外地面为现场确定是什么意思？基础底面是负 2.3，正负零怎么确定？

>> 2014-05-10 10:19　　提问者采纳　　网友采纳

答：

这是拟建建筑物附近没有绝对高程点的情况。所谓工程正负零指的是完成后的室内地坪面的标高。由于拟建建筑物附近没有绝对高程控制点，该工程的正负零只能是根据现场的地势情况来确定。"基础底面是负 2.3"，指的是当确定了正负零之后，做基础时，土方开挖到相当于正负零向下 2.3 m 的地方开始做基础。

### 1.1.2　工程项目前期报建工作所需要的人员情况

关于工程前期报建工作的问题我想问，工程前期报建审核，大概需要几个人的团队去跑下来，有没有人帮我详细讲解报建工作的分工，比如，是否一个报建主任带几名助理？还是说一个项目就一个人负责报建工作？谢谢了！

>> 2014-08-08 07:06　　提问者采纳　　网友采纳

答：

工程前期报建工作一个人就够了。因为所有手续报上去之后，都需要一定的时间等候。在审批过程中可以准备下一项报审资料。

### 1.1.3 排架结构柱吊装前杯型基础的弹线和定位

柱子起吊时的杯口中心是哪个地方？

>> 2014-08-30 10:22    提问者采纳    网友采纳

答：

你讲的是在排架结构中，现浇杯型基础和预制排架柱的吊装问题吧？一般情况下，在排架柱吊装前，应该先在杯型基础和未起吊的排架柱上，按图纸上的设计轴线分别弹线，吊装后按预先弹好的线进行对正就行了。实在不清楚的话，你可以把图纸发上来看看再说，可能才会更清楚一点。

### 1.1.4 测量仪器视镜中上、中、下等三处"十字丝"的意义及用法

十字像为什么要与上叉丝重合？

>> 2014-10-20 13:00    提问者采纳    网友采纳

答：

不知道你说的是水平仪还是经纬仪，但不管是水平仪还是经纬仪，让你与上叉丝重合的说法是不对的，应看正中间的交叉十字丝。上下交叉的十字丝是用来粗略估计距离用的。

### 1.1.5 施工员放线所涉及的数学公式及其应用

请问施工员放线需要知道哪些数学公式以及应用？

>> 2014-11-26 07:27    提问者采纳    网友采纳

答：——————————————————————————————

施工员放线很简单，所需要知道的数学公式是：

1. 小学的加减乘除。

2. 初中的勾股定理，$c^2 = a^2 + b^2$。

3. 三角函数：直角三角形的正弦公式 $\sin A = a/c$，余弦公式 $\cos A = b/c$，正切公式 $\tan A = a/b$。

至于怎么应用，在网上还真的说不清楚，有例子的话，你发上来算给你看一下才能清楚。

## 1.1.6　坡道任意点标高插入计算法

已知最高点标高 10.1 m，最低点标高 9.9 m，两点总距离 25.9 m，现在求从最低点 9.9 m 到距离 1.15 m 该点的标高是多少，怎么算出来的？

▶▶　2014-04-25 15:08　　提问者采纳

答：——————————————————————————————

1. 最高点到最低点的高差是：10.1 − 9.9 = 0.2 m。

2. 两点总距离 25.9 m，从 9.9 m 最低处开始向上到最高点 10.1 m 处，平均每米增高多少呢？平均每米增高：0.2 ÷ 25.9 = 0.007 722 m。

3. 从最低点 9.9 m 处向高处走 1.15 m 时，垂直高度方向增加了：
1.15 × 0.007 722 = 0.008 88 m。

4. 你所要求的"最低点 9.9 m 到距离 1.15 m 该点的标高"是：
9.9 + 0.008 88 = 9.908 88 m。

提问者评价谢谢你！以后有车道标高问题需要请教你，交个朋友吧！

## 1.1.7　竣工验收前楼层室内参照标高控制线的计算和制作

土建问题，施工人员在楼内用激光水准仪打标高 1.67 m（上到下尺子测量，楼层结构标高 2.8 m），请问用激光水准仪打这个标高是为做什么准备的？打地坪用的吗？

>> 2014-05-13 17:25　　提问者采纳

答：

该楼层结构标高 2.8 m，去除楼板厚度 130 mm（设计厚度有可能是 120 mm，其中误差 10 mm，或已经做了顶篷抹灰 10 mm 等），所以，该楼层楼板下口现时标高为 2.67 m。

现尺子从上到下打到 1.67 m，表明打出的该标高线为室内标高的 + 1.000 线。这个标高线的主要用途是房屋竣工验收时的参照标高线。现在，房屋在竣工验收前都应该打出这一条标高控制线。该标高线是一个通用线，可以打地坪用，也可以向上返，由后续装修做吊顶用，或做其他室内布置用等。

评论：混凝土楼板厚度 100 mm，设计要求是 30 mm 抹灰层。按我的理解是从上到下应该量 1.77 m 才对啊，也就是你说的室内打个标高 + 1.000 线。

回复：

你说的是结构标高 2.8 m，按现在说 2.8 m 应该是建筑标高，而不是结构标高。

## 1.1.8　对村镇房屋进行测量登记，是规划区范围内采集现状基础资料的需要

我们村去年测量村庄，现在又登记宅子，请问这是干什么用的？

>> 2014-05-19 12:11　　提问者采纳

答：

你们村去年测量村庄，现在又登记宅子，说明你们村已经进入了规划范围内。这些工作你问是干什么用，一是先为规划部门提供《规划区域现状图》，二是为以后拆迁提供规划前的现状基础资料。

## 1.1.9　房屋交付前 1.0m 标高线制作

为什么要去除楼板厚度？混凝土楼板厚度 100 mm ，设计要求是 30 mm 抹灰层。按我的理解是从上到下应该量 1.77 m 才对啊，为什么要留这么多？

≫　2014-05-22 12:33　　提问者采纳

答：

对不起！好几天了，都没有注意到你求助问题！要弄清这个问题，首先要了解建筑物的层高是怎么界定的。所谓建筑物的层高是：下一层完成后的楼面到上一层完成后楼面之间的高度差。

一般来说，对建筑物总是先假定一个相对标高，然后各楼层的楼面标高都是以这一假定的相对标高来进行推导。这个假定的相对标高一般是以底层完成后的地面假定为 ±0.000 m，其余所有的标高都是以这一点为基准去推导的。

就拿你上次询问的这个例子来说，设计层高是 2.8 m，这个 2.8 m 包含了一层顶的这一层楼板厚度，而在一层朝上量的时候，是量到楼板下口。所以，这个混凝土楼板厚度 100 mm 应该减掉，从楼板下口再向下量 1.67 m 才是 +1.000 m 的标高线。

## 1.1.10　道路工程中的坐标尺寸计算示例

道路施工的一些问题，一个是计算角度和弧长的问题，比如 $R = 7$，$T = 1.852$，$E = 0.241$（$R$ 是半径，$E$ 是外距），我想知道 $R$ 的度数和弧度长度能计算出来吗？还有一个就是已知坐标点 $A$ 点 $X = 3\,855\,604.028$，$Y = 572\,306.707$ k3+293.706，$C$ 点坐标 $X = 3\,855\,838.864$，$Y = 572235.954$ K3+538.925，点距离 $A$ 是 K3+455.933，算 $B$ 点坐标。这个我自己计算有半米的误差，求高人讲解了。

≫　2014-05-24 10:12　　提问者采纳

答：——————————————————————————————

你提供的第一个问题，表述不清楚，没有办法帮你计算。我把第二个问题 $B$ 点的坐标帮你算一下吧。

1. 先计算一下 $A$、$B$、$C$ 三点之间的距离情况，由标桩算得：

$AC = 538.925 - 293.706 = 245.219$    $AB = 455.933 - 293.706 = 162.227$

$BC = 82.992$

2. 因为要求 $B$ 点的坐标，故应把已知 $A$、$C$ 两点之间提供的坐标距离进行复核：

$AC^2 = (838.864 - 604.028)^2 + (235.954 - 306.707)^2$

$AC = 245.263$

坐标距离与标桩距离误差 $245.263 - 245.219 = 0.044$

3. 因为需要求坐标，故需要对标桩距离进行必要的修正：

$AB_{修} = 162.227 + 0.028 = 162.255$    $BC_{修} = 82.992 + 0.016 = 83.008$

（注：0.028 与 0.016 是将总误差 0.044 采用标桩计算距离进行的近似修正）

4. $B$ 点坐标计算

$(604.028 - X)2 + (306.707 - Y)2 = 162.2552$

$(838.864 - X)2 + (235.954 - Y)2 = 83.0082$

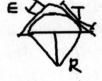

解得：$X = 759.390$        $Y = 259.842$

追问：

第一个求 $R$ 的度数。

追问：您有 QQ 吗？我加您 QQ 问一下可以吗？公式我有点看不懂，要是能详细就好了。

回答：

我没有 QQ，只有 E-mail：njaz163@163.com。平时有事也可以联系。

我帮你计算的坐标，是经过我修正过的数字，所以误差不大，我核定过了，误差就是 ±20 mm 左右，不像你所说的"有半米的误差"。

一般来说，"有半米的误差"那不是误差，那是错了。

计算坐标很简单，就是运用的两点间距离公式。不过要把前面的几位相同的大数字去掉计算，算好了以后再加上去，不然数字太大不好算。

### 1.1.11　建筑物现场定位与测量学的关系

建筑定位，经纬仪目镜中看到了要定位的点 *a*，怎么把 *a* 点画在地上？是不是也要横竖（共四点）点交叉确定 *a* 点？

>> 2014-06-09 08:19　　提问者采纳

答：

要想把 *a* 点在地上记录下来的方法是：在地上打一根木桩，在木桩上钉上一根钉子，再用水泥把木桩周围护住，在木桩侧面写上该桩的点位编号，就一切都完成了。

### 1.1.12　已知两点坐标，求该直线方位角的方法

在施工放线中已知两个点的坐标，怎样求角度？

>> 2014-07-04 07:52　　提问者采纳

答：

1. 已知两个点的坐标，只能连成一条线，所谓求角度，应该是两条线之间的夹角，所以不知道你问的是什么角度。

2. 任意两点连成一条线后，只能求方位角。

3. 按我估计，你可能是想问方位角的问题。假如你是想求方位角，可将两点间的 *Y* 值差与 *X* 值差相除后所得出的值，取正切的反函数，就可以得出方位角了。

追问：就是想问用哪个公式，是用正弦、余弦、正切还是余切？求详细解答。

回答：

我的回答可能你还没有看清楚，我已经讲清楚了：用正切，而不是什么正弦、余弦。

## 1.1.13　施工放线是每层都要做吗

做一栋框剪结构的楼房，放线是每层楼都要放线，还是只做基础的时候放线？

>> 2014-07-28 20:07　提问者采纳

答：────────────────────────────

不要说是做一栋框剪结构的楼房，随便什么结构的楼房，放线是每层楼都要放线的。只是做基础的时候放线最重要，因为做基础的时候放线，一旦放下来，也就定下来了，上部结构一般是不能随意更改的。

## 1.1.14　工地上铅垂线的用法

工地的铅垂线怎么使用？

>> 2014-07-31 08:33　提问者采纳

答：────────────────────────────

1. 工地采用的铅垂线，一般是吊线砣，它是由一根线和一个铅砣组成的。

2. 工地采用吊线砣来检查垂直度，一般是混合结构中的砌墙，混凝土结构柱、墙模板架设等。

3. 吊线的方法是：采用一只手举吊线砣，用一只眼睛进行瞄准检查。

4. 吊线的长度是：由人的高度和被检查构件（或部位）的高度决定。

5. 具体的吊线操作是：一般采用右手的大拇指托住吊线砣，将把持吊线砣的手臂举高，闭上右眼，用左眼瞄准吊线与被检查构件（或部位），眼睛视线沿吊线上下，由上向下，由下向上，连续多次上下扫描，对照扫描的吊线与被检查构件（或部位）的重合程度。

6. 吊线检查结果：经过吊线扫描，就可以发现吊线与被检查构件（或部位）越是重合，表明被检查件（或部位）垂直度越好；反之，不重合的话，也就表明垂直度有偏差。

7. 偏差大小评判：通过吊线检查，一般也能看出偏差的大小。一般以被检查件（或部位）的根部（一般根部的地上，或楼面上，或检查人所能看到的梁板上）为准，向上扫描找到偏差最大为准，用笔（或钉子）画上记号，放下（或收起）吊线砣，拿尺子一般可以直接量测出偏差数值。

8. 当最大偏差部位不在检查人所能直接尺量或触摸到的位置，可以凭经验估计出偏差数字来。

## 1.1.15　无设计图操场测平怎么做

无设计图操场测平怎么做？

>> 2014-08-01 08:47　　提问者采纳

答：────────────────────────────────

操场测平，是让你去测量的，是需要你自己绘制出方格网的，不需要预先有什么设计图纸。

## 1.1.16　水准测量黑红误差的概念及处理

工程测量求错误点及解决方法，水准仪读数、水准尺黑红面高差总是大于2 mm，仪器尺子均水平。

>> 2014-11-05 09:26　　提问者采纳

答：────────────────────────────────

你说的这种情况，是水准尺本身正反面的误差2 mm，很正常，不需要做什么解决的措施。

## 1.1.17　分包单位无资质通常的规避做法

外墙粉刷需要资质吗？没有资质怎么办？

>> 2014-11-06 10:06　　提问者采纳

答：————————————————————————————————————

从理论上来说，建筑工程中每个工种、工序的施工作业，都需要资质。外墙粉刷现在一般要求用保温砂浆作为保温层，那做保温层当然就需要有资质的单位和具备作业资格的人员才能上岗。

单位没有资质，或作业人员没有相应的上岗证，是不能承担该项作业的。

以上仅仅是从理论上说的，而实际工程中，往往都不能做到这样。

那怎么办呢？单位没有资质的话，一般就不办理分包，总包单位他们总是有资质的吧。个人没有资质的话，只要自己真的会做，那就办个实实在在的证，很方便的。

## 1.1.18　方形柱包圆的垂直度控制法

方柱子包圆形柱子怎么保证垂直度？

>> 2014-04-13 07:25　　提问者采纳

答：————————————————————————————————————

1. 首先要检查一下原来方柱子的垂直度。要想使得包好的圆柱子垂直，前提条件首先是原来的方柱子是垂直的。

2. 在地面上画出包好后圆柱子的图形，作为控制基线，以地面画好的控制基线为基准用经纬仪从两个不同方向对施工过程中圆柱子进行校正。

这样包出来的圆柱子就是垂直的。

### 1.1.19　工程项目竣工后地下室内布置的沉降观测点还需要继续观测吗

建筑竣工后地下室沉降还需要观测吗？之前施工阶段布置底板观测点，现在竣工后在一层布置了观察点，那地下室的观测点还需重新观测吗？

≫　2014-04-24 16:10　　提问者采纳

答：

施工过程中在底板布置的观测点，工程竣工后又在一层布置了观察点，那地下室的原观测点只要在施工过程中没有发现"不均匀沉降情况"，竣工后就不需要再进行重新观测了。

但是，原观测点不能破坏掉。当在后来的（竣工后在一层布置的）观察过程中，发现有较大不均匀沉降时，有可能还是需要用原来地下室的观测点进行复核的。

### 1.1.20　单位工程、子单位工程、分部工程、分项工程的关系

单位工程、子单位工程、分部工程、分项工程的关系，能举个实例说明吗？

≫　2014-05-23 10:36　　提问者采纳

答：

其实你问的这个问题还没有全，上面还有项目工程（一般就简称某某项目），下面还有检验批，现在就你的提问，做一些简要的或说简单的回答：

1. 单位工程：如楼盘，住宅群。

2. 子单位工程：如其中某一栋楼。

3. 分部工程：就拿土建部位来说，有地基与基础工程、主体工程、屋面工程、装饰装修工程。

4. 子分部工程：以装饰装修工程为例，包括吊顶工程、饰面砖工程、涂饰工程、幕墙工程等。

5. 分项工程：以主体工程为例，包括钢筋工程、模板工程、混凝土工程、砌砖工程等。

6. 检验批：以模板分项工程为例，可分为第一单元 1 ~ 8 轴支模工程、第二单元 8 ~ 16 轴支模工程等。

## 1.1.21 一般建筑施工是按结构标高还是按建筑标高施工

一般建筑施工中用结构标高施工吗？

》》 2014-07-06 07:48　　提问者采纳

答：

一般建筑施工分两个过程：一是主体结构施工阶段；二是建筑装修阶段。所以笼统地提"建筑施工"是不能有明确答案的。

1. 主体结构施工阶段，主要接触的都是结构部位，结构部位当然按结构标高施工。

2. 建筑装修阶段也是建筑施工的一个重要组成部分，这时候接触的都是建筑的最后完成状态，很显然必须按建筑标高来进行控制。

## 1.1.22 施工放线与标高定位的概念

施工放线最高点没有标高数怎么算？

》》 2014-07-21 09:47　　提问者采纳

答：

施工放线和标高在工程上，一般是说两个概念：

1. 施工放线，在工程上一般是指水平方向上的房屋（建筑物或构筑物）的轴线定位情况。

2. 标高问题，是房屋（建筑物或构筑物）的高层定位情况。

根据你所想了解的，应该不是轴线问题，而是标高问题，但不知道你想了解哪个部位的标高问题。凭我估计可能有两种情况：一种是开工前对施工场地的抄平 问题；另一种就是已经开工后，在基础顶面或某一楼层面的标高情况想了解一下，并发现有较大的误差情况，所以放到网上来咨询的。

## 1.1.23 无建房手续盲目开工属于违章建筑的范畴

在自己承包的地上能盖一层 3 间的房子吗？合同上写明能盖，但办事处说是违建要拆。这算违章建筑吗？

▶▶ 2014–08–06 07:10　　提问者采纳

答：——————————————————————————

不知道你跟谁签订的"合同"上说是"能盖"的，按道理应该是手续齐全（当然，如果你手续齐全，那肯定没有必要放到网上来咨询）才不算违章建筑。但有时候，也有特殊情况，如：

1. 某领导曾经口头答应过的，并且是可以补办相关手续的。

2. 在自己承包的地上盖的是"副业用房"，尽管没有任何手续，但有足够的证据表明"确为副业用房"，要被拆迁，还是可以得到一定补偿的。

记住好好跟人家商量商量就行了。

## 1.1.24 搭建活动板房要办理手续吗

搭建活动房需要拿建房证吗？如果买个二手房需要办哪些手续？

>> 2014-08-07 06:24　　提问者采纳

答：

1. 按规定，无论你想搭建什么房子，都是需要办理相关手续的，但绝大多数人都没有办。

2. 买二手房，要办理房屋过户手续。如果不办理过户手续，那就等于你花了钱，但房子并没有买回来，还在人家的名下。

## 1.1.25　土管所量了土地是不是就一定要建房

土管所量了地基是不是就一定要建房？

>> 2014-08-09 06:33　　提问者采纳

答：

管所量了地基不是立即就要建房，是有时间限制的。六个月之内没有开工建设，则前期申报的手续自动作废，如果在六个月之后想建设则需要重新申报。

## 1.1.26　路基施工中测量员应该校核的测量数据

在进行路基施工时测量员应校核哪些数据？

>> 2014-08-20 06:32　　提问者采纳

答：

在进行路基施工时测量员应做的工作，一是平面坐标，二是高程控制，具体 包括：

1. 导线控制点的引入；2. 拆迁范围点的测放；3. 路基范围点的测放；4. 高程控 制点的引入；5. 路基各部位虚铺厚度的控制；等等。

## 1.1.27　全站仪测放控制点的误差

用全站仪放控制点，后视最多差多少？

>> 2014-08-20 07:32　　网友采纳

答：

你问"用全站仪放控制点，后视最多差多少"这个问题是不是："用全站仪放控制点，（回过头来复测后视点时）后视最多（也许）差多少？"

要回答你的这个问题，先要弄清楚你是在做什么测量，是国家控制点等级测量呢，还是一般工程上的控制点测量？还有所测放的控制点位置，与仪器位置的距离是多少？等等。

但按我估计，你应该是在一般工程上做控制点放线测量的。如果是的，回过头来复测后视点时，看到偏差 5 mm 左右没有问题，也不必去动它。我说的不必去动它，应该说不能去动它！因为你今天发现误差一点，动一下，明天再发现误差，再动一下，那就乱套了。

## 1.1.28　杯型基础排架柱吊装前放线

柱子起吊时的杯口中心是哪个地方？

>> 2014-08-30 10:22　　网友采纳

答：

你讲的是排架结构中，现浇杯型基础和预制排架柱的吊装问题吧。

一般情况下，在排架柱吊装前，应该先在杯型基础和未起吊的排架柱上，按图纸上的设计轴线分别弹线，吊装后按预先弹好的线进行对正就行了。实在不清楚的话，你可以把图纸发上来看看再说，可能才会更清楚一点。

## 1.1.29　以房屋为中心在地面上画圆的定位放样方法

请问建筑专家们，以中心建筑房地面绘圆怎么放线？

>> 2014-09-23 16:26　　网友采纳

答：

不知道你所要测放的圆有多大，你要说具体点，好给你答复。

追问：测放的圆是围绕已建好的房屋的。

回答：

房屋的尺寸有多大？

追问：具体尺寸不知，我只是想知道绘圆的方式方法。

回答：

绘圆的方法有很多，当房屋尺寸较大时，最简单明了的方法是：

1. 把房屋的平面图按一定的比例画出来。

2. 在绘好的房屋平面图上，将所需要画的圆用同比例画到房屋平面图上。

3. 在含有房屋和圆位置的图纸上画出方格网。

4. 到实地去，按画图的比例尺在地面上画出各个控制点位。

5. 按图纸上圆所在各个方格网内的位置，画到实地上去，所需要的圆就在地面上画好。

这种画圆的方法，适用于各种图形的绘制，而且，绘图的精度完全可以由自己把握，很精确。

## 1.1.30　桩基工程标高控制点错误的补救措施

桩打完后发现基础土面标高低 40 cm，该如何处理？

>> 2014-09-27 07:06　　网友采纳

答：

桩打完后发现基础土面标高低 40 cm，难道你在打桩过程中，桩身高度是以自然地面高度来控制的吗？

不知道你打的是什么桩，既然桩都打好了，总会想到办法来解决的，放心吧。告诉我工程概况，好帮你想办法。

## 1.1.31　线条、线口、轴线的说法和相关概念

施工中经常听到说线条线口什么的，具体指哪一部分，是轴线的外侧吗？

>> 2014-10-21 13:23　　　网友采纳

答：

1. 施工中通常所说的线条，指的是一种实物，有木线条、石膏线条、复合板线条等。此外，线条也有被画出来的或刻制出来的等。

2. "线口"这个说法是没有的。

3. 要谈什么轴线的话，那应该是某某接线点，或什么什么地方，是引线位置等。

# （二）土石方、地基处理及基坑降水、地下防水工程

## 1.2.1　土方工程中挖方与填方需要注意的事项

填挖方时应注意什么？

>> 2014-05-12 08:18　　　提问者采纳　　　网友采纳

答：

　　填挖方有平整场地时候的填方和挖方，还有建筑物基础工程施工时候的填方和挖方两种。这两种填方和挖方的注意事项是不一样的，不知道你要了解的是哪 一种？

　　1. 平整场地的填挖方要注意的是场地标高，而对场地内填方和挖方的土质条件没有强制性规定。此外还要注意的是要统筹一下，尽量减少填挖方的土方运送距离，减少填挖方的工程量。

　　2. 建筑物的地基基础工程填挖方的注意事项中，除注意以上问题外，填方时对土质还有比较严格的限制。如禁止填入淤泥质土、植物根茎、未经破碎处理的建筑垃圾大型块体等。

## 1.2.2　地基扰动后的处理

地基被动过填什么土好？

》》 2014-05-30 08:26　　提问者采纳　　网友采纳

答：—————————————————————————————————

　　基础工程中地基土体严禁扰动，当基土被扰动后，应将被扰动的土体换掉，由设计确定是否换填砂石或三合土夯实。

## 1.2.3　园林项目土方工程怎么计算

园林怎样算土方？

》》 2014-08-15 08:47　　提问者采纳　　网友采纳

答：—————————————————————————————————

　　园林所需要的挖方和填方，均应按设计要求，以实际的挖方工程量和填方工程量计算。挖方和填方，均按实际发生的土方体积作为工程量的计算单位。

## 1.2.4 承包土方工程的计算方法

土方承包是怎么算的？

▶▶ 2014-08-29 11:01 　提问者采纳　　网友采纳

答：

土方承包按所承包的土方工程量计算，也就是说，跟人家谈多少钱一方。土方价格主要考虑的因素是：

1. 土方的开挖条件。

2. 土方运输的运距。

3. 土方运输的条件，包括场外运输道路情况等。

## 1.2.5 地基基础工程中需要控制的质量指标和检测要求

地基基础问题求解？

▶▶ 2014-10-11 12:12 　提问者采纳　　网友采纳

答：

施工过程中应检测的项目有：填料配比、原材料质量。施工完成后应检测的项目有：单桩承载力、桩身完整性。

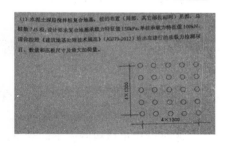

施工完成后应检测的数量为：单桩承载力不少于 3%，即应抽检 705×3% = 22根；桩身完整性检测不少于 20%，即
705×20% = 141 根，因外围桩需要增加，和部分有疑问的抽检，故完整性检测最终可能在 200 根左右。

载荷检测的最大加载量为特征值的 2 倍，即 100 kPa×2 = 200 kPa。

## 1.2.6 三合土怎么破开

三合土怎么破开?

>> 2014-10-21 09:28    提问者采纳    网友采纳

答:————————————————————————————————

不知道你所说的是不是做路基的时候,标高弄错了,需要刨掉一点的意思。如果是这种情况,有一种专门的路基刨铣机,刨掉一点就行了。

## 1.2.7 没有办理控制点交接的土方工程怎么做

测土方量时没有控制点怎么测?

>> 2014-10-22 08:49    提问者采纳    网友采纳

答:————————————————————————————————

测量土方,一般甲方会给出一些控制数据的,这当然一般也就包括标高数据和范围数据,同时提交控制点。但是,当甲方没有提供这些数据和控制点,而又急于开工怎么办呢? 那就得自己设置一些可追溯的基础资料出来,包括现场照片、影像资料和控制点设置等。

其实,一句话,测土方量没有控制点的话,可以自己设置控制点。

## 1.2.8 船闸工程中止水材料不达标怎么处理

船闸铜止水材料厚度不达标怎么处理?

>> 2014-12-25 16:26    提问者采纳    网友采纳

答：

当船闸铜止水材料或其配件不符合设计要求，或不符合有关规范的规定时，应该：

1. 要求施工单位退货更换成合格的材料或构配件。

2. 当施工单位不服从时，可以认定为偷工减料。

## 1.2.9　如何判定土方工程质量

如何评定土方开挖是否满足工程验收标准？

>> 2014-12-26 13:40　　提问者采纳　　网友采纳

答：

土方开挖的质量要求，主要检查：土方的开挖是否符合设计图纸中图示几何尺寸的要求。

## 1.2.10　DDC 桩基工程新技术简介

ddc 桩是瑞力通的专利技术吗？

>> 2014-04-12 08:15　　提问者采纳

答：

你所说的 ddc 桩一般不用小写字母来表示，一般都写成"DDC 桩"。DDC 桩是北京瑞力通地基基础有限责任公司董事长司炳文发明的"孔内深层强夯法"的一项专利技术。该专利技术因为用料范围广泛，一般均采用建筑垃圾来处理软弱地基，变废为宝，不用钢筋、水泥，是一项可节省大量工程投资的对软弱地基处理的一种"软弱地基处理加固技术"。

## 1.2.11  破桩头产生的碎块能否作为垫层使用

基础桩破桩头时产生的碎块能不能就地铺在垫层下，如果不能，为什么啊?

⟫ 2014–04–19 20:51  提问者采纳

答:

基础桩破桩头后产生的碎块是不能就地铺在垫层下的。这是因为"理论上"：基础垫层应该直接浇筑在"未被扰动的"原状土基层上。

但实际施工过程中，为了能让监理"放一马"的"偏理"是：当基坑内存在软弱层时，通常都可以采用"清除软弱基层后，换填碎石等材料"，而我们破碎的桩头"总可以把它当碎石"来用吧!

## 1.2.12  设备基础等小型基坑的回填方法

设备基础回填不好夯实，怎么办?

⟫ 2014–04–24 16:23  提问者采纳

答:

小型夯机规格型号很多，找符合你们现场实际情况的夯机来施夯。但不能不夯，因为现在盲目回填，以后在设备周边出现下沉、裂缝，甚至"配套设备位移"，直接影响到后来的"不能正常生产"等，要来返工可就麻烦了。

## 1.2.13  基槽土方回填的技术要求

基槽土方回填的要求有哪些?

⟫ 2014–04–24 16:34  提问者采纳

答：———————————————————————————

基槽土方回填的要求有：

1. 分层回填，分层夯实（分层过厚无法夯实，分层过低影响工效）。

2. 回填土土料不能含有植物根茎、有机质废料。

3. 回填用土要注意含水率（因为当含水率过大时，不能夯实，甚至能夯成弹簧土；当含水率过低时，又无法夯实）。

4. 做环刀检测回填土的密实度。

5. 注意收集完整的回填土施工资料。

追问：第 5 个也是？

回答：

第 5 个肯定是啦，没有这个你最后验收不了，无法交工。当然，搞工程涉及的内容太多了，仅仅在网上无法说得很多，也无法说得很清楚。

## 1.2.14　土石方工程项目中的测量工作内容

我在土石方工程做测量的学徒，但是图纸完全不会看，怎么办啊，有什么办法能快速学习看图纸吗？

➤➤ 2014-05-03 07:57　　提问者采纳

答：———————————————————————————

做土方工程的测量工作很简单，大致包括两个方面的测量工作，即挖方或填方的区域定位测量和区域内施工高程测量两部分的工作，具体包括：

1. 先找规划部门找到城市规划控制点（与项目最靠近的控制点），并了解到各控制点的坐标。

2. 无论是在挖方项目，还是在填方项目，都要对项目工地"建立方格控制网"，即每隔一定的距离设置一个控制点。

3. 按施工图设计要求，进行挖方(填方)施工。边施工边测量，进行施工高程控制。

具体内容很多，还是买一本建筑工业出版社出版的《建筑工程测量》好好学一学。

## 1.2.15 场地平整子目的综合单价中存在"价差"吗

投标书中分部分项工程综合单价中存在价差吗？如下表所示，如果存在，又是怎么计算的呢？

>>> 2014-05-07 07:48  提问者采纳

答：

定额中对平整场地子目里有一定的"机械费"和"其他费"的"定额含量"，而不存在"价差"的说法。

你所提供的图表中，平整场地价差 7.75 元 /m²，是该投标文件中错误的表述（也许是编制标书过程中的"手误"）。但是，作为投标文件，在评标过程中，这属于一种"小问题"，一般评委都不会看这一点。

你可能是在建设方（或监理方、招投标代理方等），发现中标单位该投标文件中所存在的问题。我告诉你，虽然已经中标了，但作为投标文件，里面存在的问题"肯定不止"这一点点。

追问：没看懂。那这个价差是错误的吗？怎么纠正？还有请问是怎么算的？

回答：

如果是已经中标的标书，以投标报价的 9.37 元 /m² 为准，不应调整。

追问：这个只是我的一个标书而已，就是不明白为什么有价差这一项，也不知道它是怎么计算的。

回答：

从你提供的表中看，既然是你自己在编制标书，那你就不应该将 7.75 元 /m²

| 序号 | 项目编号 | 项目名称 | 单位 | 工程款 | 指导单位价款（元） | | | | | | | 合计 | 合计（元） |
| | | | | | 人工费 | 材料费 | 机械费 | 管理费 | 利润 | 价差 | 风险 | | |
| 1 | 010101001001 | 平整场地 | m² | 1 302.9 | 2.39 | | | 0.13 | 0.1 | 7.75 | | 9.37 | 12298.17 |
| | N1*1 | 人工平整场地 | 100 m² | 13.029 | 238.53 | | | 13 | 10.06 | 774.98 | | 938.57 | |

这一数字填到"价差"这一栏里去。

追问：那怎么修改呢？我查了好久都不了解，请前辈帮忙看下。

回答：

你首先应该弄清楚 7.75 元 /m² 这个数字是从哪里来的，或者是谁给你提供的这一数字。

因为单位估价表（或定额）里面所提供的数字都有明确的"子目名称"，你肯定不是从单位估价表（或定额）里面套过来的，所以我估计你是想把原来的那一个项目的投标文件拿来参考，准备编制标书。如果是这样，那是原来的这个标书的问题，你现在可以做的，就是把这个数字调整到机械费一栏里去。

因为平整场地是需要如推土机、挖土机之内机械的，从你提供的表里可以看到"机械费"一栏里面没有数字，是空白的。

## 1.2.16　什么是"孔内深层强夯法"地基处理新工法

孔内深层强夯法用于地基夯实效果如何？

>> 2014-05-07 08:15　提问者采纳

答：

你所说的"孔内深层强夯法"，不知道是不是想了解"DDC 桩"。

DDC 桩是北京瑞力通地基基础有限责任公司董事长司炳文发明的"孔内深层强夯法"的一项专利技术。该专利技术因为用料范围广泛，一般均采用建筑垃圾来处理软弱地基，变废为宝，不用钢筋、水泥，是一项可节省大量工程投资的对软弱地基处理的一种"软弱地基处理加固技术"。

采用该技术对地基所进行的处理，效果比较好，你放心使用吧！你想一下就知道了，如果没有"比较好"的效果，能申请到专利吗？但不知道你所说的是不是想采用"DDC 桩的软弱地基处理加固技术"。

## 1.2.17  页岩、砂岩、花岗岩具象性认定及花岗岩特性简介

有人知道这是什么岩石吗？页岩、砂岩还是花岗岩？

>> 2014–05–10 07:56  　提问者采纳

答：

1. 能看出明显的粒状结构。

2. 颗粒间凝结物似为硬度很大的玉质粉脂。

3. 第三幅照片上能透析出一定含量的"铁锰质"铁锈红。应该属于典型的花岗岩。花岗岩（Granite）是一种岩浆在地表以下冷却凝结形成的火成岩，主要成分是长石和石英。它是由钾长石、石英、斜长石组成的酸性侵入岩，半自形粒状结构或似斑状结构、块状构造，常呈岩株、岩基产出。有关矿产有稀有金属、放射性元素矿床。花岗岩的应用学科有材料科学技术（一级学科）、天然材料（二级学科）、矿物（二级学科）。花岗岩的语源是拉丁文的 granum，意思是谷粒或颗粒。因为花岗岩是深成岩，常能形成发育良好、肉眼可辨的矿物颗粒，因而得名。花岗岩不易风化，颜色美观，外观色泽可保持百年以上，由于其硬度高、耐磨损，除了用作高级建筑装饰工程、大厅地面外，还是露天雕刻的首选之材。

## 1.2.18  三七灰土做法及可能存在的厚度调整

设计要求垫 1 m 的三七灰土，而由于场地地形问题，开挖深度不够，能否降低 500 的三七灰土？

>> 2014–05–14 13:23  　提问者采纳

答：————————————————————————————————————————

因为你没有办法把现场的具体情况描述清楚，只能凭猜想来回答你的问题。

1. 既然"设计要求垫 1 m 的三七灰土"，说明场地要么是正常地质条件但存在局部软弱层，要么是丘陵地带局部是岩层或局部是沟壑的情况。

2. 如果是第一种情况，那肯定是不允许降低三七灰土厚度的。

3. 第二种情况，一部分是岩层的话"没必要破岩"（因为根据你说的，基底采用三七灰土垫层，估计也不是什么高层房屋）。而非岩层部分应按设计要求做，但也要请勘察人员、设计人员、现场监理、业主方代表等对现场的情况进行会商，并做好会商纪要。

如果存在第三种情况，那你就把具体情况说清楚，好给你回答。

追问：是旧楼拆了盖新楼，砖混结构，地形是放坡的地形，一边高一边低，地下是沙石，低的地方基础挖深也就 1 m，做了灰土正好和地面平行。

回答：

像这种情况可以少做一点灰土垫层，只要垫平就行了。

## 1.2.19 有电梯井小高层房屋开挖后的基坑状况

小高层，有地下车库，中间垒的方坑是啥意思？

>> 2014-05-21 18:11 　　提问者采纳

答：————————————————————————————————————————

这是一幢小高层的住宅楼基础开挖后的现状照片，三个单元，静压（或 锤击）的管桩基础，照片上看到的三个"坑"是三个电梯井加深的位置。

追问：开发商说有地下车库的，这像吗（两栋楼中间的地没有挖）。

回答：

应该是有地下车库的，因为基础开挖深度比较大，有车库的高度。

## 1.2.20　深基坑外侧集水井位置

我这边要做一个 4 m 高的集水井，因为现场在做基础，然而在已移交的区域经常排水到基础这边来，我们打算做一个集水井把水单独排到里面抽出去。现在就要在一个 4 m 多高的地下室侧壁做一个临时集水井，侧壁外面是回填土的区域，为防这个集水井被回填土埋了，打算做一个 4 m 高、1.5 m 长、1 m 宽的集水井。现在请问，这个集水井的底部是不是要夯实土层，然后做两个独立的基础，设置地梁连接到剪力墙部分，浇筑垫层，砌筑，在 4 m 处设置一道圈梁？基础需要做多大多深？那些梁柱配筋要配多大？

集水井位置

>>> 2014-05-22 15:10　提问者采纳

答：

你想在基坑外侧做一个集水井非常好，这样可以避免已交付区域的地面水直接流往基坑。要做的这个集水井不叫 4 m 高，而叫 4 m 深。

按你所说的情况，好像是基坑包括基坑侧 壁都已经做好了，而想再在外侧做集水井。如果是这样的话，那涉及的事情就比较多。如：依着的是一个 4 m 高的地下室侧壁、三周都是新近的回填土、外侧自然地下水是多高等。所以，你别看是个小集水井，还真的要慎重一点。国家有关规定，3 m 以上的就属于深基坑，就要有专项施工方案，达到 5 m 的深基坑，不仅仅要有深基坑施工方案，而且还需要进行专家论证。所以我建议：

1. 不能靠在网上问一下就认为可以了，请个懂行的人帮你到现场看一看。

2. 如果旁边的基坑还没有施工是最好，先把它连在一起做就方便多了。

## 1.2.21  地基钎探主要检测什么性质的土质

地基钎探主要检测什么性质的土质?

>> 2014-08-22 12:33　　提问者采纳

答：

地基钎探所检测土的性质包括：细砂土、粉砂土、粉土、粉质黏土、黏土、淤泥质土等。中粗砂、砾石以上含大颗粒的地质条件，是没有办法采用钎探的方法去检测的。有时候中砂地质条件还勉强可以，但粗砂以上是肯定不行的。

## 1.2.22  土方工程办理现场签证的步骤和留样措施

施工现场有高出地面 3 m×4 m×70 m 的土堆,怎么做签证?

>> 2014-10-17 09:25　　提问者采纳

答：

这个土堆才 $3 \times 4 \times 70 = 840 \ m^3$，工程量不是很大。

1. 在施工之前请甲方现场代表、监理工程师到现场拍照，做现场记录。

2. 施工过程中注意留出土体样墩，留做最后确定实际挖土高度用。

3. 挖土完成后请甲方现场代表、现场监理工程师一起到现场实际勘察挖方平面尺寸、挖方实际高度等。

4. 编制工程量清单，办理现场签证手续。

## 1.2.23  地下室为什么要进行防水

地下室为什么要进行防水?

>> 2014-11-25 10:01　　　提问者采纳

答：

地下室无论是否有地下水的存在都必须做好防水处理，如果不做防水，就会有地下室内的渗水情况存在，从而影响使用功能。这是因为：

1. 当有地下水存在时，毋庸置疑会产生地下水压力，渗入地下室。
2. 当无地下水存在时，也会可能因自然降水的影响而产生渗水的情况存在。

## 1.2.24　砖墙下开挖 5 m 深基坑

地基的问题，在宽 1 m、高 5 m 的砖墙下挖 5 m 深的大水池，有哪些危害？哪有相关的资料？

>> 2014-04-16 12:28　　　网友采纳

答：

现在是没有宽度 1 m 的砖墙墙体了，除非是古城墙什么的，但古城墙的一般厚度（宽度）又不止 1 m。所以不知道你说的是哪里的什么墙。

但我告诉你，既然是砖墙，那么它的基础肯定深不到哪里去（一般不会有 5 m 深），而你想在这样的砖墙下挖 5 m 深的大水池，我担心会倒塌的。

## 1.2.25　地基夯实的方法

地基夯实哪些方法比较好用？

>> 2014-06-18 06:56　　　网友采纳

答：

谈到地基夯实，那就一般是私建的民房可能性比较大，因为大的公寓房一般都不需要做地基夯实。建议用烧柴油的气夯，一个人操作，夯实的效果很好，也比较好用。

## 1.2.26 地基开挖的计量单位

挖地基的基础一般是算平方还是立方？

▶▶ 2014-07-11 06:13　　网友采纳

答：———————————————————————————————————

挖地基是按所开挖土方（或石方）的体积来计算的，当然应该以立方米为计算单位，平方只是一个面积单位。

## 1.2.27 填方工程中土类性状和压实性概念

3 m 深的填土方下了两天大雨后还会膨胀吗？

▶▶ 2014-07-15 06:31　　网友采纳

答：———————————————————————————————————

要想了解填土方下了两天大雨后是否会膨胀，还是下沉，涉及以下两个问题：

1. 填土的性质、性状。

天然土方有湿胀性土方、湿陷性土方两类。湿胀性土又称为膨胀土，根据其膨胀率大致可分为强、中、弱三级，主要黏土矿物成分为蒙脱石、伊利石。强膨胀土呈灰白色、灰绿色，黏土细腻，滑感特强，网状裂隙极发育，有蜡面，易风化呈细粒状、鳞片状；中等膨胀土以棕、红、灰色为主，黏土中含少量粉砂，滑感较强，裂隙较发育，易风化呈碎粒状，含钙质结核；弱膨胀土以黄褐色为主，黏土中含较多粉砂，有滑感，裂隙发育，易风化呈碎粒状，含较多钙质或铁锰结核。凡是液限 ≥ 40%、自由膨胀率 ≥ 40% 的黏土，即可判断为膨胀土。

湿陷性土通常大多指的是湿陷性黄土，其实湿陷性土包括湿陷性碎石土、湿陷性砂土和湿陷性黄土等多种。一般来说，在 200 kPa 压力下浸水荷载试验的附加湿陷 量与承压板宽度之比等于或大于 0.023 的土，应判定为湿陷性土。

2. 填土的压实性。

当填土为湿胀性土方时，如果表面被压实板结，形成不透水层或微透水层时，即使下雨时间再长一点也不一定会出现膨胀。当填土为湿陷性土方时，如果填土压实度较大，达到强夯地基差不多的性状时，也不一定出现湿陷。因此，在没有了解以上情况下，是不能做出膨胀还是湿陷结论的。

## 1.2.28　连续下雨盖房子，对地基有影响吗

连续下 20 天雨了，盖房子下地基会有影响吗？

>> 2014-08-21 06:29　网友采纳

答：

连续下 20 天雨了，盖房子下地基肯定是会有影响的。但主要影响就是增加了施工上的困难。

这里，我知道你不是想了解施工上的困难问题，而是想了解对地基承载力是否会产生影响？我告诉你：对地基承载力没有影响。

## 1.2.29　工字钢围护结构的止水工艺和一般做法

工字钢桩怎么密闭？工字钢桩围护结构适用于黏性土、砂性土和粒径不大于 100 mm 的砂卵石地层围堰，我想知道工字钢桩是怎么密闭的，才能让水进不来？

>> 2014-08-21 14:17　网友采纳

答：

采用工字钢桩做围护结构，止水问题，仅仅凭工字钢本身不能解决，工字钢只能满足支护的结构问题，而止水问题需要另行采取措施。

1. 解决这种类型止水问题的一般做法是：在外侧另行做深层搅拌桩止水。

2. 内侧还要做挂网喷浆。因为你说的这种情况，也没有必要用工字钢密排整个基坑四周，工字钢与工字钢之间可以留出一定的间隙，另做一下挂网喷浆比较经济一点。

## 1.2.30  2012 规范中"复合地基桩身修正公式"勘误的理解

复合地基桩身修正公式 7.1.6-2 是否写错了，本人认为括弧内应该是"减去"（-），不是现在的"加上"（+）？

》》  2014-08-27 11:14   网友采纳

答：————————————————————————————————————
你的理解是正确的，括弧内应该是"减去"（-），而不应该是"加上"（+）。

## 1.2.31  粉土地基能打夯吗

给楼房打夯在宣土上行吗？

》》  2014-09-02 06:19   网友采纳

答：————————————————————————————————————
宣土，在土的工程分类上还没有听说过。不过按我估计，应该是你们当地人的通用称呼，可能属于工程分类中地质条件不是很好的"粉土"吧。如果是，我就可以给你一个说法：

1. 你问"给楼房打夯在宣土上"，估计你是自己家里盖房子。

2. 自家盖的房子一般结构不会很大，没有问题。

## 1.2.32 主动土压力、静止土压力和被动土压力的概念

结构布置差不多，很对称，除了地质原因外，造成了土体的反力大小不一样，是什么原因？

>>> 2014-09-03 18:11 　　　网友采纳

答：

在地基土力学中，土的反力有三种：主动土压力、静止土压力和被动土压力。在同一地质条件下（即除了地质原因），三种土压力值是不一样大的，其中，主动土压力最小，静止土压力居中，而被动土压力最大。这就是你想了解的，结构布置差不多，可反力不一样的原因。土的反力大小，就是由它们所处的压力状况所决定的。

追问：一栋建筑的基础为什么会呈现三种土压力啊？我用的是筏基，有什么影响吗？

回答：土力学的概念都比较抽象，凭空说可能说不清楚，你最好把图纸发上来，我来帮你分析。现在仅把几个概念说给你听一下：

1. 静止土压力：土体与结构之间保持"原位"不动的状态下，并不是说相互之间就不存在力的作用，这种状态之下土体与结构之间的压力，称为静止土压力。

2. 主动土压力：结构在填土的作用下，有朝背离填土一侧"移动"的趋势时，土体与结构之间的土压力，称为主动土压力。这种状态下，因为结构有背离填土的"趋势"，故它们之间的压力最小。

3. 被动土压力：结构在外力的作用下，有朝土体方向"移动"的趋势时，将有可能使得土体产生"变形""趋势"时，土体与结构之间的压力，称为被动土压力。

这里，我用了好几个"趋势"，意思是，实际上并没有"移动"的意思。

## 1.2.33　护壁桩内侧土方开挖

护壁桩内侧土方是否应全部挖走?

➤➤ 2014-09-22 08:49　　网友采纳

答:

一般来说,做深基坑支护的护壁桩的内侧还有搅拌桩,作为止水用。其余土方,一般按设计要求全部挖掉。

## 1.2.34　石灰土地基压实前的虚铺厚度

20 cm 5% 石灰土石灰松铺厚度是多少?

➤➤ 2014-09-24 14:23　　网友采纳

答:

你所说的"20 cm 5% 石灰土石灰"应该是一种非主干道的路基做法。

20 cm 5% 石灰土石灰松铺厚度,一般需要通过现场试验确定。它与当地地基土的土质条件有很大的关系,如沙土、粉土、黏土、膨胀土、湿陷性黄土等,每种土质条件的虚铺厚度都是不同的。

## 1.2.35　建筑物的哪些地方和部位需要做防水

哪些地方需要做防水施工?

➤➤ 2014-09-29 09:42　　网友采纳

答：——————————————————————————————

在一幢楼房里，有以下一些方面需要做防水施工：

1. 地下室：地下室的底板底面，地下室的外墙外侧面。

2. 房屋内：厨房、卫生间的楼地面。

3. 外墙面：所有房屋的外墙面。

4. 屋面：房屋顶面、天沟、落水管口。

5. 还有设计有防水要求的其他部位。

## 1.2.36　毛石地基的适用范围

大毛石堆在一起做楼房地基行吗？

>> 2014-10-10 08:58　　网友采纳

答：——————————————————————————————

不知道你想盖多大的房子，一般三层以下的民房用大毛石做基础的很多，很正常，也很牢靠。但假如是四层以上的，那你就得找个比较专业的人员帮你看看，到底地耐力如何，毛石的性状怎么样，需要不需要做一些必要的地基处理等。

## 1.2.37　路基水稳施工需要工作面

住宅区内沥青道路下的水稳施工，厚度 200 mm，施工时要加工作面吗？

>> 2014-10-13 15:10　　网友采纳

答：——————————————————————————————

沥青道路下的水稳施工，无论是住宅区内的还是区域外的道路施工，施工时都需要增加工作面。

### 1.2.38　一般泥土的堆积体积

1 t 泥土等于多少立方米（常用工地的泥土）？

答：——————————————————————————————

泥土的天然密度，根据其含水量的不同而有所不同。你所说的常用的泥土，1 t 大约 0.6 ~ 0.7 m³。

### 1.2.39　夯扩桩 4.5 m 位置出现断桩的处理

夯扩桩在 4.5 m 位置形成断桩，请问如何处理？地基为夯扩桩基础，桩径 377，有效桩长约 7 m，小应变检测一根桩为断桩（地下 4 ~ 5 m 处），现在开挖至断桩部位，经检查存在混凝土缺陷，有漏筋现象。初步分析是由于打桩时未进行跳打，导致后打的桩挤压造成此桩断桩，请懂行或有经验的人说明一下处理措施。请具体描述一下，谢谢

答：——————————————————————————————

既然你已经开挖到了断桩位置了，那就用模板把桩接上来就行了！这种情况不需要做太多的处理，直接接桩上来是可以的。我这只是给出的建议措施，可以向设计院提出建议，但最终还是需要设计院出具处理意见的。

### 1.2.40　灰土地基的应用范围

什么样的地基用灰土地基？

》》 2014-10-20 09:54 网友采纳

答：

灰土地基一般用在房屋建筑工程中，大多是因为地基内存在局部的沟、塘、河道、水渠等的，局部换填处理。换填灰土地基，一般也只能用于三层以下的小型建筑。

## 1.2.41 隧道喷锚实际用量比设计量超两倍

隧道喷锚实际用量比设计量超两倍，哪位高手知道量在什么范围内属于合理的？

》》 2014-10-21 13:15 网友采纳

答：

你说"隧道喷锚实际用量比设计量超两倍"，那肯定是不合理的。一般应该比设计用量略低才是正常的，稍微高一点问题也不大，但你说已经超过了两倍，一定是哪里出了问题。如：是否漏了浆，或地质勘察不准，或实际用量的计量不准确等，有很多可能性，要一项一项进行排查。

## 1.2.42 渣土运输证怎么办理

建筑渣土运输上岗证怎么办？

》》 2014-10-22 08:19 网友采纳

答：

想办理建筑渣土运输上岗证，就到你想需要从事渣土运输所在地的建管局去办理。

## 1.2.43　地下水及特殊地质条件对灌注桩施工的影响

地下水及特殊性土对灌注桩施工有哪些影响？

>> 2014-10-28 21:01 　网友采纳

答：

你的这个题目太大，要想回答得全面比较难，我仅仅说一些大概吧：

1. 地下水对灌注桩施工的影响，主要是钻孔过程的影响，如成孔困难、塌孔等，以及对灌注过程的影响，如颈缩和混凝土不能将泥浆水挤出而影响强度等。

2. 特殊土对灌注桩的影响，主要表现在成孔可能方面，如湿陷性黄土、膨胀土、流砂土等，均会对成孔造成困难。

## 1.2.44　龙脊的木楼为什么不做地基

龙脊的木楼为什么不打地基？

>> 2014-10-30 15:35 　网友采纳

答：

什么样的木楼都需要打地基，龙脊的木楼也不例外。只是他们打地基的形式、方法、所用材料、用具、所需承载的强度等级不同而已。

## 1.2.45　泥浆泵品牌推荐

冲淤泥用哪种泵好？用老鼠泵多极冲散淤泥效果怎么样，扬程 60 m。

>> 2014-10-31 09:16 　网友采纳

答：

生产淤泥泵的厂家很多。如进口品牌有：(SEEPEX) 西派克、(NETZSCH) 耐驰、(MOYNO) 莫伊诺、MONO 莫诺、台湾高福泵业等。国产淤泥泵品牌有：江阴市山 河重机、上海正益泵业、天津工业泵、广州士必德、杭州兴龙等。

建议用江阴市山河重型机械有限公司的泵试试看，可能是比较好用的。江阴市山河重型机械有限公司是研发制造高含固量、含大颗粒、高黏稠复杂物料疑难输送泵的高新技术企业，他们的主要产品就是淤泥泵。

## 1.2.46 地基处理方法简介

地基处理方法都有哪些？请尽量详细一些，谢谢！

>> 2014-11-02 07:43    网友采纳

答：

地基处理的方法很多，有换填地基、夯实地基、挤密地基、注浆地基、桩基础以及土工合成材料的加固处理等。要尽量详细，这可是一个大题目，仅靠网上说几句是不可能说得很清楚的。这里，我尽量给你多说一些：

1. 换填地基法：当建筑物基础下的持力层不能满足上部荷载要求时，最常用的方法就是换填处理。换填处理的材料有：灰土、砂或砂石、粉煤灰、建筑垃圾等。

2. 夯实地基：夯实地基大致就是重锤夯实地基和强夯地基两种。重锤夯实的锤重一般在 2～3 t 左右,而强夯的锤重远远大于所谓的重锤夯实法,一般都在 8～30 t。

3. 挤密地基，包括普通的挤密桩地基、振冲密实地基、水泥搅拌桩地基等多种挤密方法。

4. 注浆处理的地基，有旋喷注浆法、劈裂注浆法等，注浆材料有水泥注浆地基和硅化注浆地基等。旋喷注浆法是利用钻机，把带有喷嘴的注浆管钻进土层的预定位置后采用高压脉冲泵，将注浆材料通过钻杆下端的喷射装置向四周喷射搅拌而达到对基土加固的一种施工工艺方法。劈裂注浆的工艺方法比较多，总体意思就是通过注浆管把浆液均匀地注入地层中，以浆液的填充、渗透、挤密等方式赶走土体颗粒间或岩石中的水分和空气后，占据其位置，经固结而成的一种地基处理方法。

5. 桩基础地基加固方法也比较多，总体可分为预制桩和灌注桩两大类。预制桩的成桩方式有锤击法、静压法等。灌注桩的成桩方式有钻孔灌注桩、沉管灌注桩、冲孔灌注桩、扩孔灌注桩等。当然，在挤密地基中的水泥搅拌桩、灰土挤密桩等地基处理中，也可称之为桩基础加固处理的方法之一。

6. 土工合成材料地基处理有土工织物地基处理、加筋土地基处理等方法。

# （三）挡土墙、深基坑、基础及地下工程

## 1.3.1　深度达 16 m 的深基坑工程需要注意的事项及做法

16 m 深的土方开挖方案？

>> 2014-05-16 13:53　　提问者采纳　　网友采纳

答：

基坑开挖深度大于 5.0 m 的就属于"深基坑"，不仅仅需要编制专项施工方案，而且还需要进行专家论证。

16 m 的深基坑，一定要请一个比较有经验的人员来编制专项施工方案，这样到专家论证时才能顺利通过。搞工程，是受到一定的"自然"规律制约的，所以一定要郑重其事，不能乱来。

## 1.3.2　9 m 高的钢构，基础怎么做

9 m 高的钢构地基挖多长、多宽、多深？柱子是 200 mm 的圆管，钢架是 60 mm 的圆钢管？

>> 2014-05-28 06:53　　　提问者采纳　　网友采纳

答：

像你问的这种情况，一般在网上都不能给你做出比较可行的方案，一定要找个人帮你设计一下。

再说，9 m 高的钢构，你问地基挖多大、多深，所涉及的因素很多，比如地基承载力是多少、地基均匀不均匀、上部结构荷载情况等。这不是个小事情，不能当成儿戏，望你认真找人设计。

## 1.3.3　打桩过程中所测量的孔深和下过钢筋笼的孔深不一样怎么办

打桩量的孔深和下过钢筋笼的孔深不一样怎么办？

>> 2014-05-29 07:10　　　提问者采纳　　网友采纳

答：

一般情况下这两个数字是不一样的。这是因为：假如设计桩长 30 m 时，钢筋笼长度一般只有 15 ~ 25 m 左右（根据各单体的设计情况而定），而不是 30 m。

所以这种情况很正常，一定要看看图纸是怎样设计的，按图施工就行了。

## 1.3.4　静压桩改为锤击桩要不要重新审图

静压桩改为锤击要不要重新审图？

>> 2014-07-25 08:30　　　提问者采纳　　网友采纳

答：

静压桩改为锤击不需要重新审图，因为：

1. 不管哪种沉桩方式，能够满足设计所需要的承载力要求就可以了。

2. 静压与锤击，仅仅是沉桩方式的不同而已。

3. 静压与锤击这两种沉桩技术，目前都已经比较成熟，都能较好地满足设计承载力的要求。

放心施工，无需重新审图。

## 1.3.5　桩基工程的监理抽检规定

高速公路桥梁桩基检测，哪本规范上要求监理单位必须进行抽检？

>> 2014-08-16 08:28　　　提问者采纳　　网友采纳

答：————————————————————————————————

高速公路桥梁桩基检测，没有哪本规范上规定监理单位必须进行抽检，监理单位所提出该要求的依据是工程建设监理条例。现场监理人员，发现现场有任何可能涉及对工程质量有疑问的，包括各分部工程、分项工程，或分项工程中的某一检验批，或施工现场的某一工种、某一工序，监理人员（单位）都有权提出抽检要求。

## 1.3.6　塔柱基础钢筋下料

施工员如何给塔柱钢筋下料？

>> 2014-08-26 15:37　　　提问者采纳　　网友采纳

答：————————————————————————————————

不知道你能不能熟悉图纸。能熟悉图纸，就能给塔柱钢筋下料。所以，给塔柱钢筋下料，关键就是熟悉图纸，按图施工。

## 1.3.7　市政项目在箱变、油库、地下油管等条件施工时分别应该注意的方面

箱变附近、油库附近、地下油管上施工注意安全事项及安全措施，我想写施（工）组（织设计）。谁帮我拟点词啊？谢谢了！就十分全给了。

>> 2014-08-29 11:12　　　提问者采纳　　网友采纳

答：

你现在做的是市政方面的项目吧？不然怎么会一下子涉及这么多的场外条件。

1. 箱变附近涉及高压线路，需要注意起重、吊装的安全。

2. 箱变、油库附近都会涉及地下管线，需要注意基坑、基槽开挖安全。

3. 地下油管上施工，除了基坑基槽开挖需要注意安全外，还需要注意防止载重车辆的碾压。

所有这些，均应在施工之前查清当地原有管线的埋设情况，找到相应的部门，与相应部门取得联系，并共同制定相应的保护措施。其实，所涉及的内容还有很多，你在此基础上再做一些扩展，一个施工组织设计就出来了。

追问：我想问一下地下油管的具体措施是在油管上方铺设钢板吗？

回答：

可以铺设钢板来加以保护，但一定要与产权单位取得联系，确认共同保护方案。

## 1.3.8　过路涵管的施工方法

过路涵管施工时会把路挖开吗，还是只是在路下面掏个洞出来？RT，在计算过路涵管的工程量时，有此疑问，望解答？

>> 2014-10-10 14:53　　　提问者采纳　　网友采纳

答：

过路涵管施工，现在一般都不会把路挖开了，采用盾构、顶管等都可以。当涵管截面较大时也可以在路下面掏洞，在路下掏洞也有一个专业术语叫做暗挖施工法。

## 1.3.9　地下室挡土墙插筋做法

地下室挡土墙竖向钢筋插入承台和地梁多少？要弯锚吗？

▶▶ 2014-10-13 09:22　　提问者采纳　　网友采纳

答：
地下室挡土墙竖向钢筋插入承台和地梁的尺寸，需满足钢筋锚固尺寸。当直接插入锚固长度不够时，应弯锚。

## 1.3.10　下水道窨井的执行标准及相应施工规范

下水道阴井有相应的施工规范吗？

▶▶ 2014-10-14 11:01　　提问者采纳　　网友采纳

答：
1. 下水道"阴井"应写作"窨井"，一般不写成"阴井"。
2. 干任何一项工程，目前基本上都已经有了相应的施工规范来予以规范和约束。
3. 下水道窨井施工有《城市给排水工程施工及验收规范》《砌体工程施工及验收规范》《管道安装工程施工及验收规范》等。

## 1.3.11　盾构机掘进支护方法

盾构机掘进时如何支护？

>> 2014-10-17 10:14   提问者采纳   网友采纳

答：

盾构机掘进支护方法通常有：注浆法、高压喷射搅拌法和冻结法。

1. 注浆法，按其原理分为两种：一种是改变土体颗粒排列，只使注入材料渗透到土体颗粒间隙并固结的渗透注浆法；另一种是沿注浆层面地层形成脉状裂缝，利用注浆材料使土体颗粒间隙减小、土体被挤密的挤密注浆法。

2. 高压喷射搅拌法是采用高压喷射加固材料，使其与被搅动的土砂混合，或置换被搅动的土砂，形成具有一定强度的改良地层。

3. 冻结法是对软弱地层或含水地层实施冻结，冻结的土体具有高强度和很好的止水性，适用于大断面盾构和地下水压高的场合。

不知道你想了解的地质情况怎么样，一定要根据地质条件来选择施工方法。

## 1.3.12 物业管理单位对小区内管道堵塞所应承担的责任

下水管的公共部分被堵，家里被泡，物业有责任吗？

>> 2014-10-20 09:10   提问者采纳   网友采纳

答：

小区内属于物业管理的部分下水管公共部分堵塞，造成家里的物件被泡，物业管理是有责任的。具体的责任是：

1. 负责疏通该下水管；

2. 查清该段下水管被堵塞的原因，并应采取相应的措施，以防后期再次堵塞；

3. 承担被泡物件的损失赔偿，不过这个赔偿仅限直接损失的赔偿，不承担连带损失。

此外，有些比较好的物业企业，还会在相应的公示栏目内张贴公开《道歉信》。

## 1.3.13　市政工程不同管径，在检测资料中的标注

在做市政资料时，不知道 DN800 和 DN600 雨水管道的断面尺寸，就是分项工程现场检测记录表内，雨水管道的断面尺寸？

▷▷ 2014-11-03 10:58　　提问者采纳　　网友采纳

答：——————————————————————————————

DN800 雨水管的断面尺寸就是直径 800 mm，DN600 雨水管的断面尺寸就是直径 600 mm。

## 1.3.14　挡土墙施工图的识读

挡土墙工程图纸怎么看？

▷▷ 2014-11-17 13:16　　提问者采纳　　网友采纳

答：——————————————————————————————

1. 先看设计说明：粗略了解一下，该挡土墙的设计情况。

2. 再看地质报告：弄清楚该挡土墙所处位置的地质情况、地质特性等。

3. 再看平面图：看看该挡土墙的位置，与其他建筑结构之间的关系。

4. 再看剖面图：弄清楚该挡土墙的构造做法。

5. 再看各节点做法详图：如果有节点做法详图的话，一定要弄清楚节点做法。

6. 将各种图纸与地质报告、设计说明等进行对照，这样很快就能对该挡土墙有一个比较完整的了解了。

## 1.3.15　水下灌注桩如何控制钢筋笼上浮

水下灌注桩钢筋笼上浮多少有什么规定性要求吗？如何处理上浮压不下去的呢？

**>>>** 2014-11-21 13:58　　　提问者采纳　　　网友采纳

答：

水下灌注桩，钢筋笼不允许上浮。已经上浮了，又压不下去的话，应该作为工程事故处理。由设计院出具处理意见或变更，施工单位按处理意见或变更方案处理。

追问：这个不是很常见吗？怎么不可以上浮？

回答：

这个不常见，不应该发生！

追问：你做过吗？你是怎么预防上浮的，这么厉害！

回答：

施工方案有问题！

追问：求解！你施工过程没有上浮的……几百上千条桩怎么控制？

回答：

作为水下灌注混凝土应该注意的方面有：

1. 混凝土配合比应通过试验确定，必须具备很好的和易性，坍落度一般为 180 ~ 220 mm，也就是说应该取用流动性较大的混凝土。

2. 开始灌注施工时，要注意导管底部至孔底的距离，一般应控制在 300 ~ 500 mm 之间，该距离过大、过小都不合适。

3. 导管首次埋入混凝土面以下不应小于 1.0 m，在正常灌注的过程中导管埋入混凝土深度为 2 ~ 6 m。

4. 正常灌注后，必须连续灌注，不得中途停留，以防止新浇灌的混凝土顶面板结。

5. 正常灌注过程中，一定要控制好导管上提的速度。导管上提，一定要与混凝土灌注速度相匹配。

6. 一定要使用熟练工进行灌注操作，尤其是大型工程、重点工程不得使用临时工顶班、替班。

## 1.3.16　防洪堤面的概念

堤面是指什么?

▶▶ 2014-11-30 11:11　　提问者采纳　　网友采纳

答:———————————————————————————————

堤面是防洪工程中的一个术语,指的就是堤坝的表面。堤面通常的用法有:堤面构造、堤面做法、堤面标高、堤面高程等。

## 1.3.17　钻探施工中主要技术要领

钻探施工中主要技术要领有哪些?

▶▶ 2014-12-03 15:54　　提问者采纳　　网友采纳

答:———————————————————————————————

为地质目的服务的多种技术方法中,钻探方法是一个主要而又最直接的手段。

因此,钻探施工的质量直接关系到地质勘察效果。根据钻探施工技术规程的有关要求,钻探施工中主要技术要领包括:

岩心采取率、钻孔弯曲度、孔深误差、原始报表、简易水文观测、封孔六个方面。

在这六个方面中,岩(矿)心采取率和钻孔弯曲度是最重要的控制指标,而钻孔弯曲度又直接关系到钻孔施工的终孔点,是否能达到设计的标高位置(或设计层面上)。因此,在地层比较复杂的地点做钻孔施工,必须把所钻的孔打直,使终孔点落在设计要求的(或有关规定的)范围内。这就是钻孔施工中最关键的技术要领。

## 1.3.18　盾构法施工技术的参考文献

有关盾构法施工技术的参考文献有哪些?

>> 2014-12-18 10:22   提问者采纳   网友采纳

答：

有关盾构法施工技术的参考文献有：

1.《我国盾构法隧道施工技术研究》

2.《盾构法隧道施工技术及应用》周文波

3.《地铁盾构法施工技术浅析》王靖雅，李建，董晶

4.《城市建设理论研究》

5.《盾构隧道施工技术现状及展望——隧道的应用前景之发展方向》

6.《我国软土盾构法隧道施工技术综述》周文波

7.《我国隧道盾构掘进机技术的发展历程》傅德明

8.《盾构法隧道》（中国铁道出版社）

9.《土压盾构掘进机在我国隧道工程中的应用和发展》傅德明

10.《对我国当前盾构施工技术存在问题的探讨》张智

11.《地铁盾构施工对地表沉降的影响分析》王庆，周斌

12.《盾构推进轴线控制技术》陈平

13.《盾构近距离穿越重大管线施工技术研究》程文峰

14.《浅析盾构穿越地下障碍物关键技术》陈万忠，等等

## 1.3.19　灌注桩的计量高度

灌注桩是按实际高度还是设计高度进行计量的？

>> 2014-12-28 16:11   提问者采纳   网友采纳

答：

一般灌注桩的高度，都是按设计高度进行计量的。

当现场出现特殊情况时，应另行存在设计变更或现场签证。

当存在设计变更时，按变更计量，从理论上来说，还是执行的设计高度，因为"变更设计"或"设计变更"也是一种设计。

当现场存在签证时，方可认为是按实际高度进行计量的。

## 1.3.20　工程桩与周边原有建筑间距

摩擦桩与周边建筑的距离是多少？是什么文件，第几条？

➤➤ 2014-04-11 13:41　　提问者采纳

答：——————————————————————————————————

摩擦桩与周边建筑的距离没有强制性规定。但你所提的这个问题，我的理解应该是施工问题。当新建建筑物（或构筑物）桩基中桩位与原有建筑物（构筑物）距离比较靠近时，原有建筑物（或构筑物）的业主会过来交涉。如果是这种情况，你们应该很耐心地向人家解释：只要桩基施工完成后无论是端承桩还是摩擦桩，对原有建筑物（或构筑物）都不会产生很大的影响。而所能造成影响的是施工过程，只要在施工过程中得到妥善的保护就可以了。既然你把这个问题拿出来提问了，说明已经存在了"太靠近"的问题，所以施工中必须对原有建筑物（或构筑物）进行保护。

因不知道你们使用的是什么桩型，所以也无法给你指点相应的保护措施！

## 1.3.21　抗拔预应力管桩清孔方法

预应力管桩直径 500 mm，灌芯长度 6.5m。现在人工清孔难度比较大，比较费工，有人提议用高压水枪，但是这种做法没有接触过，具体不知道怎么做。现在用勘探用的打孔机清孔，效率也不高，有高手知道更有效率的办法吗？

➤➤ 2014-05-09 08:05　　提问者采纳

答：

你说的这是一种抗拔桩，因为普通承压桩是不需要 6.5 m 灌芯的，不仅仅是 6.5 m 灌芯，而且里面还要插入很多"抗拔钢筋"，所以深度不够的话是不行的（监理稍 微严格一点，根本过不了关）。

因为管桩中间的孔径太小，你所说的项目大概应该是"pHC500-125AB 的桩"，桩孔内说不定还有水泥浮浆，中间实际的孔径还不到 250 mm，所以没有多少好办法，只有多投入点人力，用薄壁钢管顶头焊上两片像电风扇一样的螺旋叶片，向下"绞进" 取土。但实际孔内存土也不会很多，也不要听别人"乱"吓唬人。

用高压水枪冲孔，那是"哄"人的。假如孔内确实有很多存土的话，一方面 6.5 m 深根本冲不下去，另一方面冲的过程中泥浆出不来。假如孔内本来存土就不多，那采用人工取土所用的人工也不会很多。

追问：现在已经找到方法了，用勘探用的打孔机，边钻边打水，把泥巴搅成稀泥浆，不断打水，泥浆就溢出来，最后搅到位置后，用泵把剩余的泥浆抽出来就可以了，这样效率蛮高，半小时一根桩。

回答：

应该说你稍微上了一点当，桩孔里没有"那么多的土（泥）"。

追问：有的，不过淤泥层较厚，自然地面 3 m 以下有 10 m 左右的淤泥层，所以桩孔里淤泥较多，比黏土或粉土好清一些，现在两台机子在清，基本可以满足进度要求。

回答：

满足进度要求就行了。如果你想了解"他"到底帮你"清出"了多少"泥"，到完成后你自己看一看泥浆沉淀的地方。

追问：我们这的桩有 PHC-500-110 和 PHC-500-110-a 两种，后一种是抗拔桩，但是由于淤泥层较厚，设计关于抗压和抗拔桩统一按 6.5 m 灌芯，不管清出多少泥，6.5 m 的钢筋笼放下去就可以了。

回答：

安排好了就行了。

## 1.3.22 隧道施工方法及施工安全性分析

从力学、荷载方面分析隧道塌方的原因?

>> 2014-05-10 11:03 　　提问者采纳

答：————————————————————————————

隧道塌方的原因分析其实很简单：

1. 地基土质条件。局部出现沙质土而未能勘探明确，如粉沙、泥沙、流沙等。

2. 地下水问题。如排水、防水方案不正确，局部出现透水层、管涌。

3. 衬砌加固方案不正确。如衬砌加固不及时或衬砌强度不足。

4. 力学方面。如截面失圆、上部出现局部堆载、附近有车辆行走出现震动荷载等。

追问：你说的这些之前都有一些了解，就是想从力学方面或荷载方面进行分析。

回答：

隧道施工方法有明挖法、暗挖法和盾构法三种。

1. 明挖隧道通常采用矩形断面，侧面直立，一般在开挖之前对侧面给予加固。

从力学方面来看，侧面直立，对受力状况非常不利，当侧面上部出现意外堆载，或 车辆行走产生震动荷载时，极易产生塌方。

2. 暗挖隧道，矩形断面和圆形断面两种都有。矩形断面一般采用的是盖挖法，其出现塌方的力学性能与明挖法是一致的。圆形断面对整体的受力性能比较有利，但在开挖断面失圆的情况下，对受力性能就非常不利。

3. 盾构法施工断面都是圆形的，采用盾构施工一般断面失圆的可能性比较小，但也不能排除局部软弱土层使局部失圆的可能性。

## 1.3.23 筏板基础桩基承台中钢筋的状况和作用

这是做筏板基础，坑里面的一堆钢筋叫什么，目的是什么?

2014-07-24 08:25　提问者采纳

答：

1. 你所提供的是筏板基础的施工现场照片。

2. 筏板基础中出现了许多"坑"，这个坑是框架柱（或主要受力部位的柱）的基础放大部分。

3. 坑里面的钢筋不能叫什么一堆钢筋，而是按结构设计图纸中规定的钢筋规格、钢筋数量、钢筋分布间距等顺序布置的。

4. 坑内布置这些钢筋的目的，是承受上部结构（柱）传递下来的荷载，并将这些荷载均匀扩散分布到地基中去。

## 1.3.24　管桩基础中单桩承台钢筋做法和作用

这个叫什么，目的是什么？筏板基础的。

2014-07-24 08:42　提问者采纳

答：

1. 这是筏板基础下面的管桩，与筏板基础局部连接的节点照片。

2. 这个节点中的构造目的是：

（1）使用管桩的目的是承受上部结构荷载，并通过该管桩将这些荷载传递到地下很深的地层中去。

（2）管桩孔内插入的四根钢筋，目的是加强管桩与筏板基础在该节点处的可靠连接，使管桩与筏板基础有效地形成一个整体，并能协同受力。

（3）在该节点处向下挖出一个小方框的目的是加强该节点处管桩与筏板基础的整体性。

（4）小方框内的其他双向分布的钢筋，其目的有两个：一是加强该节点的整体性；二是将筏板上的荷载，通过这些钢筋及小方框内的混凝土均匀传递到管桩上，再由管桩向下均匀传递到下部地层中去。

## 1.3.25　隧道工程监理细则结束语写法

黄土隧道监理细则结束语怎么写？

**>>** 2014-09-01 09:23　　提问者采纳

答：——————————————————————

最后当然是要多说一些"表决心"的话：通过我们有计划、有步骤、有制度约束、有执行措施的管理，完全有理由相信，一定能很好地完成本项目的监理工作，一定能按建设方的要求，不折不扣地完成监理任务，并确保取得 ××× 杯。同时，也真诚地希望得到建设、设计、施工及社会各方的大力支持和密切配合。

其实，最后一句很重要，因为有很多事情不是你想达到就能够达到的，到了方案细则的结尾，已经没有必要再与具体的"黄土隧道"有多少联系了。

## 1.3.26 深基坑与周边建筑的安全距离及可能引起的后果探析

高层楼房挖地基应该离民房多远是安全的? 我家隔壁原来计划盖 8 层高楼,现在改为 18 层高楼,离我家地基最近距离只有 7 m,我想咨询一下国家有没有法律规定高层应该距离民房多远才可以开挖地基? 安全距离是多少? 若楼房出现断裂等情况,如何维权? 这里的政府竟然动用武装力量帮助施工,不知道是否合法?

➤➤ 2014-10-13 10:01   提问者采纳

答:

高层建筑做地基基础施工时,往往因存在地下室的需要,地基开挖深度比较大,这就需要考虑基坑周边原有建筑物、构筑物或其他构造物的结构安全问题。你所说的: 1. 你家是普通民房,也就是说原来房屋结构不一定很牢靠; 2. 原来隔壁计划盖 8 层现在改为 18 层高楼,计划改变是否合法; 3. 离你家地基最近距离才 7 m,太靠近了点; 4. 如果你家房子出现问题如何维权; 5. 政府动用武装力量帮助施工是否合法,五大问题,我来一一给你说点参考意见:

1. 你家房屋本来就是普通民房,房屋结构不一定很牢靠,现在施工会不会对结构上造成多大的影响,这问题非常值得你考虑。但你也不必担心,一般不会出现多大问题的。这个问题在进行该 18 层高楼的建筑结构设计、施工前的施工组织设计时都会考虑进去。对房屋结构问题的影响你大可不必过分担心。但该 18 层房屋建成后,对你们家庭的生活质量是肯定存在影响的,如采光问题、空气质量问题、噪音问题以及凌空坠物所造成的安全问题等,都是存在的。

2. 原来计划盖 8 层现在改为 18 层高楼,他们改变计划肯定是合法的,这个你不要去质疑他们,只是他们这一改,对你们家是造成了一定的影响,这也是肯定的。

3. 离你家地基最近距离才 7 m,显然是太靠近了点,但对你们家房屋结构是不会造成太大影响的。当然,在施工过程中,如果基坑支护失效,那就有可能会造成影响。这是你们所应考虑到的问题。

4. 第 4 个方面是你们家现在必须实实在在需要考虑的问题，也就是，施工过程中，如果你家房子出现问题如何维权。建议你：

（1）在开工之前先跟他们好好商量，最好能弄出一个什么协议来。

（2）按你所介绍的情景，政府已经动用了武装力量来帮助施工，估计已经不怎么好谈好商量了，那你就做好一旦出现问题时如何应对的准备，如用照相机早一点做一些记录影像资料什么的，以防万一。

（3）一旦出现问题的维权方法，应优先去找他们商量，如能商量出一个大家都能接受的方案那是最好的。

（4）当出来问题后，实在没有办法商量的话，那就通过诉讼维权。

5. 最后一个问题是政府动用武装力量帮助施工是否合法的问题，这一点，没有必要去跟他们去较劲。这个问题要反过来讲：到目前为止，任何人都找不到一条，不允许他们动用武装力量来帮助施工的法律依据。

按道理，我这么一说你应该就知道该怎么去做了。

## 1.3.27　为什么要控制预制桩的打桩速度

为什么要控制预制桩的打桩速度？

**>>** 2014-12-24 15:57　　提问者采纳

答：

为什么要控制预制桩的打桩速度？其实，道理很简单：就是尽量避免对地基土体的扰动。

当地基土体被扰动后，往往还会将已经完成的成桩桩位挤动，甚至移位，对成桩质量造成一定的破坏。

## 1.3.28　农村自建房屋桩基础类型的选择

农村自建房是采用静压桩好，还是钻孔压浆灌注桩好？

>> 2014-12-23 10:54　　[提问者采纳]

答：————————————————————————————————

打桩的目的是承重，也就是因为天然地基不能承受你所想建房屋的重量，所以才打桩的。静压桩机上有压力表，每根桩打下去的时候，都能直接看出压力情况，压力不够的时候，可以再向下压一点，压力够了，也没有必要太浪费，所以，让人很放心。而钻孔灌注桩做不到这一点，钻孔桩的承载力，在施工过程中只能凭经验估计，想要真正知道承载力的时候，必须等桩基施工好了以后来做荷载试验才能知道，但这时候桩已经打好了，再也不能改变了。

所以，静压桩比钻孔灌注桩要好一点。

## 1.3.29　空心管桩填芯可以用细石混凝土灌注吗

桩基可以用细石混凝土灌注吗？

>> 2014-05-14 13:24　　[网友采纳]

答：————————————————————————————————

桩基可以用细石混凝土灌注，但没有必要。因为细石混凝土的价格比普通混凝土的价格要高一点，有点浪费。

但有时不用细石混凝土灌注还就不好做。如300-70的桩，即使桩孔内没有水泥浮浆，内径也只有160 mm，再插入4根 Φ10 的钢筋笼，你说空间还有多少，你 不用细石混凝土灌注怎么做。

## 1.3.30　基础工程完成后的后续工作

条基没有地下室，基础梁上面是砖砌体，基础梁上面放线是要看一层平面图吗？那么砌体上面应该是什么呢？

**▶▶ 2014-05-15 10:04　　网友采纳**

答：————————————————————————————

没有看到你所说的图纸，我们只能按一般情况给你回答：

1. 条形基础没有地下室，基础梁上面是砖砌体，基础梁上面放线不是要看一层平面图，而是看《基础墙平面布置图》。这是因为：

一般做法是基础梁之上还有基础墙，基础墙之上是地圈梁，一般以地圈梁代替防潮层。如果没有地圈梁的话，那么基础墙之上就是防潮层，防潮层顶标高一般设置在 −0.060 处，如果不是单独设置防潮层，而是以地圈梁代替防潮层的话，同样，地圈梁的顶标高一般也是设置在 −0.060 处。意思就是防潮层之上还有一砖才算基础全部完成。

2. 基础墙砌体上面应该是地圈梁或防潮层。基础全部完成后的墙体砌筑才是"要看一层平面图"。

## 1.3.31　灰土挤密桩的挤密作用及桩长的认定

灰土挤密桩底部虚土太厚影响桩长，有什么办法？

**▶▶ 2014-05-24 07:52　　网友采纳**

答：————————————————————————————

不知道你说的是不是"实际施工的桩长很长，符合设计要求，但因为底下有较深的一部分是虚土，结果做应变检测时，认为桩长不够"怎么办的问题。

1. 假如工程还没有结束还在进行中的话，那就要注意下部桩端部位，一次性需灌厚度不能太厚，而且对底部尤其要夯实挤密。否则的话，就没有起到对软弱地基挤密处理的作用了。

2. 假如工程已经完工，那就好好接受验收鉴定，灰土挤密桩关键就是"挤密"，如果没有挤密那就等于该"挤密桩的挤密加固"措施失效。

但不管遇到什么情况都不要担心，总会想到办法来解决的，只要实实在在达到了加固深度，对工程结构就不会产生影响，而"验收人"一定要"认定"桩长的话可以钻芯取样进行认定。

## 1.3.32　做桩基工程辛苦吗

建筑打桩辛苦吗？想去又怕真的受不了？

>> 2014-08-17 06:41　　网友采纳

答：

其实，你的这个问题想回答太简单了：无论什么工作都有它不同的辛苦方面，只是你没有去接触它，这里我想跟你说：

1. 由于社会的发展，机械化程度的不断提高，现在整个社会的劳动强度都不是很大。

2. 现在为什么很多年轻人不好找工作，都是从小在家受父母供养着，没有到外面去接触接触工作，接触接触社会，体验体验生活。

3. 人们通常所称的"辛苦"一词，是基于一种过去的陈旧概念，体力劳动就称之为"辛苦"，脑力劳动就称之为"不辛苦"，其实这是错误的概念。

当然，在短时间内，我们还没有办法改变这种思维模式。你只要简单考虑一下就知道了，现在的百岁老人中，有多少是脑力劳动者？

最后跟你说，人们所认为打桩辛苦，实质意义是：露天作业。其实，劳动强度并不大。

## 1.3.33　工字钢围护结构的止水工艺和一般做法

工字钢桩怎么密闭，工字钢桩围护结构适用于黏性土、砂性土和粒径不大于100 mm 的砂卵石地层围堰，我想知道工字钢桩是怎么密闭的，才能让水进不来？

>> 2014-08-21 14:17 网友采纳

答：————————————————————————————————

采用工字钢桩做围护结构，止水问题，仅仅凭工字钢本身不能解决，工字钢只能满足支护的结构问题，而止水问题需要另行采取措施。

1. 解决这种类型止水问题的一般做法是：在外侧另行做深层搅拌桩止水。

2. 内侧还要做挂网喷浆。因为你说的这种情况，也没有必要用工字钢密排整个基坑四周，工字钢与工字钢之间可以留出一定的间隙，另做一下挂网喷浆比较经济一点。

### 1.3.34　锤击沉管灌注桩的工程量计算

锤击沉管灌注桩体积怎么计算？

>> 2014-08-26 14:47 网友采纳

答：————————————————————————————————

锤击沉管灌注桩体积应采用两种计算相复核，经复核符合，误差不大（一般不超过 10% 都是很正常的，不要听监理有时候蛮干要求）就可以了。

1. 灌注桩的截面与桩身设计深度的乘积。

2. 灌料（或填料）的实际体积数量。最终结算，按理论数字结算。一般情况下，可以不按实际数字结算。

### 1.3.35　基础剪力墙插筋搭接位置

基础剪力墙插筋上部接头留在同一位置规范允许吗？

>> 2014-09-01 09:46 网友采纳

答：————————————————————————————————

基础剪力墙插筋上部接头留在同一位置规范不允许，应至少要有 50% 的错开搭接。

## 1.3.36　地下室附近进行桩基施工及管径选择

在地下室顶板附近打桩的距离为多少桩径？

>> 2014-09-22 09:30　网友采纳

答：————————————————————————————————

的这个问题目前还没有哪个规范可以执行，但可以从以下几个方面去考虑：

1. 桩机性能情况：一般在距离建筑物比较近的情况下，可以使用静压桩机施工，其他有一定震动的或对建筑物有影响的桩机都不可以使用。

2. 静压桩机，大多数是不带边桩机构的，当使用不带边桩机构的桩机，顺着桩机长向的，一般需要 4 ~ 5 m 的距离。

3. 带边桩机构的桩机，在距离建筑物等障碍物 0.7 ~ 1.0 m 左右的桩都可以施工。但这时候，需要考虑你所想了解的情况："在地下室顶板附近打桩的距离为多少桩 径？"建议参照《桩基工程设计规范》中"桩与桩之间最小距离的有关规定"，不宜小于 4 倍的桩径。

追问：谢谢，我的是管桩 300，那就是我的板至少悬挑 1 200 mm 就可以了是吗？

回答：

300 的管桩对周边房屋结构的影响很小，甚至可以说就没有多大影响，1 200 mm 是肯定可以的，没有问题，放心吧。

## 1.3.37　基础梁中变形钢筋带弯钩的结构意义

多层基础梁钢筋要带弯钩吗？

**≫** 2014-09-29 07:31    网友采纳

答:————————————————————————————————

1. 无论是多层、高层,还是低层,基础梁钢筋只要是光圆钢筋都要带弯钩。

2. 凡是带肋的变形钢筋,都不要做弯钩。

3. 在基础梁里,有很多变形钢筋端部也打弯,那打弯的部分,不是弯钩,而是由于锚固长度不够而增加的锚固长度。

追问:那如果达到直锚长度是否可以?

回答:

如果达到直锚长度,可以不弯。如果图纸上要求弯起,就说明没有达到直锚长度。

追问:直锚长度是多少?是柱边起算还是梁边起算?

回答:

锚固长度从柱边起算,具体数字你可以查看图纸设计说明里的具体要求。

## 1.3.38  双液注浆的适用范围及工艺流程

双液注浆泵适用范围?

**≫** 2014-09-29 07:50    网友采纳

答:————————————————————————————————

双液注浆泵的适用范围是:

1. 适用材料:水泥注浆 、化学注浆、混合注浆都可以。

2. 适用地层状况(或适用对象):岩石注浆、沙砾注浆、黏土注浆、煤体注浆、煤岩体注浆等。

3. 双液注浆泵的工作原理:封闭泥浆达到一定强度后,在单向阀管内插入双向密封注浆芯管进行分层注浆。

4. 双液注浆泵的工作程序:

(1)首先加大压力使浆液顶开橡皮套,挤破套壳料,在土体产生劈裂。

（2）沿着裂缝扩散压浆，扩散范围受注浆压力、时间、浆液配比、土层特征等因素的影响。

（3）一般从底部开始，每1m注浆一次，达到一定的压力后提起1m再注浆，这样重复进行。

（4）注浆完成后清洗管内残留浆液，以便于第二次重复注浆使用。

## 1.3.39　围檩梁钢筋能断开吗

围檩梁钢筋能断开吗？

>> 2014-09-29 08:43 　　网友采纳

答：
围檩梁钢筋不能断开。我估计，你把这个问题放到网上来问，应该是在工地上发现了问题，这不是开玩笑的事情。如果确实在工地上发现了问题，一定不能放过，放过了就是对业主不负责任，对人民不负责任，但归根结底是对自己不负责任。

## 1.3.40　地下室沥青灌缝施工

地下室沥青灌缝怎么施工？

>> 2014-09-29 08:59 　　网友采纳

答：
地下室沥青灌缝施工是：

1. 准备工作：主要指的是熬制沥青的工具、用具准备。

2. 所需要灌制的缝隙清理。

3. 沥青熔化至规定的温度后实施灌制操作。

4. 沥青灌制完毕并冷却后做盖缝处理。

### 1.3.41　钻孔灌注桩的施工

有关建筑问题，我见到路边的空地在做地基，为什么用一个机器通过一个铁管向地底下疏水，然后完成后是一个个很大的地基柱子。这是什么人工地基方法？

2014-10-10 10:53　网友采纳

答：

你说的这种地基，是一种钻孔灌注桩，就是通常所说的水钻孔。

### 1.3.42　地下室挡土墙施工方法

地下室挡土墙是如何做的？

2014-10-15 08:42　网友采纳

答：

地下室挡土墙有明挖法施工和逆作法施工两种。

1. 当地下室埋深不大时，可以采用明挖法，一次到位，然后按先下后上顺序施工。

2. 当地下室埋深较大时，不可能一次明挖到位，则可以采用逆作法施工，即开挖一定的深度后，随即做完一段挡土墙，待达到一定强度后再向下开挖，做下一段挡土墙，并以此顺序，直至施工到规定的设计深度。

### 1.3.43　地下结构外围护墙的图面识读

这是土建图纸，圆形的为支护，主要想问下斜杠外面的是不是外墙？

2014-10-17 15:35　网友采纳

答：————————————————————————————

斜杠外面的不是外墙线。那个颜色很浅的，跟柱子外侧平齐的，画上了斜线的部分是外墙。

追问：这种外墙一般多厚啊？如果是外面的是外墙的话厚度将近 1 m 了。

回答：

这种外墙要看它采用的是什么砖来砌筑的。

1. 如果采用普通标准砖，那就是 240 mm 厚。

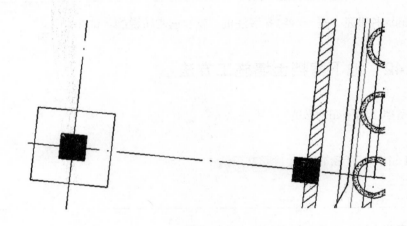

2. 如果采用的砌块，那要看采用的是什么规格的砌块，墙体厚度就是一个砌块的厚度。

## 1.3.44　挡土墙是否属于主体结构

挡土墙属不属于主体结构？

>> 2014—10—19 13:17　　网友采纳

答：————————————————————————————

挡土墙是不是主体结构，要看你指的是什么工程。

1. 假如你做的是水库堤坝项目、水岸护坡项目等，那挡土墙就是这种项目的主体结构工程。

2. 假如你做的是房屋建筑工程项目，基坑里的挡土墙，与主体结构一点都搭不上边的，那就不是主体结构。

## 1.3.45　电缆顶管铺设后工作坑如何处理

电缆顶管铺设后工作坑如何处理？

>> 2014-10-19 13:29　　网友采纳

答：——————————————————————————————

对电缆顶管铺设后，工作坑的处理问题：

1. 要查看一下图纸，看看工作坑在设计上有没有作其他用途。

2. 当弄清楚工作坑没有其他任何用途时，所有电缆铺设完成后，做掩埋或覆盖处理。但要注意一点，电缆工作坑一般不做填埋处理。

## 1.3.46　逆向施工法简介

建设工程逆向施工方案？

>> 2014-11-01 06:58　　网友采纳

答：——————————————————————————————

作为施工方案，是需要根据工程项目来编制的，这里我给你列一个施工方案的编制提纲，供你参考：

1. 工程概况；

2. 施工平面布置；

3. 施工进度计划；

4. 施工方法选择及施工顺序安排；

5. 施工机械设备选择方案；

6. 施工组织设计及施工人员、劳动力资源计划；

7. 工程质量控制方案；

8. 安全文明施工方案及工程特发事件应急预案；

9. 工程资料的收集整理与归档等。

所谓逆向施工方案，只是在第4条"施工方法选择及施工顺序安排"这一部分中，将所需逆向施工的某部分分部分项工程，或某工种、某工序的前后关系，做一些调整就行了，并没有多少高技术、高难度的东西。其他都是一样的。

以上各提纲中的实际内容，你再根据所用项目的具体情况写进去就行了。

# （四）钢筋工程

## 1.4.1　地下室顶板配双层双向通长板负筋应按规范要求配置

地下室顶板配双层双向通长板负筋有什么规范要求吗？

>> 2014-05-07 17:27　　[提问者采纳]　　[网友采纳]

答：

建议你去看看中国建筑工业出版社出版的《钢筋混凝土结构》这本书中有关双向板的配筋构造要求部分。

## 1.4.2   梁上插筋及梁柱钢筋绑扎施工应注意的构造

梁上插入的四根钢筋是干什么用的？

>> 2014-05-09 14:49    提问者采纳    网友采纳

答：————————————————————————————————

从图示看，梁里插出来的四根钢筋是构造柱钢筋（因看不出来纵向的这根梁是不是框架梁或主要承重梁，如果是的话，这四根钢筋也有可能是"梁上的插柱钢筋"）。但从你这张照片上来看，还能看出点其他事情：

1. 梁和柱的钢筋哪个放外侧，哪个放内侧没有搞清楚。柱是竖向构件，梁是横向构件，一般情况下，梁的荷载是通过柱来向下传递的，正因为如此，很多柱的截面尺寸都比梁大，柱的竖向钢筋自然也就在梁的外侧了。只有一种情况，柱的钢筋应置于梁的钢筋内侧，就是梁上的插柱。这种情况柱的截面往往本来就小于梁的截面尺寸，即使截面尺寸一样大，插柱的钢筋也应该放在梁的内侧。

但是，在一些荷载不是很大的框架梁柱体系或在混合结构中的圈梁、构造柱中，设计断面尺寸往往是相同的，设计保护层厚度也一样。这种情况下，到了梁、柱交叉点的地方，很多人就变得没有主张，哪个放在外面，哪个放在里面？在梁柱截面尺寸相同、保护层厚度相同、配筋相差不大的情况下，仍然应该是柱筋在外，梁筋在内。

2. 柱的四根钢筋搭接位置没有错开。

《钢筋工程施工及验收规范》规定：钢筋搭接当设计无具体要求时，应符合下列规定：① 对梁类、板类及墙类构件，不宜大于25%；② 对柱类构件，不宜大于50%；③ 当工程中确有必要增大接头面积百分率时，对梁类构件，不应大于50%，对其他构件，可根据实际情况放宽。从规范的表述中，我们可以知道：柱的钢筋，当采用绑扎搭接接头时，应该"不宜大于50%"。即使按第3点"当工程中确有必要增大接头面积百分率时，……对其他构件，可根据实际情况放宽"的说法中，一方面明确了"确有必要"，一般来说"确有必要"那就得另行编制方案，并且方案得到了批准才能够执行，另一方面也没有"允许"放宽到百分之百的说法。也就是说，无论从哪个规范、规程、标准、图集中都不可能找到同一截面上"四根钢筋搭接位置"不需要错开，"允许"在同一截面内百分之百搭接的做法。但这个做法不是你们一个工程的特例，原因在于：

① 规范限制不严谨，采用了"不宜"一词；

② 设计方、监理方等相关管理方面管理不严格；

③施工方工人图省事，项目管理人员不懂结构知识；

④有关人员因自己"不懂"（或退一步说"不严谨"）而口头答应"没事"等情况。

3. 左侧箍筋加密区位置不对。梁柱节点处梁两侧的箍筋加密点位置，应从柱根部 50 mm处开始。从图示上看也超过 100 mm。

4. 绑扎钢筋的扎丝没有交叉错开，有很多连续顺着一个方向绑扎的现象。

5. 构造柱在梁柱节点处的梁内缺少箍筋。打个招呼，在网上瞎说的不能当回事！

## 1.4.3　圈梁主筋在构造柱节点处的施工做法

圈梁主筋是贯通还是在构造柱内锚固？

&raquo;&raquo; 2014-05-14 11:17　　[提问者采纳]　[网友采纳]

答：

在工程中不管什么结构，你得先理解其构造意义和受力特征，这样就便于理解。

1. 作为圈梁，它的构造意义在于加强房屋整体性，所以要求必须贯通，不能轻易在中间断开。

2. 因为构造柱的截面尺寸一般都比较小，让圈梁在其中断开再锚固，不仅受力不合理，同时浪费弯钩材料，浪费人工。

### 1.4.4　普通钢筋所能承受的拉力

钢筋每平方厘米的拉力是多少？

>> 2014-05-28 07:20　　提问者采纳　　网友采纳

答：

你的这个说法是采用国际单位制以前的老说法。采用国际单位制以前，Ⅰ级钢是 2 400/3 800，Ⅱ级钢是 3 400/5 200，那时Ⅲ级钢以上的用得很少，具体数据，你可以到相关资料中去查找。

Ⅰ级钢是 2 400/3 800，说的是屈服强度为每平方厘米能承受 2 400 kg，极限强度能承受 3 800 kg 才算是合格的钢筋。

同理，Ⅱ级钢是 3 400/5 200，所表示的意思与以上说法一样。

### 1.4.5　学习钢筋翻样所要学习的书籍

钢筋抽料看什么书？

>> 2014-07-09 14:22　　提问者采纳　　网友采纳

答：

要想学习钢筋抽料，建议看中国建筑工业出版社出版的《钢筋工》。

### 1.4.6　钢筋屈服强度与抗拉强度的大小

钢筋屈服强度、抗拉强度哪个大？

>> 2014-07-09 14:43 　　　提问者采纳　　　网友采纳

答：

要想回答你的这个问题，应先从两个概念入手，才能够很清楚地了解和掌握：

1. 钢筋的屈服强度指的是钢筋由弹性变形转化为弹塑性变形的临界强度。也就是说过了屈服强度后，钢材的强度尽管还有所增加，但已不再是变形与强度成比例地增长。

2. 抗拉强度指的是钢材被拉断的极限强度。由以上两个概念的情况一看就清楚了，哪个强度大，哪个强度小，自然是抗拉强度大于屈服强度了。因为钢材在拉伸的过程中，被拉伸屈服后，强度还在不断增加，所以，被拉断时的抗拉强度肯定是大于屈服强度的，只是因钢材品种不同，而使得 屈强比不同而已。

## 1.4.7　基础插筋的下料

基础插筋怎么下料？

>> 2014-07-14 09:07 　　　提问者采纳　　　网友采纳

答：

基础插筋一般是用在从基础上来的框架柱或构造柱。它们的下料一般就是服从大于该插筋两个锚固长度的要求。

## 1.4.8　预应力施工中的预应力损失

预应力损失有哪几种？

>> 2014-07-14 10:01 　　　提问者采纳　　　网友采纳

答：——————————————————————————————

预应力损失有以下几种：

1. 根据预应力筋应力损失发生的时间可分为：瞬间损失和长期损失。张拉阶段的瞬间损失包括孔道摩擦损失、锚固损失、弹性压缩损失等。张拉后的长期损失包括预应力筋的应力松弛损失和混凝土收缩徐变损失等。

2. 对于先张法施工，除了以上所说预应力损失外，还有热养护损失。

3. 对于后张法施工，有时还有锚口摩擦损失、变角张拉损失等。

4. 对于平卧重叠生产的构件，还有叠层摩阻力损失等。

## 1.4.9 通常的刚性房屋做法钢筋含量是多少

谁知道屋面做法钢筋含量是多少（不是屋面板）？比如直径 4@200 的直径 6 的多少，有个含量的！

>> 2014-08-08 10:01 　　提问者采纳　　网友采纳

答：——————————————————————————————

你想了解的是刚性防水屋面，刚性防水层的钢筋含量：

1. 按屋面面积以平方米来计算，$22.2\,\text{kg/m}^2$。

2. 按混凝土的体积以立方米来计算：$555\,\text{kg/m}^3$。

## 1.4.10 塔柱基础钢筋下料

施工员如何给塔柱钢筋下料？

>> 2014-08-26 15:37 　　提问者采纳　　网友采纳

答：——————————————————————————————

不知道你能不能熟悉图纸。能熟悉图纸，就能给塔柱钢筋下料。所以，给塔柱钢筋下料，关键就是熟悉图纸，按图施工。

## 1.4.11　梁在墙柱等支座处钢筋锚固做法

抵抗弯矩图中钢筋锚固段处怎么画？

▶▶ 2014-09-02 15:23　　　提问者采纳　　网友采纳

答：———————————————————————————————

所谓"抵抗弯矩图中钢筋锚固段"指的是：在支座内的锚固情况。一般地：

1. 先将所配置的钢筋规格按规范计算出必需的锚固长度。

2. 再按梁（或板、或墙）内该钢筋的正常平直长度方向顺长配置到支座的最外端（去掉保护层）。如果配置到支座最外端，已满足锚固长度的话，就不需要弯起；如果配置到支座最外端，该抵抗弯矩的钢筋锚固长度还不够的话，就沿外侧向支座结构内做 90° 的弯起。弯起长度为：该钢筋所需要的总的锚固长度，减去已经在支座内的，平直部分已有的长度尺寸就够了。

## 1.4.12　框架结构中柱的钢筋常用规格

框架结构柱用多少厘米的钢筋？

▶▶ 2014-09-27 14:14　　　提问者采纳　　网友采纳

答：———————————————————————————————

既然你说了是框架结构，那一定需要找人设计。至于框架具体的柱还是梁怎么配筋，一定要服从设计人员帮你计算所得的结果，不能仅仅靠在网上问。或许有哪个不懂的人，在网上给你随便说说，但你简单想一想就知道了，能按人家随便说说的结果去做吗？当然不能。

　　一般框架结构选用的钢筋规格为：18、20、22、25、28 等，很少用再大的了。当然，框架柱选用小于 18 的情况也比较少。

## 1.4.13　地下室挡土墙插筋做法

地下室挡土墙竖向钢筋插入承台和地梁多少？要弯锚吗？

≫　2014-10-13 09:22　　　提问者采纳　　网友采纳

　　答：————————————————————————————————
　　地下室挡土墙竖向钢筋插入承台和地梁的尺寸，需满足钢筋锚固尺寸。当直接插入锚固长度不够时，应弯锚。

## 1.4.14　锈蚀钢筋是否能够使用

锈钢筋造房有影响吗？

≫　2014-10-18 08:12　　　提问者采纳　　网友采纳

　　答：————————————————————————————————
　　锈钢筋造房子是否有影响，这一点一定要看钢筋的锈蚀程度。一般来说，只要钢筋锈蚀还没有影响到钢筋直径的话，是没有问题的。比较直接的外观检查就是：看钢筋表面有没有出现明显的坑点。当钢筋表面有了明显的坑点，那就得检查钢筋的直径，如果没有明显的坑点，就没有问题。

## 1.4.15　如何学习、识读结构图中配筋的办法

想学习看钢筋图，该怎么做？

>> 2014-10-18 08:27　　　[提问者采纳]　　[网友采纳]

答：————————————————————————————————

想学习看钢筋图，就得：

1. 先学习《建筑制图与识图》。

2. 到工程上去，把图纸与实际情况相对照。

## 1.4.16　墙体拉结筋通长设置的含义

墙体拉结筋通长设置是什么意思？

>> 2014-10-19 09:22　　　[提问者采纳]　　[网友采纳]

答：————————————————————————————————

"墙体拉结筋通长设置"这句话可能是哪一份图纸上的。其实，这句话说得不是很严谨。

1. 既然称之为拉结筋，那就是为了"将某一构件与另一构件"相连接而设置的拉结配筋。

2. 如果仅仅是想把"构件与构件"之间能够连接而设置，那一般就不需要通长设置。

3. 反过来说，既然是通长设置的，那该设置的配筋，尽管也是起的拉结作用，但因为这种配置的拉结配筋，并不仅仅是对某两项（或某几项）构件之间的直接拉结作用，所以，这种情况的配筋一般就不应该直接用拉结筋的说法。

综上所述，通长设置拉结筋的砌体，应称之为配筋砌体。墙体拉结筋通长设置，只能作为是对配筋砌体的解释而已。

## 1.4.17　某结构图中的具体钢筋标注的识读

集中标注中的两根 25 的钢筋指的是图中画圆圈的哪两根钢筋呢？

答：────────────────────────

你画圆圈地方的两根 25 的钢筋，指的是：该梁上部，边角上的两根 25 的钢筋。

集中标注处表明：该梁到跨中处，上面边角的两根 25 的钢筋通长配置，中间不间断，而其他几根 25 的钢筋不一定都是通长配置的，要另行查看其他详图。

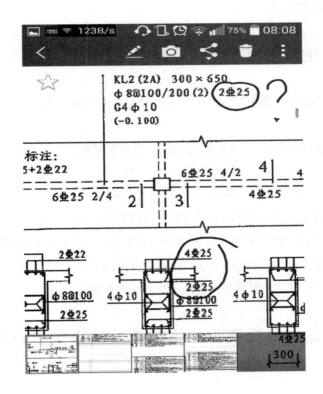

### 1.4.18　一层纵筋为 18、二层为 22，是什么情况

框架柱一层纵筋为 18、二层为 22，是否可以直接焊接？

» 2014-10-22 09:15　　提问者采纳　　网友采纳

答：

不能直接焊接，这是因为：

1. 怎么会出现一层为 18 的配筋，反而二层变成了 22 的配筋这种情况？

2. 是不是设计弄错了？如果是设计弄错了的话，当然不能焊接。

3. 是不是上下变了截面？如果是上下变了截面，上下钢筋就有可能对不上，那当然也就不能直接焊接了。

### 1.4.19　地下室剪力墙暗梁是否需要设置腰筋

地下室剪力墙暗梁要绑扎腰筋吗？暗梁截面尺寸为 300×600。

» 2014-10-29 08:40　　提问者采纳　　网友采纳

答：

你想了解的这个问题，要查看一下图纸。看看图纸设计有没有要求设置腰筋，如果设计有要求的话，那就要按设计要求做。如果设计没有要求的话就可以不做，不再设置腰筋。这是因为：腰筋的作用是稳固钢筋笼成型的，作为暗梁，成型不存在什么问题，已经失去了一般情况下再需要配置腰筋的意义。

### 1.4.20　基础底板在承台梁位置处筏板钢筋的施工实际做法

车库底板、基础梁承台所占位置下的筏板钢筋是否可省？

>> 2014-11-03 11:56　　　提问者采纳　　网友采纳

答：————————————————————————————————————

你说的这个情况，从理论上说是不能省的。这是因为底筏板中的钢筋与基础梁内钢筋的受力不是一回事。但很多情况下，这里重复的部分钢筋，就是被施工单位漏掉了（省了），而且甲方、监理都不会来问这个事情。

## 1.4.21　建设工程中钢筋图的识读和翻样

钢筋图纸怎么看翻样？

>> 2014-11-11 13:28　　　提问者采纳　　网友采纳

答：————————————————————————————————————

钢筋图纸怎么看翻样，回答起来比较难：

1. 钢筋翻样就是对钢筋进行放样。

2. 钢筋翻样就是通过对图纸中所配钢筋的逐段测量，得出各段钢筋的长度尺寸、几何形状。

3. 钢筋翻样可分为翻大样和现场放样两部分过程。

4. 钢筋翻样要通过计算下料长度，对照图示尺寸与施工下料尺寸之间的差别。

5. 钢筋翻样时如有某些节点不清楚就需要查找、对应 G101 图集，想熟练掌握钢筋翻样，就必须对 G101 钢筋图集很熟悉。

没有具体的图纸为例，有很多东西就没有办法用言语表达出来。

## 1.4.22　梁箍筋外侧与梁内纵筋相同方向的钢筋配置什么作用，如何施工

这个侧面纵筋为什么在箍筋外侧？怎么画的？

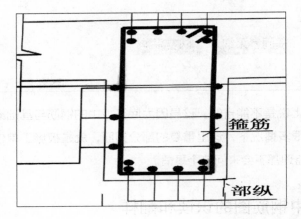

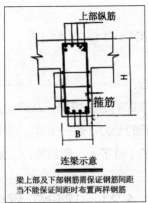

上部纵筋

箍筋

连梁示意

梁上部及下部钢筋需保证钢筋间距
当不能保证间距时布置两样钢筋

>> 2014-11-25 13:49　　提问者采纳　　网友采纳

答：

该侧面的六根纵筋是控制该梁因上下高度尺寸较大、侧向刚度不足而设置的加强纵筋，它设置在外侧存在两种情况：

1. 该六根钢筋看似纵筋，而实际上是三根闭合箍筋的某一断面。

2. 该六根钢筋确是六根纵筋，而中间每隔有一定距离就设置了中间拉筋，目的是为了控制中间梁宽的几何尺寸。

因你仅提供了一幅图，不能准确判断，具体情况应结合其他图纸。

追问：怎么画的这六个圈？

回答：

1. 因为没有其他图纸，不好判断。

2. 如果是构成"圈"的说法，只能是三个圈，才能构成类似六根纵筋的断面点。结合其他图纸吧，要不就把相关图纸发上来，帮你看看。

追问：就是这样的一个图（右图）。

回答：这里指的是四根纵筋，而不是箍筋。该六根纵筋，设置于地梁箍筋外侧的目的是为了控制该地梁的梁宽几何尺寸，

并兼有控制该地梁宽度方向保护层厚度的作用。

## 1.4.23 现浇板支座负筋中分布筋的经验识读

这个钢筋是什么意思？它的分布情况是怎样的？这是板内支座负筋？

提问者采纳　　网友采纳

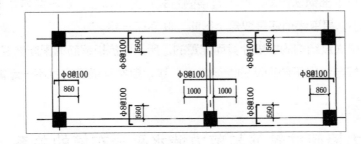

答：

你是想了解的问题，从这张图上已经是看不出来了，在设计说明中，凭经验，可能是直径为 6 mm 的钢筋，间距为 200 mm。具体你要查一下设计说明。

## 1.4.24 梁侧面构造腰筋与抗扭腰筋分别的作用和区别

梁的侧部钢筋构造中构造腰筋和抗扭腰筋，具体有什么区别？

提问者采纳　　网友采纳

答：

构造腰筋和抗扭腰筋，在 101 图集上书面语是构造钢筋和受扭钢筋。构造腰筋和抗扭腰筋在安装钢筋的时候是一样的，安装根本没什么区别，那么它们有什么本质的区别吗？顾名思义，它们的区别在：

1. 构造腰筋是构造措施，是为防止梁侧出现枣核状裂缝的工程措施，没有太多的结构上的意义。

2. 抗扭腰筋是根据结构构件的受力情况，按结构力学计算的需要而配置的腰筋。

追问：具体问下抗扭腰筋的问题。图集上说，同该梁下部钢筋。这句话是不是可以理解为锚固方式，长度都相同。当下部钢筋的直径有大有小，是取值最小钢筋的锚固值？

回答：

抗扭腰筋是通过结构计算而配置的。图集上说，同该梁下部钢筋。这句话所说的意思是：配置长度与下部钢筋相同，而不是锚固方式和配筋直径，更不能与"下部钢筋的直径有大有小，是取大值还是取最小钢筋"联系在一起。

抗扭腰筋的配筋是通过结构的抗扭计算而配置的。所以，抗扭钢筋的配筋情况，就不一定能够正好与该梁下部钢筋的配筋直径一致，自然其锚固也就不一定能与该梁下部钢筋一致。

## 1.4.25　剪力墙暗柱箍筋与剪力墙水平分布筋的关系，以及剪力墙暗柱的受力特征

剪力墙暗柱与水平分布筋的问题，剪力墙暗柱的箍筋可以和剪力墙的水平分布筋做成一个大箍筋的形式，这样可以省下很多钢筋，现在我在的工地上面为什么可以这么做？个人觉得不可以。

>> 2014-04-10 12:19　　提问者采纳

答：

不可以！ 剪力墙暗柱，它具有框架柱、构造柱的所有受力特性，不能因为它在剪力墙内就对它给予简化。

## 1.4.26　框架结构中箍筋与弯起钢筋的关系

钢筋加工中弯起钢筋这项是否需要填写，还有怎么看这梁上有弯起钢筋，目前这边用的都是框架梁，不知道是否有弯起钢筋这一项，在钢筋加工检验批中是否箍筋也算弯起钢筋，求解？

2014-04-13 17:19 提问者采纳

答：————————————————————————————————

弯起钢筋是弯起钢筋，箍筋是箍筋，是两回事。框架梁里面肯定有弯起钢筋，如果监理有要求，那就一定要写进去，其实很多监理不要求。

## 1.4.27 外包钢筋加固某一层的柱子

外包角钢能不能单独加固某一层的柱子，即角钢不穿过楼层？

2014-04-15 07:37 提问者采纳

答：————————————————————————————————

你问的是加固"某一层的柱子"，那就不一定要到基础。比如说是第五层的柱子强度不够需要加固，那肯定不需要加固到四、三、二、一，一直到基础。但我猜想你可能问的是"第一层"的柱子，一般来说，第一层的柱子如果是强度不够需要加固的话，肯定是要加固到基础的。因为第一层的柱子是从基础上来的，是同一批次的混凝土。

## 1.4.28 基础梁拉筋布置的构造措施

基础主梁拉筋需不需要全程布置？我知道箍筋是需要全程布置的。还有一个问题，基础主梁箍筋加密范围图集中怎么没有？顺便找一个师傅？

2014-04-15 08:32 提问者采纳

答：————————————————————————————————

1. 基础主梁拉筋需要全程布置，有箍筋的位置都要有拉筋。拉筋的作用与箍筋的作用是一样的,是解决梁身高度比较大的情况下,仅仅靠箍筋的一个箍环达不到"稳固"整个梁身构架的一种构造措施。

2. 基础主梁箍筋加密范围一般不是仅仅靠图集中的要求来加密的,一般是设计图纸中采取的加密措施,因此要到《图纸设计说明》中去找一下。

## 1.4.29  梁配筋在柱支座部位保护层做法

梁负筋长度中的支座部位保护层,到底是梁的保护层还是柱的保护层?

≫ 2014-04-29 10:05　　 提问者采纳

答:

当梁和柱的保护层不同时,属于梁中的负筋无论是在梁中,还是进入支座后在柱中,都是执行梁的保护层。

## 1.4.30  零基础学习钢筋工

请问零基础学钢筋工大约要多少时间?

≫ 2014-05-22 11:04　　 提问者采纳

答:

零基础学钢筋工最快也大约需要两到三年的时间。

1. 第一年不要讲,肯定是跟在人家后面做。重点学习最基本的钢筋加工,学会各种钢筋加工机械的操作和运用,包括各种钢筋加工机械的故障排除、维修保养等。

2. 第二年,争取能带几个人跟自己一起干,这样你就有了一定的"富余"时间来熟悉图纸。

3. 第三年学习理论知识。针对现场所接触到的图纸情况,买一些诸如《钢筋工》

（建筑工业出版社出版）之类的书籍边学习边干。到此，也就算已经成为一名合格的、名副其实的钢筋工了。

以后的事情你都知道该怎么做了，其实就是第二步稍微难一点。有志者事竟成！祝你早日梦想成真！只要矢志不移，将来一定可以成为一个钢筋上的大老板。

## 1.4.31　建筑主体结构有"插筋"一说吗

建筑主体上有插筋一说吗？

>> 2014-05-22 18:29　　　提问者采纳

答：————————————————————————————————

一般情况下很少，有几种特殊情况，不知道你想了解的是哪一种：

1. 主体结构底层（或低层）大空间，上部需要分隔小空间时，在梁上插筋做构造柱。

2. 上下层是较大差别的变截面柱。如底层柱并非是按结构计算结果要求，而是按建筑要求或造型要求设置的较大尺寸柱，上部紧接着就按标准层做，那就出现了插筋。

3. 第三种情况就是施工的问题，下部本应也有柱，但施工时"漏"了，底下采用一些别人不一定能想得到的办法"封"住，而在上部插筋继续往上做。

其实，我估计你今天把这个问题放到网上来咨询，可能说的就是"第三种"情况。

## 1.4.32　钢筋混凝土柱中有关箍筋加密的做法

钢筋混凝土柱钢筋搭接处的箍筋应加密，具体怎么加密？是哪本规范里的哪一条呢？

>> 2014-05-27 08:04　　　提问者采纳

答：

钢筋混凝土柱钢筋搭接处的箍筋加密一般由设计文件中做出规定，当设计图纸中未予明确的可按下表中的有关规定加密：

一级 纵向钢筋直径的 6 倍和 100 中的较小值；

二级 纵向钢筋直径的 8 倍和 100 中的较小值；

三级 纵向钢筋直径的 8 倍和 150( 柱根 100) 中的较小值；

四级 纵向钢筋直径的 8 倍和 150( 柱根 100) 中的较小值。

具体可参见《建筑抗震设计规范》（GB 50011-2010）（表6.3.7-2）。

追问：纵筋搭接处也需要加密吗？谢谢。

回答：

纵筋搭接处也需要加密。

## 1.4.33　梁板结构钢筋配筋图的标注与识读

建筑中的钢筋结构问题，第一张图梁的宽度变化，那里的钢筋该怎么布置呢？第二张图标注的向左的板筋是带弯钩的底筋吗？

❉❉ 2014-07-15 08:48　提问者采纳

答：

第一张图：

1. 第一张图上表明，该图为框架结构主次梁分布配置图，左右向的为主梁，上下向的为次梁。

2. 你在图上画圈的是柱，底下你画线的 500 为主梁宽度 500 mm，上面画线的 400 为次梁宽度 400 mm。主次梁的梁高都是 1 200 mm。

3. 底下无柱位置的主梁次梁交叉节点处钢筋配置，主梁钢筋在下，次梁钢筋在上。

4. 在有柱位置主梁次梁交叉节点处钢筋配置，主梁钢筋在上，次梁钢筋在下。

第二张图：

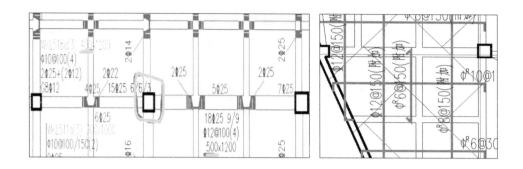

第二张图标注的向左的板筋是带弯钩的底筋。

## 1.4.34 普通民用房屋独立基础中钢筋配置

独立基础不设横向纵向筋，只需扎钢筋笼插柱筋可行吗？

▶▶ 2014-07-18 07:36    提问者采纳

答：

从你的提问"独立基础不设横向纵向筋，只需扎钢筋笼插柱筋可行吗？"我总感觉应该能猜出点什么来（对不对另当别论）：你应该不是在施工单位，或许在监理单位，或建设单位的现场代表，发现了现场独立柱钢筋好像有点不对，就放到网上来问问的。独立基础它肯定有基础施工图，说"不设横向纵向钢筋"是肯定不对的，任何一家设计院也不会犯这种"低级错误"，要么就是施工单位偷工减料。作为施工单位应该按图施工才对，既然没有按图施工，应该要求他们按图施工。

如果出现偷工减料的情况，不能随意放松，发现了一次，以后则更需要看紧点。

追问：不是，因自己要盖房，故这样认为，网上没看到这种说法。

回答：

自己家里盖房子，能省点就尽量省点。不要扎成钢筋笼，底下放一层就行了，纵向、横向两个方向都要。

## 1.4.35 梁内纵向通长钢筋与弯起钢筋在不同截面点位置的不同标注

标注在原位中间的是不是也是通长筋？集中标注是 2 根，在原位中间标注的是 3 根。

>> 2014-07-25 06:03    提问者采纳

答：

你说的应该是梁配筋问题。

按你说"集中标注是 2 根，在原位中间标注的是 3 根"，那么集中标注的 2 根，是梁角上的通长筋，中间标注的 3 根，表明中间一根一般不是通长筋，而是弯起钢筋。

## 1.4.36 钢材送检的批次规定

钢材运回来资料员应怎样按什么批量送检钢筋？我这个工程 13 000 m³，地下室 1 层，地上 16 层。第一次回来的钢筋 φ6.5 的 10 t，φ8 点的 50 t，φ10 点的 20 t，φ12 的 20 t，φ14 的 30 t，φ16 的 20 t，φ18 的 18 t，φ20 的 9 t，φ22 的 5 t，φ25 的 3 t，请问我该怎么送检啊？

>> 2014-08-04 15:21    提问者采纳

答：

按你所说的情况，每个规格做一个送检就可以了，因为除了 φ8 的 50 t 外，每个规格数量都比较少。

追问：那 φ8 个的要怎么送？

回答：

不超过 60 t，也做一个送检。最多的才 50 t，所以，我才叫你"每个规格做一个送检就可以了"。

### 1.4.37　植筋完成后下雨或被泡水对植筋质量的影响

承台植筋植好后一天之内开始下雨了，基坑积水，植筋处泡在水里了，请问这样会不会对植筋效果产生影响，影响严重吗？

>> 2014-08-13 06:56　　提问者采纳

答：

植筋都是采用的快速凝结材料，几分钟就凝结了。一天之内下雨，只要在植筋完成后半个小时下雨都不会有问题，放心吧！

### 1.4.38　螺旋筋最下端到底部的距离

山东地区螺旋筋缠到底部距离？桩基础距离纵筋端部多少 cm，有人说是20 cm 对不对？

>> 2014-09-01 09:45　　提问者采纳

答：

桩基础距离纵筋端部多少 cm，20 cm 比较常见。但从理论上讲，应该不是用具体的 20 cm 这个说法，而是 0.5 倍的箍筋间距。提问者评价：非常感谢！

其他网友评论：

Wujunchao 2014-9-1 09:53：这位兄弟的确是正解，因为非加密区一般为20 cm，加密区 10 cm，这是常用设计参数，我们一般都按照 5 cm 记忆这个数据，至于 0.5 倍箍筋间距，倒是真的经常忽略掉了。还有，柱子、梁、板的第一根钢筋与边上的距离，一般我们的要求都是在 5 cm 以内。

### 1.4.39　房屋结构中梁的配筋

建房中砌砖的大梁是哪里受力？钢筋是大的在上面吗？

>> 2014-10-19 13:00　　提问者采纳

答：

房屋结构上，梁的形式很多，不知道你们采用的是什么梁：

1. 梁两端支承的，那一般就是简支梁，这种梁是下部受拉，上部受压，受拉的主筋（大的钢筋）放置在梁的下面。

2. 悬挑的梁。凡是悬挑的梁，那它的受力情况就不一样了。悬挑梁是梁的上部受拉，下部受压，受拉的主筋（大的钢筋）放置在梁上面。

想了解梁的钢筋怎么放，一定要弄清梁的受拉情况。比较重要的结构，建议你要找一个比较专业的人员帮你设计一下，然后按他的设计来进行施工。追问：简支梁砌砖墙的也是下部受拉吗？回答：简支梁上面砌砖墙的，那当然是下部受拉了。

### 1.4.40　主梁钢筋未绑扎对工程质量的影响

主梁钢筋未绑扎钢丝，会不会有影响？

>> 2014-10-22 12:56　　提问者采纳

答：

主梁钢筋未绑扎钢丝，对主梁的受力不会有影响。未全部绑扎只是对施工过程的混凝土浇筑有影响，浇筑完成了，也就没有事了。

### 1.4.41　宽体梁的钢筋绑扎

11 根面筋我能分两排绑扎吗？分两排是否会影响 6 肢箍绑扎？

答：

根据你所提供的情况，因为是 6 肢箍，总截面宽度 800 mm，11 根主筋，如果箍筋加工和钢筋绑扎很规范的话，可以按一排布置，能够确保钢筋与钢筋之间的净空尺寸不小于 40。

那既然你把这个问题提出来了，说明有可能箍筋的加工和绑扎不是很规格，出现了钢筋之间的间距不足的情况。如果是这样的话，一定要跟现场监理和甲方代表沟通好，抽出 2 根或 4 根放到第二排去，按两排布置。要注意的是，抽放到第二排钢筋的原则是越少越好。

至于你问的"分两排是否会影响 6 肢箍绑扎"问题，因为按你所提供图纸的梁体宽度来说，属于一种宽体梁。一般宽体梁的设计，是因为梁的高度尺寸受到了一定的限制的情况下，才这样做的。像你所想了解的这种情况，少数的几根钢筋分到第二排绑扎，那第二排的少数几根钢筋也应尽量放在梁体的左右两侧，这样布置的话，是不会影响 6 肢箍绑扎的。

追问：设计时是没有扣掉 2.5 的保护层的，扣掉保护层只有 750。还有就是净距应该不是 4 cm 吧？

回答：

做得完全标准的话，钢筋与钢筋之间的净距应为（800−25×2−20×11）/10 = 53 mm。

## 1.4.42　结构钢筋中拉结筋弯钩的作用

拉结筋的弯钩起什么作用？

答：

拉结筋的弯钩作用是：加强拉结筋的拉结能力，防止拉结筋的拉结失效。

追问：为什么弯钩有这个作用？

回答：

这是一个比较简单的道理啊，想一下也就知道了，顶头有钩子与没有钩子，哪个容易被拔出来？那当然是有钩子的不容易被拔出来；而没有钩子的呢，一拔就出来啦。

## 1.4.43　普通现浇板用钢筋等级

现浇楼板用什么等级的钢筋？现浇楼板的规格是 7 m×4 m 的，螺纹钢用几级的比较合适？最好能给个牌号，谢谢！

>> 2014-11-12 12:33　　　提问者采纳

答：

你所想了解的这个情况，现浇板一般都是采用二级钢，具体牌号采用：HRB 335——热轧带肋。

追问：用 3 级的甚至 4 级可以吗？现浇的房间是当卧室用的。

回答：

3 级钢筋可以，但基本上没有哪个用 4 级钢筋来做房间卧室现浇板的。这里需要注意一点：钢筋并不是等级越高就越好，钢筋的等级越高，只是其抗拉强度比较高而已，但相应的钢筋脆性性能明显不好，抗弯性能比较差，有脆断的潜在风险。

因此说，4 级甚至 5 级钢筋，一般用途情况下，尽量不要用。

## 1.4.44　结构图中"φ8@100/200(2)"的解读

请解释"φ8@100/200(2)"建筑钢筋是什么意思？

>> 2014-11-14 09:18　　　提问者采纳

答：————————————————————————

"φ8"@100/200(2) 建筑钢筋指的是：

1. 表示的是某梁或柱的箍筋配置情况。

2. "φ8"表示该箍筋采用的是直径为 8 mm 的光圆钢筋。

3. "@"是箍筋间距的专用表示符号。

4. "100/200"表示该钢筋间距为 200 mm，加密区为 100 mm。

5. "（2）"表示为双肢箍。

## 1.4.45 纵向箍筋和横截面箍筋在构件截面上的叠加和布置

纵向钢筋和箍筋在构件截面上应如何叠加和布置？

>> 2014-12-26 10:50    提问者采纳

答：————————————————————————

纵向钢筋和箍筋在构件截面上应该不存在叠加的情况：

1. 构件上的纵向钢筋与箍筋是相互垂直布置的情况，怎么可能叠加在一起呢。

2. 所谓能够"叠加"，指的是顺着同一个方向的东西，才存在是否可能"叠加"的说法。

不知道你还想了解什么，可以补充说出来，重新给你做解释。

追问：是一道简答题：钢筋混凝土弯剪扭构件承载力计算的原则是什么？

回答：

你说的这个情况是：

1. 扭矩可使得纵向钢筋产生拉应力，与受弯时钢筋拉应力会产生叠加，使钢筋拉应力增大，从而会使构件受弯承载力降低。

2. 扭矩在构件侧面上产生的剪应力，也会与构件原先的剪应力产生叠加，从而使得箍筋上的剪应力产生叠加效应。

以上两种叠加情况，与你一开始题目所需要表达的意思联系不起来。但我现在估计，你是不是想了解因为存在这两种叠加情况，那纵筋配置与箍筋配置的时候，是否需要考虑哪些影响？

不考虑相互之间的影响关系，而是按相应的计算结果进行配置就行了。

## 1.4.46　梁、板、或剪力墙结构中角筋的概念

什么是角筋？

>> 2014-04-12 09:02　　网友采纳

答：

1. 角筋是护角钢筋的简称。角筋有两种，一种是对梁或剪力墙板的转角部位给予加强的护角钢筋，还有一种是现浇板整体结构在梁或墙的转角部位，板内的板面和板底两个不同方向的护角钢筋。但无论哪种角筋，都是构造钢筋。也就是说它不是通过严格的受力计算来配置的"受力钢筋"，而是"如果不配置在此相应的部位就有出现裂缝等质量问题的可能性而必须配置的构造钢筋"（这句话比较长又比较拗口，但专业问题没有办法用更为"通俗"的语言来表达）。

2. 第一类角筋在剪力墙结构、筒体结构中最常用。但框架结构中框架梁、混合结构中圈梁水平转角部位也必须采用，并不是因为结构简单就能取消这类构造措施，这是广大施工人员在现场非常值得注意的问题。

## 1.4.47　各类构造钢筋的配置和弯钩长度的确定

板筋的底筋、附加筋、梁的钢筋弯钩长度角度如何确定？

>> 2014-04-30 11:19　　网友采纳

答：

涉及建筑工程上的有关配筋，无论是梁、板、柱还是墙等，均需：

1. 要先熟悉图纸，因为钢筋的配置情况、附加筋情况、弯钩等一般都在设计图

纸上有所反映。

2. 当图纸上无法找到时，再看看《结构说明》中的"钢筋工程"部分。

3. 在最后都无法找到的情况下，找相关图集去进行对照。因为作为图集它是必须具备一定"通用性"的，而不是针对某一项目进行设计的（图集编制的一开始也是从"某个"项目的具体情况而来的，因为具有一定的"通用性"，才编制为图集。但当用于某项目时，一定要对照核实清楚后参照使用）。

## 1.4.48 梁配筋图识读

2c18 和 3c18 哪个是上部筋？

>> 2014-05-12 12:40    网友采纳

答：———————————————————————

按你所提供的图纸看，这是框架梁的配筋标注：

1. 该梁的截面尺寸是 250×850，即该梁宽度 250 mm，高度 850 mm。

2. 该梁箍筋为 Φ8 的，间距为 200 mm，加密区为 100 mm，都是双肢箍。3. 该梁主要配筋为梁上 2 根 18 mm，梁下 3 根 18 mm 的。

4. 该梁的中部还配有 6 根 14 mm 的抗扭钢筋。

5. 该梁除 Φ8 的箍筋为 I 级钢外，另外 18 mm 的骨架钢筋和中部 6 根 14 mm 的抗扭钢筋，要查找一下结构设计说明，到底是 II 级钢还是 III 级钢。估计是 III 级钢的可能性比较大，因为该框架梁的截面尺寸比较大。

## 1.4.49 筏板基础梁钢筋弯钩做法

筏板钢筋的下翻梁是上打钩还是下打钩？

>> 2014-05-15 13:39    网友采纳

答：

筏板中的下翻梁也有梁上钢筋与梁下钢筋之分。梁上部钢筋弯钩朝下，下部钢筋弯钩朝上。

## 1.4.50 砖混结构地下基础部分的构造柱需要设置墙体拉结筋吗

砖混结构地下构造柱要设墙拉筋吗？

>> 2014-05-16 13:33　　网友采纳

答：

你想了解的应该是：砖混结构地下部分的构造柱与基础墙之间是否需要设置拉结筋的问题。想了解这个问题，就得先从构造柱与墙体之间的"力学"特征方面入手。

构造柱与墙体之间如何才能协同承载，发挥构造柱的应有作用，除了在墙体砌筑过程中对墙体留有"马牙槎"外（一般都是先砌墙后浇筑构造柱），其实更重要的是沿墙高度方向每500 mm设置的拉结钢筋。这是因为：

砖石砌体的抗拉强度极低，但抗压和抗剪切强度尚可满足一般结构要求，故设置马牙槎起到阻止构造柱与砌体之间"纵向"的相对"滑移"，即发挥砌体与素混凝土的抗剪切能力。

而构造柱与砌体之间设置拉结筋的作用则是：发挥钢筋的抗拉强度来阻止构造柱与砌体之间"横向"的相对撕裂、脱位，发挥的是钢筋的抗拉能力。

由以上分析就可以知道了，基础墙高度不大于500 mm的情况下无须设置拉结筋。但当基础埋深尺寸较大，基础墙高度大于500 mm时，就有人提出"需要设置拉结筋"了。

这个问题，既然拿到网上来问，一般都是在现场有人提出来，但又找不到相关规范的有关规定。在现行的规范中，无论是《砌体结构设计规范》（GB 50003-2011）还是《砌体结构工程施工及验收规范》（GB 50203-2011）以及《建筑抗震设计规范》（GB 50011-2010）等，都找不到这方面的规定。但现场的监理、业主往往就采用上述理论，对施工单位进行这样的要求。为此，我认为："当基础墙净高度达到 1.0 m 时应考虑设置一道拉结筋，当基础墙净高度大于 1.0 m 时，应按沿墙高度方向每 500 mm 设置一道拉结钢筋"比较合理。

## 1.4.51 工程项目暂停施工时外露钢筋保护

自建房一层已完工，钱不够，打算过几年再建二层，请问二层预留的六根柱子的钢筋怎么办？每根柱子预留的有四根钢筋五六十公分高，怕生锈，该怎么处理？

▶▶ 2014-05-19 17:05　网友采纳

答：

外露的钢筋怕生锈，涂上机油可以防锈几个月，涂上油漆或所谓的防锈液，能保护不超过 1 年。现不知道你需要多长时间能够继续向上建，所以涂什么由你自己选择，假如时间稍微长一点，最好用水泥砂浆 裹着，因为钢筋在水泥里面是不锈蚀的。

方法：找一根直径为 60 ～ 100 的塑料管套住钢筋，用 1：2 ～ 1：3 的水泥砂浆 往套住钢筋的塑料管里灌注，边灌边用东西在管四周轻敲，让砂浆密实，可确保不受时间限制来保护钢筋。

注意：只要确保钢筋四周至少都有不少于 2 cm 左右的保护层就可以了。

## 1.4.52 主楼和副楼基础筏板钢筋怎么锚固

主楼和副楼的伐板钢筋怎么锚固？

▶▶ 2014-05-21 17:21　网友采纳

答：

一般主楼与副楼之间是有"沉降缝"隔开的，所以一般不存在锚固问题。除非主副楼之间高差很小，可以连成整体，这时才存在锚固问题。当连成整体时，副楼钢筋伸入主楼里去，锚固长度满足《钢筋混凝土工程施工质量验收规范》（GB 50628-2010）中钢筋工程中的有关规定就行了。

## 1.4.53　构造柱主筋在同一层高内两个接头是否正确

构造柱主筋在同一层高内存在两个搭接区域是否正确？

>> 2014-05-22 15:29　网友采纳

答：

其实，从理论上讲，构造柱主筋在同一层高内至少存在两个搭接区域：

1. 已成型的竖向钢筋笼，允许自由高度是有限的（当然，我不知道你所说的该项目层高是多少），所以一般竖向钢筋笼都是以一层做"一次"搭接。

2. 按有关规范规定，构造柱主筋的容许搭接截面面积百分率为不超过50%。也就是说，从纯理论上讲每层至少有两个搭接区域。

## 1.4.54　钢筋与混凝土为什么能够共同工作

钢筋与混凝土为什么能共同工作？

>> 2014-05-26 16:10　网友采纳

答：

钢筋与混凝土为什么能共同工作，大致有以下四个方面：

1. 钢材从它的物质构成来看，基本上是匀质和各向同性的。也就是说，钢材的抗拉强度与抗压强度基本差不多。

2. 混凝土是由碎石、砂经过水泥的凝结作用而连成整体的。因此它就不可能成就钢材的材料匀质性，其力学性能也就不可能成为各向同性体，其抗压性能、抗剪切性能均较大。

3. 钢材材质的弹性模量与混凝土材质的弹性模量虽然有差别，但可以在一起协同工作。

4. 混凝土对钢材的锈蚀能起到保护作用。

## 1.4.55 临近结构不能同时施工时，地圈梁钢筋怎么甩出或怎么处理

砖混结构圈梁大转角钢筋怎么甩出转角 1.5 m 处搭接？搭接率 100% 吗？圈梁搭接要成 1.4 之类的系数吗？求图，例如外墙处圈梁均为 8 根 14 mm 的，转角处怎么甩呢？8 根全甩出 1.5 m 后再加上搭接长度？

**>>** 2014-06-05 18:49　　网友采纳

答：

1. 圈梁哪有一下子采用 8 根 14 mm 的钢筋。

2. 圈梁一般要求一起浇筑，在外墙处甩出搭接的情况很少。

3. 如果确实需要甩出的话，同截面允许搭接不大于 50%。即一半钢筋甩出 1 m 左右，一半钢筋甩出 2 m 左右。

4. 如果想要甩出准确数字，望你自己查看一下《钢筋工程施工及验收规范》有关钢筋搭接的规定。要注意钢筋等级、混凝土强度等级等情况的对照。

追问：上下各 4 根啊，甩头是只甩最外侧的一根，还是全部甩出去？圈梁钢筋除了在大转角要甩出 1.5 m，其他地方有要求没？如 T 字墙处让搭接吗？

回答：

上下各 4 根钢筋，那这肯定不是圈梁。不能在墙角处截断把钢筋"甩"出就算了，你要说清楚该梁的截面尺寸多大，到底是什么梁，不要盲目做。

至于其他的怎么做，等把这个主要问题弄清楚再说吧。

追问：370×400 的圈梁，共 8 根 14 mm 的，条形基础里面的。

回答：

那这是地圈梁，不是悬空的结构。如果旁边的部分暂时不想做的话，是可以临

时把地圈梁钢筋"甩"出来的。但我不建议你这样做，因为：所谓圈梁，是为了加强房屋结构整体性的，使整个建筑物协同受力。现在你已经人为地把该建筑物截成了 2 块，这已经失去了所谓"整体性"的意义。建议你不要把圈梁钢筋"甩"出，而在此处留做"沉降缝"。

## 1.4.56　地梁钢筋焊接与绑扎搭接的比较

民房地梁钢筋用人工加工弯钩和电焊焊接哪个牢固？

>> 2014-06-06 07:08　　网友采纳

答：

你说的这句话让人看不懂，按我的理解，你是不是想了解地梁钢筋的搭接问题。你的意思是不是：毕竟是民房，其实我并不想按什么规范做什么搭接，只想在地梁钢筋搭接的位置，用人工加工成弯钩，弯钩与弯钩钩住，或用电焊焊接一下。

我告诉你：你说的这两种情况都可以，都牢固。因为钢筋是浇筑在混凝土里面的，混凝土限制了钢筋的变形。毕竟是民房，按什么规范的那个做法确实没必要。不过也要注意：

1. 弯钩尽量打长一点，180° 的弯钩，弯过来的平直长度达到 5 倍的钢筋直径，弯钩与弯钩钩住。

2. 焊接也尽量搭接长一点，至少要达到 5 倍的钢筋直径，并且双面都焊上。注意了这两点，就没有问题了。

## 1.4.57　钢筋代换的原则是什么

钢筋代换的原则是什么？

>> 2014-06-18 17:07　　网友采纳

答：——————————————————————————————————————————

钢筋代换的原则有两条：

1. 等强度代换：当原设计的某一级别钢筋，施工现场无法供应时，施工单位往往通过向建设、监理方征得认可后，请设计院出具"钢筋代换《技术核定单》"。

2. 等截面代换：等截面代换有两种情况：一种情况是采用同级别的钢筋，仅对其所用规格进行更换。如：某梁受力钢筋，原设计采用 3 根 25 的 Ⅱ 级钢，现场没有 25 的规格，22 的规格大量富余。这时可以用 22 的 Ⅱ 级钢来代换。经计算可采用 4 根 22 的 Ⅱ 级钢，4 根 22 的比原设计 3 根 25 的截面略大一点点（只能大代小）。这是一种等截面代换（代换还需要注意该梁的截面大小，必须满足钢筋间必要的间隙要求）。

还有一种情况是某截面原设计是按最小配筋率配置的钢筋，这时代换，无论你采用多高强度等级的钢筋（只能高代低），都必须满足原设计最小配筋率的要求。

## 1.4.58　梁结构中的钢筋种类与各自的作用

梁的钢筋有哪些？各自的作用是什么？

▶▶　2014-07-07 08:42　　　网友采纳　　　专业回答

答：——————————————————————————————————————————

梁内的钢筋有以下几种类型：

1. 纵向的受力钢筋：当是简支梁时，纵向的受力钢筋在梁的下部，作用是承受因梁的正弯矩而引起的梁下部受拉。悬挑梁则该钢筋应配置在梁的上部。

2. 纵向架立钢筋：梁的形体一般为矩形，当然其他异形梁也很多。但无论哪种截面几何图形，总需要用钢筋骨架来控制截面形状，因此架立钢筋的作用就是起形成梁截面几何形状的作用。

3. 纵向弯起钢筋：在纵向钢筋中往往还有弯起钢筋，但不是所有的梁都有，只有在梁内剪力较大时才需要配置弯起钢筋。梁内的弯起钢筋也称为腹筋，其作用是承受和抵抗梁内剪应力。

4. 箍筋：梁内的钢筋除了纵向钢筋外，还需要箍筋。箍筋有开口箍筋和闭口箍筋两种，以闭口箍筋为主，尤其有一定抗震要求的，开口箍筋是禁止使用的。箍筋的作用是：① 架立纵向钢筋，使纵向钢筋在箍筋的架立下形成钢筋骨架；② 箍筋也是腹筋，用来承受梁内剪应力。

当然，有些几何尺寸较大的梁内还会配置一定数量的腰筋、拉筋等，这些都是梁内的构造钢筋。具体要多与工程接触，多到工程上去看，就很快能够弄清楚了。仅凭我在网上这样给你做出的回答，弄不好还是云里雾里搞不清楚。

## 1.4.59　多方向横梁在同一柱头交叉的钢筋布置示例

这个是建筑里面的什么？

>> 2014-07-15 07:32　　网友采纳

答：

从你所提供的照片来看：

1. 从该柱顶的配筋及周围已经配置的模板情况，按我估计该房屋应该是一幢酒店式公用建筑。

2. 该柱为多截面的交汇节点。

3. 根据结构计算，该柱节点处存在较大的拉、压、剪、扭等多种应力组合，所以才出现像"鸟巢"样子的配筋组合体。

好好干，在这个项目上能学到很多东西，而且是其他项目上学不到的东西。

## 1.4.60　跨度 5 m 的梁，能用直径为 14 的钢筋吗

14 的钢筋做的梁裂纹了怎么办？

>> 2014-07-16 07:17　　网友采纳

答：————————————————————————————————————

不知道你所说的梁的跨度、梁的截面尺寸、梁的上部结构荷载情况、梁的混凝土强度等。你要把这些情况说清楚，可以帮你考虑。

追问：跨度 5 m，14 的钢筋 4 根，170 mm 宽、300 mm 高的梁，上面没有墙，就一层楼板，楼板上面还有一层，请您帮我参考一下。

回答：

按你所提供的情况，这根梁承受不起，需要采取措施。建议：

1. 梁的底下砌成墙。

2. 如果不能砌墙，必须要有这个空间的话，那就得加柱子。

追问：加柱子能加，就是在屋中间，我想在旁边离梁 1.5 m 的地方补一道墙，那小面是一道主墙，那样行吗？就是补墙补到主墙上面，减少梁的承重，请问这样可以吗？谢谢！

回答：

尽量减小梁的跨度，中间再加一根柱子就可以了。

## 1.4.61　钢筋有毛刺的原因

钢筋毛刺是什么原因？

>> 2014-08-07 06:28　　网友采纳

答：————————————————————————————————————

钢筋有毛刺，就表明该钢筋不合格。造成毛刺的原因是：该钢筋内含有其他过多的有害杂质。

## 1.4.62　钢筋保护层垫块（套子）的布置间距

钢筋套子应该多远一个？

>> 2014-08-14 07:38　　网友采纳

答：—————————————————————————————————

你是不是想了解作为保护层用的钢筋套子，如果是：

1. 竖向结构，如剪力墙、柱等，一般可以 1 ~ 1.5 m 一个，在墙内按梅花状布置，柱内可以上下布置。

2. 平面结构，如现浇板，一般可以 0.6 ~ 1.0 m 一个，需要稍微加密的原因是，必须能够满足施工荷载的作用问题。

## 1.4.63　梁内有什么钢筋及其作用

梁内有什么钢筋？

>> 2014-08-15 08:23　　网友采纳

答：—————————————————————————————————

梁内的钢筋包括四种：

1. 抗弯的纵向受力钢筋。

2. 架立钢筋。

3. 箍筋（也有抗剪作用）。

4. 抗剪力的弯起钢筋（仅凭箍筋不满足抗剪要求时）。

## 1.4.64　如何获取 G3-101 钢筋图集

哪位前辈有 G3-101 钢筋图集？全套电子版的传一下，谢谢！

>> 2014-08-16 07:30　　网友采纳

答：—————————————————————————————————

你想要"G3-101钢筋图集全套电子版",按我估计,有的人很多,但在网上人家传给你的可能性不大。建议你还是自己去买一套,值不了多少钱的东西,自己买是最好的。

追问:怎么才可以发啊?

回答:

除了我给了这个回答之外,看看能不能等到。假如有人给你发,那当然非常好。但假如等的时间太长了,就没有多大意义了。

## 1.4.65 千斤顶与剪断钢筋的概念如何联系在一起

千斤顶的力量能剪断钢筋吗?

➤➤ 2014-08-17 06:10    网友采纳

答:————————————————————————————

千斤顶与剪钢筋,根本不是能够联系在一起的概念。但你仅问千斤顶的力量能(否达到)(其他设备)剪断钢筋(中所需要的力量),那我告诉你:肯定能。

## 1.4.66 预应力高碳钢丝卡扣到哪里购买

哪有卖预应力高碳钢丝卡扣的?

➤➤ 2014-08-30 06:26    网友采纳

答:————————————————————————————

你想买高碳钢丝卡扣,到当地建材商城(或建材商场)里的标准件专柜去购买。

## 1.4.67 柱截面配筋图识读

柱子箍筋这样标是什么意思？

&gt;&gt; 2014-08-31 11:07 网友采纳

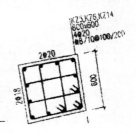

答：

从你发上来的图纸看：

1. 5 号、6 号、14 号三种框架柱都是采用该图纸。

2. 该柱的截面尺寸为 600×600。

3. 该柱的四角均为 20 的三级钢筋。

4. 箍筋有两种，一种是 8 点的，一种是 10 点的，间距也有两种，分别是 100 和 200。具体布置需要查阅其他图纸。

5. 有两个方向的柱边的中间两根钢筋不一样，分别是 18 和 20 的，具体还需要查阅其他 图纸。

## 1.4.68 直径 8 mm 的钢筋能吊起多重的东西

8 mm 的钢筋能吊多重的东西？

&gt;&gt; 2014-09-02 15:09 网友采纳

答：

8 mm 的钢筋一般是一级钢筋，过去强度是按 2 400 kg/cm$^2$，现在改成了 210 mPa，其实是一样的意思。很简单，算一下就知道了：8 mm 的钢筋大约能吊 900 ~ 1 000 kg 的东西。

## 1.4.69 图纸上同一部分钢筋有的需要做弯钩，有的不需要弯钩，是什么情况

图纸上同一部分钢筋为什么有的是弯钩，有的不是弯钩？

≫ 2014-09-02 16:01　　网友采纳

答：────────────────────────────

你要把图纸发上来看看。你说的这种情况，一般现浇梁、现浇板都存在。

1. 梁、板内的配筋情况是：在支座里面满足了锚固长度的话，一般就不需要再弯起；只有在支座内锚固长度不够的情况下才要弯起以满足必要的锚固长度。

2. 所有的光圆钢筋端部都要有弯钩，而变形钢筋端部一般不需要弯钩。

## 1.4.70 剪力墙钢筋搭接

从 03G101 图集 34 中，查看剪力墙钢筋绑扎搭接倍数是多少？

≫ 2014-09-23 13:54　　网友采纳

答：────────────────────────────

03G101 图集是混凝土结构施工图平面整体表示方法制图规则，从该图集上不能 找到钢筋绑扎搭接情况，有关钢筋绑扎搭接要到《钢筋工程施工及验收规范》中去找。

## 1.4.71 现浇板钢筋在支座部位交叉的钢筋布置

板支座处的负筋相遇，是短方向的 1 放在 2 上面还是怎么弄？

≫ 2014-09-29 08:53　　网友采纳

答：

正好放反了，因为长方向在支座处的负弯矩大于短方向上的负弯矩。

该板在支座处的负筋相遇时是 2 放在 1 的上面。

追问：那底筋是短方向在下面吗？

回答：

板底筋短方向在下面。因为双向板的受力机理决定了在板底正弯矩作用下，短方向首先受力。

## 1.4.72　铁材可以折弯吗

铁材可以依宽度折弯吗？

>> 2014-10-08 13:24　　网友采纳

答：

铁材不可以依宽度折弯，这是因为铁的含碳量大，呈脆性，不能任意弯折。

## 1.4.73　抗弯强度在实际工程中的应用意义

抗弯强度在工程应用上有什么意义？

>> 2014-10-08 16:38　　网友采纳

答：

抗弯强度要看你指的是什么。

1. 钢材的抗弯强度在工程应用上的意义在于：钢材的可加工性能。

2. 混凝土的抗弯强度反映混凝土的可变形量。

3. 木材的抗弯强度，是反映木材力学性能的主要指标。

## 1.4.74　框架结构填充墙漏放拉结筋的处理

填充墙砌好后发现没有拉结筋怎么办？

>> 2014-10-14 06:19　　网友采纳

答：————————————————————————————————————

填充墙砌好后发现没有拉结筋，应分两种情况：

1. 如果仅是少部分漏放，大部分都已经按规定放置，则可以对施工队进行处理后在外侧抹灰时加设钢丝网片。

2. 如果是大面积没有放置，存在恶意偷工减料，除应该拆掉重砌外，还应给予从重处罚。

## 1.4.75　现浇钢筋混凝土无梁结构中钢筋配置及应力传递

无梁板先铺柱上板带筋，然后再铺跨中板筋吗？

>> 2014-10-18 06:32　　网友采纳

答：————————————————————————————————————

"无梁板先铺柱上板带筋，然后再铺跨中板筋"是对的。这个问题要从无梁板的荷载传递路线来进行理解。无梁板表面上讲是板的荷载直接传递给了柱，可以是放射性的传递模式。但钢筋配置不是放射性的，而是垂直方向配置的。那么荷载的实际传递路线就将随着钢筋配置方向而改变。沿着钢筋的走向，而成为荷载的实际传递方向。由以上分析可以知道，板中的荷载是沿着钢筋走向传递到柱上板带的，再由柱上板带传递给柱。

### 1.4.76 初学钢筋绑扎的方法

初学扎钢筋扎丝扎勾用法怎么学?

>> 2014-10-18 08:15　　网友采纳

答:
初学扎钢筋的扎丝扎勾用法,在网上还真的没有办法说得让你很清楚,最好的办法就是:到现场学习,看看人家怎么弄的,我也怎么弄,很简单,三分钟就会了。

### 1.4.77 后张法预应力筋多余封锚砂浆的处理

后张封锚砂浆用不用凿掉?

>> 2014-10-19 08:41　　网友采纳

答:
后张法的封锚砂浆,外面多余的部分要凿掉。正因为多余部分凿除时一方面很麻烦,更重要的还是弄不好会影响锚固结构,
因此说,在进行注浆封锚时一定要精心操作,在确保封锚质量的同时,尽量不要存在太多的外露砂浆。

### 1.4.78 1.9 m 钢筋网,间距 20 cm 时的钢筋排距

扎一个 1.9 m 的钢筋网,间距 20 cm,要放多少根?

>> 2014-10-20 10:11　　网友采纳

答:

扎一个宽度为 1.9 m 的钢筋网片，间距 20 cm 的话，应该是 9 档，10 根。因为，最边上的一根钢筋可以绑扎在距边 50 mm 处。

## 1.4.79  5.6m 长的梁，钢筋有没有接头

5.6 m 长的梁，钢筋有没有接头？

>> 2014-10-20 10:35　　网友采纳

答：————————————————————————————————

从理论上讲，"5.6 m 长的梁"，钢筋是可以没有接头的。但这个问题你已经放到网上来问，说明你们在现场已经发现，或确实存在这样的情况：

一般钢筋的标准供货长度最小也是 6.0 m，那也就是说，5.6 m 长的梁，不应该 出现中间有接头的情况；但作为施工方来讲，这就有一个问题，假如这种型号的梁 数量较多的话，建设方可不会按 6.0 m 结算，那很多 0.4 m 的钢筋就得用市场价格买 回来而当成废品卖掉。大家想一下就知道了，施工单位能这么做吗？不能这么做。你可能是监理方的，或建设方的，建议理解一下施工单位的不好做。

## 1.4.80  剪力墙柱钢筋绑扎搭接箍筋加密

剪力墙柱钢筋绑扎搭接箍筋加密怎样算？

>> 2014-10-24 08:55　　网友采纳

答：————————————————————————————————

剪力墙柱绑扎搭接箍筋，在进入搭接位置开始加密。所谓加密：

1. 如果单体设计有加密做法的，按设计做法。

2. 如果单体设计未注明设计做法的，即按原来的箍筋间距减为一半。

追问：那要做多长啊？

回答：

加密长度为钢筋的搭接区域长度。

## 1.4.81 无承台基础梁的钢筋构造

基础梁无承台时图中 φ12@200 双向网片钢筋该放在梁筋的上面还是下面？

>> 2014-10-28 15:40　　网友采纳

答：

从你提供的图纸，很清楚，该基础梁的 12@200 双向网片钢筋是放在梁的上面。

追问：有无具体的规范说明？

回答：

设计图纸上有明确表示的，应服从具体的单体设计，而不应该另行执行其他规范，或其他图集、规程、标准。只有在单体设计图纸中未做出明确表示的，才按设计说明中指定的图集、规程、规范来执行，并且还应按图集—规程—规范的顺序执行。

也就是说，规范是广谱性的，只有在其他已经找不到任何依据的时候才能使用。

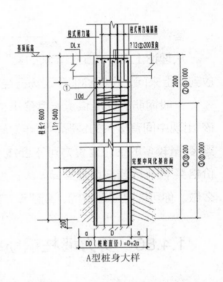

A型桩身大样

## 1.4.82 配筋砌体中拉结筋漏放的做法

砌体未通长放拉墙筋有何加固措施？

>> 2014-10-31 06:41　　网友采纳

答：

一般砌体，是无需通长设置拉墙筋的，也不需要采取加固措施。但也有一种是因为设计要求采用"配筋砌体"的情况，这种情况就得按设计要求做砌体配筋。你所说的，按字面分析，只能是设计要求采用"配筋砌体"而未做的情况，才得寻求加固措施。

1. 假如墙体砌筑完成了，但还未施工其他结构，也未浇筑圈梁的话，可以拆除重新砌筑。

2. 已经完成其他结构，那就得采取加固措施。可以采用在规定配筋位置的灰缝处，将灰缝勾出一定的深度（一般 40 mm 深就足够了），嵌进设计规定的配筋，后用高于原砌筑砂浆一个等级标号的砂浆，压嵌密实就行了。

3. 如果设计认可的话，还有一种比较简单的办法，就是等到做墙面粉刷的时候加钢丝网抹灰。无论哪种做法，都得请原设计单位出具处理方案，按处理方案要求进行处理。

# （五）支架、模板及木作工程

## 1.5.1 学习做木工活难不难

木工图纸难不难？几天可以学会？

>> 2014-08-31 10:56 　　　提问者采纳　　　网友采纳

答：

1. 木工图纸肯定不难，不过要有师傅带一下。

2. 单张图纸几分钟就学会了。

3. 不过要想自己能带人的话，需要亲自做到几个项目。

4. 如果用时间来衡量的话，一般需要两年左右，几天是解决不了问题的。有志者事竟成！仅仅是跟在别人后面做的话，随时随地都可以。不管多复杂的图纸，只要有人讲一下，几分钟就能搞定，不需要几天。

## 1.5.2　如何学习和识读装饰装修的木工图

装修木工图纸怎么看？

≫　2014-10-31 09:01　　提问者采纳　　网友采纳

答：

想看懂装修木工图纸，就必须懂得一点建筑制图与识图的知识。建议你买一本《建筑工程制图与识图》（中国建筑工业出版社出版），一边看一边对照，马上就能看懂了。

## 1.5.3　大荷载模板支架系统应该注意的事项

一厂房设备平台顶板为钢筋混凝土，厚度为 600 mm。满 堂红铁管脚手架，间距 500 mm×500 mm，步距 1 500 mm，顶板分两次浇筑，这样做安全吗？此平台是框架结构。

≫　2014-04-25 14:41　　提问者采纳

答：

提醒你注意一下：是"钢"管脚手架，没有"铁"管来做脚手架用。作为我们学建筑、搞工程的人来说，"钢""铁"一定要分清。就你所说的情况"600 mm 厚的钢筋混凝土的顶板""满堂脚手架，间距 500 mm×500 mm，步距 1 500 mm，顶板分两次浇筑"，只是不知道高度是多少。如果高度不大（不超过 4 m）应该不会有什么问题，如果高度很大那就不行了。不过，还是要提醒一下：

1. 脚手架的基础情况怎么样。脚手架不能搭设在软弱的地面上，一定要计算一下是否满足上部荷载的作用（施工荷载）。

2. 所有脚手架的"扣件是否扣牢"。

3. 上部施工（浇筑混凝土）的时候，派人（一般是脚手架搭设人员）认真看护等。

另外，通过你提问的语言模式，我估计你可能不是施工单位的人员（其实我不知道你是哪方人员），现场管理不能放松。哪一方面"稍有"疏忽，都有可能"酿成事故"。假如你确实不是"施工方"人员，无论是业主方还是监理方，都要以对工程项目负责任的态度来加强监管。

## 1.5.4　确定现浇梁拆模时间所应考虑到的方面

现浇梁多长时间可以拆模？

>> 2014-05-22 07:17　　提问者采纳

答：

对于梁的拆模时间，一般要分两个部分来考虑，一是梁的侧模，一是梁的底模。

1. 侧模板：梁的侧模一般大多凭经验，保证其表面及棱角不受损伤就可以拆模。

2. 底模板：梁的底模不能开玩笑，一般在浇筑梁时会留置"同条件"的"拆模"试块，根据梁的跨度大小来确定拆模试块的强度要求。悬挑梁及跨度在 8 m 以上的梁，同条件混凝土试块试验强度要达到设计强度的 100% 方可以拆模。非悬挑的和跨度不大于 8 m 的梁，混凝土试块抗压强度应大于等于 75% 时方可拆模。

3. 你还要问多少天，这个问题比较不好回答。因为混凝土的强度增长情况涉及的因素比较多，如所使用水泥的品种、标号、混凝土强度设计值、配合比、水灰比、环境温度等。其中，水泥品种与环境温度是两项影响最大的因素。硅酸盐水泥或普通硅酸盐水泥早期强度高，早期强度高拆模时间可以早一点，其他品种的水泥早期强度低，拆模必须晚一点。冬季的环境温度比较低，混凝土强度增长慢，拆模时间不能早，夏天气温高混凝土强度增长很快，拆模时间就能提前，等等。

4. 就你现在问这个问题，我们可以考虑夏天的情况。早期强度高的水泥，8 m 以下的跨度一般一个星期，即 7 天左右就可以拆模了。8 m 以上的最好等到 14 天以后比较保险一点。

### 1.5.5 高层建筑使用的模板材料

现在盖高楼用的黑色板子是什么？

>> 2014-08-15 08:07    网友采纳

答：
因为你的问题问得比较简单，所以没有办法准确回答，黑色板子有两种：

1. 黑色胶合板，就是胶合板表面涂刷的是黑漆。

2. 钢板，钢材通称为黑色金属，尽管无锈的钢材有金属光泽，但稍放一段时间，表面就是黑色的。两种黑色板子，盖高楼施工中都是用来做模板的。在高楼建筑结构中，直接使用的黑色板子不多。

### 1.5.6 市政工程中支架拆除原则

市政工程中搭的支架是怎么拆除的，具体是先拆的哪个部件（零件）？ 这是一道考题，希望有经验的高人最好能 回答详细一点，谢谢大家了！

>> 2014-08-18 08:11    网友采纳

答：
市政工程中支架的拆除原则是：先支的后拆，后支的先拆。

### 1.5.7 建筑施工中外架水平硬防护可以用竹夹板吗

建筑施工中外架水平硬防护可以用竹夹板吗？

>> 2014-09-23 06:24    网友采纳

答：

建筑施工中外架水平硬防护不可以用竹夹板，一般采用钢筋、钢管、钢板等钢质材料主体结构相连接。当然，高度比较低的单层建筑或三层以内低层建筑的脚手架不受限制。

## 1.5.8 门式脚手架的应用

门式脚手架可以用在哪些地方？

>> 2014-09-28 10:42　　网友采纳

答：

门式脚手架可以用在高度不大的低层建筑，包括小型住宅、别墅、民用房屋和工业厂房建筑等。

## 1.5.9 外脚手架长度在工程量计算规则方面的相关规定

外脚手架的长度是按建筑物的实际长度算还是按搭设长度算？

>> 2014-10-27 12:58　　网友采纳

答：

外脚手架的计算长度是按建筑物的实际长度每边各外加 2 m 计算的。既不是按脚手架的实际长度，也不是按建筑物的实际长度。

# （六）混凝土工程

## 1.6.1 混凝土运输车运行原理

搅拌机是怎样把水泥浆倒出来的？我看到的是那种出口比底座高的，如图：

>> 2014-04-25 16:30    提问者采纳    网友采纳

答：

工程上通常给这种运输混凝土拌和料的车辆，取了一个好听的名字——"萝卜车"，就是"很像一个大萝卜"的意思。"萝卜车"滚筒内壁上有很多片像电风扇里的"涡轮"状叶片，当它朝一个方向转动时，则将混凝土"始终"朝"里面""走"，而反过来转动时，就把混凝土"源 源不断"地"始终""朝外推"，这样混凝土就出来了。

简单地想一想就知道了，当电风扇反向转动时，电风扇的"风向"也就"反"了。

### 1.6.2　卫生间吊模封堵需要提高混凝土标号吗

建造师问题，卫生间吊模封堵需要高一标号的混凝土吗？

>> 2014-05-08 11:57　　提问者采纳　　网友采纳

答：

现在的卫生间防渗防漏，早已不再"依靠"防渗混凝土来解决问题了。作为卫生间部位的楼板，其功能主要还是"承载"的结构作用。众所周知，主要承担"承载"功能的受弯构件，一般都是"带裂缝"工作的，而防渗混凝土是不可能在"带裂缝"工作的构件中发挥防渗功能的。所以这个问题早已被"结构外防渗"的建筑措施所替代。所以，你所问的"卫生间吊模封堵是否 需要高一标号的混凝土"，我的回答是：服从设计要求，无需在结构设计之外采取 什么"施工"上的"补强"措施。

### 1.6.3　旧房改造时需要注意的事项

想把家里的窗户改成卷帘门，因此就需要拆掉一面 3 m×4 m 的石头墙体，但由于房子除屋顶是钢筋水泥质外，其余都是用石条砌成的，所以就怕在拆除过程中，会把其他的石条震松或者震垮。因此想问一下，要采取什么样的方案，才能既把墙给拆了，又不会损伤其他墙体？

>> 2014-05-23 07:47　　提问者采纳　　网友采纳

答：

对房屋进行改造是很常见的事，但外面房屋改造过程中"出事"的也很多，所以要特别注意安全。

1. 开始拆之前，先做好一些准备工作。把比较靠近的家具挪开，用 3 ~ 4 根顶柱在房屋内侧把屋顶先临时顶住。该顶柱要等其他所有工作都完成后才能拿掉。

2. 拆除应由上而下顺序进行，被"咬"住不方便拆除的部分石条，尽量用钢筋撬棍轻撬，尽量避免用大锤猛打。

3. 不知道原来的墙顶（屋面板下口）部位有没有圈梁，如果原来没有，现在拆成 3 m 宽、4 m 高的大门，最好增加门框和上部过梁。门框和过梁具体怎么做，在你们当地找一个曾在工程上干过工的人帮你一起做，仅凭在网上几句话说不清楚。

最后再提醒一下：注意安全，祝你顺利完成。

追问：

1. 钢筋水泥的屋顶在失去（墙体）支撑的瞬间会龟裂崩塌吗？需要暂时用柱子加固吗？

2. 我原本是想从窗户边框入手的，就是从窗户顶部拆到屋顶，再从两边从上而下拆起，难点主要是石条都是用砂浆砌的，所以肯定不好拆，而且都呈"品"字形分布，拆到墙体边缘不好弄。

3. 这个应该有吧！如果没有会变得很脆弱吗？

回答：

1. 钢筋水泥的屋顶在失去（墙体）支撑时，肯定会有问题的，所以我跟你说了，假如原来没有圈梁现在把门洞口拆大一点，旁边增加门框，门顶部要加一道过梁。具体尺寸最起码拆到 3.5 m，两边各做 0.25 m 宽的门框兼立柱。上边的过梁高度也 最起码做到 0.25 m 高。立柱、过梁里面的钢筋，在本地找一个在工程上做过的人帮 你看一下。因为这需要到现场查看，根据具体情况来确定。

2. 我知道你说的这种情况，都是用条石砌的不好拆，所以我上次就跟你讲了：拆除由上而下顺序进行，被"咬"住不方便拆除的部分石条，尽量用钢筋撬棍轻撬，避免用大锤猛打。边缘最好用切割机，按你所需要的尺寸打个口子，然后轻轻一敲就行了。

3. 不知道你还问什么"应该有吧"？

追问：

1. 依稀记得当初墙体砌到顶部的时候，有留下一块石条的高度来，不知道这个当横梁够不够坚固？

2. 切割机估计不好切。您是说用钻头在石条上钻孔，然后用短钢筋塞进去用锤子敲吗？

3. "应该有"是指屋顶的横梁应该有吧！

4. 虽然有计划，但还没打算目前弄，因为没啥银子，所以您能否留个联系方式呢？私信即可，谢谢哈！

回答：njaz163@163.com 追问：好的，谢谢，到时候麻烦您了！

## 1.6.4　现浇板下梁上打孔

现浇楼板下面的梁上筋是在楼板里面吗？紧贴天花板打一个 100 mm 的孔会打到梁的上主筋吗？

>>> 2014-05-24 10:38　　　提问者采纳　　网友采纳

答：_____

1. 从照片来看，楼盖好像是现浇楼板，而不像是搁置的预制板。如果是现浇楼板，那梁跟板是一起连成整体的，梁的主筋不在这个位置，而是在楼板内。

2. 他们打孔的水平向位置也蛮讲究的，所打的孔都不在梁的跨中，都在距离梁根部比较靠近一点的地方，此处不是梁受力较大的受压区，而是该梁由受压区转为负弯矩受拉区的过渡段位置。放心吧，没问题的！

## 1.6.5 泵送混凝土的基本原理及目前人类能够泵送混凝土的高度

混凝土泵送机是什么原理？与一般的抽水泵有什么区别？都是靠大气压的作用吗？不是说大气压只能把水压高 10 m 吗？那么混凝土泵送机是怎么把混凝土压到八九十米高楼的？

>> 2014-08-28 10:08　　　提问者采纳　　网友采纳

答：
混凝土泵送机就是专门泵送混凝土的，它不是靠什么大气压来进行泵送，而直接是用混凝土压送混凝土的。

目前混凝土泵送的最大高度是："迪拜塔"史无前例地把混凝土垂直泵上逾460 m 的地方，打破台北 101 大厦建造时的 448 m 纪录。

## 1.6.6 混凝土成型后的质量检查内容

混凝土养护后的质量检查包括哪些内容？

>> 2014-09-25 08:12　　　提问者采纳　　网友采纳

答：
混凝土养护后的质量检查，主要应当包括以下内容：

1. 强度检查：检查新浇混凝土的强度，能不能达到和满足设计要求；

2. 几何尺寸及标高等检查：尽管新浇混凝土的几何尺寸与养护没有直接联系，但新浇混凝土在没有达到一定强度的情况下模板不能拆除，有些几何尺寸，尤其是结构高度等，在养护没有达到一定强度之前就不能检查。

3. 外观检查：主要检查新浇混凝土表面是否有缺棱掉角、表面裂缝、起沙、麻面等现象。

### 1.6.7　工程上所用石子的品种

建筑用石子分几种型号？

>> 2014-10-19 09:57　　提问者采纳　　网友采纳

答：

建筑用石子一般有碎石、卵石两种型号。

1. 碎石：采用人工或机械加工的石子。

2. 卵石：一般都是天然状态的漂洗石子。卵石的形成一般大多是江河湖泊中的水漂石，当然也有一些是地质形成过程中产生的天然状卵石，如火山喷发时冷却也可形成大量卵石等。

### 1.6.8　构造柱顶部混凝土浇筑

构造柱顶部混凝土如何浇筑？

>> 2014-10-20 13:05　　提问者采纳　　网友采纳

答：

构造柱到了顶层，也是跟顶层楼盖的梁板一起浇筑。

### 1.6.9　几种不同级配砂石的密度

请问，中砂的堆积密度和紧密密度大约是多少？ 5 ~ 40 mm 碎石的堆积密度和紧密密度大约是多少？ 5 ~ 40 mm 卵石的堆积密度和紧密密度大约是多少？

**»** 2014-10-21 09:23 　　提问者采纳　　网友采纳

答：─────────────────────────────────

1. 中砂的堆积密度大约是 1.6 ~ 1.8，压实后的紧密密度大约是 2.0 ~ 2.2。

2. 5 ~ 40 mm 碎石的堆积密度大约是 1.6 ~ 1.7，紧密密度大约是 1.8 ~ 2.0。

3. 5 ~ 40 mm 卵石的堆积密度大约是 1.7 ~ 1.8，紧密密度大约是 1.8 ~ 2.0。

追问：中砂的会不会偏高了，我做过几次是 1.5 的？

回答：

我报给你的中砂数字，稍微偏高一点，原因是在实际收方时，往往方量不足。

追问：那碎石和卵石的是不是也偏高了点？

回答：

堆积密度稍偏高一点。原因都是一样的，因为这类材料一般都是按方收料。卖的人给了你这个数字，你跟他讲来讲去，他不卖给你。其实，到量方的时候稍微扣住一点，最后是一样的。

## 1.6.10　悬臂浇筑工艺

什么是悬臂浇筑？

**»** 2014-10-21 12:43 　　提问者采纳　　网友采纳

答：─────────────────────────────────

悬臂浇筑是相对应于下部有支承而言。顾名思义，悬臂浇筑就是下部没有支承，而是靠上部斜拉索承受施工荷载的一种施工工艺。

## 1.6.11　混凝土中石子粒径选择所要考虑到的方面

11 题，石子最小直径问题，A 哪错了，为什么是 B？

>> 2014-11-10 16:37 　　　提问者采纳　　　网友采纳

答：————————————————————————————

该题目中石子粒径问题，应该计算一下：

1. 梁宽 250 mm，钢筋保护层每边 25 mm，则该梁的钢筋骨架宽度为 250-2×25 = 200 (mm)。

2. 内配置四根 25 的钢筋，则钢筋所占尺寸为：4×25 = 100 (mm)。

3. 该梁除了钢筋之外的净空尺寸为：200 - 100 = 100 (mm)。

4. 四根纵向钢筋表明是三个空档，每个空档的平均净尺寸为 100/3 = 33.3。四个答案中可以看出 B 为 28，最靠近该计算尺寸。

追问：但是石子不能大于钢筋间距的 3/4 啊。

回答：

28/33.3 约等于 0.8，与 3/4 相差不大，那也就问题不大了。工程的最大特点就是：没有绝对的东西，有相当的机动性。

追问：但是 25/33.3 等于 3/4 啊。

回答：

1. 取石子的粒径为 25 的话那就叫取的"极值"。

2. 你所说的"石子不能大于钢筋间距的 3/4"，指的是当混凝土内钢筋间净距很大的情况下"石子不能大于钢筋间距的 3/4"，而不是当钢筋间净距本来就比较小的情况。

---

10. 判定硅酸盐水泥是否废弃的技术指标是（ A ）。

A. 体积安定性　　B. 水化热　　C. 水泥强度　　D. 水泥细度

11. 钢筋混凝土梁宽250mm，高500mm，受拉区配有4根直径为25mm的钢筋，已知梁的纵向钢筋保护层厚度为25mm，则配制混凝土埋选用卵石的粒径不得大于（ B ）。

A. 25mm　　　B. 28mm　　　C. 40mm　　　D. 50mm

---

3. 当混凝土内钢筋净距比较小的时候，混凝土中的最大粒径一般以不大于钢筋间净距为准。在该问题所提到的四个答案中，只有 25、28 两个符合这个条件，那当然应该取 28，而不是 25。

4. 骨料（指粗骨料石子）的粒径与混凝土的强度、收缩变形等，都存在着一定的关系，因此，只要有条件，一般都会尽量把骨料的粒径取大一点。

## 1.6.12 混凝土垫层、砂石垫层的用法和质量控制

地面水泥砂浆面层什么时候用到？

>> 2014-11-28 10:40    提问者采纳    网友采纳

答：

现在即使是农村的普通民居用房的地面，一般都粘贴了面砖，或做水磨石等，纯用水泥砂浆面层的地面已经很少了。现在能用到水泥砂浆面层的就是一些车库、地下停车场、地下人防、储藏室等附属用房或临时用房。

追问：水泥混凝土垫层呢？

回答：

一方面水泥混凝土垫层怎么能叫地面面层呢？另一方面混凝土垫层也是临时性的。

不过，你这么一说，我就知道了你说的是什么了。作为一般的垫层施工，表面都是原浆压光的，但现在发现，怎么另外加上了砂浆，像做地面一样的了。

这种情况很普遍，是现场施工人员把标高弄错了，垫层面标高不够，或者说，垫层被他们浇的厚度不够，现在是在加砂浆做面层的情况。

这种情况没有问题，除了多用了一点人工外，材料价格差都很小，对现场的后续工种也不会造成什么影响，放心吧！

追问：我想问的是水泥混凝土垫层需要什么时候用到？

回答：

你一开始问的是"地面水泥砂浆面层什么时候用到",现在又问"水泥混凝土垫层需要什么时候用到"。你到底想了解什么?把话说完整,才好回答你的问题。

追问:刚刚打错了。

回答:

打错了不要紧!假如还想了解什么的话,后面还可以说!

追问:那水泥混凝土垫层需要什么时候用到?

回答:

水泥混凝土垫层,只要是搞房屋包括其他各项建筑工程基础的时候都会用到。

追问:就是住宅厂房都会用到呗?

回答:

对了。

追问:谢谢!砂和砂石检验批什么时候检查呀?有强夯需要检查吗?

回答:

1. 属于设计要求的砂或砂石垫层,需要做检验批验收,做检验批的时间应该是在施工完成后就要做了。

2. 只要是属于设计要求的砂垫层或砂石垫层,有强夯也需要做砂垫层或砂石垫层检验批的验收。

## 1.6.13　剪力墙结构开洞安装的危害性分析

房子是剪切墙结构,地下室外墙装中央空调新风的时候打了两个直径110 mm、一个直径100 mm的洞,打完后发现有两个把主钢筋打断了(图片中靠上的两个),此外墙上面是横梁,尺寸和靠内侧那根一样,长度3 m,宽和高都是22 cm。请问大师,这两个伤到钢筋的洞有什么影响吗?

>> 2014-06-18 06:47　　提问者采纳

答:

　　一般剪力墙结构的房屋，在主体施工完成后，安装水、电、暖等各种管线开洞时，要想完全避开不伤及墙中的钢筋，是很难的一件事。

　　1. 剪力墙结构的房屋整体性很好，整体刚度很大，更加之，剪力墙结构本来就是允许一定数量的开洞面积。

　　2. 按你提供照片的几个开洞来看，都比较靠近窗户，都在允许开洞的范围内。从现状看，无论是对开洞本身，还是对房屋结构，都不会构成很大的影响。

　　3. 剪力墙结构中有很多剪力墙的墙体，都不是按结构受力要求计算来进行配置，而是服从建筑要求来进行配置的。

　　4. 这是一个半地下室的外墙，上面还有横梁，是在梁的下面开的洞。从你提供的照片看，在现已开洞的部位，既不是该房屋结构的主要受力部位，也不涉及 ±0.000 以下的防水问题。所以，这个开洞的人还挺专业的，放心吧，没问题的！

　　追问：上面两个打断了主钢筋，存在隐患吗？

　　回答：

　　1. 因为他们打的三个洞尺寸都非常小，两个直径 110 mm、一个直径 100 mm 的。

　　2. 该部位上部有梁，开洞的地方不是该部位的主要受力位置。放心吧，对结构没有影响，也不存在什么隐患。

　　追问：万分感谢。

## 1.6.14　因暴雨造成基础承台、地梁等混凝土不密实的责任和处理方式

11 层框架剪力墙结构由于下暴雨，基础承台、地梁未振捣密实，是否影响整个结构安全？

>> 2014-07-15 09:09　　　提问者采纳

答：───────────────────────

你说的这种情况，因无法在网上把情景说得很清楚，所以，不能帮你做准确判断。简单地说：

1. 承台、地梁不密实，如果出现较大孔洞、严重露筋等，自己又不想返工重做的话，那就一定要请设计单位到现场做必要的鉴定，由设计单位出具处理意见后，按意见处理。

2. 你所提供的情况是"未振捣密实"，如果仅仅是有局部蜂窝麻面，并不一定影响房屋结构时，只要现场监理、甲方代表认同，那就不一定要兴师动众的，自己根据具体情况认真地做一点判断。

假如你不是施工单位一方，而是建设方或监理方，在网上提出这个问题的话，那说明现场你们是不想认可的，建议你们请设计单位过来做一下鉴定。

追问：具体是下暴雨，基本没有振动，面也只是大概收了下，表面看起来非常难看。

回答：

按你的表述，你应该是非施工方的现场代表（负责人），建议你把具体情况向设计单位汇报一下，请设计单位做一下鉴定。

## 1.6.15　浇筑混凝土楼盖时因雨造成板面起砂的处理

盖屋浇顶后下雨屋顶起沙了怎么办？

>> 2014-08-06 07:01    提问者采纳

答：———————————————————————————————

　　盖屋浇顶后下雨屋顶起沙一般只是表面问题，对结构不会产生太大的影响。处理方法一般可以在雨停后立即用素水泥浆，加抹面层就可以了。如果水泥已经凝固，那就暂时不要动它，等有了强度后再做处理，处理办法是：加1：1水泥砂浆找平层，找平到屋顶现浇板的设计厚度就可以了。

## 1.6.16　矿石破碎方法

矿石破碎方法有哪些？

>> 2014-08-21 08:52    提问者采纳

答：———————————————————————————————

矿石破碎方法一般有三种：1. 爆破破碎；2. 人工打击破碎；3. 机械破碎。

　　第1、第2种最普遍，往往是需要先行破碎，具备运输条件后，才具备机械破碎条件。

## 1.6.17　混凝土实验室资质认定评审准则

混凝土实验室资质认定评审准则？

>> 2014-09-28 09:52    提问者采纳

答：———————————————————————————————

混凝土实验室资质认定评审准则是：

1. 总则

1.1　为贯彻实施《实验室和检查机构资质认定管理办法》，确保科学、规范地实施实验室资质认定（计量认证／审查认可）评审，为实验室资质行政许可提供可靠依据，根据《中华人民共和国计量法》《中华人民共和国标准化法》《中华人民共和国产品质量法》《中华人民共和国认证认可条例》等有关法律、法规的规定，制定本准则。

1.2　在中华人民共和国境内，对从事向社会出具具有证明作用的数据和结果的实验室资质认定（计量认证、授权、验收）的评审应当遵守本准则。

1.3　本准则所称的实验室资质认定评审，是指国家认证认可监督管理委员会和各省、自治区、直辖市人民政府质量技术监督部门对实验室的基本条件和能力是否符合法律、行政法规规定以及相关技术规范或者标准实施的评价和承认活动。

1.4　实验室的资质认定评审，应当遵循客观公正、科学准确、统一规范、有利于检测资源共享和避免不必要重复的原则。

1.5　对取得国家认监委确定的认可机构认可的实验室进行资质认定，只对本准则特定条款（黑体字部分）进行评审。同时申请实验室认可和资质认定的，应按实验室认可准则和本准则的特定条款进行评审。

2.　参考文件

《检测和校准实验室能力的通用要求》（GB/T 15481—2000），2005《检测和校准实验室能力的通用要求》（ISO/IEC 17025），《实验室和检查机构资质认定管理办法》（国家质量监督检验检疫总局第 86 号局长令），《产品质量检验机构计量认证／审查认可（验收）评审准则》（试行）（质技监认实函［2000］046 号）。

3.　术语和定义

本准则使用《实验室和检查机构资质认定管理办法》和《检测和校准实验室能力的通用要求》（GB/T 15481—1999）中给出的相关术语和定义。

4.　管理要求

4.1　组织实验室应依法设立或注册，能够承担相应的法律责任，保证客观、公正和独立地从事检测或校准活动。

4.1.1　实验室一般为独立法人；非独立法人的实验室需经法人授权，能独立承担第三方公正检验，独立对外行文和开展业务活动，有独立账目和独立核算。

4.1.2　实验室应具备固定的工作场所，应具备正确进行检测和／或校准所需要的并且能够独立调配使用的固定、临时和可移动检测和／或校准设备设施。

4.1.3 实验室管理体系应覆盖其所有场所进行的工作。

4.1.4 实验室应有与其从事检测和／或校准活动相适应的专业技术人员和管理人员。

4.1.5 实验室及其人员不得与其从事的检测和／或校准活动以及出具的数据和结果存在利益关系；不得参与任何有损于检测和／或校准判断的独立性和诚信度的活动；不得参与和检测和／或校准项目或者类似的竞争性项目有关系的产品设计、研制、生产、供应、安装、使用或者维护活动。实验室应有措施确保其人员不受任何来自内外部的不正当的商业、财务和其他方面的压力和影响，并防止商业贿赂。

4.1.6 实验室及其人员对其在检测和／或校准活动中所知悉的国家秘密、商业秘密和技术秘密负有保密义务，并有相应措施。

4.1.7 实验室应明确其组织和管理结构、在母体组织中的地位，以及质量管理、技术运作和支持服务之间的关系。

4.1.8 实验室最高管理者、技术管理者、质量主管及各部门主管应有任命文件，独立法人实验室最高管理者应由其上级单位任命；最高管理者和技术管理者的变更需报发证机关或其授权的部门确认。

4.1.9 实验室应规定对检测和／或校准质量有影响的所有管理、操作和核查人员的职责、权力和相互关系。必要时，指定关键管理人员的代理人。

4.1.10 实验室应由熟悉各项检测和／或校准方法、程序、目的和结果评价的人员对检测和／或校准的关键环节进行监督。

4.1.11 实验室应由技术管理者全面负责技术运作，并指定一名质量主管，赋予其能够保证管理体系有效运行的职责和权力。

4.1.12 对政府下达的指令性检验任务，应编制计划并保质保量按时完成（适用于授权／验收的实验室）。

4.2 管理体系：实验室应按照本准则建立和保持能够保证其公正性、独立性并与其检测和／或校准活动相适应的管理体系。管理体系应形成文件，阐明与质量有关的政策，包括质量方针、目标和承诺，使所有相关人员理解并有效实施。

4.3 文件控制：实验室应建立并保持文件编制、审核、批准、标识、发放、保管、修订和废止等的控制程序，确保文件现行有效。

4.4 检测和／或校准分包：如果实验室将检测和／或校准工作的一部分分包，

接受分包的实验室一定要符合本准则的要求；分包比例必须予以控制（限仪器设备使用频次低、价格昂贵及特种项目）。实验室应确保并证实分包方有能力完成分包任务。实验室应将分包事项以书面形式征得客户同意后方可分包。

4.5　服务和供应品的采购：实验室应建立并保持对检测和／或校准质量有影响的服务和供应品的选择、购买、验收和储存等的程序，以确保服务和供应品的质量。

4.6　合同评审：实验室应建立并保持评审客户要求、标书和合同的程序，明确客户的要求。

4.7　申诉和投诉：实验室应建立完善的申诉和投诉处理机制，处理相关方对其检测和／或校准结论提出的异议。应保存所有申诉和投诉及处理结果的记录。

4.8　纠正措施、预防措施及改进：实验室在确认了不符合工作时，应采取纠正措施；在确定了潜在不符合的原因时，应采取预防措施，以减少类似不符合工作发生的可能性。实验室应通过实施纠正措施、预防措施等持续改进其管理体系。

4.9　记录：实验室应有适合自身具体情况并符合现行质量体系的记录制度。实验室质量记录的编制、填写、更改、识别、收集、索引、存档、维护和清理等应当 按照适当程序规范进行。所有工作应当时予以记录。对电子存储的记录也应采取有效措施，避免原始信息或数据的丢失或改动。所有质量记录和原始观测记录、计算和导出数据记录，以及证书／证书副本等技术记录均应归档并按适当的期限保存。每次检测和／或校准的记录应包含足够的信息以保证其能够再现。记录应包括参与抽样、样品准备、检测和／或校准人员的标识。所有记录、证书和报告都应安全储存、妥善保管并为客户保密。

4.10　内部审核：实验室应定期地对其质量活动进行内部审核，以验证其运作持续符合管理体系和本准则的要求。每年度的内部审核活动应覆盖管理体系的全部要素和所有活动。审核人员应经过培训并确认其资格，只要资源允许，审核人员应独立于被审核的工作。

4.11　管理评审：实验室最高管理者应根据预定的计划和程序，定期地对管理体系和检测和／或校准活动进行评审，以确保其持续适用和有效，并进行必要的改进。管理评审应考虑到：政策和程序的适应性；管理和监督人员的报告；近期内部审核的结果；纠正措施和预防措施；由外部机构进行的评审；实验室间比对和能力验证的结果；工作量和工作类型的变化；申诉、投诉及客户反馈；改进的建议；质量控制活动、资源以及人员培训情况等。

5. 技术要求

5.1 人员

5.1.1 实验室应有与其从事检测和／或校准活动相适应的专业技术人员和管理人员。实验室应使用正式人员或合同制人员。使用合同制人员及其他的技术人员及关键支持人员时，实验室应确保这些人员能胜任工作且受到监督，并按照实验室管理体系要求工作。

5.1.2 对所有从事抽样、检测和／或校准、签发检测／校准报告以及操作设备等工作的人员，应按要求根据相应的教育、培训、经验和／或可证明的技能进行资格确认并持证上岗。从事特殊产品的检测和／或校准活动的实验室，其专业技术人员和管理人员还应符合相关法律、行政法规的规定要求。

5.1.3 实验室应确定培训需求，建立并保持人员培训程序和计划。实验室人员应经过与其承担的任务相适应的教育、培训，并有相应的技术知识和经验。

5.1.4 使用培训中的人员时，应对其进行适当的监督。

5.1.5 实验室应保存人员的资格、培训、技能和经历等的档案。

5.1.6 实验室技术主管、授权签字人应具有工程师以上（含工程师）技术职称，熟悉业务，经考核合格。

5.1.7 依法设置和依法授权的质量监督检验机构，其授权签字人应具有工程师以上（含工程师）技术职称，熟悉业务，在本专业领域从业 3 年以上。

5.2 设施和环境条件

5.2.1 实验室的检测和校准设施以及环境条件应满足相关法律法规、技术规范或标准的要求。

5.2.2 设施和环境条件对结果的质量有影响时，实验室应监测、控制和记录环境条件。在非固定场所进行检测时应特别注意环境条件的影响。

5.2.3 实验室应建立并保持安全作业管理程序，确保化学危险品、毒品、有害生物、电离辐射、高温、高电压、撞击以及水、气、火、电等危及安全的因素和环境得以有效控制，并有相应的应急处理措施。

5.2.4 实验室应建立并保持环境保护程序，具备相应的设施设备，确保检测／校准产生的废气、废液、粉尘、噪声、固废物等的处理符合环境和健康的要求，并有相应的应急处理措施。

5.2.5 区域间的工作相互之间有不利影响时，应采取有效的隔离措施。

5.2.6 对影响工作质量和涉及安全的区域和设施应有效控制并正确标识。

5.3 检测和校准方法

5.3.1 实验室应按照相关技术规范或者标准，使用适合的方法和程序实施检测和／或校准活动。实验室应优先选择国家标准、行业标准、地方标准；如果缺少指导书可能影响检测和／或校准结果，实验室应制定相应的作业指导书。

5.3.2 实验室应确认能否正确使用所选用的新方法。如果方法发生了变化，应重新进行确认。实验室应确保使用标准的最新有效版本。

5.3.3 与实验室工作有关的标准、手册、指导书等都应现行有效并便于工作人员使用。

5.3.4 需要时，实验室可以采用国际标准，但仅限特定委托方的委托检测。

5.3.5 实验室自行制订的非标方法，经确认后，可以作为资质认定项目，但仅限特定委托方的检测。

5.3.6 检测和校准方法的偏离须有相关技术单位验证其可靠性或经有关主管部门核准后，由实验室负责人批准和客户接受，并将该方法偏离进行文件规定。

5.3.7 实验室应有适当的计算和数据转换及处理规定，并有效实施。当利用计算机或自动设备对检测或校准数据进行采集、处理、记录、报告、存储或检索时，实验室应建立并实施数据保护的程序。该程序应包括（但不限于）：数据输入或采集、数据存储、数据转移和数据处理的完整性和保密性。

5.4 设备和标准物质

5.4.1 实验室应配备正确进行检测和／或校准（包括抽样、样品制备、数据处理与分析）所需的抽样、测量和检测设备（包括软件）及标准物质，并对所有仪器设备进行正常维护。

5.4.2 如果仪器设备有过载或错误操作、或显示的结果可疑、或通过其他方式表明有缺陷时，应立即停止使用，并加以明显标识，如可能应将其储存在规定的地方直至修复；修复的仪器设备必须经检定、校准等方式证明其功能指标已恢复。实验室应检查这种缺陷对过去进行的检测和／或校准所造成的影响。

5.4.3 如果要使用实验室永久控制范围以外的仪器设备（租用、借用、使用客户的设备），限于某些使用频次低、价格昂贵或特定的检测设施设备，且应保证符合本准则的相关要求。

5.4.4 设备应由经过授权的人员操作。设备使用和维护的有关技术资料应便于有关人员取用。

5.4.5 实验室应保存对检测和／或校准具有重要影响的设备及其软件的档案。该档案至少应包括：

a) 设备及其软件的名称；

b) 制造商名称、型式标识、系列号或其他唯一性标识；

c) 对设备符合规范的核查记录（如果适用）；

d) 当前的位置（如果适用）；

e) 制造商的说明书（如果有），或指明其地点；

f）所有检定／校准报告或证书；

g) 设备接收／启用日期和验收记录；

h) 设备使用和维护记录；

i) 设备的任何损坏、故障、改装或修理记录。

5.4.6 所有仪器设备（包括标准物质）都应有明显的标识来表明其状态。

5.4.7 若设备脱离了实验室的直接控制，实验室应确保该设备返回后，在使用前对其功能和校准状态进行检查并能显示满意结果。

5.4.8 当需要利用期间核查以保持设备校准状态的可信度时，应按照规定的程序进行。

5.4.9 当校准产生了一组修正因子时，实验室应确保其得到正确应用。

5.4.10 未经定型的专用检测仪器设备需提供相关技术单位的验证证明。

5.5 量值溯源

5.5.1 实验室应确保其相关检测和／或校准结果能够溯源至国家基准。实验室应制定和实施仪器设备的校准和／或检定(验证)、确认的总体要求。对于设备校准，应绘制能溯源到国家计量基准的量值传递方框图（适用时），以确保在用的测量仪器设备量值符合计量法制规定。

5.5.2 检测结果不能溯源到国家基标准的，实验室应提供设备比对、能力验证结果的满意证据。

5.5.3 实验室应制定设备检定 / 校准的计划。在使用对检测、校准的准确性产生影响的测量、检测设备之前，应按照国家相关技术规范或者标准进行检定 / 校准，以保证结果的准确性。

5.5.4 实验室应有参考标准的检定 / 校准计划。参考标准在任何调整之前和之后均应校准。实验室持有的测量参考标准应仅用于校准而不用于其他目的，除非能证明作为参考标准的性能不会失效。

5.5.5 可能时，实验室应使用有证标准物质（参考物质）。没有有证标准物质（参考物质）时，实验室应确保量值的准确性。

5.5.6 实验室应根据规定的程序对参考标准和标准物质（参考物质）进行期间核查，以保持其校准状态的置信度。

5.5.7 实验室应有程序来安全处置、运输、存储和使用参考标准和标准物质（参考物质），以防止污染或损坏，确保其完整性。

5.6 抽样和样品处置

5.6.1 实验室应有用于检测和 / 或校准样品的抽取、运输、接收、处置、保护、存储、保留和 / 或清理的程序，确保检测和 / 或校准样品的完整性。

5.6.2 实验室应按照相关技术规范或者标准实施样品的抽取、制备、传送、贮存、处置等。没有相关的技术规范或者标准的，实验室应根据适当的统计方法制定抽样计划。抽样过程应注意需要控制的因素，以确保检测和 / 或校准结果的有效性。

5.6.3 实验室抽样记录应包括所用的抽样计划、抽样人、环境条件，必要时有抽样位置的图示或其他等效方法，如可能，还应包括抽样计划所依据的统计方法。

5.6.4 实验室应详细记录客户对抽样计划的偏离、添加或删节的要求，并告知相关人员。

5.6.5 实验室应记录接收检测或校准样品的状态，包括与正常（或规定）条件的偏离。

5.6.6 实验室应具有检测和 / 或校准样品的标识系统，避免样品或记录中的混淆。

5.6.7 实验室应有适当的设备设施贮存、处理样品，确保样品不受损坏。实验室应保持样品的流转记录。

5.7 结果质量控制

5.7.1 实验室应有质量控制程序和质量控制计划以监控检测和校准结果的有效性，可包括（但不限于）下列内容：

a) 定期使用有证标准物质（参考物质）进行监控和／或使用次级标准物质（参考物质）开展内部质量控制；

b) 参加实验室间的比对或能力验证；

c) 使用相同或不同方法进行重复检测或校准；

d) 对存留样品进行再检测或再校准；

e) 分析一个样品不同特性结果的相关性。

5.7.2 实验室应分析质量控制的数据，当发现质量控制数据将要超出预先确定的判断依据时，应采取有计划的措施来纠正出现的问题，并防止报告错误的结果。

5.8 结果报告

5.8.1 实验室应按照相关技术规范或者标准要求和规定的程序，及时出具检测和／或校准数据和结果，并保证数据和结果准确、客观、真实。报告应使用法定计量单位。

5.8.2 检测和／或校准报告应至少包括下列信息：

a) 标题；

b) 实验室的名称和地址，以及与实验室地址不同的检测和／或校准的地点；

c) 检测和／或校准报告的唯一性标识（如系列号）和每一页上的标识，以及报告结束的清晰标识；

d) 客户的名称和地址（必要时）；

e) 所用标准或方法的识别；

f) 样品的状态描述和标识；

g) 样品接收日期和进行检测和／或校准的日期（必要时）；

h) 如与结果的有效性或应用相关时，所用抽样计划的说明；

i) 检测和／或校准的结果；

j) 检测和／或校准人员及其报告批准人签字或等效的标识；

k) 必要时，结果仅与被检测和／或校准样品有关的声明。

5.8.3 需对检测和／或校准结果做出说明的，报告中还可包括下列内容：

a) 对检测和／或校准方法的偏离、增添或删节，以及特定检测和／或校准条件信息；

　　b) 符合（或不符合）要求和 / 或规范的声明；

　　c) 当不确定度与检测和 / 或校准结果的有效性或应用有关，或客户有要求，或不确定度影响到对结果符合性的判定时，报告中还需要包括不确定度的信息；

　　d) 特定方法、客户或客户群体要求的附加信息。

　　5.8.4　对含抽样的检测报告，还应包括下列内容：

　　a) 抽样日期；

　　b) 与抽样方法或程序有关的标准或规范，以及对这些规范的偏离、增添或删节；

　　c) 抽样位置，包括任何简图、草图或照片；

　　d) 抽样人；

　　e）列出所用的抽样计划；

　　f）抽样过程中可能影响检测结果解释的环境条件的详细信息。

　　5.8.5　检测报告中含分包结果的，这些结果应予清晰标明。分包方应以书面或电子方式报告结果。

　　5.8.6　当用电话、电传、传真或其他电子 / 电磁方式传送检测和 / 或校准结果时，应满足本准则的要求。

　　5.8.7　对已发出报告的实质性修改，应以追加文件或更换报告的形式实施；并应包括如下声明："对报告的补充，系列号……（或其他标识）"，或其他等效的文字形式。报告修改应满足本准则的所有要求，若有必要发新报告时，应有唯一性。

　　追问：混凝土作业指导书怎么写？

　　回答：

　　你想要的《混凝土作业指导书》，建议你到网上自己下载一份。

# 1.6.18　暂停项目复工所涉及的混凝土界面处理

　　工程在"停工多久"以后重新开工时，应先将原浇筑的 1 m 高低强度混凝土凿掉？

>> 2014-10-23 06:38　　提问者采纳

答：————————————————————————————————

你的这个问题应该是：

1. 工程停工后重新开工时，不论实际停工多久，都应将原来浇筑的、用于保护预留钢筋的、低强度的混凝土凿掉，把原来预留钢筋露出后重新上接施工。

2. 当原来并非是为了保护钢筋而用的低强度混凝土，而是符合设计要求的原结构混凝土时，则只需要表面凿去已经被钢筋锈蚀而松动了的石子，并不一定需要凿除什么"1 m"的说法。

## 1.6.19　混凝土强度回弹法检测做法

关于建筑回弹试验的问题，总共 20 层加一个地下室，负一层回弹没有做，有关系吗？还有回弹的时候钻 一个孔，里面滴点酚酞还是碘酒的，有什么作用？地下室回弹忘记填了。

>> 2014-10-23 13:50　　提问者采纳

答：————————————————————————————————

1. 结构施工过程中各组混凝土试块的强度报告，均不存在问题的话，一般不需要做回弹试验。

2. 如果试块检测强度没有问题，"负一层回弹没有做"，肯定也就没关系了。

3. 回弹的时候钻一个孔，作用是检测混凝土的炭化深度的。

4. 在钻孔里面滴的是酚酞，而不是碘酒什么的。酚酞溶液遇碱性就呈红色，从而可以看出新浇筑的混凝土已经被碳化的深度。

## 1.6.20　混凝土综合评定不合格后的补救做法

关于混凝土综合评定不合格，本工程混凝土强度桩心、承台、半地下储藏层、一层均为 C30，二层至六层为 C25。现在要进行主体验收，但是发现 C30 混凝土综合评定不合格，需要进行回弹，技术员说把单项合格的最小值一层与半地下室层去回弹，然后把回弹的数值与之前的替换，再重新评定一下。回弹报告拿到后，报告上写明合格，但是数值重新评定还是不合格，这怎么办？有什么影响？技术员说，综合评定不合格将来可能麻烦了，但是回弹报告都是合格的，我真不知道该怎么办，请老师指导。

>>> 2014-11-05 07:35　　提问者采纳

答：————————————————————————————————————

你遇到的这种情况不要紧：

1. 发现 C30 混凝土综合评定不合格，需要进行回弹，这是很正常的事情。问题在于不应该"把回弹的数值与之前的替换"，因为这一替换上去，就变得还是不合格。

2. 不替换，该怎么办呢？应该按《建筑工程施工质量验收统一标准》中"当建筑工程质量不符合要求时，经有资质的检测单位检测鉴定能够达到设计要求的，应予以验收"的有关规定执行就可以了。

3. 这种情况的注意点在于：回弹要请有资质的检测单位来做。

追问：已经让检测站做了，报告已经出来了，回弹值为 30.5，报告写明合格，但是技术员要把回弹报告的数值与之前的数值替换，我也不是很懂，他说还是不合格，看到大哥的回答，是不是回弹了，有合格的检测报告，就没事了？

回答：

回弹报告不要替换，原来的不合格报告也不要抽掉，就没有事了。

## 1.6.21　商品混凝土冬期施工必须采取防冻措施

商品混凝土 C30 在零下 2℃会上冻吗？

>>> 2014-12-04 07:45　　提问者采纳

答：————————————————————————————————————

你的这个问题应该分开回答：

1. 不管什么混凝土，它的里面会不会"上冻"的成分就是里面所含的水分，零下 2℃水是肯定会结冰的。从这个概念上来说，商品混凝土会不会上冻，与混凝土的强度就没有关系了。只要商品混凝土内部任一点上的温度达到零下，则该点位上的水分就会上冻，所表现出来的现象就是：该商品混凝土上冻了。

2. 但按我估计，你应该想了解的是：当室外环境温度达到零下 2℃时，C30 的商品混凝土会不会上冻？我告诉你，新拌商品混凝土中的水泥在不断释放着水化热，室外环境温度是零下 2℃，新拌商品混凝土的内部温度还是会很高的，但这个内部温度高于零度的时间并不会很长，当新浇筑的混凝土成型（尤其是达到初凝后），水泥所能释放出来的水化热很快就抵不上室外环境温度的侵袭，在很短的时间内就会低于 0℃，混凝土中水分结冰，表现为混凝土上冻。

这样一说你就理解了，因此，一般来说，当环境温度低于 5℃时，我们就应该采取必要的防冻措施。

## 1.6.22　楼板和柱一起现浇柱头混凝土最容易出现的状况

楼板与柱一起现浇柱头混凝土强度不够怎么处理？

>> 2014-05-23 08:24　　网友采纳

答：

1. 如果是你说的这个情况，那你得回去好好查一查，不可能仅仅是柱头部位强度不够。要出现强度不够的话，有可能是大面积的强度不够。

2. 你说的这个情况，按我估计，应该不是"柱头"强度不够，而是柱头不密实。因为柱、梁、板一起浇筑时往往该节点处钢筋比较密集，很容易出现蜂窝、孔洞等混凝土不密实的状况。如果是这个情况，那就可以做局部处理，凿去松动的石子，用比原设计强度等级高一级的细石混凝土修补捣实。

但要提醒你注意的是：不管你有多好的处理方案，必须要经过设计院进行处理。

## 1.6.23　现浇天沟所用石子的粒径

打天沟用直径多大的石子？

>> 2014-05-24 07:30　网友采纳

答：

你想了解"打天沟用直径多大的石子"，像这种问题涉及的因素比较多，所以不能笼统地回答你。

1. 天沟底板：当天沟底板厚度在 80 mm 以下时采用 10～20 这一级配的碎石比较合适。当厚度较大时，石子粒径也应稍增大一点，才能便于保证混凝土（结构）的强度要求。

2. 天沟侧板：天沟侧板往往厚度比较小（比较薄），用与底板相同的石子，往往很难灌注，所以一般采用俗称"瓜子片"的细石子搅拌成细石混凝土进行浇筑或灌注。

3. 施工方式：一般天沟底板与天沟侧板厚度是不同的，但有时候要求一起浇筑成型。一起浇筑你总不能用两种不同的混凝土吧，那你就按较小厚度部位所能使用的最大粒径来确定整个天沟所用的石子粒径。

追问：沙子直径多大？

回答：

砂子一般用粗砂、中砂、细砂来表示。浇筑天沟用中粗砂，不能用细砂。

## 1.6.24　高低跨建筑物后浇带设置

高低跨建筑物后浇带应设置在高跨还是低跨？

>> 2014-06-12 08:28　网友采纳

答：

后浇带的目的是消除施工应力。那么"高低跨建筑物后浇带应设置在高跨还是低跨"这个问题应该是：

1. 首先看哪一部分的体形更大些。当高跨部分体形很大，而低跨部分体形不是很大的话，那后浇带就应设置在高跨部分。同理，当低跨部分体形很大，而高跨部分体形不是很大的话，那后浇带就应设置在低跨部分。

2. 当两部分体形都很大，那有可能设置的就不是一条后浇带，两条，甚至三条、四条，高跨也要设置，低跨也要设置，并且在高低跨连接处还要设置沉降缝。

## 1.6.25　自拌混凝土体积估算示例

800 m³ 的石子配 800 m³ 的沙和 304 t 水泥，自搅拌有多少立方米混凝土？

>> 2014-08-17 07:09　网友采纳

答：

水泥每立方米约 3.1 t，你说 304 t 水泥，约 100 m³。这样总的体积大约是：800 + 800 + 100 = 1 700 m³ 左右。

## 1.6.26　地下室坡道混凝土厚度

地下室车库坡道混凝土厚度一般是多少？

>> 2014-10-10 07:34　网友采纳

答：

地下室车库坡道混凝土厚度应按图纸要求去做，各种设计图纸中设计情况都不一定很一致，必须服从各单体设计。一般地下室车库坡道混凝土厚度在 200 mm 左右。

## 1.6.27　混凝土表面观感质量问题的原因

混凝土柱子表面有一坨一坨不凝固的斑点区域是什么问题？

>> 2014-10-13 16:27　　网友采纳

答：————————————————————————————————

你说的这种情况，有以下几种可能性：

1. 混凝土中的砂浆被模板粘掉的情况。

2. 混凝土拌和物有搅拌不均匀的情况。

3. 模板接缝不严密，多处出现漏浆的情况等。

## 1.6.28　现浇柱结构混凝土不实的影响及补救处理

现浇水泥柱出现漏空，补上水泥有无影响？

>> 2014-10-18 15:33　　网友采纳

答：————————————————————————————————

现浇水泥柱出现漏空，在工程上一般用蜂窝、空洞等专业术语给予描述。

1. 一般情况下，漏浆后留下的空洞都不是很大，补上水泥后对结构没有多大 影响。

2. 当空洞尺寸较大时，那对于结构就会产生很大的影响了。

3. 那多大可以算不大呢，一般认为，在混凝土的非受压区所产生的空洞尺寸不超过构件截面尺寸的 1/3 时可以进行修补，而对结构不会产生太大的影响。超过了这个范围就必须给予充分重视。如何处理，应请设计单位出具处理意见，按设计要求给予处理。

## 1.6.29　新浇混凝土上人作业的有关规定

浇完楼多久可以做第二层？

>> 2014-10-31 09:31　　网友采纳

答：

从理论上来说，必须等到新浇筑的混凝土强度达到 12MPa 以上，楼面才能上人，那就是说，至少三天以后才能在新浇筑的楼盖上安排人员施工作业。但从现在施工的实际情况来看，第一天浇筑的混凝土，第二天，也就是说混凝土不过刚刚凝固，就开始第二层施工了。这是为什么呢？一般总是以工期紧为借口，普通的混合结构总要求三四天一层。

其实，既然你把这个问题发上来问，说明你已经意识到、注意到了这个问题。一方面，见多了也就不怪了；另一方面，设计部门也意识到了这个问题，故在设计楼盖时人为地加大了很多。放心吧，没有问题的！

## 1.6.30　框剪结构顶层混凝土要连在一起浇筑

框剪结构的屋面是浇筑的吗？

>> 2014-09-29 07:55　　网友采纳

答：

不知道你是不是想了解："框'架'剪'力墙'结构的'主体，到了'屋面'处'是'不是连在一起'浇筑的吗？"如果是这个问题，那就好回答了。框剪结构到了顶部的屋面位置，要连在一起浇筑而成。

# （七）砌体工程

## 1.7.1　直形混凝土砖基础简介

直形混凝土砖基础是什么样的？

>> 2014-05-08 15:44　　提问者采纳　　网友采纳

答：

由于过去的普通烧结黏土砖的强度离散性太大，耐久性、抗干湿循环、冻融循环性太差，故有很多地方，尤其是基础墙等部位都已经"禁止"使用了。普通烧结黏土砖既然不允许使用，那么墙体使用什么材料来做？尤其是混合结构多层房屋的基础怎么办？就是混凝土砖。

直形混凝土砖就是普通混凝土砖。

## 1.7.2　粉煤灰砖的质量概况和用途

粉煤打的砖好吗？而且棱角也不好，也不光滑？

>> 2014-05-25 13:28　　提问者采纳　　网友采纳

答：

粉煤灰砖尽管里面也掺有"一定"量的水泥，但再怎么说强度总是较低，一般都是做隔墙、填充墙等非承重墙用的。

## 1.7.3　不得留有脚手眼的墙体

在墙体的哪些部分不得留有脚手眼？

>> 2014-05-30 08:34　　提问者采纳　　网友采纳

答：

下列墙体或部位不得留有脚手眼：

1. 1/2 砖墙。

2. 小于 1 m 的窗间墙。

3. 空斗墙。

4. 0# 砂浆砌筑的墙体（规范中没有这个规定，我这里必须单独提出来说明一下）。

### 1.7.4　工地砌墙时要预留的构造

工地砌墙时都要预留什么？

>> 2014-07-19 19:08　　提问者采纳　　网友采纳

答：

工地砌墙时，不是讲都要预留什么，而是按以下方面考虑：

1. 按设计要求预留。如预留构造柱空位、预留水电包括强弱电表箱等。

2. 按施工要求预留。如脚手架、塔吊、井架附墙等。

### 1.7.5　空斗墙的砌筑方法

空斗墙怎么砌？

>> 2014-09-03 18:43　　提问者采纳　　网友采纳

答：

你问空斗墙怎么砌，这个问题还不怎么好回答，因为这种问题最好是现场演示才能更清楚一点：

1. 空斗墙，就是用标准砖侧身砌筑成中空结构的墙体。

2. 空斗墙有一眠一斗、两眠一斗、三眠一斗和全斗墙四种砌法。

3. 此外，就空斗墙中的丁砖而言，还有单丁空斗和双丁空斗两种。

## 1.7.6 干拌砂浆出现沉淀的原因

干拌砂浆出现沉淀是什么原因？

▷▷ 2014-09-26 09:01　　提问者采纳　　网友采纳

答：————————————————————————————

干拌砂浆出现沉淀是很正常的事。主要原因是：

1. 配合比不当；

2. 砂粉离析；

3. 存储时间过长；

4. 水泥失效，失去凝结性；等等。

但最主要的还是砂粉离析现象，是干粉砂浆存在的最大问题。所以是否一定需要强制性地推行使用干粉砂浆，需要进一步研究。

## 1.7.7 建筑砂浆的种类和送检

结构图上是保温砖砌筑砂浆，建筑图上是轻质砂浆，我送检的时候送保温砌筑砂浆可以吗？我现在是外围护墙砌墙用的？

▷▷ 2014-09-27 13:39　　提问者采纳　　网友采纳

答：————————————————————————————

你现在是砌筑阶段，送检当然应该送的是砌筑砂浆。抹灰保温砂浆，要到主体完工后，准备粉刷之前送检。

追问：就是水泥砂浆吗？

回答：

1. 基础墙部分一般采用水泥砂浆；

2. 正负零以上的主体结构一般采用的是混合砂浆。

但基础墙是不需要采用保温砂浆的，因此说，你要查看清楚图纸上采用的是什么砂浆。

## 1.7.8　构造柱马牙槎的相关构造做法

马牙槎伸出墙里面的部分一般为多长，有没有相关的规范说明？

>> 2014-10-14 08:27　　　提问者采纳　　　网友采纳

答：

马牙槎伸出墙里面的部分一般为 60 mm，上下 5 皮砖。相关的内容可以到砖石砌体施工及验收规范里去找一下就知道了。

追问：好像不同的砖有不同的伸出长吧，你这个上下 5 皮砖指的是马牙槎的高度吗？

回答：

马牙槎伸出长度，规定是 1/4 砖长，标准砖长度 240 mm，就是伸出 60 mm。当采用 370 mm 长度的轻型砌块时，伸出长度为 90 mm。

上下 5 皮砖指的是，沿高度方向先缩进 5 皮，再伸出 5 皮，然后再缩进 5 皮，再伸出 5 皮，依次向上砌筑，形成马牙槎。

## 1.7.9　框架填充墙工程量中墙长度计算方法

框架填充墙怎样计算墙的长度？

≫ 2014-10-15 09:08　　　提问者采纳　　网友采纳

答：————————————————————————————————————

框架填充墙按填充墙的几何净尺寸计算墙的长度。

## 1.7.10　主体结构中墙高的起算点位置

墙高是从哪算起?

≫ 2014-10-20 09:16　　　提问者采纳　　网友采纳

答：————————————————————————————————————

通常所说的主体结构墙高，一般都是从基础顶面算起的，也就是从正负零开始算。

## 1.7.11　几种不同厚度墙体（24、37、50 厚）的含义及其应用

24 墙、37 墙、50 墙是什么意思?

≫ 2014-10-20 10:03　　　提问者采纳　　网友采纳

答：————————————————————————————————————

1. 你想了解"24 墙、37 墙、50 墙是什么意思"，得先了解标准砖的几何尺寸概念。标准砖的几何尺寸是 240×115×53，了解了标准砖的几何尺寸后，也就知道了。

2. 所谓 24 墙指的就是一砖厚的墙体，37 墙和 50 墙指的是一砖半厚墙和两砖厚的墙体。

3. 37 墙和 50 墙，一般是用于北方地区房屋的外墙。因为北方地区冬天天气比

较寒冷，必须采用加厚的墙体才能达到房屋的保温要求。因此，这两种墙体，在南方地区很少采用。

4. 北方地区建筑物内的隔墙，一般还是采用 24 墙的。

## 1.7.12　砖基础、圈梁、构造柱在普通民房中的应用

全砖地基可以加盖二楼吗？

>> 2014-11-13 13:40　　提问者采纳　　网友采纳

答：

不在地震频发地区，砖基础盖二层楼，没有问题。想有防震要求的话，最好加一下圈梁、构造柱。

追问：构造柱是什么？

回答：

构造柱一般是设置在墙与墙交叉点处的墙角位置，用钢筋混凝土浇筑所形成的一种柱子。

## 1.7.13　墙体厚度不大的暗装管线做法

墙壁太薄，强弱电箱没地方安装，左面的墙只有几厘米的厚度，和门的厚度一样，无法安装弱电。右面的墙后面是邻居家，有可能会破坏邻居家的墙，厚度也不是很厚。不知道怎么安装强弱电箱了，以前强电是直接安装在墙上，没嵌入墙体，现在不想这样露着了。

>> 2014-12-12 10:37　　提问者采纳　　网友采纳

答：

你说的这种情况，既然不想"露着"，可以：待墙砌好后，用切割机开一比较浅的槽就可以了，外面还有粉刷层呢，你不必担心露着。

## 1.7.14  填充墙质量控制条文解读

砌体填充墙有关问题？

 2014-05-13 10:37　提问者采纳

答：—————————————————————————————

1. 第6.4条，砌筑填充墙的时间必须等到该承重结构验收合格后方可进行。其理由很简单：如果该墙体砌筑在"不合格"的承重结构上，不就"势必"因质量不合格而产生质量事故，甚至安全事故。

2. 第6.4条，填充墙砌筑完成后，填充墙与侧面的承重结构（柱或承重墙）之间的缝隙，需要等到该填充墙砌筑完成14天后才能堵塞、镶嵌。理由包括2个方面：

（1）填充墙砌筑完成后，等于对承载该填充墙的结构施加了一个"很大"的荷载作用。该承重结构在填充墙荷载作用下，"势必"产生一定量的变形。

（2）填充墙自身在刚刚砌筑完成后，也存在一个自身的压缩变形。以上这两种情况一般都存在，刚开始的时候"变形"大，后期小，而后有一定逐步稳定和基本稳定的情形。所以设计总说明中的第6.4条，将该缝隙的堵塞、镶嵌的时间做出了一个明确的"界定"，14天后方可进行。

3. 第6.8条对填充墙砌筑到接近顶部的梁或板底时，应暂时停止砌筑，留出一定的空隙，等到新砌的填充墙变形稳定后才能进行"镶嵌"顶部。目的是防止顶部因新砌筑的填充墙变形而在顶部形成一道水平向的缝隙。

这里，需要正确理解的是第6.8条的变形控制仅"考虑"的是"新砌"的填充墙的变形，所以才限定时间缩短为7天的。为什么不考虑承载该填充墙的结构变形呢？是因为该变形，上下结构有可能同时都存在。

追问：看懂了，那个14天说的是竖向的缝。那我再问问，填充墙竖向一般留缝吗？为什么我没有见过这样留缝的？还有你的这个解释的权威性，这个解释是从哪里来的？

回答：

这里所说的"缝"，有两种情况：

1. 人为地在填充墙与侧面的承重结构之间留缝。这种情况一般采用一定数量的预埋件来对填充墙进行固定（但这种情况比较少，除非有特殊的构造需要）。如该填充墙可能受到一定幅度的"震动"作用，但结构上并不允许该震动对主体承重结构带来一定的影响，或并不允许该震动通过侧面承重结构来给予传播等。

2. 填充墙与侧面承重结构之间本来就存在的"缝隙"。既然是填充墙，就必然与侧面的承重结构之间存在缝隙，而这种缝隙在进入装修阶段时，往往需要做一些"盖面"处理（如加覆钢丝网片、纤维织物等），以防止装饰面出现缝隙。

最后，你追问了一个比较严肃的问题，我的"解释的权威性"，这个问题是没有办法向你解答的。所谓权威性，是一个学术界的专业用词。大家公认即具"权威"，我的解释假如你认为存在问题的话可以不认同，就算我上午半天陪你白说。假如认为有道理，也可以接受一些我的看法。

## 1.7.15　砖壁柱的概念和作用

砖壁柱是什么意思，砖壁柱有什么作用，丁字墙的砖壁柱怎么摆，还有墙的转角处怎么放置？

>> 2014-05-13 16:39　提问者采纳

答：

过去的一般厂房，大多都是采用的砖墙到顶。但由于需要较大的空间，所以很多厂房中间不砌隔墙，而采用一跨一跨的三角形木屋架，或竹木屋架，或钢屋架，或钢木屋架等。但又因为长距离"整片"的砖墙强度很差，极易失稳，故通常在搁置屋架的砖墙处增加砖壁柱来给予加强。也有因通长墙体面积较大，或墙体高度较大的情况下，不在搁置屋架的地方外加砖壁柱给予加强的做法。如长距离的围墙、比较高的山墙等情况。所以，砖壁柱的作用就是：

1. 加强墙体整体稳定性。

2. 提高墙体局部承载能力。至于丁字墙的砖壁柱怎么砌，砖头怎么排布等，在网上几句话说不清楚，要向有经验的泥工"老"师傅用现场操作的方法多多请教请教！

## 1.7.16　砌体中两种墙体材料变换部位的构造做法解读

请高手详解下面这句话意思：空心砖墙与烧结普通砖墙交接处，应以普通砖墙引出不小于 240 mm 长与空心砖墙相接，并与隔 2 皮空心砖高在交接处的水平灰缝中设置 2φ6 拉结钢筋，拉结钢筋在空心砖墙中的长度不小于空心砖长加 240 mm，是什么意思？

>> 2014-05-15 17:19　　提问者采纳

答：

这句话说的是：该工程设计中，砌体部分存在"空心砖墙与烧结普通砖墙"两种，但在"空心砖墙与烧结普通砖墙""搭接"处是如何进行搭接处理的问题。

1. "应以普通砖墙引出不小于 240 mm 长与空心砖墙相接"，说的是（举例说明）：假如当图中标注为"距 ×× 轴与 ×× 轴 2.5 m 处采用空心砖墙"时，但实际采用"烧结普通砖墙"砌筑的长度至少为不少于 2.5 + 0.24 = 2.74 m。

2. "隔 2 皮空心砖高在交接处的水平灰缝中设置 2φ6 拉结钢筋"，说的是：因为此处为"空心砖墙与烧结普通砖墙"两种的交接处，故需要采用"墙内配置 2φ6 拉结钢筋"的构造措施来给予加强。

3. "拉结钢筋在空心砖墙中的长度不小于空心砖长加 240 mm"，这句话已经不需要解释都能理解了，说的是拉结钢筋的长度问题。但要注意的是：尽管该"拉结钢筋压在烧结普通砖"的长度没有进行明确的界定，但该拉结钢筋成型后的总长度不得小于 1.0 m，即压在"空心砖墙与烧结普通砖墙"内的长度"都"分别不少于两砖长。

## 1.7.17　砌筑用保温砂浆的概念

240×240×115 外围护墙保温砖用什么砂浆？专用砂浆又是什么？

>> 2014-09-27 13:24　　提问者采纳

答：

大家不要被干粉砂浆供应单位糊弄了，其实 240×240×115 外围护墙保温砖墙 一般用的就是：掺有一定量微沫剂的、所谓的保温砂浆。被他们说起来就变成了什 么专用砂浆了。

追问：那保温砖砌筑砂浆就是保温砂浆吗？

回答：

保温砂浆从理论上来说应该有两种：一种是砌筑砂浆；一种是抹灰砂浆。

## 1.7.18　提高砖砌体施工质量的技术措施

提高砖砌体工程施工质量主要措施有哪些？

>> 2014-06-12 08:51　　网友采纳

答：

提高砖砌体工程施工质量的主要措施包括：

1. 测量放线时，墙体位置要准确。

2. 按规定制作皮数杆，按规定正确使用皮数杆。

3. 加强操作人员的岗前培训，让操作人员熟练掌握砌砖操作要领，包括正确使用托线板，以及"三砖一吊，五砖一靠"等。

4. 严格控制原材料质量，包括砌体用砖强度、砂浆配合比、水泥强度、用砂级配、外加剂质量、砂浆拌和料和易性、砖块提前浇水湿润、砂浆限时使用等。

5. 墙体宽度 370 mm 及其以上时，严格控制双面带线。墙体宽度在 240 mm 以下时，单面带线。

6. 加强砌体质量检查和监督，包括有监理时，加强旁站监管。

7. 砌体完成后，加强对已完成砌体的养护。

8. 及时做好检验批的检查验收，及时完善砌体工程资料。

## 1.7.19　正负零以下的基础墙不是对应"一层平面图"进行施工

建筑工程墙体施工问题，框架结构地梁顶标高为 −0.4m，那 −0.4m 到正负零墙体是否就是"一层平面图"中所对应的墙体？

>> 2014-07-12 10:36　　网友采纳

答：

−0.4m 到正负零墙体不是一层平面图中所对应的墙体。这是因为：

1. 凡正负零以下的墙体都是基础墙，按你所说情况，还有 0.4 m 的基础墙。

2. 一层平面图中所对应的墙体中，有相应的门窗洞口位置。在你所说的情况中，框架结构的门洞口应该是从正负零开始向上的，而不是从 −0.4 m 向上。

## 1.7.20　砌体砌筑时是否需要预留的考虑

工地砌墙时都要预留什么？

>> 2014-07-19 19:08　　网友采纳

答：

工地砌墙时，不是讲都要预留什么，而是按以下方面考虑：

1. 按设计要求预留。如预留构造柱空位、预留水电包括强弱电表箱等。

2. 按施工要求预留。如脚手架、塔吊、井架附墙等。

## 1.7.21　混合结构配筋砌体的通常做法

三层小砖上需要留压筋吗？

▶▶ 2014-10-15 07:29　网友采纳

答：

不知道你这句话问的是哪一层意思。如果你想了解每砌三层（三皮）砖，是否就需要留置一道压筋，一般这是没有必要的，普通标准砖每八皮砖压一道就可以了。但估计你是想了解"（我想砌）三层（高的房子，用普通）小砖（来砌，砌墙时是否）需要留压筋"，那肯定要做一下压筋。压筋留置的位置最好是每层房屋的高度范围内留置 1 ~ 2 道。如果留置一道的话，就放在窗顶到楼板下的位置，代替圈梁。如果想设置两道的话可以在窗下口位置加设一道。如果不设置压筋，那么最好要设置混凝土圈梁。

## 1.7.22　砌筑 240 砖墙与砌筑 120 砖墙的区别

砌筑 240 砖墙与砌筑 120 砖墙（混水墙）的区别？

▶▶ 2014-10-20 12:37　网友采纳

答：

砌筑 240 砖墙与砌筑 120 砖墙（混水墙）的区别，只能从以下这几个方面来看：

1. 240 砖墙是一砖厚的墙体，120 砖墙是半砖厚的墙体。

2. 墙体所用砂浆量不同，单位体积 240 砖墙比单位体积 120 砖墙的砂浆用量多一些。

3. 砌筑工艺上也有不同，240 砖墙是一砖厚墙体，砌筑时应上下错缝，内外搭接。120 砖墙只要求上下错缝，不存在内外搭接。

4. 两种墙体在砌筑过程中，240 砖墙可以留置脚手眼，搁置脚手架。120 砖墙不允许直接在墙体上搁置脚手架。

## 1.7.23　框架填充墙可以考虑受力作用吗

框架里塞的砖可以起到受力作用吗？

≫ 2014-10-27 15:49　　网友采纳

答：————————————————————————

框架里的填充墙中，所砌筑的砖可以受到一定的力。但进行结构计算时，不计算该力的作用。正因为不能让该"力"发挥作用，故填充墙顶部所砌筑的砖块，一般都采用砖块斜砌的工艺。

## 1.7.24　配筋砌体中拉结筋漏放的做法

砌体未通长放拉墙筋有何加固措施？

≫ 2014-10-31 06:41　　网友采纳

答：————————————————————————

一般砌体，是无需通长设置拉墙筋的，也不需要采取加固措施。但也有一种是因为设计要求采用"配筋砌体"的情况，这种情况就得按设计要求做砌体配筋。你所说的，按字面分析，只能是设计要求采用"配筋砌体"而未做的情况，才得寻求加固措施。

1. 假如墙体砌筑完成了，但还未施工其他结构，也未浇筑圈梁的话，可以拆除重新砌筑。

2. 已经完成其他结构，那就得采取加固措施。可以采用在规定配筋位置的灰缝处，将灰缝勾出一定的深度（一般 40 mm 深就足够了），嵌进设计规定的配筋，后用高于原砌筑砂浆一个等级标号的砂浆，压嵌密实就行了。

3. 如果设计认可的话，还有一种比较简单的办法，就是等到做墙面粉刷的时候加钢丝网抹灰。无论哪种做法，都得请原设计单位出具处理方案，按处理方案要求进行处理。

## 1.7.25 框架填充墙砂浆标号及选用

框架填充墙砂浆最低标号怎么选定？

>> 2014-10-31 09:50　网友采纳

答：

作为框架结构的填充墙，其主要作用就是发挥房间与房间的分隔功能，除承受自重荷载和可能产生的侧向力作用外，基本按不受力设计。因此，框架填充墙的砂浆最低标号，可以采用现行相关规范规定的最低等级的砂浆。

根据现行规范规定，砂浆按其抗压强度可分为 M20、M15、M10.M7.5、M5.0、M2.5、M1.0 等几个等级，所以，你的这个问题，要说得更具体，那就是可以使用 M1.0 砂浆。但不管怎么说，在施工实际过程中，必须按设计要求的砂浆强度等级去做，施工单位不得自行改变、更改或变更、降低砂浆强度等级。

# （八）钢结构工程

## 1.8.1 钢结构柱底板下钢垫块

钢结构柱底板下钢垫块，图纸上要求使用钢垫块，但没具体做法，甲方要求按规范在灌浆前采用锲型垫 块，是否需要，或有更好的做法？

》》 2014-04-10 11:55　　　提问者采纳　　网友采纳

答：————————————————————————————————————

采用锲型垫块，是在钢柱安装时垂直度有偏差的情况下使用的，当垂直度在规范允许偏差范围内时不需要，直接用平钢板垫块就行了！

## 1.8.2 钢屋架是建筑工程还是装饰工程

钢屋架是建筑工程还是装饰工程？

》》 2014-05-19 15:56　　　提问者采纳　　网友采纳

答：————————————————————————————————————

通常所说的建筑工程一般指的是一个工程项目中一个单位工程中的建筑部分，一个单位工程中的建筑部分包括六大分部工程，即地基与基础工程、主体结构工程、屋面工程、楼地面工程、门窗工程、装饰装修工程。所以，通常所说的装饰工程，往往是建筑工程中一个相对独立的分部工程，故装饰工程与建筑工程是不能并立分类的。

你所问的钢屋架尽管在房屋顶部，但不属于六大分部工程中的屋面工程，而属于主体结构工程，当然也就属于建筑工程了，与装饰工程一般搭不上边。

### 1.8.3 钢结构中钢柱抗剪键应用

钢结构，这根柱子的抗剪键是在哪里？

>> 2014-08-22 12:53 　　　提问者采纳　　网友采纳

答：

从你提供的照片来看，该钢结构工字钢柱的截面很小，按我估计应该不是什么大跨度的钢结构（至少说，不会大于 18 m），因此，它不一定需要抗剪键。你要查看一下图纸，说不定设计图纸上没有要求设置抗剪键。如果查过之后，设计有要求，而是施工单位偷工减料，那应该要求他们按图施工。

### 1.8.4 钢屋架弦杆侧向支撑点位置

钢屋架的弦杆侧向支撑点间的距离说的是哪个地方的长度？

>> 2014-10-28 11:21 　　　提问者采纳　　网友采纳

答：

钢屋架的弦杆侧向支撑点间的距离说的是：

1. 钢屋架在安装过程中，需要进行侧向支撑，而所需进行支撑的点，往往是由设计单位预先设计确定的。

2. 钢屋架安装所需要的支撑点数量，在一榀屋架上，不能仅仅支撑一个点，仅支撑一两个的情况下是很不安全的。

3. 屋架侧向支撑点一般都是设置在屋架的上弦杆和下弦杆上。

4. 在一榀屋架的弦杆上，支撑点与支撑点之间的距离，就是你想了解的这个长度。

追问：也就是说它的距离在一榀屋架上，而不是两榀屋架间的距离？

回答：

对的。

## 1.8.5　钢木屋架中弦杆长度怎么计算和确定

弦的钢筋长度怎么计算？

>> 2014-11-14 08:25　　提问者采纳　　网友采纳

答：

你问：弦的钢筋长度怎么计算？是钢木屋架吗？钢木屋架弦的钢筋长度为屋架计算节点长度外加两端所需加工的螺丝口尺寸。

两端的螺丝口尺寸一般为 150 ~ 200 mm 左右，也就是说弦的钢筋长度等于节点计算长度外加 300 ~ 400 mm。

## 1.8.6　钢结构在焊接扭曲变形后的处理

钢结构焊接工在钢扭曲变形后怎么处理好些？

>> 2014-12-29 17:02　　提问者采纳　　网友采纳

答：

焊工，一般在焊接完成一段的时候，总有一个小锤敲击的动作，这就是一种焊接消除应力的措施。工字钢被焊接后有一定程度的扭曲变形,这很正常。变形不大时,可以用锤击法矫正。变形较大时,可以采用油压机或油压千斤顶等矫形。

但需要注意的是:不得采用火焰法整形。

## 1.8.7 从事钢结构行业需要了解和掌握的知识点

想自学钢结构知识,本人想转行从事钢结构行业,但不知道从何学起,看网上有很多方向,钢结构深化、细化、详图等,不知道从哪个阶段开始学相对来说容易入手,请各位高手指教,最好能帮忙推荐一下相关书籍。

>> 2014-04-10 12:45    提问者采纳

答:

钢结构需要了解和掌握的知识主要有:

1. 钢材的化学成分:如碳素钢、合金钢等。

2. 钢材的力学性能:抗拉性能、抗弯性能、弹性极限、屈服点、强度极限。

3. 钢材的加工:焊接、铆接、螺栓连接等。总之,你想学习钢结构不费事,很简单,买一本中国建筑工业出版社出版的《钢结构》看看就行了!

追问:您好,那您看像我这样的初学者先从哪一部分更容易入手一些?

回答:

初学者,先看书!因为学习动手是很简单的事情。

追问:那软件要学习什么软件呢,除了 CAD 之外,比如说 XSTEEL,还有PKPM 什么的需要学习吗?

回答:

你想学习钢结构,不知道是想学钢结构设计,还是钢结构施工,或是准备做钢结构的老板。除了准备想朝钢结构设计方面发展外,你所提出的软件都联系不上,只要能看懂图纸就行了。

### 1.8.8 钢架阁楼做法

钢架阁楼的承重问题。

我的房子现在搭了个钢架的阁楼，但我看工人就是用了些膨胀螺丝固定着钢架，看着比较单薄（如图）。不知道这样做能不能行，我的阁楼是要住人的，下面是客厅也是经常有人。

>> 2014-05-08 08:17　　提问者采纳

答：————————————————————————————

不知道你的工人帮你采用的是多大的膨胀螺栓，但从你提供的这个图上看，基本上是属于一般人家做阁楼的通常做法，上面住 1 ~ 2 个人应该是没有问题的。

追问：他们说是 12 cm 好像，貌似长度是 12 cm，螺丝直径应该 1 cm 都不到吧，看着比较细。我就在想这螺丝会不会压断，住的人倒是不多，也就一两个。

回答：

膨胀螺栓也属于一种高强螺栓，一般做阁楼采用直径 12 mm 的膨胀螺栓比较正常，可以使用，但使用的数量上不能太少。

从图上看，你还算是请的几个做过的"老师傅"做的，你再向他们"交代交代"，应该没有问题，放心吧！

### 1.8.9 钢结构梁挠度中理论计算与实际情况的差异性

钢梁竖向挠度与理论计算的挠度相同吗？为什么？

>> 2014-05-08 19:55　　提问者采纳

答：————————————————————————————

钢梁的实际挠度一般与理论计算的挠度是不完全相等的。这是因为：

1. 理论计算是建立在钢材的材质内部"材质均匀"和"各向同性"。而事实上再优质的材料、再理想的材料都是不可能达到绝对的匀质和各向同性。

2. 存在材料几何尺寸的偏差。

3. 存在受力的"非理想化"状态。如集中力总是作用在一定的面积上的；线荷载总有一定的作用宽度等。

## 1.8.10　钢结构工程业务较为集中的地方

钢结构工程业务在哪里接？

》》 2014-07-10 06:39　　提问者采纳

答：────────────────────────────────

钢结构工程业务一般在网上不好找，需要自己带着相关证件到城市的工业开发区去找。因为现在的工业厂房采用钢结构的比较普遍，民用房屋钢结构用量比较少。

## 1.8.11　钢架结构与镀锌管受力性能差别

家中想隔出一个二层，请问用钢架结构的结实还是镀锌管的结实呢？我不懂，求解？

》》 2014-08-04 15:18　　提问者采纳

答：────────────────────────────────

家中想隔出一个二层，肯定是用钢架结构的结实，镀锌管的结构受力往往不够合理。

## 1.8.12　彩钢结构需要复试的部分材料及品类

彩钢结构哪些材料需要做复试？

➤➤ 2014-09-28 10:58　　　提问者采纳

答：————————————————————————————————

彩钢结构中需要做复试的材料有：

1. 主要结构材料，如钢梁、钢柱等所采用的型钢材料；

2. 彩钢结构的所有板材，如墙板、顶板等；

3. 主要连接件材料，如主要的连接螺栓、连接铆接件、焊条、焊丝等。

## 1.8.13　钢结构中节点编号与球编号的关系

钢结构螺栓球网架节点编号和球编号，这两个是不是重复了？螺栓球网架的节点不就是一个一个的螺栓球吗？

➤➤ 2014-10-28 14:38　　　提问者采纳

答：————————————————————————————————

钢结构螺栓球网架，节点编号和球编号是重复了，实际没有必要，但也不是完全没有必要，因为：

1. 节点编号是结构计算和制图用的，它的编号是对应于某结构的荷载情况的，要谈到荷载情况，就要说清楚荷载情况的位置，故出现了一个节点编号。

2. 球编号是订货和施工安装用的。谈到球的概念，也就是已经与结构、荷载等情况完全脱离开来，而与产品编号、产品质量、施工工艺等挂起钩来了。

再说明白一点，就是球编号是为了区分球的规格类型的。

## 1.8.14　钢结构基础面预留洞的作用

有谁知道基础柱中心预留洞的作用是什么？

>> 2014-11-21 10:55　　提问者采纳

答：————————————————————————

你所提供的这张图纸，上部应该是钢结构，该洞是插入钢柱，或预埋钢板铁件用的。

## 1.8.15　户外铁楼梯防锈处理

户外铁楼梯防锈处理的问题，现在已刷一次醇酸铁红防锈漆，接下来怎么做防锈功能更好？

>> 2014-11-26 07:00　　提问者采纳

答：————————————————————————

户外铁楼梯防锈处理现在已刷一次醇酸铁红防锈漆，接下来就是：

1. 按你自己选定的颜色（色彩），做普通油漆处理。

2. 因为该楼梯是在户外，所以，每过几年就要再做一次防锈处理，这样就不会让该户外楼梯锈蚀得太厉害，也就是你认为"防锈功能更好"的说法。

追问：如果不刷面漆，以后继续刷这种防锈漆是否可行？

回答：

不刷面漆没有问题：

1. 仅仅是刷了一层防锈漆，那么油漆厚度不是很厚，很容易被磨损掉。

2. 以后加刷防锈漆可能会要"勤"一些。

## 1.8.16 钢结构能不能打洞

钢结构靠西边墙可以打洞吗？

>> 2014-07-10 07:00 　网友采纳

答：————————————————————————————————

无论什么结构，西边的墙都可以打洞，关键要看需要打洞的位置在结构的哪个部位：

1. 不在结构的主要受力部位，打洞的尺寸不大的话，就不需要采取什么措施。

2. 在结构的主要受力部位打洞，要请设计单位验算结构的安全。如果危及结构安全，必须采取必要的加强措施以确保结构安全。

## 1.8.17 冷弯型钢一边偏向的处理

冷弯型钢左偏怎么办？

>> 2014-08-30 06:23 　网友采纳

答：————————————————————————————————

冷弯型钢左偏：

1. 如果偏差不是很大的话，可以采取冷处理矫正。

2. 如果偏差很大，不便于矫正的话，只能按次品看待，退货更换。要记住，不能采取热处理矫正的方法！

## 1.8.18 钢结构图纸比土建施工图难看懂吗

为什么我会看房建的施工图而钢结构的施工图看不懂呢，它们的基础是一样的吧？

>> 2014-09-02 15:33　　网友采纳

答：

你能看房建的施工图，那么钢结构的施工图也一定能看，它们的基础是一样的，制图的基本原理也是一样的，主要就是需要再了解一下：

1. 钢结构知识，学习一下《钢结构》教材。

2. 钢结构中的图例，在工程制图有关钢结构的相关图例中看看就行了。

## 1.8.19　美国钢结构学会（AISC）简介

什么是 AISC 评估检测体系？

>> 2014-09-25 09:49　　网友采纳

答：

1. AISC 是美国钢结构学会的缩写（American Institute of Steel Construction），一般采用大写字母 AISC 来表示。

2. AISC 认证是一家总部设在美国芝加哥的非营利性质的技术协会和贸易组织机构所进行的认证，其最初建立于 1921 年，为钢结构在建筑和其他领域的应用服务。

3. AISC 认证的宗旨是为在钢结构及其相关联的领域所进行的一种标准化认证，如规范和编码、研发、教育、技术支持、质量认证、标准化管理、市场开发等。为从事钢结构企业，在标准化认证行业上的首选。

4. AISC 认证为钢结构工业提供了及时可靠的技术信息和服务，现已经成为一项认证的传统体系，其认证标准称为 AISC 标准。

5. AISC 认证包含了钢结构的评估检测体系。

## （九）屋面、门窗、楼地面及房屋上部结构防水工程

### 1.9.1 楼顶补漏用什么材料

楼顶补漏用什么材料?

>> 2014-08-05 20:09 　　提问者采纳　　网友采纳

答:
————————————
楼顶补漏现在基本采用的是聚氨酯类防水堵漏材料，外面俗称的堵漏王一般是快干水泥。

### 1.9.2 地面找平后多长时间方可做防水

地面找平后多久刷防水?

>> 2014-08-05 20:38 　　提问者采纳　　网友采纳

答:
————————————
地面找平后，现在的气温比较高，一般三天就可以做防水了!

### 1.9.3 水泥地面裂缝处冒出的白色毛状物是什么

水泥地面裂缝起白毛是为什么?

>> 2014-09-24 14:11 　　提问者采纳　　网友采纳

答:
————————————
水泥地面裂缝一般是:

1. 地面底层没有压实（有时候，甚至地基是弹簧土都没有清理掉）；

2. 面层砂浆水灰比太大；

3. 施工操作人员最后收光，没有做二次抹面。裂缝后起白毛，这个白毛是水泥中游离出来的石灰质 [Ca(OH)2]，起初裂缝往往很细微，一般只有 0.1 ~ 0.2 mm 左右，时间长了以后，该裂缝就会比较明显。这是因为石灰质析出后所造成的。

## 1.9.4　建筑沥青的熬制技术

沥青怎么熬制？

▶▶ 2014-11-11 13:12　　提问者采纳　　网友采纳

答：

沥青的熬制是一项技术工种，特别需要注意安全，具体的熬制过程是：

1. 将沥青块放入锅中，以锅容量的 2/3 为宜。

2. 用文火缓慢加热，使其溶化。

3. 熬制时要一边加热，一边随时用棍棒即时搅拌，使其加热均匀。

4. 为了避免锅底的沥青材料受高温老化而变质，在没有温度计和温度标准时，应控制在液体表面发亮，不再起泡，并略有青烟冒出为宜。

沥青是易燃品，在熬制现场应该配置安全灭火装置，注意防火安全。

## 1.9.5　穿楼管道的防渗漏和防水

如何做好穿楼板的管道的防水工作，防止或减少管道周边的渗漏现象？

▶▶ 2014-12-28 16:16　　提问者采纳　　网友采纳

答：

如何做好穿楼板的管道的防水工作，防止或减少管道周边的渗漏现象？这个问题其实很简单：

1. 在穿越楼板的地方，按规定设防水套管，并注意做好防水节点的处理，就能防水。

2. 建议你参照标准图集施工，一定能达到预定的防水效果，杜绝管道周边的渗漏现象。

## 1.9.6  门窗合页安装个数的确定

合页的安装个数的确定方法？

>> 2014-08-12 06:33    提问者采纳

答：——————————————————————————

合页的安装个数需要根据所固定门（或窗）的尺寸大小，所需要支承门（或窗）的荷载（门或窗的重量）情况，还有自身的大小等情况确定。所以，不知道你想安装什么样的合页，如果有必要的话，你可以发到网上来，我们也可以帮你确定一下有没有问题。

## 1.9.7  防水卷材面层上抹灰的做法工艺

防水卷材表面可以直接抹灰吗？前几天在工地上，有四个上人屋面立面墙体，做完防水之后，过了没多久就直接抹灰了，可结果是全部脱落。

>> 2014-09-25 12:07    提问者采纳

答：——————————————————————————

你说的是立面的防水卷材，表面需要做抹灰防护层的情况。一般做法：在防水卷材面上挂一层铁丝网（如有必要时，再在防水层表面拍上一层豆砂层），再在上面做抹灰就不会有问题了。

## 1.9.8　水磨石地面施工步骤

水磨石地面整体研磨抛光有哪几步？

>> 2014-10-16 12:23　　提问者采纳

答：

水磨石地面的施工步骤是：

1. 先做地面找平层。

2. 再在找平层上做地面分隔嵌条。

3. 摊铺水磨石用的石粒水泥浆。

4. 待摊铺后的水磨石石粒水泥浆达到一定强度后进行粗磨，磨掉比较明显的高出部分。

5. 精磨，在粗磨完成后进行精磨，磨出分隔条或分隔而成的水磨石图案。

6. 精磨完成，清洗干净后用草酸清洗。

7. 最后打蜡上光。其实，这里面的精磨工艺是一个很精细的活。

## 1.9.9　屋面保温层的水泥面层破坏的补救做法

六楼屋顶花园原来的屋顶地面已经破损，想在原地面上加铺 5 cm 厚的水泥做地面，屋顶承重允许吗？加铺的是水泥、沙子、石子。

>> 2014-10-29 07:26　　提问者采纳

答：

你说的这个问题是可以做，屋顶承重肯定是没有问题的。不过，得提醒一下：

1. 原来已经坏掉的屋顶地面要把它去除掉。

2. 再浇筑一层 5 cm 厚的混凝土，要采用防水混凝土。

3. 如果不采用防水混凝土，也可以在混凝土浇筑完成后另做防水层。否则的话，屋顶漏水处理不好，那可是一个麻烦的事。

追问：谢谢您的回答！想问下：屋顶原来是一种上面水泥下面泡沫的保温型的，上面的水泥表层破损了，而且房子现在无漏水现象。是否必须再做防水？直接在原来的地砖上铺水泥不行吗？

回答：

按你的说法，应该是在防水层上做的保温层破损了。如果不漏水的话，那就不需要再做防水。但要注意，施工的时候不能把原来的防水层弄坏。

## 1.9.10　保温板材料类型

保温板属于建材里面的哪种类型呢，专用建材还是装 饰建材？比如热固型改性聚苯板

>> 2014-12-17 16:25　　提问者采纳

答：──────────────
保温板应该属于建筑工程中的专用建筑材料。

## 1.9.11　SBS 改性沥青的凝结时间

SBS 改性沥青凝固时间是多少？大概做了多久下雨才能没有影响？

>> 2014-08-06 06:43　　网友采纳

答：──────────────
SBS 改性沥青是苯乙烯－丁二烯－苯乙烯三嵌段共聚物的简称。一般改性沥青都是热作施工的，施工温度在 120 ~ 160℃之间，当施工完成后温度降至 50℃以下时，一般认为已经凝固。只要沥青凝固了，下雨也就没有问题了。秋冬季节，

大约需要十几分钟。当环境在 25℃左右时，至少需要半个小时以上；当环境温度在 30℃以上时禁止施工。

## 1.9.12　沥青油与臭油漆的概念

沥青油与臭油漆是一种东西吗？

>> 2014-08-19 07:03　网友采纳

答：————————————————————————————————————
你说的沥青油，一般不叫沥青油，而叫沥青漆。沥青漆也就是通常人们所说的臭油漆，这两种说法指的就是一种东西。

## 1.9.13　百叶窗卡扣到哪里去购买

哪里买百叶窗安装卡扣？

>> 2014-08-21 13:49　网友采纳

答：————————————————————————————————————
不知道你是哪里的，要买百叶窗卡扣，到当地的装饰城就可以买到。

## 1.9.14　屋面板上预埋钢筋的深度控制所应考虑的方面

屋面板预埋的钢筋深度是多少，有没有规范？防水没有找平层，没有基层处理剂可以吗？建筑做法如下（自上而下）：1. 15 厚（最薄处）1:1 水泥砂浆粘贴瓦块；2. 4.0 厚 SBS 改性沥青防水卷材；3. 35 厚 C20 细石混凝土持钉层，内 配 φ4@100×100 钢筋网与预埋 φ10 锚筋绑扎；4. 80 厚挤塑聚苯板保温层；5. 20 厚 1：2.5 水泥砂浆找平层。钢筋混凝土屋面板，预埋 φ10@900×900，伸入持钉层 25。这是个坡屋面。

>> 2014-09-27 14:23    网友采纳

答：——————————————————————————————

你所说的屋面建筑做法很正常。你想了解的基层处理剂，是施工措施，不需要在建筑设计中另行标注。板预埋钢筋的深度有规范规定，但现在很多工地都不做预埋了，而采用按实际需要的位置进行"植筋"处理，并且很多建设单位、监理单位也很认可。

追问：预埋深度是多少？要是植筋，植筋深度有没有要求？求指教！

回答：

预埋深度服从图纸设计。植筋有专业的植筋人员去做，深度应做现场试验，植筋深度与钢筋大小、钢筋方向等因素有关。像你所说的 10 点的钢筋，在混凝土中一般在 150 ~ 180 左右（以现场试验为准）。

追问：这个是固定保温板与持钉层的，垂直受力，屋面板厚 120。

回答：

你说的这个是固定保温板与持钉层的，垂直受力，前面你已有说明"伸入持钉层 25"。服从设计要求，按图施工就对了。如果承受抗拉力，设计就不会要求仅伸入持钉层 25 了，仅伸入持钉层 25 就肯定不够了。按图施工，设计单位承担设计责任，其他的都不需要担心。

## 1.9.15  一般建设工程项目单体中需要进行防水施工的部位

哪些地方需要做防水施工？

>> 2014-09-29 09:42    网友采纳

答：——————————————————————————————

在一幢楼房里，有以下一些方面需要做防水施工：

1. 地下室：地下室的底板底面，地下室的外墙外侧面。

2. 房屋内：厨房、卫生间的楼地面。

3. 外墙面：所有房屋的外墙面。

4. 屋面：房屋顶面、天沟、落水管口。

5. 还有设计有防水要求的其他部位。

## 1.9.16　五金机电资质能安装电动门吗

五金机电资质能安装电动门吗？

>> 2014-10-17 09:15　　网友采纳

答：
只要你确有五金机电资质，就能安装电动门，放心吧！

## 1.9.17　屋面防水应采用怎样的防治措施

屋面防水应采用怎样的防治措施？

>> 2014-10-17 09:58　　网友采纳

答：
屋面防水有刚性屋面防水和柔性屋面防水两种。

1. 刚性屋面防水的具体措施是采用配置一定数量钢筋网片的防水混凝土现场浇筑而成的防水屋面，施工过程中一方面要注意基层屋面结构层的清理；另一方面是控制钢筋网片在防水层中的位置；再一方面就是防水混凝土的强度必须符合设计要求；最后就是施工环节确保混凝土密实和浇筑完成后的养护等。

2. 柔性屋面防水又分为卷材防水和油膏防水两种，两种防水最重要的方面就是原材料的质量和施工温度的控制。此外，对基层清理和黏结层的施工控制也非常重要。

# （十）装饰装修

## 1.10.1 阳台顶部有水管，如何做吊顶

阳台走水管的吊顶问题，阳台水管走顶要吊全顶吗，还是走一般宽度边就能包住？另外什么品牌水管质量好？

>> 2014-05-20 14:03    提问者采纳    网友采纳

答：————————————————————————————————————

涉及装修问题，各人的审美观是各不相同的，你认为好，其他人看了不一定也认为好。至于阳台水管走顶，我认为是吊全顶好，但这个问题确实需要你自己决定。水管质量问题，现在国内的管道市场都相对比较成熟，都还可以。不过，我个人不太相信十大品牌什么的。有一个国际高端的品牌"德标管业"你可以考察一下。

记住：别看价钱便宜的，别怕麻烦，多转转，对比一下，要不以后漏水、爆管什么的就麻烦了。

追问：就是不想吊全顶啊，现在高层普遍高度不够，那样太压抑了，走边如果能盖住就不想吊全顶，再说这样万一漏水也方便维修不是？

回答：

可以，你的想法我表示赞同！说实话，装修这事情，需要有一定的计划性，尤其费用计划，很多人在动手之前都想得很天真，到处都想弄得"多么多么"的美好。但实际装修过程中，很快就会发现"这儿不够，那儿不够"的。最后弄得"没主张"。

## 1.10.2 内墙石灰膏饰面中的掺和物

石灰膏刷墙里面加什么东西？

>> 2014-08-22 13:18    提问者采纳    网友采纳

答：———————————————————————————————

过去谈用石灰膏粉墙，里面掺加一些纸筋、麻刀什么的，现在都不用了。现在你仅问的是刷墙，那在石灰膏里除了加水之外，可以加点胶之类的东西，以增强它的黏结性。如骨胶就是可以考虑的东西之一。

## 1.10.3  清水墙面施工缝上下层间应考虑到色差问题

上下两层清水墙施工缝能设置在一个地方吗？

>> 2014-09-23 16:29    提问者采纳    网友采纳

答：———————————————————————————————

上下两层清水墙施工缝可以设置在一个地方，不过后面接着施工时，要稍微注意一点色差。

追问：有没有可查询的规范依据，能说一下吗？

回答：

《砌体工程施工及验收规范》对清水墙只规定了表面平整度和游丁走缝。而我让你要稍微注意一点色差问题是参照的《装饰装修工程施工及验收规范》中对装饰面砖的要求。

## 1.10.4  内墙抹灰与室内抹灰概念上的区别

内墙抹灰与室内抹灰有什么区别？

>> 2014-10-10 10:57    提问者采纳    网友采纳

答：———————————————————————————————

1. 内墙抹灰指的就是室内墙面上的抹灰。

2. 室内抹灰不仅仅指内墙面，还包括顶棚抹灰在内。

建筑估算基础数据（仅供参考）
一、砖混结构：
1、水泥用量 160kg/m³
2、用砖量 140-160 块/m³
3、钢筋用量 18-20kg/m³
4、外墙抹灰面积=0.7-1 倍建筑面积
5、内墙抹灰面积=1.7 倍建筑面积
6、室内抹灰面积=3-3.4 倍建筑面积
7、240 砖墙 529 块/m³；370 砖墙 52
砖墙 539 块/m³；60 砖墙 606 块/m³
8、外墙瓷砖面积=0.3-0.33 倍建筑面

## 1.10.5　怎么去除铁艺栏杆上的真石漆

怎样去除铁艺栏杆上的真石漆？

➤➤ 2014-10-16 12:11　　提问者采纳　　网友采纳

答：

有两种方法可以解决你所提出的问题：

1. 酸洗法；2. 喷砂法。

## 1.10.6　钢材饰品或物件涂刷油漆的用量估算

1 t 钢材需要多少斤油漆？

➤➤ 2014-10-29 07:15　　提问者采纳　　网友采纳

答：

你的这个问题不好准确回答：

1. 涂刷油漆，是需要计算所需涂刷物件的表面积的。每平方米的物件表面积所需油漆重量约为 0.25 ~ 0.35 斤，即每平方米 0.15 kg 左右。

2. 钢材的表面积，与钢材的规格、型号有很大的关系，在专业上，往往用一个"比表面积"（即单位重量钢材的表面积数值）来描述这个概念。如钢板、钢筋、其他型钢等，比表面积都相差很大。即使同一种型号的钢材，规格的大小，如 3 mm、5 mm、10 mm 等厚度的钢板，如 6、10、18、20、25 等直径的钢筋，它们的比表面积都相差很大。

所以，你的这个问题不好准确回答。如 1 t 10 mm 厚度的钢板表面积约 26 m$^2$（包括正反两面），所需要的油漆约为 7 ~ 8 斤，即 3.5 ~ 4 kg 左右的油漆。直径为 6 mm 的钢筋表面积约为 80 多 m$^2$，就大约需要 20 多斤的油漆，即 10 kg 左右的油漆。

追问：护栏平台和球罐 1 t 刷一层需要多少油漆？

回答：

护栏平台：按护栏平台的面积，每平方米约 0.2 ~ 0.25 kg。球罐：按球罐所需刷漆的表面积，每平方米约 0.15 ~ 0.2 kg。涂刷油漆的实际用量，与油漆的稠度有很大的关系，稠度较大的，当然用量就较多，稠度较小的，用量就少。有些油漆工，为了节省油漆用量就不断掺和稀释剂，这是不对的，过多地掺加稀释剂，对油漆质量将造成很大的影响。

## 1.10.7 阴阳角处涂料如何施工

涂料施工如何夹阴阳角？

>> 2014-11-17 15:49　　提问者采纳　　网友采纳

答：
涂料施工遇到阴阳角的地方，可以用比较小的一些刷子去施涂就行了。

## 1.10.8　建筑乳胶漆额的检测

一般内用建筑乳胶漆主要采用哪些检测方法？

>> 2014-12-29 16:27　　[提问者采纳]　　[网友采纳]

答：

一般内用建筑乳胶漆又称水性建筑涂料。目前应用最多的是内墙乳胶漆，其常规检验方法如下：

1. 检查在容器中的状态。检查原出厂的乳胶漆新开盖后所呈现的状况。如：是否出现分层、结皮、增稠、胶凝、沉底或结块等现象，以及能否重新混合成均匀状态的情况。

检查试验方法：目测法。

参考标准：美国联邦试验方法标准 No.141 中 3011 容器中的状态。

2. 检查分散细度。分散细度又称研磨细度，是体系中颜填料分散程度的一种量度。指的是，在规定的条件下，在标准细度计上得到的读数。该读数表示细度计某处凹槽的深度，一般以 μm 表示。研磨细度小，表示分散好，颜填料的利用率高，涂料的遮盖力强，涂膜外观光洁。

检查试验方法：采用刮板细度计法。

参照标准：国标 GB/T 1724，GB/T6753.1 及国际标准 ISO 1542。

3. 基础漆膜外观检查乳胶漆膜干燥后的外观。检查方法：目测检查。检查标准：漆膜平整、均匀，无针孔、缩孔、流挂，无明显的刷痕，颜色与标

准板差异不明显，光泽符合要求（有光、半光或无光）。

4. pH 值检测。pH 值检测是溶液氢离子浓度的量度。涂料贮存过程中，pH 值的变化可表示涂料稳定性的好坏以及涂料性能的变化。

检测方法：pH 试纸。

参照标准：国标 GB/T 1724，GB/T6753。

5. 稠度检测（低剪切黏度）。稠度检测是指流体流动时的内部阻力。该性能指标对涂料的施工性能和流动性很重要。

检测方法：斯托默黏度计测定。

参照标准：GB/T 9626 和 ASTM D 562。大多数乳胶漆的黏度约为 150 ~ 300 g/100 r。

6. 冻融稳定性检测。冻融稳定性是指乳胶漆经受冷冻和随后的熔化过程（循环试验）后，保持其原状态的能力，即不发生凝固、返粗或黏度过度增大等弊端的能力。有些乳胶漆黏度会有所增大，只要不影响其流平性和施工性是可以接受的。因此需要检测冻融稳定性。

检测方法：均采用一 500 mL 罐装涂料放置于 −18℃ 的环境中 17 h，取出后置于常温下 7 h 使其溶解，此为一个循环，一般乳胶漆进行 1 ~ 5 个循环，评定性能变化为 0 ~ 10 级，无变化者为好。

参照标准：GB/T 9628 和 ASTM 2245。

7. 对比度检测。对比度检测是指在规定的干燥条件下，某一厚度的液态涂膜，到形成固态漆膜所需要的时间，它由涂料成分及环境条件决定。涂料干燥太慢会粘附灰尘、昆虫等而使涂膜外观变差，如在户外遇到雨水等还会导致外观不均匀。大部分乳胶漆达到指触干时间为 1 ~ 2 h，低光和无光乳胶漆通常几小时至十多小时可重复涂装，半光和有光乳胶漆重涂时间一般大于 18 h，这要根据环境温度和湿度灵活掌握一次性涂覆的厚度来控制。涂料要达到最佳性能，一般要干燥几天甚至几个星期。

测定方法：参见 CB/T 1728、CB/T 6753.2、ISO 1517、GB/T 9273、GB/T 9280、ISO 3678 以及 ASTMD 1640 中的有关规定。参照标准：应符合上述规定。

8. 对比率检测。对比率是指涂于规定反射率的黑色和白色底材上同一涂膜的反射率之比。当对比率 ≥ 0.98 时可认为该涂层已完全遮盖底材，因此用对比率来判断涂层的遮盖力可部分消除人工误差。这种办法适用于白色和浅色涂料。

检测方法：反射仪法测定。

参照标准：GB/T 9270、GB/T 5211.17、ISO 2814 等。

9. 抗流挂性检查。抗流挂性检测的内容是指对各类涂膜流挂所产生质量缺陷的检查测定。涂膜流挂现象指的是在垂直面施工的涂料，由于其黏度过稀、涂层过厚、施工不当等原因造成的流挂性现象。涂膜在固化之前发生局部流淌，形成各种形状下边沿厚的不均匀涂层，称为流挂。

检查方法：采用不同规格的多齿刮涂器检查。参照标准：GB/T 9264、ASTMD 4400。

10. 辊涂溅漆值评定。辊涂溅漆值测定是辊涂法施工时涂料溅落量的评定方法。评定方法：用一定规格和涂料颜色反差较大的图纸收集辊涂时溅落在图纸上涂料点的大小和密度，然后与标准图纸对比来评定。参照标准：ASTM D 4707。

11. 耐碱性评定。耐碱性评定是评定涂膜对碱侵蚀的抵抗能力。

检测评定方法：多种介质的浸渍法评定。

评定标准：GB/T 9265。

12. 耐刷洗性测定。耐刷洗性测定是指在规定条件下，涂膜用规定洗涤介质反复刷洗而保持其不损坏的能力。

测定方法：阿斯塔姆法。测定标准：GB/T 9266。

## 1.10.9 水刷石、水磨石等角闪石类石质属性简介

这是什么材质的石子？

≫ 2014-08-08 08:28 提问者采纳

答：

1. 从你所提供的照片来看：该石子颜色亮见表白，质地均匀，表观鲜艳，无明显杂色，大部分表质细腻（有少数颗粒质地显粗），色观无郁积感，应该属于一种

具链状结构的、含水钙镁硅酸盐类的水洗石（也有人称之为"米石"）。

2. 这种水洗石一般是以造岩矿物中，角闪石族类透闪石、阳起石为主，并含有其他微量矿物成分的块状矿物集合体，并可能是一种单晶（或多晶）斜体结构（有典型斜面），棱角磨圆是冲击、水洗所致。

3. 这种水洗石一般强度不是很高，压碎指标会很大，摩氏硬度可能在 6.0 ~ 6.5 左右，压碎指标可能在 15% 以上，甚至达到 20% 或者更高。

4. 该品质石粒，不宜在高强度要求较高的混凝土结构中采用，宜选作装饰材料使用，如水刷石、水磨石等。

## 1.10.10　户外铁楼梯防锈处理

户外铁楼梯防锈处理的问题，现在已刷一次醇酸铁红防锈漆，接下来怎么做防锈功能更好？

>> 2014-11-26 07:00　　提问者采纳

答：

户外铁楼梯防锈处理现在已刷一次醇酸铁红防锈漆，接下来就是：

1. 按你自己选定的颜色（色彩），做普通油漆处理。

2. 因为该楼梯是在户外，所以，每过几年就要再做一次防锈处理，这样就不会让该户外楼梯锈蚀得太厉害，也就是你认为"防锈功能更好"的说法。

追问：如果不刷面漆，以后继续刷这种防锈漆是否可行？

回答：

不刷面漆没有问题：

1. 仅仅是刷了一层防锈漆，那么油漆厚度不是很厚，很容易被磨损掉。

2. 以后加刷防锈漆可能会要"勤"一些。

## 1.10.11　桥梁墩台清水混凝土色差的修补涂装

桥梁墩身色差修补涂装问题?

►► 2014-05-20 17:18　　网友采纳

答：——————————————————————————

　　假如你是想了解桥梁墩身色差修补涂装的方法，可采取环氧树脂胶粘剂加水泥加着色用立德粉进行涂装即可。假如你是想找桥梁墩身色差修补涂装的施工队伍，因为不知道你所说的桥梁在什么地方，所以不便回答。但可以给你提示，到当地建设行政主管部门去找一找当地的装饰装修企业。

## 1.10.12　涂料里面的酸味是什么

涂料里面的酸味是什么?

►► 2014-06-07 07:31　　网友采纳

答：——————————————————————————

　　涂料里面的酸味是涂料中醛类、苯酚类等物质腐败之后产生的酸性物质。既然有酸味，就说明有酸性物质存在。众所周知，酸味一般都是很多物质腐败的基本特征。

　　1. 说明你说的这种涂料质量不是很好，不是什么环保产品。既然有酸味，让人有感觉，当然这就肯定不环保了。

　　2. 假如已经使用了，建议你打开所有窗户通风。同时在室内放点柚子皮、活性炭等吸收刺鼻气体；再摆放点月季、吊兰等盆景改善空气。

　　3. 假如还没有使用，建议你不要使用这种涂料。假如已经装修好了的话，建议你不要急于住进去，等过上半个月到一个月再住进去比较好。

## 1.10.13　内墙抹灰是否有强度要求

内墙抹灰是否有强度要求?

**»** 2014-07-19 18:27　网友采纳

答:
内墙抹灰没有强度要求,有黏结力要求。检查、验收方面就是垂直度、平整度、表面光洁度和观感质量。

## 1.10.14　地暖上抛光砖伸缩缝留置

诚心求助,地暖上装抛光砖,砖之间没留伸缩缝,之前看到你回答同样的问题,说墙边有留缝就行,可我实在很担心,一夜都没睡着,诚心请问真的墙边留缝就行了吗? 需要在铺好的瓷砖上用切割机割出几道伸缩缝吗? 费了无数心血去装修,因为这件事要崩溃了,望请解答!

**»** 2014-08-13 06:38　网友采纳

答:
1. 你要查看一下,设计图纸上有没有明确说明留缝,如果没有要求,那你何必那么担心呢。
2. 一般图纸上大多不会注明留缝,而是施工常识。
3. 既然没有留,看看主人有没有要求,如果没有要求,就装着不懂,不理这个事。
4. 当主人提出来了,再按主人的意思去加开,没有多大的问题。
5. 在工程上,不管遇到多大的事,都要"淡定",要冷静,要有城府。没有留缝,不要紧,没有事的,放心吧。
追问:说得太好了! 可我是业主不是施工方啊,你说加开是怎么加开? 已经铺完了,砖和砖之间还能加开吗?

回答：

既然你是业主，那可以要求施工的人去做，并且可以追究他们的责任。具体做法很简单，用切割机切割也是可以的。但你应该叫施工的人拿出处理方案来，由你们同意了以后才能实施。

## 1.10.15　吊顶厚度不够时的一般做法

吊棚两层板粘一起可以吗？

>> 2014-08-13 07:14　网友采纳

答：

你问"吊棚两层板粘一起可以吗"应该是想了解室内吊顶问题吧。在室内做吊顶时，两层板粘在一起是很正常的事，也是经常发生的事，比如：

1. 做线脚，就需要在板上再粘上板条。

2. 调整吊顶高度，让吊顶有一定的层次感，也需要在板上再粘上一层板，甚至两层板、三层板都有可能，等等，板上粘上板是很正常的事。

## 1.10.16　普通建筑材料钢化处理的概念

建筑工程中的钢化设施料具体包括哪些内容？

>> 2014-08-14 06:01　网友采纳

答：

所谓"建筑工程中的钢化设施料"，其实质上的材料质地，还是原来的材料质地，只是在原来的材料上做了一些"物理"或"化学"上的处理，处理之后，使材料的强度、硬度和脆性有所提高，就称之为被"钢化"。

具体的如玻璃被钢化后称之为"玻钢"、塑料门窗被钢化后变成了塑钢门窗等。

## 1.10.17　铝合金型材被水泥玷污的处理

铝合金型材被水泥封住了，怎么去除？

⟫⟫ 2014-08-14 07:32　　网友采纳

答：

1. 少量的铝合金型材被水泥封住了，只能由人工来清除，不能采用机械清除。

2. 如果大量的铝合金型材被水泥封住了，可以采用化学清除，但速度要快，因为铝的化学性质决定了不容许处于酸性环境中。

## 1.10.18　沥青油与臭油漆是一种材料吗

沥青油与臭油漆是一种东西吗？

⟫⟫ 2014-08-19 07:03　　网友采纳

答：

你说的沥青油，一般不叫沥青油，而叫沥青漆。沥青漆也就是通常人们所说的臭油漆，这两种说法指的就是一种东西。

## 1.10.19　墙纸改做涂料要注意的方面

墙纸撕不掉了，上面做涂料要怎么施工？

⟫⟫ 2014-08-28 10:21　　网友采纳

答：

墙纸怎么可能弄不掉呢？你撕不掉，用点草酸清洗一下就可以了。想在原来的墙纸上做涂料，墙纸不去掉肯定是不行的，一定要想办法弄掉它。

## 1.10.20 发泡剂在木板上的清理

发泡剂沾在木板上怎么洗？

>> 2014-08-29 11:55 　网友采纳

答：————————————————————————————

发泡剂沾在木板上，最好是用小刀轻轻铲掉，实在不好铲的话，就用香蕉水沾上清洗。不过不知道你是什么木板，如果是已经做好装饰面的木板，香蕉水洗了以后会褪去光泽的。所以，建议你尽量用物理办法处理。

## 1.10.21 非相同规格地砖的拼接图案

此题要过程？

>> 2014-08-30 06:32 　网友采纳

9块相同的长方形地砖拼成一块矩形地，地砖的拼放方式及相关数据如图所示，每块地砖的长与宽

答：————————————————————————————

本题应该是无解：

1. 从拼好的图长度方向看：该地砖的长度，应该等于 3 倍的宽度。

2. 从拼好的图宽度方向看：该地砖的长度，应该等于 4 倍的宽度。

## 1.10.22 铝合金穿线管、线槽的应用

请问高层建筑安装护栏管布线用的铝型材（套在线外面的）是用的什么样的型材？

>> 2014-09-03 12:38  网友采纳

答：

高层建筑安装护栏管，布线用的铝型材（套在线外面的）一般用的型材是圆形管材和方形管材两种。

追问：是铝合金线槽吗？

回答：

高层建筑安装的穿线的护栏管，一般不用线槽，而是用穿线管。

## 1.10.23  清水墙施工缝设置做法

上下两层清水墙施工缝能设置在一个地方吗？

>> 2014-09-23 16:29  网友采纳

答：

上下两层清水墙施工缝可以设置在一个地方。不过后面接着施工时，要稍微注意一点色差。

## 1.10.24  卫浴间浴帘高度设置

装潢如何设计浴帘的高度？我是这样设计的：上高度与花洒和墙面的安装点平齐，下高度与地砖面相差 −1 cm，如此设计是否合理？

>> 2014-10-16 09:05  网友采纳

答：

浴帘高度要顶到浴间顶棚下口，不要留有空隙，这是因为：一般热蒸汽总是由下而上的，当冬天洗浴时，上部留有空隙，热气散失很快。

追问：我家卫生间已干湿分离了，可以不用装得如此高吧？

回答：

具体要根据你家卫生间空间的尺寸大小来决定。

## 1.10.25　地下室内墙面积如何计算

地下车库占地面积 5 400，高度 4.4 m，内墙总面积是多少？

>> 2014-10-16 09:24　网友采纳

答：

你光说了"地下车库占地面积 5400，高度 4.4 m，内墙总面积是多少"，让人不好帮你算。

1. 车库面积单位没有写上；

2. 车库长度、宽度尺寸也没有；

3. 是否有门窗洞口、门窗洞口尺寸等。

追问：占地面积大概 5 400 m²，长 90 m，宽 60 m，门窗现在基本不计算，后期 再减。麻烦各位帮我算算！

回答：

这个就很简单：（60 + 90）× 2 × 4.4 = 1 320 m²。

追问：占地就 5 400 m² 了，这总面积才 1 320 m²？

回答：

你没有讲清里面是否存在隔墙之类的，如何能算出多大的面积来？这么大的空间，里面就有可能存在隔墙或柱什么的，但你问的是内墙的面积，作为地下车库，是不可能算出很多的。

我看到了有人给你用 5 400 m² 的面积直接乘以一个高度，那是体积，不是内墙面积。内墙的面积是内墙的长度乘以高度。

## 1.10.26 高层建筑外墙砖施工前需要进行哪些处理

高层建筑外墙砖之前要做哪些处理？

>> 2014-10-18 07:20  网友采纳

答：

高层建筑外墙砖施工之前，所要做的工作及所需的处理包括：

1. 主体结构验收；

2. 检查墙面垂直度；

3. 做充筋；

4. 打毛原有光滑的外墙表面，即装饰装修前的墙面处理；

5. 涂刷黏结剂（有必要时）；

6. 装饰层基层刮糙；

7. 保养；

8. 满足贴面要求时，做外墙砖贴面。

## 1.10.27 刷油漆业务不能仅限定做混凝土搅拌站的生意

现在有哪些混凝土搅拌站需要刷油漆？

>> 2014-10-21 07:58  网友采纳

答：

每个混凝土搅拌站都需要刷油漆。不仅仅是新建的搅拌站需要做油漆，即使是已经投产的搅拌站，也需要每过一段时间后就要做一次保养维护，保养维护当然就包括做油漆了。因此，你想给搅拌站做油漆的话，不能仅仅看新建的搅拌站，包括已经投产的搅拌站都值得去保持联系，保持沟通，去争取业务。

## 1.10.28　新抹灰墙是从里往外还是从外往里

新抹灰墙是从里往外干还是从外往里干?

>> 2014-10-22 13:29　　网友采纳

答:
　一般来说，新抹灰的墙，应该是从外往里干的。但当墙面基层在抹灰之前，没有充分浇水湿润的话，那就反过来了，这种情况很不好，弄不好就会出现容易起砂、空鼓的情况。

## 1.10.29　直线滑动导轨 SBR-12 能承受弯矩吗

直线滑动导轨 SBR-12 能承受弯矩吗?

>> 2014-10-28 14:58　　网友采纳

答:
　你说的 SBR12 是一种轴承直线圆柱导轨，这种导轨可以承受一定的弯矩。

## 1.10.30　高层建筑外墙饰面做法的发展趋势

高层建筑，外墙外保温外饰面材一般选什么材料比较好?

>> 2014-10-30 07:34　　网友采纳

答:
高层建筑外墙外保温外饰面材料，一般选用无机保温砂浆比较好。理由是:
1. 高层建筑以砂浆抹面装饰，可以避免块料装饰后掉落的可能性。

2. 保温性能可靠。

3. 价格便宜。

4. 装饰涂料色泽多样，便于设计人表现其设计特色，等等。

# （十一）消防、保温、排暖、通风、管道、给排水、
环境工程及其他

## 1.11.1　管线穿梁打孔所应考虑到的问题

阳台水管走顶要吊全顶吗，还是走一般宽度边就能包住？另外什么品牌水管质量好？

>> 2014-05-20 14:03　　提问者采纳　　网友采纳

答：

涉及装修问题，各人的审美观是各不相同的，你认为好，其他人看了不一定也认为好。至于阳台水管走顶，我认为是吊全顶好，但这个问题确实需要你自己决定。水管质量问题，现在国内的管道市场都相对比较成熟，都还可以。不过，我个人不太相信十大品牌什么的。有一个国际高端的品牌"德标管业"你可以考察一下。记住：别看价钱便宜的，别怕麻烦，多转转，对比一下，要不以后漏水、爆管什么的就麻烦了。

追问：就是不想吊全顶啊，现在高层普遍高度不够，那样太压抑了，走边如果能盖住就不想吊全顶，再说这样万一漏水也方便维修不是？

回答：

可以，你的想法我表示赞同！说实话，装修这事情，需要有一定的计划性，尤其费用计划，很多人在动手之前都想得很天真，到处都想弄得"多么多么"的美好。但实际装修过程中，很快就会发现"这儿不够，那儿不够"的。最后弄得"没主张"。

## 1.11.2　管道下料坡口算不算长度

管道下料坡口算不算长度？

>> 2014-07-28 11:26　　　提问者采纳　　网友采纳

答：————————————————————————————————
不知道你想了解的是什么管道，什么情况？如果你想计算管道总长度，管道与管道之间是用丝扣连接的话，那么内接的共丝部分不能加到管道总长度里。如果是钢管焊接，那么管道下料坡口部分应计算在总长度以内。如果是其他连接（如法兰连接或管道内衬接头连接等），那么管道下料坡口不但要算，而且还要加上连接件的长度等。

## 1.11.3　斜向朝上的 S 形弯管更快的充水方法

怎样更快地让水管充满？

>> 2014-10-17 15:30　　　提问者采纳　　网友采纳

答：————————————————————————————————
不知道你是什么东西需要充水，你要说清楚，才好给你答案。
追问：S 弯管，斜向上。
回答：
从底下往上充水，很快就会满的。

## 1.11.4　物业管理单位对小区内管道堵塞所应承担的责任

下水管的公共部分被堵，家里被泡，物业有责任吗？

>> 2014-10-20 09:10　　[提问者采纳]　[网友采纳]

答：

小区内属于物业管理的部分下水管公共部分堵塞，造成家里的物件被泡，物业管理是有责任的。具体的责任是：

1. 负责疏通该下水管；

2. 查清该段下水管被堵塞的原因，并应采取相应的措施，以防后期再次堵塞；

3. 承担被泡物件的损失赔偿，不过这个赔偿仅限直接损失的赔偿，不承担连带损失。

此外，有些比较好的物业企业，还会在相应的公示栏目内张贴公开《道歉信》。

## 1.11.5　避雷针通常的除锈方法

避雷针除锈用什么机器快？

>> 2014-10-24 15:49　　[提问者采纳]　[网友采纳]

答：

现在的避雷针都采用酸洗后镀锌，这样的话在使用中一般不会锈蚀。假如是原来的避雷针已经锈蚀了的情况，现需要除锈后再做防锈处理，这种情况的除锈一般还是采用酸洗比较方便一些。

追问：用什么洗呢？

回答：

用稀硫酸，很方便的。不过在操作时，不要碰到皮肤。

## 1.11.6　消防水箱重力自流管的作用和工作原理

消防水箱间重力自流管起的作用是什么？主要的工作原理是怎样的？

>> 2014-10-30 07:58　　　提问者采纳　　网友采纳

答：————————————————————————————

消防水箱间重力自流管起的作用是让一个消防水箱的消防水容量，在发生火警时，扩大为两个或多个水箱容量。它主要的工作原理就是一个"连通器"。

## 1.11.7　防雷接地桩的做法及标准、规范和规定

防雷接地桩有什么标准？

>> 2014-11-01 09:59　　　提问者采纳　　网友采纳

答：————————————————————————————

防雷接地桩所应执行的标准是《建筑物防雷设计规范》（GB 50057-2000）。具体要求是：

第3.3.5条利用建筑物的钢筋作为防雷装置时应符合下列规定：

1. 建筑物宜利用钢筋混凝土屋面、梁、柱、基础内的钢筋作为引下线。本规范第2.0.3条第二、三款所规定的建筑物尚宜利用其作为接闪器。

2. 当基础采用硅酸盐水泥和周围土壤的含水量不低于4%及基础的外表面无防腐层或有沥青质的防腐层时，宜利用基础内的钢筋作为接地装置。

3. 敷设在混凝土中作为防雷装置的钢筋或圆钢，当仅有一根时，其直径不应小于10 mm。被利用作为防雷装置的混凝土构件内有箍筋连接的钢筋，其截面积总和不应小于一根直径为10 mm 钢筋的截面积。

4. 利用基础内钢筋网作为接地体时，在周围地面以下距地面不小于0.5 m，每根引下线所连接的钢筋表面积总和应符合下列表达式的要求：

$$S \geqslant 4.24k^2 \tag{3.3.5}$$

式中：$S$ 为钢筋表面积总和（$m^2$）。

5. 当在建筑物周边的无钢筋的闭合条形混凝土基础内敷设人工基础接地体时，接地体的规格尺寸不应小于表3.3.5的规定。

6. 构件内有箍筋连接的钢筋或成网状的钢筋，其箍筋与钢筋的连接，钢筋与钢筋的连接，应采用土建施工的绑扎法连接或焊接。单根钢筋或圆钢或外引颈埋连接板、线与上述钢筋的连接应焊接或采用螺栓紧固的卡夹器连接，构件之间必须连接成电气通路。

其他具体详细情况，那就得自己再去查看《建筑物防雷设计规范》了。

## 1.11.8 给排水施工图中的标高、距离的标注和识读

给排水系统图上的问题，给水管下面标注的 500、200 表示什么？

>> 2014-11-01 10:06　　提问者采纳　　网友采纳

答：

你所提供的图纸上标注的 500、200 分别是：

1. 底下的一路管道中心距离相应的楼地面高度为 500 mm。

2. 200 指的是该部分的上下两条管路的管道中心距为 200 mm。

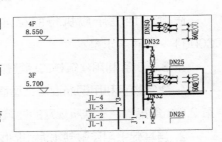

## 1.11.9 市政工程中雨水管道不同管径，在检测资料中的标注

在做市政资料时，不知道 DN800 和 DN600 雨水管道的断面尺寸，就是分项工程现场检测记录表内，雨水管道的断面尺寸？

>> 2014-11-03 10:58　　提问者采纳　　网友采纳

答：

DN800 雨水管的断面尺寸就是直径 800 mm，DN600 雨水管的断面尺寸就是直径 600 mm。

## 1.11.10 普通民用房屋防雷接地、防雷带做法

我想自己做家里房屋的地下防雷接地极，已经在四大 角各打了一根 2 m 长的角钢，但有人说要多打几根。多打几根是沿着房屋四周平均分布打，还是全部一起打在四个屋外 角上？望同行的人指点下，多谢！

>> 2014-11-06 07:36　　提问者采纳　　网友采纳

答：————————————————————————————

自家的房子哪里有多大呢？已经在四大角各打了一根 2 m 长的角钢，足够了。关键就是：用引线把接地线引到房屋的顶部，在房屋顶部外围做一圈避雷带。能够把可能袭击房屋的雷电，通过避雷带的接收下引，传导到四大角上打下去的角钢，再通过角钢传导给大地就行了。千万不要相信人家"有可能引雷、招雷"的说法！

## 1.11.11 定氮仪安装

有人知道定氮仪怎样安装吗？

>> 2014-11-19 06:51　　提问者采纳　　网友采纳

答：————————————————————————————

你说的定氮仪，应该是检测种子、乳制品、饮料、饲料、土壤及其他农副产品中氮含量的专用仪器吧？定氮仪是根据蛋白质中氮的含量恒定的原理，通过测定样品中氮的含量从而计算蛋白质含量的仪器。定氮仪通常被称为开氏定氮仪，又名蛋白质测定仪、粗蛋白 测定仪等。该仪器在食品厂、饮用水厂，以及药品检验、肥料测定中也有广泛应用。不知道你所想安装的是哪里？

1. 主机安装

主机是以 CPU（89C52）为核心构成的单片机测量与控制系统，各结构单元根据主机的指令来进行工作,实现过程控制的自动化。主机面板结构由数字键(0～9 小数点）和功能键构成。

功能键的作用如下：

复位：硬件复位，使仪器处于初始状态。

设定：主要设定时间、日期、进样测试、温度设定等。

启动：开始进行测定。

退回：按此键后仪器提示将怎样退回到初始位置，结束本次测定。

复位：按此键后仪器恢复至初始状态。

2. 水蒸气发生装置安装水蒸气发生装置的作用是提供水解、消化所需的水蒸气。系统包括：加热器、蒸汽发生瓶等。蒸汽开关：开关关闭时蒸汽处于排空状态，打开后向系统供应水蒸气。水泵开关：开启或关闭蒸汽自动供水。

温度调节旋钮：调节蒸汽供应量。

电源开关：打开后蒸汽发生器接通电源。

3. 吸收与冷凝装置安装 吸收与冷凝装置安装由蒸馏瓶、冷凝管、蒸馏电炉、吸收瓶等组成。

4. 水解装置安装水解装置由可控温电炉及水解管组成，安装方法就是直接接通即可。

## 1.11.12　四层房屋后雨水井、污水井、管道施工，对房屋结构有影响吗

我的家在乡下，有一幢四层高的落地楼，后墙两个墙脚 50 cm 左右，有两三个雨水井、污水井以及一条 10 m 的管道，会影响墙体或墙脚的承受力吗？

>> 2014-11-30 07:34　　提问者采纳　　网友采纳

答：

你所想了解的这个情况，不会有任何问题，不要怕！如果一幢四层小楼因为房屋周边有两三个雨水井、污水井就对结构产生影响，那谁还敢盖楼房。放心吧，没有问题的！

追问：好的，谢谢！

回答：雨水井、污水井和供水（或下水）管道的几何尺寸太小，对一幢四层的楼房来说影响微乎其微，不会产生任何影响的，放心吧！

## 1.11.13  船闸止水材料安装

船闸铜止水材料厚度不达标怎么处理？

>> 2014-12-25 16:26    提问者采纳    网友采纳

答：

当船闸铜止水材料或其配件不符合设计要求，或不符合有关规范的规定时，应该：

1. 要求施工单位退货更换成合格的材料或构配件。
2. 当施工单位不服从时，可以认定为偷工减料。

## 1.11.14  珍珠岩回填的施工作业方法

珍珠岩回填怎么施工？卫生间是下沉式的，物业要求用珍珠岩回填，买回来的膨胀珍珠岩是那种特别软的材料，不能直接填充吧，具体施工方式是什么呀，配比是多少，需要加水吗？加多少？

>> 2014-07-12 10:46    提问者采纳

答：

膨胀珍珠岩不是直接回填进去，而是用水泥搅拌成水泥珍珠岩回填。水泥珍珠岩的比例一般在 1 ： 8（体积比）左右。要把水泥说成重量，大约 150 kg，搅拌 1 m³ 的珍珠岩，要适当加水。搅拌成水泥珍珠岩的目的是固定珍珠岩的，其实没有什么强度。

追问：按 1 ： 8 的比例，需要加多少水呀？

回答：

1. 搅拌水泥珍珠岩加水量是以便于施工为准。

2. 因为没有强度要求，所以，一般都没有做精确计量，大约 15 ~ 20 kg。

3. 至于实际用水量，还与你所选珍珠岩的吸水率有很大的关系，并不是仅仅满足水泥用水。

## 1.11.15　确定止回阀连接位置需要考虑的方面

止回阀是否可以直接加到设备管口，PID 要求需距离最短，规范上没有要求说不可以，请教各位专家有没有什么坏处？

>> 2014-09-29 08:04　　　提问者采纳

答：

1. 止回阀不能直接连接到设备管口位置。

2. 止回阀与设备直接连在一起存在的问题是：设备启闭时，会产生一定的负压作用，一方面会伤害止回阀，但更重要的是防止直接伤害到设备，还有维修也不方便等。尽管规范上没有要求说不可以，但一般设计人员都会考虑到这个问题。

3. 不管什么项目，首先应该按设计要求去做，当设计没有明确要求时，才去查找相应的规范、规程，以及相应的技术标准。

## 1.11.16　水暖管道进出方位的考虑

水暖管道下进上出可不可以？

>> 2014-10-21 14:34　　　提问者采纳

答：———————————————————————————

不可以。因为暖气（热水）是向上的，冷凝后的水是向下的。

追问：水暖哦。

回答：

不可以。

追问：为什么？水暖下进上出，不是更容易储存水吗？

回答：

1. 下进上出，供暖管道中的水会出现紊流。

2. 供暖管道属于压力管道。也就是说，供暖管道的正常工作状态都是处于压力状态下，不存在断水或断流而需要储水的说法。

追问：但是我的想法是靠水从底部溢上来，就跟溢流阀的作用一样，热力不是会久一点吗？紊流是什么意思？

回答：

紊流，就是流向比较乱、不规则的意思。

## 1.11.17　壁挂炉管道不畅加循环泵有用吗

壁挂炉管道不畅，可能是管道焊接有问题，加循环泵有用吗？

>> 2014-11-07 09:35　　　提问者采纳

答：———————————————————————————

壁挂炉管道不畅，可能是管道焊接有问题，那加循环泵：

1. 不能从根本上解决问题。

2. 肯定会明显好一点，也就是说，应该是有用的。

## 1.11.18　城市管道施工图中 D、B、H 等符号的含义

　　D1650 截污主干管，这个 D1650 是什么？还有 D2000 ~ B×H = 1 800×2 000 截污管（渠箱）都什么意思？

>> 2014-12-25 14:57　　提问者采纳

　　答：─────────────────────────────
　　D1650 表示该截污管的直径是 1 650 mm；D2000 与上面一个意思，是直径 2 000 mm。
　　B×H = 1 800×2 000 渠箱表示：
　　该渠箱的截面是长方形的，宽度 B 为 1 800 mm，高度 $h$ 为 2 000 mm。

## 1.11.19　混凝土上覆土种植所需厚度

　　土地耕种层下为混凝土基础可否？

>> 2014-05-22 17:11　　网友采纳

　　答：─────────────────────────────
　　没有问题。
　　不知道你准备种植什么植物，一般植物的根茎深度 200 mm 左右，所以，你在混凝土上部覆盖超过 300 mm 土的话就没有问题了。

## 1.11.20　给水管上装的什么东西

　　给水管上装的东西是什么？多少钱一个？

>> 2014-06-05 17:27　　网友采纳

答：————————————————————————————

1. 第一幅照片上大管道上是弯头，小管道上你没有近距离拍到，只能凭猜想，按我估计可能是止回阀或减压阀。

2. 第二幅照片上没有大管道，只有小管道，那个也可能是上面说的止回阀或减压阀。

## 1.11.21　房屋总高 18 层，住 9 层的感觉怎么样

请问一共 18 层的高层住 9 层空气好不好？

>> 2014-08-06 08:16　网友采纳

答：————————————————————————————

9 层的空气已经很好了。但既然住高层，假如能住高一点，就尽量住高一点。因为住高层，本来住的就是一种感觉。你想一下，一幢 30 层的房子，住底下一楼、二楼，你是什么感觉？

## 1.11.22　农村自家房屋避雷系统安装

农村一般哪里有安装避雷装置的？

>> 2014-08-07 06:15　网友采纳

答：————————————————————————————

很简单的事情：自己的房子自己装。在房子最高的尖角位置用 12 以上的钢筋（最好镀锌），高出房屋 1.5 ～ 2 m，沿着房屋的角部下引到底，在房子向外 1.5 ～ 2 m 的地方向地里面打入 2 m 左右就行了。房子有两个最高点就做两个，假如是平屋顶，有四个大角，就做四个。

## 1.11.23　地下车库电缆桥架安装

地下车库正负零以下电缆桥架的安装方法？

>>> 2014-08-09 07:40　网友采纳

答：

你出这么大的题目，怎么回答你呢？我只能简单地说说：

1. 在地下室主体结构施工时，按图纸设计要求安装预埋件。

2. 房屋主体结构封顶后（如果是层数较多的高层，也可以在主体上去四、五层以后就开始安装），进场安装吊杆、支架。

3. 吊杆、支架安装完成后，安装电缆线槽；当地下室面积较大时，也可以组织流水施工，即前面安装吊杆、支架，后面就跟着安装线槽。

4. 线槽安装完成后，做电缆铺线。

5. 所有的每一道工序，应及时按相应的规范跟踪检查、检测，确保安装质量符合规范要求。

## 1.11.24　高层建筑施工中临时用水管道走向布置

建筑高层临时用水管道从哪走好？

>>> 2014-08-13 06:10　网友采纳

答：

建筑高层临时用水管道，建议：沿提升机旁边的脚手架向上走。

## 1.11.25　楼顶避雷带被盖住的处理办法

居民楼顶的避雷带用水泥盖上行吗？

➤➤ 2014-08-14 07:16　　　网友采纳

答：————————————————————————————————————

居民楼顶的避雷带一般都是悬空的，用水泥盖不到。假如避雷带是贴在房屋结构层上的，我告诉你，不能用水泥覆盖，因为覆盖了会影响避雷效果。你既然发到网上来问，应该是你发现有人对避雷带弄了一些水泥盖上了，假如应该是你管辖的责任范围内的事，那你要出面管一管。假如你虽然发现了，但又没有权利去管他，那你可以向相关部门投诉。

## 1.11.26　天然气用管道能做水管用吗

天然气管道可以做水管吗？

➤➤ 2014-08-14 07:49　　　网友采纳

答：————————————————————————————————————

1. 大的天然气用的钢管管道可以做水管，因为一般用于天然气管道的压力，往往是远远大于自来水的压力，且天然气管道要求的密闭性能更高。

2. 要注意的是，用于分户的小天然气管，一般都是塑料管（或橡胶管），不能作为水管。一方面是分户用塑料管（或橡胶管）所需要的承压标准本来就比较小，另一方面是假冒伪劣产品问题，更重要的是这些产品往往质量不好，完全有可能含有一定量的有害物质。水管，是不能含有有害物质的。

## 1.11.27　页岩陶粒保温隔热层

页岩陶粒和铺砂浆这是干吗？

➤➤ 2014-08-28 10:30　　　网友采纳

答：

从你发上来的照片看，他们是在用页岩陶粒和铺砂浆做屋顶的保温隔热层。

## 1.11.28　消防通风的常用器材

消防通风常用器材有哪些?

>> 2014-08-29 12:06　　网友采纳

答：

消防通风常用器材，一般包括：

1. 各种风管，如玻璃钢风管、铝箔风管、玻镁风管、铁皮风管等。

2. 各种风量调节阀。

3. 风口散流器。

4. 各种风机。

5. 消声静压箱。

6. 防雨百叶窗等。

可能还有其他的，对不起，一时不能说得很全面。

## 1.11.29　雨水管接口会开裂吗

雨水管接口会裂开吗?

>> 2014-09-02 15:14　　网友采纳

答：

过去的雨水管接口有陶瓷的、铸铁的、人工加工镀锌铁皮的等，经常会裂开。现在大多采用玻钢的、不锈钢的等。所以，现在一般不会裂开了，你说的这种情况很少。

## 1.11.30　地下储藏室的选择

地下室一个有横梁，一个有竖着烟道，该选哪个？

▶▶ 2014-09-24 06:12　　网友采纳

答：

不知道你想选什么，还有，横梁在地下室里面的什么位置？烟道肯定是靠着墙边的。你要把这些情况说清楚，好为你提供一些参考意见。

追问：想选地下室，哪个对我们好？一个是 5 号，有横梁，在东边刚进门的那道墙上露出 20 cm，5 号左右都有房间，靠里。另一个 3 号，离楼梯近，拐弯，旁边有一个房间大位置是走廊，没做地下室，西北角竖着有水泥柱，40 cm 左右，好像是上面的烟道，排气的。从楼梯下来 3 号和 5 号一排，3 号离楼梯近，哪个地下室好？

回答：

根据你说的这个情况，我给你的建议是选 3 号，比较靠近，烟道、排气通道一般对室内不会有很大的影响。话又说回来，即使将来有什么问题，物业那边也是好找的。现在一旦定下来，是多少年的方便，少走路，拿东西方便。现在社会比较安定，地下室里面也不会放置多少价值很大的东西，所以安全方面不需要考虑。

## 1.11.31　50 cm 宽、20 m 长的污水管道疏通方法

怎样才能把含石头和泥沙并且只有 50 cm 宽、20 m 长的污水管道疏通？

▶▶ 2014-09-24 06:22　　网友采纳

答：

50 cm 宽、20 m 长的污水管道，长度不是很长，这种管道清理不难。

1. 准备一台小型的高压水泵（洗车用的就可以了）、洋锹、一根 10 m 左右的

钢筋，钢筋端部焊上一把小铁铲。

2. 先把两端能清理到的地方清理掉。

3. 用高压水枪从上游一端向下游一端冲洗，中间如有冲不动的固结石子，就用钢筋铲稍微铲一铲，松动了就可以冲掉了。

## 1.11.32　挂壁式太阳能在高层建筑中的应用

高层 18 层，我家在 15 楼，想装一个太阳能可以吗？

>> 2014-09-28 07:04　　网友采纳

答：————————————

现在有一种阳台挂壁式太阳能，随便你住在哪一层都可以使用，而且效果蛮好的，建议使用。当然，不一定都是放在阳台，也可以放在窗台下，或其他任意有太阳光照射到的地方都可以。

## 1.11.33　消防泡沫污染有多大

消防泡沫污染有多大？怎样处理好污染源？

>> 2014-09-29 08:37　　网友采纳

答：————————————

1. 消防泡沫肯定有污染，但你问污染有多大，这个现在还没有能够做出计量的指标来表述污染的大小，只能说凡被泡沫喷到的地方，都叫做被污染了。但污染的程度不是很严重，也就是说对人的伤害不是很大，请大家一定要放心。

2. 要想处理好污染源，这个话题也很复杂。首先应该从防火方面做一些积极的工作，才是最好的防范；其次是消防材料方面的技术研究和创新很重要，争取研制出一种没有污染的消防材料；再次就是在实施消防灭火过程中的适量使用方面来减轻污染等。

其实二氧化碳污染很小，没有什么大的污染，所谓对大气的污染仅仅就消防而言污染太微小了。

## 1.11.34 烟道风帽不能用弯头代替

烟道风帽用弯头代替行吗？

>> 2014-10-09 07:22 　　网友采纳

答：

烟道风帽不能用弯头来代替，因为：

1. 弯头是有方向性的，出烟时如遇到正风，将会有"回烟"现象。

2. 假如采用可变方向的弯头管则代价比风帽要大，实在没有必要。

## 1.11.35 消防管道跑偏对管道密封的影响

消防管道压槽机跑偏对管道密封有影响吗？

>> 2014-10-09 07:44 　　网友采纳

答：

你说的这个问题，压槽机跑偏了，肯定对管道密封有影响。因为一旦跑偏了，结合部位就不一致。

## 1.11.36 中国市政东北设计院给排水专业概况

中国市政工程东北设计研究总院每个设计院都有给排水吗？

>> 2014-10-17 14:26 　　网友采纳

答:

中国市政工程东北设计研究总院肯定有给排水,但其下属的分院就不一定全部配置了。

追问:您是这个单位的吗? 单位怎么样?

回答:

这个单位应该说是没有问题的。你是不是想与他们发生什么必要的联系,还是想怎么样?

我不是这家单位的,但我知道他们是一家不错的设计院。中国市政工程东北设计研究总院创建于 1961 年,过去主业就是从事给排水咨询设计的。

该院拥有多个行业设计资质,如市政行业城镇燃气工程、水利行业城市防洪、建筑行业建筑工程、风景园林工程等甲级设计资质。同时,该院还是工程咨询甲级资质企业;工程造价咨询甲级资质企业;工程勘察综合类甲级资质企业;工程监理甲级资质企业。

不过,我说的是总院情况,他们的分院有很多,分院情况不是很了解。

## 1.11.37　供暖管道更新后,原来的管道是否能够使用

换能集中供暖后以前的铁管道还能使用吗?

>> 2014-10-18 13:59 　　网友采纳

答:

你是不是想了解,原来是单独供暖的铁管道,换成集中供暖后,以前的管道还能不能使用的问题? 原来的管道,大多已经不能使用了,在进行管网改造时一般都进行了更换。对有些刚安装不久的比较新的管道,在进行管网改造时也都必须进行必要的试压检验,对于检验合格可以使用的才可以保留,不合格的一律更换。

### 1.11.38　阀门高度的标注形式

阀门高度是从底部开始算还是从中心线开始算?

>> 2014-10-19 08:27　网友采纳

答:——————————————————————————————

阀门高度通常指的是:阀门中心线的高度。

### 1.11.39　高度 22 m,长度 60 m 建筑物的避雷线设置

22 m 高,60 m 长,设几个避雷线?

>> 2014-10-21 06:54　网友采纳

答:——————————————————————————————

你只说了 22 m 高,60 m 长,但没有说出该建筑物(或结构物、构造物)的宽度尺寸,让人有些不好回答。一般像这个高度的建筑,肯定是有一定平面宽度尺寸的,在外围周边设置一圈避雷带就行了。

### 1.11.40　螺栓松动剂对操作人员是否有较大伤害

螺栓松动剂对手的伤害大不大?

>> 2014-10-21 13:17　网友采纳

答:——————————————————————————————

螺栓松动剂就是一种轻油，对操作人员手的伤害不大，放心吧！

## 1.11.41  地暖管道铺设完成后不能直接贴地砖

地暖管铺好能直接贴砖吗？需要打砂浆吗？

>> 2014-10-21 14:40    网友采纳

答：
地暖管铺好后，要先打砂浆保护，不能直接贴砖。

## 1.11.42  取暖管道上下两个，哪一个是放气的

取暖管道上下两个，哪一个是放气的？

>> 2014-10-24 06:57    网友采纳

答：
取暖管道上下两个中，上面的一个是放气的，下面的一个是泄水的。

## 1.11.43  消防电源监控系统安装要求及知名安装企业

国家对消防电源监控系统是强制性要求安装吗？哪些厂家比较有名？

>> 2014-10-24 09:21    网友采纳

答：

国家对于消防电源监控系统有强制性要求。知名的有上海华宿、北京华新鼎盛、杭州崇正电气（制造）等。安装方面有上海利唐、杭州崇正电气、上海安科等。

## 1.11.44　道路施工图中 (k0＋000 k5＋139）的识读

426. (k0＋000 k5＋139) 是什么意思？

>> 2014-10-30 08:29　　网友采纳

答：——————————————————————————————

这是道路工程上的标注，指的是：该路段从 0 号桩的 0 点处开始，到 5 号桩再加 139 m 处截止。这大概就是一个标段的施工长度吧。

## 1.11.45　下水管堵住了怎么处理

顶楼下水管两端封死如何更换？

>> 2014-10-31 08:57　　网友采纳

答：——————————————————————————————

这个问题，你也没有办法把管道的具体情况说清楚，在网上可能没有办法帮你解决。建议你找专业管道维修的人去做。

# 二、进度管理

## 2.1 购买商品房可能延期交付的处理办法

去年 2013 年买的东台金水湾，合同上写 2015 年 6 月前交房，有谁知道今年能拿到房子吗？

>> 2014-05-14 15:14　　　提问者采纳　　网友采纳

答：————————————————————————————

合同上写 2015 年 6 月前交房，就是今年能拿到，他们也可以不给你，只有跟人家好好商量商量。我估计你是不是想等拿到房子结婚的，所以很着急。如果房子确实已经好了，就跟人家商量一下，估计都会"通情达理"的。

## 2.2 建设工程项目几个开竣工日期的概念

工地注明的开工日期与实际施工日期相差多久？

>> 2014-10-30 09:03　　　提问者采纳　　网友采纳

答：————————————————————————————

一个工地开工，所涉及的情况很多，我只简单地介绍以下几点：

1. 第一种开竣工时间是方案的可行性研究中提到的开竣工时间。

2. 方案设计基本完成后，进入招投标阶段，又出现了一个招投标过程中的开竣工日期。

3. 确定中标施工单位后，开始正式签订合同，在签订合同的时候，又有一个合同开竣工时间。

4. 合同签订后，施工单位组织进场前，再来一个计划开竣工时间。

5. 现场准备工作完成后，施工单位应向监理单位报审开工报告，又出现了一个开工报告上的开工时间。

6. 开工报告批准后，并不等于施工单位就会按时立即组织开工，往往施工单位又会采用"讲迷信"的方式选定一个"吉"时作为开工时间来举行开工仪式。

7. 开工仪式做完了，并不等于就是真正开了工。真正的开工，还是需要施工单位现场的所有准备工作都完成后才能正式组织施工，这才是真正的开了工。

以上说了一大堆，一般情况下，明明就这么一个项目，所出现的这六七个开工日期都不相同。

追问：那个开工仪式是 9 月 19 日，这个开工是正式施工吗？

回答：

你所说的这个情况是：尽管开工仪式是举行了，但施工单位很可能还有许多工作都没有准备好，所以，实际上根本就没有开工。

## 2.3 组织流水施工的步骤

组织流水施工的步骤是什么？

>> 2014-11-11 12:21    提问者采纳    网友采纳

答：————————————————————————

组织流水施工的具体步骤是：

1. 将拟建工程项目的全部建造过程，在工艺上分解为若干个施工过程。

2. 在拟建项目的平面上划分为若干个施工段。

3. 将拟建项目在竖向上划分为若干个施工层。

4. 上述划分完成后，按照施工过程组建专业工作队（或组），并使其按照规定的顺序依次连续地投入到各施工段，完成各个施工过程。

5. 当分层施工时，第一施工层各个施工段的相应施工过程全部完成后，专业工作队依次、连续地投入到第二第三……第 n 施工层，有节奏、均衡、连续地完成工程项目的施工全过程。

以上就是组织流水施工的具体步骤。

## 2.4 各单位工程项目形象进度的描述与进度快慢的比较

我想知道，这些楼栋里面哪几个楼栋的进度稍微快些，哪几个稍微慢些，我选的是 10 号楼，同事选的是 20 号楼。

1 号楼，电梯井桩头破除，电梯基坑砖胎膜砌筑准备施工；

2 号楼，电梯坑、集水坑开挖，桩头破除，塔吊基础施工完成；

3 号楼，CFG 桩施工完成，混凝土龄期第 4 天；

4 号楼，CFG 桩施工完成，混凝土龄期第 5 天；

5 号楼，CFG 桩施工中，累计完成 440 根，剩余 125 根；

6 号楼，CFG 桩施工完成，混凝土龄期第 13 天；

7 号楼，塔吊安装完成，电梯井开挖；

8 号楼，电梯基坑砖胎膜砌筑施工；

9 号楼，碎石褥垫层施工完成，因新增人防方案未定，暂缓施工；

10 号楼，CFG 桩基静载检测，桩间土开挖；

11 号楼，17 号楼，CFG 桩施工中，累计完成 422 根，剩余 330 根；

12 号楼，CFG 桩基静载检测完成，塔吊基础施工；

13 号楼，电梯基坑、集水坑开挖，电梯基坑砖胎膜砌筑；

14 号楼，20 号楼，防水基层处理；

15 号楼，CFG 桩养护第 11 天；

16 号楼，18 号楼，CFG 桩施工完成，累计完成 759 根，混凝土龄期第 1 天；

19 号楼，桩间土开挖。最好能帮我把这个按照进度的快慢顺序排列一下。

>> 2014-04-15 07:54    提问者采纳

答：

总体来说，目前都在基础施工阶段。

14、20 号楼比 10 号楼稍快一点。

14、20 号楼桩基已经完成，垫层已经完成，现在在做垫层上的防水层处理。

10 号楼桩基才在检测，部分土方（桩间土）还没有完成，至少说垫层肯定还没有浇筑。

提问者评价：多谢了，这样的话我心里就有数了。

## 2.5 迪士尼乐园开放前提前种草的考虑

"他"为什么要求施工部撒下草种，提前开放迪士尼乐园？

▶▶ 2014-06-18 06:23 　　提问者采纳

答：────────────────────────────

"他"为什么要求施工部撒下草种，提前开放迪士尼乐园？因为在"他"的后面用了"要求"一词，那这个"他"应该是公司的"老总"或该项目的主要负责人。无论是不是老总，或其主要负责人，后面我们就以"老总"一词代替"他"。既然公司老总要求提前开放迪士尼乐园，一般大致应该是这样两种情况：

1. 施工部前期已经"拖延了"工期，到老总"要求撒下草种"的这个时候，实际还没有竣工，所以后面接着要求"提前开放"。

2. 施工部实际是按正常工期在推进，但现在马上就有"某"个重大节日到来，"提 前开放"一方面可以得到很丰厚的利益回报，另一方面也满足了社会对"提前开放 迪士尼乐园"的强烈需求。所以"要求"施工部抓紧时间撒下草种，以达到能够"提 前开放"所应具备的条件。

## 2.6 18 层建筑中，桩基工程和主体结构所占总工期的比例

一栋 18 层高楼的桩基工程和主体工程大约各占总施工时间的百分之几？

▶▶ 2014-12-26 13:48 　　提问者采纳

答：————————————————————————————

主体部分所占用的时间，基本没有多少不确定因素，大约占总工期的
45% ~ 50%。但桩基（包括桩基检测）的不确定因素比较多，如采用静压预制桩，工
期很短，占总工期的10%都不到；如采用钻孔灌注桩，则施工时间就比较长，可能会
占用到总工期的20% ~ 30%，有时候遇到地下有不确定因素时，说不定时间还要长。

## 2.7 施工准备的概念

施工准备指的是什么？

>> 2014-06-08 07:24　　网友采纳

答：————————————————————————————

所谓施工准备，指的就是项目开工之前要做的工作。既然谈到了施工，这说明
前期的招投标及合同签订工作已经完成。所以施工准备就是要谈的合同签订后到正
式开工前要做的事情。

1. 建设单位应做的工作：场地三通一平，申领《施工许可证》。该工作，有时
候在进行招投标之前就已经完成，但大多数还是等到合同签订后才来做。因为该工
作虽属于建设方的义务，但还是需要施工单位来实施。在没有确定主体施工单位之
前，建设单位往往也不想让过多的施工单位搅和进来。

2. 施工单位组建项目部。

3. 组织技术交底和图纸会审。

4. 组织施工班组进场。

5. 对班组人员及操作工人进行技术交底、三级安全教育和岗前培训。

6. 对拟建项目进行测量和定位放线。

7. 组织材料进行必要的检验、试验、报审。开工前要做的工作很多，诸如质量
报监，安全报监，材料二次抽检、鉴定，机械设备进场、报检，特种作业人员报审等，
太多了不能一下子全部说清楚。我只能做以上一些提示，真正的工作还是需要自己
在实际工作过程中慢慢领悟。

## 2.8 工程项目中标后紧接着要做的工作

工程中标后怎样计划施工具体步骤和注意事项有哪些？

>> 2014-07-19 17:42 　网友采纳

答：

这个问题比较大，在网上只能简单地说说：

1. 领取中标通知书，商谈合同，签订合同。

2. 落实施工队伍，做进场准备。

3. 现场安排临时设施，组建施工项目部，包括项目经理（现场执行经理）、技术负责人、施工员、安全员、质量员、材料员等。

4. 做开工前技术准备，包括编制施工组织设计、施工方案、施工进度计划、质量保证措施、安全保证措施、应急预案、文明施工措施、各种审批表、开工报审表等。

5. 组织施工队伍进场，按施工组织设计组织施工。其实，内容太多了，不是在网上短短的几句话就能说清楚的，还是找一个比较熟悉的人，作为你的现场执行经理吧！

## 2.9 扫尾工程所包含的工作内容

24 层楼房最后收尾是什么工程？

>> 2014-08-28 08:30 　网友采纳

答：

你想了解"24 层楼房最后收尾是什么工程"，其实不管什么项目，最后的收尾工作就是：

工程现场清理、打扫卫生、组织工程竣工验收、办理交付使用手续和移交钥匙。如果你想了解"24 层楼房最后收尾"在竣工验收的紧前工作，那我告诉你，没有统一的规定和标准，可以作为依据和参照。

## 2.10 流水段划分带来的思考

流水施工段原则上主楼每段面积不超过多少 $m^2$？停车楼不超过多少 $m^2$？

>> 2014-09-27 06:55 　网友采纳

答：

这个问题，目前尚没有统一标准和统一的规定，流水施工段的划分原则上是满足现场所需要的情况而定的，便于施工现场组织施工为标准。正因为如此，所以才有一个通常的说法：

"……人弄的施工组织设计有一定的针对性，而另外的……人弄的施工组织设计总是拿……工程来套用的，对我们施工现场的实际情况一点都不适用。"

再说，所谓流水段的划分，其实质就是为了在现场"糊弄监理"的，对监理"提出了"必须按我们的"思路"要求去进行验收，否则他（监理）就是不懂施工，不懂得先进的施工管理模式。这就是我多年来对这一所谓的"先进"管理模式的反复研究、反复琢磨、反复验证后所得出的结论。

## 2.11 建筑学施工程序

建筑学施工程序？

>> 2014-10-16 07:16 　网友采纳

答：

仅"建筑学施工程序"这几个字让人不好理解，不知道你想了解什么。

1. 如果把"建筑学"三个字连在一起，那就是一门学科，一门学科后面加"施工程序"四个字就语言不顺了。

2. 如果把"建筑"两个字连在一起，后面"学施工程序"可以说，但好像还是不完整，应该说成：（我是学）建筑（的，想了解一下有关）施工程序（方面的事情）。如果是这个问题的话，那还是比较大，我在这里简单地说几个程序供你参考：

（1）基本建设程序：城市规划—项目立项—可行性研究—项目设计—取得建设用地—组织项目建设实施—竣工验收—投入使用。

（2）项目建设程序：项目设计—项目招投标—确定中标单位—组织现场施工—竣工验收—交付使用—项目保修。

（3）单体项目的建筑程序：基础工程—主体结构工程—屋面工程—门窗工程—装饰装修工程—水暖电器安装工程。

太多了，一下子列不完，仅供参考。

## 2.12 小区内施工项目作业时间限制

小区内施工的时间有没有什么规定限制？

>> 2014-10-16 07:42　　网友采纳

答：

你说的是小区内的施工，施工时间是受到环保部门规定限制的：

1. 施工过程中所产生的噪音量必须受到严格限制。

2. 施工过程及停工休息期间的光污染应受到限制。

3. 施工作业时间应受到限制，夜间正常休息时间内（指的是当日的22：00～次日6：00）不得施工。如因特殊情况，临时性必须在夜间作业的，应提前向环保部 门提出申请报批手续，并将报批手续公示和告知附近可能受到影响的居民。施工单位应该按报批手续中所规定的时间进行施工作业，不得私自改变或无故拖延作 业时间。

## 2.13　小区内整体建筑未完工可以交付吗

小区内整体建筑未完工可以交付吗？

>> 2014-10-21 07:53　　网友采纳

答：——————————————————————————————————

完全可以！

1. 作为一个小区，一般规模稍微大一点的可以分为好几期进行施工，并按期进行验收交付。

2. 小区规模不是很大的话，往往是做一期完成的。这种情况下，在同一期内，一般也可以分为几个标段分别进行招标（也可同时招标），分标段施工，按各标段分别验收交付。

3. 有些小区规模比较小，不但没有分期，甚至也没有分标段，不管多少幢房子，就一个标段，一家施工单位进行施工。这种情况下，当其中某几幢房子已经施工完成，具备使用功能，并在确保人员能够进出安全的情况下，可以进行某几幢或某一幢房子的独立验收，单独交付使用。

单位工程是可以单独发挥使用功能的建筑物（包括所有的结构物、构造物，也是以这样的基本条件来划分单位工程的），也正因为如此，工程项目的基本验收单元是单位工程。

你所问的这个问题，关键点是：已经施工完成、具备使用功能、确保安全使用。

## 2.14　大型建设项目的标段划分

房建一标和房建二标、市政标分别是什么意思？这个标代表什么呢？

>> 2014-10-24 12:08　　网友采纳

答：——————————————————————————————————

你想了解的这个情况是：

一个比较大的工程项目，作为一个标段太大了，就把房屋建筑与市政部分分开来，分别进行招标的情况。

然后又考虑到了，所有房屋建筑部分仍然很大，因而再将房屋建筑的部分按标段分开，分成了房建一标段和房建二标段。

在这里，房建一标、房建二标中的这个标，就是标段的意思。但"标"字用在"投标"一词中，就变成了"投标文件"，指的是将"投标文件"投送出去。


# 三、质量管理


## （一）实体工程质量


### 3.1.1 "工地开凿"说的是什么意思

工地开凿具体是指哪方面？


▶▶ 2014-05-23 12:53    提问者采纳    网友采纳


答：

这个问题，很多人都没有办法回答你，因为你问得不明确，所以只能凭估计来回答了：

1. 第一种情况是工程建在岩层比较浅的山区或丘陵地带，岩层上的覆土比较少，岩层顶面不平整，有高差，基础是建在整平后的岩层上。这样上部土层清除后就等待处理不平整的岩面，确定下来岩面整理的时间后，可称之为"工地开凿"。

这里要说明的是：以上所说的这种情况，工地开凿时间，是需要提前一些时间来准备的，因为一方面岩层上部覆土清除后须经建设单位、设计单位、勘察单位、监理单位等各方责任主体，经现场验槽后方可进行；另一方面，岩层开凿也属于一种"危险性"较大的工种，需要做好安全方面的准备。

其实，对你想了解的问题来说，这只是一个牵强附会的解释。

2. 你既然把"工地开凿具体是指哪方面"这句话拿到网上来问，按我估计，还有一种情况，就是施工单位在主体工程施工过程中，混凝土爆模、漏浆情况"非常"严重，平时叫他们处理，他们总是推三阻四的，等到准备装修时，被大家"戏称"为"工地开凿"。

你所想说的大概就是第二种情况。

### 3.1.2　水泥裂缝的原因及处理方法

水泥裂缝的原因及处理方法？

>> 2014-08-19 08:28　　提问者采纳　　网友采纳

答：

造成水泥裂缝的原因比较多，但不外乎结构裂缝或收缩裂缝两大类：

1. 如果是因为结构问题出现裂缝，那一定要查清楚结构安全问题，在确保结构安全的前提条件下进行处理。

2. 收缩裂缝一般是不需要进行处理的，因为混凝土是允许带裂缝工作的。但必须注意到，有防水或抗渗要求的，就必须要处理了。

水泥裂缝处理的方法比较多，除了对结构加固外，水泥裂缝一般都是针对防水、抗渗方面进行处理，采用带防水剂的素水泥浆灌缝压密的办法比较多。

### 3.1.3　楼板开裂的原因

楼板开裂是什么原因？

>> 2014-08-31 11:11　　提问者采纳　　网友采纳

答：

现浇楼板开裂，有两种原因：

1. 温度收缩裂缝；

2. 结构变形裂缝。

以上两种情况，需要分别对待。

## 3.1.4　工程质量分析的方法及实例分析示例

工程质量事故分析，存在问题、产生原因、问题危害、预防方法、解决措施，请回答。

▶ 2014-10-14 07:45　　提问者采纳　　网友采纳

答：

1. 存在问题

（1）基坑开挖尺寸不够，周边无操作面。

（2）钢筋加工尺寸不对，上下层钢筋加工长度不一致，钢筋上下不对应。

（3）上下层钢筋之间无架立马凳或稳定可靠的架立措施，仅有三个箍筋顺一个方向架立上层钢筋。

（4）预埋的柱（或设备基础）主钢筋间距大小不一致，还有两根柱筋下端无锚固弯钩。

（5）预埋的柱（或设备基础）主钢筋在底板内及下端起点处无箍筋。

（6）整个基坑周边无防护设施。

2. 产生原因

（1）施工人员质量意识淡薄。

（2）施工图纸不熟悉，未进行设计交底，或设计交底不到位。

（3）无施工方案，或即使编制了施工方案，也未进行方案审批。

（4）管理不到位，包括项目部管理人员管理不到位和现场监督监理不到位等多方面管理不到位。

3. 问题的危害

（1）基坑开挖尺寸不够，周边无操作面，无排水沟，一旦地面水进入基坑内，无法排清积水对施工不便。

（2）钢筋加工尺寸不对，上下层钢筋加工长度不一致，钢筋上下不对应，造成上下层钢筋不能一致受力而产生内部结构附加应力，缩短了结构使用寿命。

（3）上下层钢筋之间无可靠的架立措施，会造成上层钢筋不能有效地控制在设计结构模型所确定的受力位置。

（4）柱主钢筋间距不一致，钢筋下端无弯钩，使柱结构不能可靠有效地受力。

（5）柱主筋在底板内无箍筋，也使得柱身结构不能正常可靠地受力。

（6）基坑周边无防护设施，给施工人员跌落基坑留下安全隐患。

4. 预防措施

（1）加强施工人员的质量意识教育，提高施工人员素质。

（2）开工前，按施工程序组织图纸会审、设计交底。

（3）及时编制有针对性的施工方案，并按程序履行方案审批。

（4）加强项目管理，加强现场施工监督，确保施工质量在可控范围内。

## 3.1.5  电焊焊缝起泡的原因

电焊焊缝为什么会起泡？

>> 2014-10-18 14:20　　　提问者采纳　　　网友采纳

答：────────────────────────────

你用的是外裹药渣的电焊条烧的电焊，焊缝起泡有两种：

1. 第一种情况是外面的药渣泡。这种泡是可以敲掉的。

2. 第二种情况是真正的焊缝泡。产生的原因是手握焊把手没有把稳所造成的，这种情况是影响焊缝质量的，一般要求对焊缝进行探伤检测，所要检测的就是这种情况。遇到这种情况后的补救措施就是加焊。

3. 国家有关规范规定，加焊或叫做补焊，只有一次机会，即补焊或加焊以一次为限，补焊后仍然不合格的，就有可能被认定为该焊缝不合格。

## 3.1.6  建筑工地半成品保护

工程干到一半半成品如何保护？

≫ 2014-11-20 09:48　　提问者采纳　　网友采纳

答：────────────────────────────

工程干到一半，如果已经停工，或短时间内不会继续施工，那当然就变成了半成品。那么半成品如何保护呢？其实很简单：

1. 将工地封闭，禁止闲杂人员入内。

2. 外露的钢筋需要进行防锈处理，具体的防锈处理方法要根据可能停工的时间长短来确定。有涂刷防锈漆的处理方法，也有采用水泥砂浆包裹的防锈处理等。

## 3.1.7  混凝土垫层、砂石垫层的用法和质量控制

地面水泥砂浆面层什么时候用到？

≫ 2014-11-28 10:40　　提问者采纳　　网友采纳

答：────────────────────────────

现在即使是农村的普通民居用房的地面，一般都粘贴了面砖，或做水磨石等，纯用水泥砂浆面层的地面已经很少了。现在能用到水泥砂浆面层的就是一些车库、地下停车场、地下人防、储藏室等附属用房或临时用房。

追问：水泥混凝土垫层呢？

回答：

一方面水泥混凝土垫层怎么能叫地面面层呢？另一方面混凝土垫层也是临时性的。

不过，你这么一说，我就知道了你说的是什么了。作为一般的垫层施工，表面都是原浆压光的，但现在发现，怎么另外加上了砂浆，像做地面一样的了。

这种情况很普遍，是现场施工人员把标高弄错了，垫层面标高不够，或者说，垫层被他们浇的厚度不够，现在是在加砂浆做面层的情况。

这种情况没有问题，除了多用了一点人工外，材料价格差都很小，对现场的后续工种也不会造成什么影响，放心吧！

追问：我想问的是水泥混凝土垫层需要什么时候用到？回答：你一开始问的是"地面水泥砂浆面层什么时候用到"，现在又问"水泥混凝土垫层需要什么时候用到"。你到底想了解什么？把话说完整，才好回答你的问题。追问：刚刚打错了。

回答：

打错了不要紧！假如还想了解什么的话，后面还可以说！

追问：那水泥混凝土垫层需要什么时候用到？回答：水泥混凝土垫层，只要是搞房屋包括其他各项建筑工程基础的时候都会用到。追问：就是住宅厂房都会用到呗？

回答：

对了。追问：谢谢！砂和砂石检验批什么时候检查呀？有强夯需要检查吗？回答：

1. 属于设计要求的砂或砂石垫层，需要做检验批验收，做检验批的时间应该是在施工完成后就要做了。

2. 只要是属于设计要求的砂垫层或砂石垫层，有强夯也需要做砂垫层或砂石垫层检验批的验收。

### 3.1.8　紧邻层数不多的房屋先后分期施工的沉降处理

两户人家共墙，用钢筋插入做拉接，先造的房屋地基会下沉吗？

>> 2014-12-28 13:08　　提问者采纳　　网友采纳

答：————————————————————————————————

你是不是说的：你们家房子先施工，人家的房子后施工的情况。如果是这个情况，当你们家房子完成后，他们才开始施工的话，肯定存在一定量的附加沉降。不过不必担心，一方面这种附加沉降量不会很大，另一方面，既然是两家共墙的情况，一般房屋不是很大，最多三到四层吧。即使有一定的沉降，也 不会造成很大的影响，放心吧！

### 3.1.9　沥青混凝土路面不平整的防治措施

沥青混凝土路面不平整的防治措施有哪些？

>> 2014-12-28 14:46　　提问者采纳　　网友采纳

答：————————————————————————————————

随着城市化的快速发展，城市的基础设施特别是城市道路，目前正在大规模建设，沥青混凝土路面因施工速度快和通车迅速，且行车平稳舒适，已被广泛用于城市道路建设。但由于沥青混凝土路面长期直接承受行车荷载和自然因素作用，一些城市道路不同程度地出现了凹坑、裂缝，检查井周边或检查井下沉，接缝台阶、波浪、碾压车辙，桥涵与路面接茬不平，跳车等路面不平整现象。现就出现的沥青路面不平整现象，可以分析出城市沥青混凝土路面产生不平整的原因。

1.　原因分析

1.1　项目管理原因：产生沥青路面不平整，工程项目管理水平对沥青路面平整度的影响较大，施工人员（包括施工管理人员、施工班组、施工工人）的素质，工程质量管理制度和质量保证体系，执行程序能力和效果，以及工程管理和施工经验等，都将对沥青路面的平整度产生较大的影响。

1.2 路基质量原因：产生沥青路面不平整，路基是道路路面的基础，路基不均匀沉陷，必然会引起路面的不平整。路基出现不均匀沉降的原因一般有以下几种：

①路基回填材料控制不好，路面出现高低不平；

②半挖半填路基的交界处处理不当，路基的压实度不足；

③特殊地基路段处理不当或不到位，路基防护排水不完善，路基不足以承载路基自重或车载引起的路基变形等，造成路基不均匀沉降。

1.3 检查井周边回填：检查井基础施工不当的影响，在已通行的城市道路中，经常会出现检查井井盖或井周边不同程度的下沉。究其原因，主要是检查井周边回填不密实所导致的检查井周围下沉，或者由于检查井存在渗漏水，将井周边回填材料冲刷到井里，形成检查井周边空洞或井周边回填材料软化，在动载（车载）反复作用下下沉，造成沥青混凝土路面不平整。这一现象，在城区道路改造中经常会发生。以前施工的检查井周边已部分被掏空，同时，由于检查井基础未处理到位或基础强度未达到设计及规范要求就进行检查井砌筑，造成检查井基础强度被破坏，竣工后达不到设计要求的强度，检查井在车载的反复作用下整体下沉，或者由于井圈下砂浆养生期不足、不饱满、砂浆过厚，检查井、井盖在车载的反复作用下下沉。

1.4 桥涵两端的跳车，严重影响着路面整体平整度：在城市道路中，桥梁、涵洞两端的路基病害是最常见的道路病害之一，主要表现在：

①桥梁、涵洞的台背 填土，由于压实机械的作业面狭小而使压实不到位，通车后引起路基的压缩沉降；

②台背填料与台身的刚度差别大，造成沉降不均匀。

1.5 基层不平整造成路面不平整：在路面基层施工过程中，微小的基层不平在面层施工中是可以弥补的，但基层的平整度太差，必然会使面层的平整度受到影响。因为基层凹凸过多、过大，会导致摊铺机两条履带在不规则的高低面上行驶，从而使摊铺机熨平板两端部会出现波浪。此外，由于基层不平，即使面层摊铺很平整，也会因虚铺厚度不同，经碾压后出现表面不平整。

1.6 沥青路面沥青混凝土的质量对平整度影响：沥青混凝土的质量不仅影响沥青路面的结构质量，也影响路面的平整度。沥青混凝土质量取决于主要材料的质量和沥青混合料的配合比设计，以及沥青混合料的拌和。

1.7　沥青路面摊铺机械及摊铺施工工艺对平整度的影响：沥青摊铺机是沥青路面面层施工的主要机具设备，其性能及操作对摊铺平整度影响很大。摊铺机结构参数不稳定，行走装置打滑，摊铺机摊铺的速度快慢不匀，机械猛烈起步和紧急制动，以及供料系统速度忽快忽慢等，都会造成面层的不平整和波浪。同时，沥青路面的施工工艺，对路面的平整度影响也很大。沥青混凝土路面接缝处理不好，常容易产生的缺陷是：接缝处下陷或凸起，以及由于接缝压实度不够和结合强度不足而产生裂纹甚至松散，形成路面不平整。这种现象在城市道路上，都有不同程度地出现。

1.8　碾压机械设备及工艺对沥青路面平整度的影响：沥青面层铺筑后的碾压，对平整度有着重要影响，包括碾压设备选择和碾压工艺控制等方面。碾压机具的选择及组合，碾压温度控制，速度控制，碾压行走路线，碾压的次序，以及碾压的遍数等，都关系着路面面层的平整度。

2.　处理措施

2.1　工程项目管理方面：对于沥青混凝土路面必须要求应具有同类工程的施工经验、优良的管理水平，包括良好的人员素质，严格的工程质量管理制度和质量保证体系，以及执行程序能力和执行效果。施工管理人员主要是对重点部位，易出现问题部位，需进行专项方案编制。对施工班组、工人需进行有效的交底以及施工过程的监督。施工工人主要是按照技术人员交底内容，进行具体施工操作，并进行过程检查，确保上述常见的现象得以减少和有效的预防控制。

2.2　路基不均匀沉降的对策：路基的施工质量，是道路工程的关键，也是对路基路面工程能否经受住时间、车辆运行荷载、雨季冬季的考验。要做好路基工程，必须按照规范和技术标准要求对路基进行填筑。

2.3　检查井周边回填和检查井基础的处理：在路基回填过程中，检查井周边应同路基一起回填，现场压路机应尽可能碾压至检查井周边。待回填至一定高度后，将检查井周边未碾压到位的土全部反挖去除，改回填砂或其他便于施工的优质填料。

2.4　桥涵两端跳车的防治措施：在桥头设计过渡段，即在一定长度范围内，铺设过渡性路面或设置搭板，从而避免桥涵两端跳车现象。

2.5　路面基层施工注意事项：在沥青路面基层施工时，各基层均要控制平整度，越往上要求越高，才能确保路面平整度。

(1) 严格按照《城镇道路工程施工及验收规范》(CJJ1—2008) 要求进行底基层和基层施工，以确保标高、横坡、强度、平整度达到设计要求。当采用摊铺机进行基层施工时，可适当调整摊铺机两侧的横向斜杆，使熨平板呈中间低两头翘状态。面层摊铺前，认真清扫基层表面，确保基层表面整洁，没有松散浮料和杂质。

(2) 切实加强基层养护，在基层施工完成后，采用土工布覆盖进行养护，或采用喷洒沥青乳液保护，也可以用洒水进行养护，保持湿润，并在养护期间禁止车辆上行。

2.6 控制沥青混凝土质量对平整度影响：

(1) 严格控制沥青混凝土的原材料，沥青原材料应符合相关规范及设计要求，特别是粗集料洁净且强度、耐磨耗性等指标应符合要求，细集料、沥青材料、填料也应符合相应的技术要求。同时，配合比也应符合上述规范和设计要求。

(2) 严格控制温度，在拌和过程中，温度过高则可能会造成沥青老化，不能保证摊铺质量。但当拌和料温度不够，或设备出现故障时，又可能会出现温度不均匀。因此，应严格控制沥青混合料的拌和温度和出厂温度。

(3) 严格控制配合比，沥青含量偏高，路面易泛油、推移、壅包，沥青含量偏低，又容易出现花白料而使得集料之间黏结力差，路面容易出现松散现象，甚至坑凹，影响行车安全和舒适性。

2.7 沥青路面摊铺机械及摊铺施工工艺的控制：

(1) 沥青路面摊铺机械主要控制：

①摊铺机械的自动找平装置，传感器进行认真的校核试验；

②在摊铺前应对摊铺机熨平板加热和调整，熨平板温度必须达到规定要求，熨平板的平直度不能出现正拱和反拱现象；

③选择合适的频率并做好试铺工作，同时，在摊铺过程中还应经常检查振捣器、夯锤的皮带等。

(2) 沥青路面摊铺施工工艺控制：

①摊铺机的摊铺进度控制，摊铺机应该匀速、不停顿地连续摊铺，严禁时快时慢；

②摊铺机操作控制措施，选用熟练的摊铺机操作手，并进行上岗前培训。停顿时间超过 30min 或混合料温度低于 100℃时，要按照处理冷接缝的方法重新接缝。

2.8 沥青路面碾压及接缝质量控制：沥青混凝土面层的碾压通常分为三个阶

段进行,即初压、复压和终压,碾压的方式、方法、速度、温度控制等应符合现行施工验收规范及设计要求。各阶段的碾压作业始终在混合料处于稳定的状态下进行。碾压作业应按由下而上,先静压后振动碾压。碾压时,驱动轮在前,从动轮在后。后退时,应沿前进碾压的轮迹行驶。

### 3.1.10  现场施工的"三禁"产品

现场施工的" 三禁 "产品是指什么?

▶▶ 2014-12-28 14:55    提问者采纳    网友采纳

答:

现场施工的"三禁"产品指的是:

1. 禁止使用袋装水泥; 2. 禁止现场搅拌混凝土; 3. 禁止现场拌制砂浆。

### 3.1.11  二灰碎石生产工艺以及是否能够人工拌和二灰碎石用人工怎么拌和?

▶▶ 2014-04-11 20:10    提问者采纳

答:

二灰碎石是城镇道路工程中路基部位使用的材料,但也用于房屋建筑中局部软弱地基的处理。在道路工程中现在基本没有采用人工拌和的了,只有可能出现在地基处理中工程量很小的情况。

二灰碎石的拌和次序是:先按配合比的比例要求将二灰拌和均匀,然后加入碎石。需要注意的是,当拌和二灰的含水量不够需要加水时,一定要在加入碎石之前加水并拌和均匀,碎石是最后加入。

## 3.1.12 梁出现"狗洞"的处理及与整体结构所形成的影响

梁狗洞修补后对结构和梁承重有影响吗?

>> 2014-04-22 13:48 　　提问者采纳

答:

你都把它说成"狗洞",你想一下"狗"都能进去了,怎么修补对结构和梁承重都肯定是有影响的。我知道你说的"狗洞",不是真的狗都能钻进去,只是表示很大的意思。在钢筋混凝土结构的梁中,如果混凝土不密实,孔洞尺寸过大肯定对结构是有影响的。那大到什么程度有影响,小到什么程度没有影响呢,没有具体规定,一般认为:

1. 不在"受压区"。

2. "孔洞"截面面积不超过整个梁截面面积的三分之一,即真正密实部分的截面面积大于三分之二,且"空洞"周围可松动石子未过梁的中心线。

修补时必须采用"比原设计混凝土强度等级提高一级的细石混凝土"修补密实。

按你的提问,估计你可能是"非施工方"的现场负责人,并在现场已发现了一些问题,然而施工方有关人员在你们面前说得很"轻描淡写"。建议你们以后要对施工方及有关施工人员加强监管,不能再出现"狗"都能钻进去的"孔洞",甚至是"空洞"了。

追问:孔洞修补后新老混凝土接合面是否将来会裂缝?新老混凝土接合后整体强度是原来的多少?

回答:

如果孔洞面积比较大的话,在凿去松动石子后要涂刷一层素水泥浆结合层。只要修补密实,一般以后不会再出现裂缝。因要求修补的混凝土强度等级提高一级,因此说,修补后的"新老混凝土接合后整体强度"只能说是"相当于"原来的设计强度,对结构不会产生太多影响。怎么说这也是一种补救措施,过分强求是没有必要的。如果强求,那就干脆返工重做。

### 3.1.13　框架结构浇铸施工次序、钢筋接长、防雷接地等注意要点

关于框架结构的浇筑顺序

1. 垫层—基础—基础柱—基础梁—室内回填—同时1层的柱与1层的板—同时2层的柱与2层的梁板—同时3层的柱与3层的梁板……

2. 垫层—基础—基础柱—基础梁—室内回填土—1层的板—同时1层的柱与2层的梁板—同时2层的柱与3层的梁板……

另外没有电渣压力焊，柱子8条20螺纹钢，应该预留从板面上去多少公分呢，如何错开搭接，3.6m高柱子多少搭接长度，8条即12345678分别该如何预留搭接？柱底加密钢箍高度。

10个柱，每跨间距4.2m，梁上下部各2条钢筋能否都能通长，搭接是否能同时在一条跨梁上1/3处，就是该如何错开，梁端插入柱中的钢筋弯钩锚固长度应该做多少？

做防雷时，基础钢筋焊通梁、柱子后，还用做圆钢引出来焊接插入地底的镀锌扁钢或者角钢吗？

➤➤ 2014-04-26 08:16　　提问者采纳

答：

你在网上一下子问这么多，能有人帮你全部完整地回答出来吗？我估计很少。我在这里适当给你回答一下：

1. 浇筑次序，你说的第二条基本正确。"垫层—基础—基础柱—基础梁—室内回填土—1层的板—同时1层的柱与2层的梁板—同时2层的柱与3层的梁板……"，不过要注明的是 ±0.000 处有板的情况。

2. 钢筋的"接长"一般框架结构大多采用焊接，但不管哪个构件、哪个部位的焊接接头都不得大于截面总配筋量的50%。具体怎么认定的50%，还要去看看《规范》。

3. 你说的"10个柱，每跨间距4.2m"，是不是"连续""通长"的九跨，

只要是"连续"的"非变截面"的，梁"角部"的钢筋都应该"通长"设置。梁的"中部"钢筋才可以按梁各部位的"弯矩变化"情况进行"非连续"配置。

4."做防雷时，基础钢筋焊通梁、柱子后，还用做圆钢引出来焊接插入地底的镀锌扁钢或者角钢吗"？必须用"扁钢"或"角钢"焊接出来，打入地下，采用"摇表"检测合格。

## 3.1.14  建设工程质量监督站中监理部与质检部的职能简介

质检站分为监理部和质检部是怎么回事？

>> 2014-05-16 15:27  提问者采纳

答：

质检站分为监理部和质检部是由其基本职能所决定的：

1. 监理部的主要职能是对辖区内在建工程项目的巡视、监督、检查、抽查等。

2. 质检部的主要职能是对辖区内在建工程项目的建筑材料、成品、半成品的检测、鉴定。如混凝土、砂浆试块的试压，钢筋试拉、试弯，水泥的强度、安定性检测，其他建筑构配件的性能检测等。

追问：那监理部是归甲方管还是归质检站管？

回答：

质检站的监理部与甲方无关，其是代表政府行使的监督职能。

另：一般不称为"质检站"，而应称之为"质监站"，单位全称一般为"×××质量安全监督站。"

## 3.1.15  钢筋、模板工程中可能会出现露筋的修改措施

这个怎么改？会露筋吗？

>> 2014-05-26 12:43　　提问者采纳

答：

按你提供的照片看，肯定会露筋。即使浇捣时勉强用水泥浆护住钢筋，但保护层基本还是没有的，不处理将会留下严重的隐患。整改措施如下：

1. 从你提供的照片来看，右侧顶住模板的四根下弯钢筋，在梁板内同方向、同位置有同规格的钢筋绑在一起，是否可能是：因原来的该钢筋锚固长度不够而在该处附加下弯钢筋。如果是这样，可以把扎扣松开，把该钢筋调整到相应位置后重新绑扎即可。

2. 直角拐过来的地方，即照片左侧的部分整改难度比较大一点。因为骨架钢筋到模板之间的距离比较靠近，基本都顶到了模板。从照片来看，是正在浇筑过程中拍摄的（当然，你看到我的回复时早已浇筑完成了），只有用粗一点的钢筋撬棍，撬动钢筋骨架临时固定浇捣，待混凝土凝结后就没有问题了（现不知道现场实际是怎么做的）。

### 3.1.16　高层房屋局部质量缺陷的谈判与处理

高层墙里有钢筋，还有木头，这样的墙好吗？用电镐打都很难打透！

>> 2014-06-24 07:24　　提问者采纳

答：

"高层墙里有钢筋，还有木头，这样的墙好吗"，有钢筋是正常的，有木头肯定不好，也是不正常的。但我理解你提问的这个意思：

1. 首先，你所说的"高层墙里有……"，这个墙应该是混凝土剪力墙，而不是普通的砖墙。

2. 混凝土剪力墙里有钢筋是肯定的，但出现"还有木头"这一点是不正常的。混凝土里面的木头应该说是施工人员浇筑混凝土前，没有清理干净。当然，你没有讲清楚该"木头"的准确位置，所以我也没有办法帮你判断，该木头能否给房屋结构留下什么隐患。如果该木头在主要的结构受压区，甚至可能留下"重大"结构隐患。

3. 混凝土墙里出现了个别的"木头"，都是房屋施工过程中，木工架模板时不小心掉进去的，一般不会很大，也不会太多。所以，通常情况下，对结构也不会产生重大影响，大可不必过分担心。但可以作为一个"事件"来对房屋开发商进行交涉，以获得一些免费的或优惠的服务。如房屋二次装修的垃圾清理费、小区里一些管理费用摊销等。也可"以该房屋存在局部缺陷"为由，迫使他们在房屋价格上做点让步。当然，这就要看你的谈判技巧了。如果有必要的话，也可以找个律师来出面谈谈。

4. 你说的"用电镐打都很难打透"，一般来说，混凝土是比较好打的，混凝土里出现木头，电钻打到上面会出现木头焦味，不会"很难打透"。我理解你说这话的意思是想表达"里面的这个木头很大"，大到了"很难打透"的境界。没有太大的问题，你放心地住进去吧，没有问题。

## 3.1.17  正方形承台下，不可能设计成 8 个桩位

承台下面 8 个桩，可以布置成每边 3 个桩 吗？就是 3×3 的 9 根桩去掉最中间的一根？

>> 2014-06-27 08:24    提问者采纳

答：

按你现在说的这个情况，一般不会这样设计，所以按我猜想：应该是施工单位漏打了一个桩位。你既然把这个事情拿到网上来问，也应该是漏桩的情况。建议：

1. 请设计院核定一下，如果能够满足设计要求，当然是最好不要动，做一些上部结构的加强，提高上部结构整体性，让周围的其他桩位一起协同承载。

2. 经设计院核定后认为确需要补桩的话，那就请施工单位过来补桩。

### 3.1.18 建筑检测实验室的体系认证

建筑检测实验室应进行什么样的体系认证?

>> 2014-08-15 08:37　　提问者采纳

答:

建筑检测实验室所需要进行的体系认证包括:

1. 质量体系认证。

2. 安全体系认证。

3. 职业健康与环境卫生体系认证。具体情况可以找认证单位查询、咨询,认证单位本来就是做咨询工作的。

追问:那个 17025 认证是什么?

回答:

17025 认证也是需要的。

17025 认证是实验室认可服务的国际标准,目前最新版本是 2005 年 5 月发布的,全称是《检测和校准实验室的通用要求》(ISO/IEC 17025:2005-5-15)。

### 3.1.19 机场跑道因施工问题起包的处理

跑道颗粒因调和剂放多了导致施工完地面起包了,怎么办?能在不赔钱的情况下最好,谢谢大家,救急?

>> 2014-08-19 07:58　　提问者采纳

答:

施工质量出了问题不赔钱的最好办法就是:自己返修,同时还要跟监理搞好关系,不管什么情况,也不管发生了什么,不要动不动就"抖"出来。否则,别无他法。

追问:我想要的是有什么好的解决办法,谢谢!

回答：

1. 如果起包的面积不大，总的起包点数也不多的话，可以采用局部修补的办法，也就是把起包的点位切去重新补上。

2. 如果起包点的数量较多，就不能采用局部修补法了。如果可行的话，是不是可以考虑表面加层处理稍微经济一点。

按我估计，可能不会很多，尽量采用局部修补一下看看行不行。

追问：但是有的包大，有的包小，用修补的办法有点废料，您看能不能用化学的办法把包消除下去呢？

回答：

你说的是沥青混合料面层吗？不管什么面层，用化学的办法去消除都不是好办法，因为结构不牢固，很快就会出现问题，而出现问题后仍然需要自己来保修，得不偿失。看上去是应付了眼前验收，蒙混过去了，但后面仍是需要保修的。

追问：质量是生意的保证，再怎么也不能在质量上偷工减料，谢谢您！我刚才看包的基层是很牢固的，应该是可以用化学物质来消除胶的。

回答：

根据你所描述的情况，我也思考了一下，可以试一试，也应该去试一试。做了局部修补，尽管也是属于一种微表面处理，但验收这一关还是不好交代的。

追问：那用化学方法阻止，您建议用什么比较好点呢？

回答：

有一种叫水溶性腐殖酸的东西，不知道有没有用，不妨弄一点试试看。不过，在浸过之后还要重新压实一下。追问：谢谢您的建议，麻烦您了。

## 3.1.20 设计未考虑抗浮，地下室出现上浮事故的责任认定

由于设计不考虑抗浮造成地下室上浮，属不属于工程质量事故？因地质资料显示可以不考虑地下水位，故设计和施工均未考虑地下水位的浮托作用。

❯❯ 2014-10-11 08:46　　提问者采纳

答：

你说的这种情况，属于施工单位的工程质量事故，施工单位应承担相应的责任，这是因为：

1. 从地质情况来看，地质资料显示可以不考虑地下水位，所以设计和施工可以不考虑地下水位的浮托作用。已经明确表明，设计方不存在错误，没有设计责任。

2. 既然原本地质条件不存在问题，那造成地下室上浮的原因是什么？那最大可能性就是：施工过程的施工用水下渗，使得原本不存在地下水浮力影响的情况，变成了有地下水浮力作用，而造成地下室上浮。

3. 如果施工单位用"非施工用水"（如天然降水等）来推脱，是不能否认上述第2点推断的。这是因为，任何一家施工单位在有地下室存在的工程项目施工过程中，均应采取防止地面水渗入基础的措施。无论是施工用水，还是非施工用水，均应采取有效措施加以控制，这当然也就应该包括天然降水。

4. 如果施工单位用长时间连续降水的不可抗力来推脱，那就必须查清气象资料，来给予明确责任。但作为一个有经验的承包商，应充分考虑到各种异常情况发生的可能性，并应采取相应的措施，以确保地下室的安全。在查清气象资料后，还需要查清施工单位是否采取了相应的措施。

5. 最后一种可以减轻施工单位责任的可能性就是，原先地质勘察单位所出具的勘察报告误差。但这种情况也只可减轻施工单位责任，也不能完全推脱责任。这是因为，作为一个有经验的承包商，应充分具备识别地质情况的能力，而应尽提醒、建议的义务，以确保施工安全。

总之，谁施工，谁负责质量，谁施工，谁负责安全，这是任何一家施工单位都不能推脱的常识。

追问：地质资料显示拟建局部单层地下室，后来增加到全部单层地下室，局部二层地下室，施工前审图单位的总工和施工单位前后提出疑问，但并没有引起设计院重视，答复是地质资料可以不考虑地下水位，故不用考虑浮托作用。再说，地质资料也没有显示地下水位标高。

回答：

按你这样介绍的情况，建设单位、地质勘察单位、建筑设计单位、施工单位都分别需要承担一定的责任。具体地说：

1. 建设单位责任：无论项目出现何种情况，当提出方案修改，审图单位或施工单位或其他相关单位提出过疑问的，建设单位均应充分考虑方案修改的可行性。

2. 勘察单位责任：地质资料可能存在误差（当然需要进一步核算）。按你介绍说：地质报告中没有显示地下水位标高，表明地质勘察存在不够充分的可能性。一般来说，即使是地下水位较低，以致低到"可以不考虑地下水位对本工程的浮托作用"，但地下水的水位高度，都是应该勘察并标注出来，地质报告中应做出明确的说明。

3. 设计单位责任：施工前审图单位和施工单位提出疑问，没有引起设计单位的重视，答复是地质资料可以不考虑地下水位。此外，在没有天然地下水的作用下，即使是施工用水或其他地面水、施工过程中的天气降水等的意外渗入，也应作为设计单位必须考虑的设计内容。因此，"没有引起设计单位的重视"，已充分表明设计单位具有不可推卸的责任。

4. 施工单位责任：即使说在施工之前已经向建设单位、勘察单位、设计单位，甚至是审图单位提出过"可能存在风险"的意见，但因为施工单位是工程项目施工质量的责任主体单位，对施工中所存在的风险仍应承担一定的"必须确保施工质量和施工结构安全"的责任。作为工程施工质量的主体责任单位，对施工质量、施工结构安全必须承担一定的责任，是正常承揽建设工程项目所公认的一般常识。作为一个有经验的承包商，必须具备承担施工质量及确保施工结构安全的基本能力、基本素质、基本担当。当然，在施工之前，和审图单位已经一同提出过"可能存在风险"的意见，可以大大减轻其所应承担责任的分量。就你所介绍的情况来看，可以仅仅承担比较小的一部分次要责任。

## 3.1.21　小区内管道堵塞网线难接的责任，及业主的办法和措施

小区内的事情：

1. 小区单元入户暗埋管道施工方原因造成封堵，已经入住，后期发现，找谁？

2. 通信井取电自用，原来是入户的网线、有线电视线、楼宇对讲线，网线和有线电视线的穿线管都是用一备一，备用的用带丝穿着，现在想改网线为光纤，但发现所有用着的线和备用管中的带丝都拽不动了。用一根钢丝从入户管向外穿，发现

进去 6 m 左右就进不动了。入户口距离通信井的直线距离大概 10 m，从通信井一端穿入，在 4 m 的位置穿不动了，就此判断应为施工方在施工过程中造成了管路变形（但是已经穿好的网线和有线电视线对讲线可用，交房时没有发现），这种情况，我应该找谁？

　　另外，我想将光猫（光转网）放置在通信井中，用原来的网线，但是需要给光猫供电，我想用通信井的照明电路，但是问了物业说不能这样，说是公共的，我们是 1 梯 4 户的高层，其他 3 家可能也存在这样的情况，物业让走明线，直接从通信井里向外打孔，再向家里打孔，这不就破坏公共设施和房屋建筑了吗。我该怎么办？请各位专家和好心的朋友帮忙解答，万分感谢！

>> 2014-10-13 07:14　　提问者采纳

　　答：

　　你一共说了三个问题：

　　1. 施工过程中造成了管路变形，这种情况，我应该找谁？找建设单位，你当时房子跟谁买的就找谁。他们应该交付的是"合格的房子"，只要存在质量问题，就可以找他们负责。

　　2. 你想将光猫（光转网）放置在通信井中，用原来的网线，需要给光猫供电，想用通信井的照明电路。这个问题，物业管理给你的答复是正确的。因为那是公共用电，不能你想用就接一下，他想用也去接一下，那就乱套了。

　　3. 上面的问题，物业让你走明线，直接从通信井里向外打孔，这样会破坏公共设施和房屋建筑立面处理、外观形象，甚至碰伤或触伤结构。但处理这个问题，你应该按第 1 点意见，由建设方安排维修。

　　追问：你好，如果建设方推诿，我该怎么办？找谁？

　　回答：

　　1. 好好商量，不管什么事，首先要好好跟人家商量，一般都是可以解决的。

　　2. 当好好商量，实在解决不了时，可以向你们当地的建设行政主管部门举报。

　　3. 如果举报还不行的话，那就找律师去跟他们谈，一般律师会有办法的。

## 3.1.22　砂浆王使用、楼板搁置宽度不足等所造成的质量缺陷及现场处置

关于建筑垒墙用砂浆王的问题，盖房子垒墙，民工总是要往搅拌机里面加一些砂浆王来和洋灰，他们说不兑砂浆王无法垒墙，请问这个砂浆王对房屋质量都有哪些影响？另外，洋灰板与圈梁的搭接部分若少于 8 cm 都有什么影响？工程上对此一般最低要求是多少？目前搭接部分达不到要求的在民房建筑中是否较常见？

>> 2014-10-23 07:43　提问者采纳

答：

你的这个问题比较多，我来一一回答你：

1. 砂浆王对房屋质量都有哪些影响？砂浆王又叫岩石精，是一种作用于胶结料（水泥）中，用以改善水泥砂浆性能的物质，属于混凝土外加剂范畴。砂浆王用于各种工业、民用建筑砌筑的砂浆、抹 灰砂浆、水泥砂浆的水泥制品，具有良好的抗冻性、抗渗性和防潮性能。虽然砂浆王具有一定的保水性，但是对砖的浇水养护（特别是高温季节）不可忽视。使用砂浆王的危害很大，简单列举几个例子：

（1）某一工地砌筑砂浆内使用了砂浆王，其砂浆强度经检测发现：设计要求为 m5，而实际单构件检测结果仅为 m1.0 左右，批量检测结果为 m1.3 左右，严重影响了该工程的结构性能和使用安全。还有一工地砂浆设计要求为 m7.5，而实际检 测结果仅为 m1.6 左右，批量检测结果为 m2.3 左右。

（2）另有一工地在抹灰砂浆中盲目使用了砂浆王，结果导致粉刷层空鼓、裂缝，造成了严重的质量缺陷。像框架结构中，特别是斜砖与梁交接处，如果使用砂浆王，即使在交接处使用玻璃纤维网或钢丝网采取所谓的加强措施，但其实质都将于事无补。

因此，从 2009 年起，安徽、湖北等省就开始发文，明令禁止使用砂浆王。现在全国各地大多数省市的建设行政主管部门，均已下令禁止使用。

2. 洋灰板与圈梁的搭接部分若少于 8 cm 都有什么影响？首先，说明一个概念，洋灰板通常指的是板内不含钢筋的水泥板，一般可用于垂直方向的隔墙板和屋面隔

热层上的封板等，而不能用作承重楼板。但显然，你所叙述的"洋灰板与圈梁的搭接部分若少于 8 cm 都有什么影响"指的应该是用于承重的楼板。

当楼板与圈梁的搭接部分少于 8 cm 时，属于明显的楼板搁置长度不够，对房屋的结构抗震和正常的结构使用安全都会带来很大的影响。

3. 工程上对此一般最低要求是多少？工程上，对于装配式结构来说，楼板搁置长度一般不小于 10 cm。

4. 目前搭接部分达不到要求的在民房建筑中是否较常见？目前你说的这个情况，在民房建筑中还是比较常见的。当私家民用房屋建筑施工时，假如出现了这种情况，建议：在楼板跨墙处，配置一些钢筋给予加强，否则，对房屋等于是留下了一个重大的结构隐患。

### 3.1.23　工程验收实测实量的抽检数量有依据吗

建筑工程主体分部验收时分资料核查、观感质量、实测实量小组，就是这个实测实量抽几个点来检查吗，有没有规范要求？

▶▶ 2014-05-13 14:51　网友采纳

答：
实测实量抽几点检查肯定有规范要求：按有代表性的自然单元，抽取不少于 10%，同时不少于 3 间。

### 3.1.24　现浇楼顶出现裂缝后的处理

整浇楼房顶后，出现房顶裂缝，该怎么办？三层楼房顶总面积约 440 m²，整浇用网筋 8 圆螺纹筋，网成小方格，又用 12 圆网成 3 m 多的大方格，整浇用水泥 470 袋（一袋 50 kg），水泥型号 p.c32.5，粗沙用了 38 方，3 号石子用了 20 方，混凝土料有点稀，整浇后用震动棒震后又用磨光机磨后，就开始出现裂缝（有很多长缝），有两条是横着的两间房一直裂到头。用水保养 15 天后，一到下雨天就会顺

着裂 缝出现漏水现象。请专家告诉我应该怎么办？

>> 2014-05-19 17:29　　网友采纳

答：

你说的这个情况，首先要确定结构上有没有问题。如果结构上没有问题，仅仅是裂缝漏雨，那就不是问题了。

1. 仅从你提供的数字来看，除了混凝土标号偏低是肯定外，其余我们目前还无法确定你的房屋结构是否存在问题。因为这里面涉及的问题包括：房屋的平面形状、房屋的房间大小（开间尺寸、进深尺寸）、钢筋配置图形等。

2. 假如确定下来，结构上无需担心时，防水就好处理了。尽量做柔性防水，减少对结构的影响，如防水涂料、二毡三油防水等。

3. 确定结构是否安全，是需要比较有经验的人员到现场去判断的，不能仅仅靠在网上说说。

## 3.1.25　桩基允许偏差

人工挖孔桩单桩承台桩允许偏差多少？多桩承台桩又是多少？

>> 2014-05-26 11:02　　网友采纳

答：

《建筑地基与工程施工及验收规范》（GB50202-2002）规定：1 ~ 3 桩承台的桩，桩位允许偏差为 100 mm。

这里需要注意的是：单桩承台虽然说是允许偏差 100 mm，但当很多桩都有较大的同一方向偏差时，尽管在允许偏差范围内，不超过规范，也是需要进行必要的处理的。否则较大的偏心受力，对上部结构的安全也是不利的。

多桩承台桩一般是指 4 桩及 4 桩以上，16 桩以下的，允许偏差为 1/2 桩径。

16 桩以上的称之为群桩。群桩的允许偏差，分中间桩和四周桩两种情况。中间桩允许偏差为 1/2 桩径，四周桩为 1/3 桩径。

追问：人工挖孔桩偏差没这么大吧？

回答：

我说的是规范，实际施工中怎么可能有这么大。

追问：单桩承台边到桩中心是 1D，图纸上 800 mm 的桩 1 200 mm 的承台，有矛盾吗？

回答：

有矛盾，但人工挖孔桩的承台可以按你所说的图纸这么做，没有必要做 1D 那么大。

### 3.1.26　一道梁做成了剪力墙怎么办

发现工人把一道梁做成了剪力墙怎么办？

>> 2014-05-30 16:15　　网友采纳

答：

请设计的人过来看看，该处由剪力墙隔开后能不能调整一下使用功能。如果能调整当然最好，实在不能调整再做返工的安排。

### 3.1.27　自建平房与购买楼房的比较

我老家建筑新平房，觉得还买楼房哪好，平房或者楼房？你们说理解。

>> 2014-06-10 07:31　　网友采纳

答：

你的这个问题里面，我觉得"掉"了好几个字，不知道是不是想了解这个情况：

"我老家（可以）建筑新平房，觉得还（是）买楼房（的好），（不知道）哪（个）好（？）（我指的就是）平房或者楼房（的区别）？你们说（说你们的）理解。"

按以上这句话，给你说说我的理解：

1. 自己建平房，以后居住是很舒适，但存在几个问题：一是自己搞建筑手续麻烦；二是建筑时一家人都很辛苦；三是将来配套设施能不能完善起来，还是个大问题。如果这些问题都能解决，那就自己建，辛苦一点倒也无所谓。

2. 买楼房，一般来说，居住小区都是经过详细规划的。什么商店、菜场、医院、学校、道路出行等都很齐全，也很方便，问题就是人多、拥挤等。

世上没有十全十美的事情，你自己认真仔细地考虑考虑再做决定。

## 3.1.28　人行道沥青混凝土施工方法所造成未压实情况的处理方式

人行道沥青混凝土路透水要紧吗？人行道沥青混凝土路面完工后，工程验收往路面倒水时，发现水都渗透了，其原因主要是在人行道街树间，大型碾压设备碾压不到。

>> 2014-09-28 14:48　网友采纳

答：

既然你都已经做成了，而且是人行道，哪里会有什么问题呢？肯定没有问题。

但作为质量验收，他们可以算你不合格。所以，好好疏通一下就算了，跟他们讲清楚，"大型压路机压不到，当然我们应该重新调整配合比，调整施工方法的，但没有做好"等，你放心，肯定会过关的。

如果一旦被他们认定下来，麻烦得不得了。

## 3.1.29　地下室顶板是否能上"过重车"

35 cm 厚 C30 混凝土钢筋盖板，多少天可以过重车？

>> 2014-10-11 09:38　网友采纳

答：——————————————————————————————————————

过重车，不管多少天后也不能让他们走。只有在设计允许的承载力范围内的车才能让他们走，并且要注意，已经达到设计承载力满负荷的车辆，只能让他们在达到设计强度后才能通行。具体来说，达到设计强度，是在浇筑成型的 28 天后。

## 3.1.30　山东省济南市的工程验收比其他地方严格吗

济南市建筑工程验收怎么和别的地区不一样？

>> 2014-10-19 13:36　网友采纳

答：——————————————————————————————————————

不管是什么地方，建筑工程验收工作都有国家统一规定的标准。不能说济南市的就怎么样，济南市的肯定没有超出国家规范的有关规定，而只是在你的感觉中，其他地方比这里要放松一些。

我告诉你一下就知道了：其实你走到哪里都是一样的，感觉严格一点的地方是很正常的，说明在这一点上，其他的某个地方没有严格按照国家标准来执行。

当你重新再换一个地方时，又会产生同样的错觉。每更换一个新环境，往往就会产生一次这样的错觉。

## 3.1.31　市政道路水稳层石屑含土量较大可以用吗

石屑含土量大可以用吗？

>> 2014-10-20 07:31　网友采纳

答：——————————————————————————————————————

石屑含土量的说法，一般采用含泥量这个词。石屑含泥量太大的话，不可以使用。

追问：谢谢！

回答：

不知道你所说的石屑，准备在哪方面用的：

1. 假如用于做路基，而不是配置混凝土，含土量稍微大一点是没有多大问题的，可以用。

2. 假如是用于配置混凝土的话，那所用的石屑，含泥量就不能大，大了就不能用。

追问：水稳层。

回答：

不知道你是施工方的还是监理方的。

1. 如果你是施工方的，我就跟你说：是可以用的，没有太大的问题。

2. 假如你是监理方的，或建设方的，那我就与你说：不可以用，所用材料必须满足设计要求，请施工单位按设计要求施工。

追问：监理方，谢谢！

回答：

一开始我也有估计，你既然把这个问题提出来，可能是监理方或建设方的。

## 3.1.32　起砂路面能用水磨机进行磨光吗

起砂路面可以用水磨机磨吗？

**>>** 2014-10-20 09:50　　网友采纳

答：

1. 起砂路面不可以简单地用水磨机来磨。

2. 路面起砂，那就一定要查清起砂的原因，根据起砂原因来确定对该起砂路面的处理方案。

3. 简单想一下就知道了，假如起砂的原因是因为混凝土强度不够，那你怎么去磨也不能磨好。

4. 你既然把这个问题放到网上来问，估计你应该是监理或建设单位现场代表。

在现场发现了这么严重的质量问题，而施工单位就简单地用水磨机磨一下想了事。你一定要告诉他们，这是肯定不行的。查清问题后，请设计院出具处理意见。

## 3.1.33 建筑面积小于 1 000 m² 需要实体检测吗

建筑面积小于 1 000 m² 的楼需要结构实体检测吗？

» 2014-10-27 11:09 网友采纳

答：

现在不论建筑面积是多少，做结构验收的时候，都需要对建筑主体结构的实体质量进行检测。所以，建筑面积小于 1 000 m² 的楼，需要做结构实体检测。

# （二）内业及工程资料

## 3.2.1 竣工图章的统一规格要求

38. 这个竣工图章来自于哪里？哪本规范要求？

» 2014-05-15 13:06 提问者采纳 网友采纳

答：

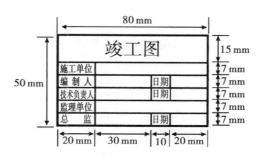

竣工图用章是按《建设工程文件归档整理规范》（GB/T 50328-2014）中的有关规定要求来刻制的。《建设工程文件归档整理规范》（GB/T 50328-2014）中第 4.2.8 条规定：所有竣工图均应加盖竣工图章。

1. 竣工图章的基本内容应包括："竣工图"字样；施工单位、编制人、审核人／技术负责人；编制日期；监理单位、现场监理、总监。

2. 竣工图章示例如图所示。

3. 竣工图章尺寸为：50 mm×80 mm。

4. 竣工图章应使用不易褪色的印泥，应盖在图标栏上方空白处。

## 3.2.2　竣工图章的字体要求

竣工图章签字字体有要求吗？

>> 2014-05-20 17:05　　提问者采纳　　网友采纳

答：

现在工程项目中几个主要负责人，如项目经理、总监理工程师等，在项目所在地建设主管部门都留有"签字"笔迹记录。因此，你所要问的这个问题：竣工图章内签字的字体，实际就是各相关人员正常的签字笔迹，而没有规定的"字体"要求。

## 3.2.3　市政工程资料包括的内容及组卷

市政工程竣工资料都包括什么，怎么组卷？

>> 2014-09-28 07:32　　提问者采纳　　网友采纳

答：

市政工程的竣工资料备案时应按下列次序组卷：

1. 基建文件：

① 规划许可证及附件、附图；② 审定设计批复文件；③施工许可证或开工审批手续；④ 质量监督注册登记表。

2. 质量报告：

① 勘察单位质量检查报告；② 设计单位质量检查报告；③施工单位工程竣工报告；④ 监理单位工程质量评估报告。

3. 认可文件：

① 城乡规划行政主管部门认可文件；② 消防、环保、技术监督、人防等部门的认可文件；③ 城建档案馆认可文件（预验收）。

4. 质量验收资料：

①单位工程质量验收记录；②单位工程质量控制资料核查表；③单位工程安 全和功能性检查记录；④工程使用的主要材料、构配件、设备进场及试验记录。

5. 其他文件等。

## 3.2.4  监理工程师通知单格式

关于未经报验私自进行管道安装的监理工程师通知单该怎么写？我干的工程是污水处理厂。

>> 2014-10-16 06:42    提问者采纳    网友采纳

答：——————————————————————————————

根据你的这个问题，其实可以开具一份《停工通知书》，因你需要《监理工程师通知单》，所以我帮你拟了一份《监理工程师通知单》的样稿：

监理工程师通知单

工程名称：……污水处理厂……工程                    编号：B2……

致：……工程公司……项目部：

事由（内容）：

经……年…月…日我公司现场检查发现，你公司……项目部所承建的……污水处理厂管道安装部分，管道安装前工序未经报检和验收，即私自进行下道工序的安装施工。

以上情况，请施工单位积极配合监理方整改，在组织验收合格基础上再进行下道工序的施工。

附件共　　页，请于　　　年　　月　　　日前填报回复单（A5）。

抄送：……

项目监理机构（章）：　专业监理工程师：　总监理工程师：

日期：

---

注：

本通知单分为进度控制类（B21）、质量控制类（B22）、造价控制类（B23）、安全文明类（B24）、工程变更类（B25）。

## 3.2.5　砂浆试验报告上"部位"的填写

砂浆试验报告上部位应该怎么填写?

》》 2014-12-03 16:24　　提问者采纳　　网友采纳

答：

砂浆试验报告上部位应该怎么填写? 实际上，就是要你注明该砂浆是用在该工程（房屋）的哪个部位。如砌筑砂浆中的一层、二层或三层……墙体，抹灰砂浆如×××外墙抹灰等（一般抹灰砂浆是不要求做试块的）。

### 3.2.6 工程项目竣工图做法

请问有人会画竣工图吗？如何画？

>> 2014-12-23 10:29　　提问者采纳　　网友采纳

答：

会画竣工图的人太多了，很简单，但不知道在网上这样说一下，你能不能画起来：

把原施工图拿出来，把工程变更的部分，在原施工图上修改一下，把增加的部分加上去就行了。

追问：做消防弱电的如何做？

回答：

消防弱电也有施工图的，把原来的施工图拿出来修改一下就行了。如果没有什么变更的话，那就直接把施工图拿出来盖上一个竣工图章就行了。

追问：要编码吗？

回答：

竣工图不要。人家所说的竣工图编码，是施工单位自己内部的编码，单位内部以前没有做的话，就不需要。

追问：好的谢谢你！有的点位现在没有，要在图上取消吗？有的图上没有，要在图上加吗？

回答：

原图上没有的，后来增加了的，应该加上去。原图上有的，后来经变更后没有做的，应在原图中删除掉。这就是要绘制竣工图最本质的意义。

### 3.2.7 成品化粪池工程资料

成品的化粪池工程资料怎么整理（使用土建的配套设施）？

2014-12-28 12:52

提问者采纳　　网友采纳

**答：**

成品的化粪池，材料报验按成品合格证、产品检测报告进行报验。施工资料是按成品化粪池安装进行施工报验。

## 3.2.8　道路工程项目交付后保质期内的养护责任

道路工程竣工后在质保期内的养护工作由施工单位还是建设单位来负责？依据何在？

2014-04-17 20:56　　提问者采纳

**答：**

道路工程竣工后在质保期内的养护工作由建设单位或建设单位指定的管养单位负责，与施工单位无关。

1. 道路工程竣工后，肯定的是"已经验收合格"，并已经"交付使用"，因此说尽管在质保期内，但已经交付给了建设单位"正常使用"。正常使用阶段的养护工作是建设单位或建设单位指定或建设单位委托的专业管养单位来负责养护。

2. 作为施工单位，只是"在保质期内出现质量问题的情况下负责保证质量的维修责任"。其依据应查看《施工合同》中"保质维修条款"中的有关约定，以及《施工合同》通用条款中的有关"保质维修条款"中的有关规定。

## 3.2.9　怎么申办一家做金属栏杆、钢结构的企业

请问我们是做金属栏杆钢结构的，应该怎么办公司？

2014-05-07 17:23　　提问者采纳

答：————————————————————————————

　　无论你是做什么行业的，办公司的程序都是一致的，唯一差别就是公司办好后，有些公司需要申报资质后才在资质许可的条件下经营，而有些公司不需要资质就可以经营。办公司的程序是：

　　1. 先到当地工商行政机关申报请求公司名称核准。一般大约需要一周时间，窗口受理后会告诉你什么时间过来拿《企业名称核准通知书》，有特殊情况的当时就可以核准通过。这里所说的特殊情况是中国特色，是一般人都知道的情况。

　　2. 凭企业名称已被核准的书面材料按窗口指定的流程，依次进行下去，就可以通过工商注册拿到《工商营业执照》《组织机构代码证》。这时，一般人所认为的公司就已经形成了。在此时，如有需要还可以领取《企业法人代表证》。

　　3. 凭工商营业执照到所属税务机关办理税务登记手续，领取《税务登记证》。

　　4. 因为你是做金属栏杆钢结构的，是必须按"资质许可"经营的，所以，需要办理相应的资质。这个过程比较长，也比较复杂，并且又不是通用的东西，在网上不能说得很清楚，请到相关部门去办理吧！

## 3.2.10　单位工程质量评定表中建设单位栏中如何填写

　　工程要竣工了，竣工验收报告上建设单位的单位工程质量评定内容怎么填？审查结论呢？施工单位评定如何写？工程大致内容：第一种一层砖混 4 个，第二种三层框架 2 个，第三种室外道路管网工程？

≫≫　2014-05-09 11:04　　[提问者采纳]

答：————————————————————————————

建设单位工程质量评定内容可以写上：

1. 该工程地基与基础工程经有关各方验收合格（优良）。

2. 主体结构及各项功能经检验评定，验收合格（优良）。

3. 装饰装修及观感质量符合有关标准。

同意验收。

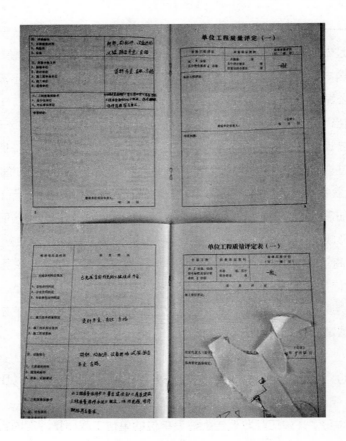

审查结论：该工程经综合评定为合格（优良）工程。对施工单位的评定：施工单位施工过程控制严谨，施工工期能够基本保证，文明施工措施能够落实到位。施工质量符合有关规范要求，总体素质较好。

追问：谢谢，不过施工单位是自评，不是被评。

回答：

自评他们自己会写的，那你就不要写了。

追问：理论上是建设单位写，但实际上都是施工单位写。

回答：

实际上是不允许施工单位自己写的。

### 3.2.11 工程项目完成后竣工图怎么做

有做施工竣工图的吗?

>> 2014-05-26 11:15　　提问者采纳

答:

要做施工的竣工图:

1. 当与原施工图修改不大时,可以直接借用施工图来作为竣工图。把局部修改的地方,标注到图纸上去就可以了。也就是说,自己做一下就行了,不需要另外找人做。

2. 当与原施工图修改较大,一定需要另做时,一般请原施工图的设计单位来代做是比较捷径的措施,稍微给一点费用就可以了。一般人家都不愿帮忙,好好跟人家商量商量。

你既然把"有做施工竣工图的吗"这句话拿出来放到网上问,估计修改应该比较多,建议按上面第 2 个办法去请人家做一下。

### 3.2.12 野外工程项目户外作业须知

野外工程建设户外工作须知?

>> 2014-07-22 07:06　　提问者采纳

答:

你的题目比较大,野外工程建设户外工作需要注意的方面比较多,没有办法给你完整的答案。我这里只能从人、机、料、法、环等几个方面来简单地说说。

1. 人的因素方面:建设工程,一般都在野外作业,因此,对人的保护是第一位的。

① 季节性保护:冬季需注意防寒保暖,夏季要注意防暑降温,春秋季应注意流

行性疾病的防治；② 作业环境保护：户外作业要注意粉尘、噪音、太阳强光、紫外线照射等，必须为作业人员提供符合要求的劳动防护用品；③ 作业安全保护：任何一个人在长时间的野外作业环境中，人的正常心理状态将会发生改变，为正常状态的生产、生活，预留了一定的安全隐患，这是我们进行户外作业前，所必须关注的重要事项之一。

2. 机的因素方面：野外作业的机械设备，不同于工厂里的机械设备，它的主要特点包括机械设备的流动性、维修保养的不方便性以及动力源的局限性等。包括经常性的工地变换，造成机械设备的频繁转场；远离城市，构配件更换，常规的维修保养都很不方便；野外工程往往远离动力输电线路，油料、燃料的供应都很困难等。

3. 料的因素方面：这里所说的料，指的是除了动力源油料、燃料之外的，构成建设项目实体的建筑材料，以及为工程建设所必需的，非构成工程实体的措施项目材料。野外工程项目，既然称之为野外，那就是远离城市，远离主要交通要道，远离主要交通干线，因此，建筑材料的进退场，材料运输往往会出现很多困难，在进行野外作业前，要制定具体的材料供应措施，作为一个专项方案来考虑。

4. 法的因素方面：这里所说的法，不是国家的法律体系中的法，而更重要的是施工方法、施工方案，包括作业人员的野外注意事项、管理人员的野外工作方式等，都与工厂化作业、城市市区范围内施工有所不同，任何一个人在进入野外作业前，都必须充分考虑到这一点。当然，这里的法也应该包括法律体系中的法。

5. 环的因素方面：这里所说的环，不仅仅包括第 1 点中的作业环境保护问题，而是泛指的区域范围内的环境保护问题。野外工程项目，一般都是在周边环境尚未受到破坏的原生态环境中。尽管这个问题属于大的环境问题，是应该在项目的可行性研究中充分考虑的问题。但是，可行性研究往往不是很充分，在我们的野外工程项目的实施过程中，还经常会遇到项目设计前尚未考虑到的问题，及时发现，及时提出合理化建议，也是我们工程建设者们所必须做到的基本点之一。

以上基本上都是野外工程项目建设中所必须注意到的相关事项，但很不全面，只能略说大概，不要见怪。

### 3.2.13 建筑劳务企业发展面临的主要困难

建筑劳务企业在发展中目前面临的主要问题是什么?

>> 2014-07-31 10:43    提问者采纳

答:————————————————————————

建筑劳务企业在发展中目前面临的主要问题是:

1. 业务来源不足; 2. 人员流动性较大; 3. 承包金回收困难; 4. 上级管理不规范,导致企业负担太重;等等。

### 3.2.14 施工现场建筑垃圾处理的管理问题

本人刚毕业,是一名小小的施工员,发现施工现场楼内垃圾是个大问题,比如木工的模板、泥工的砖块、水电开槽时墙体碎块,影响美观又降低效率。有时候各个班组交叉作业,清理垃圾时,互相扯皮,互相推诿,不知道该怎么办。望各位前辈指教,谢谢!

>> 2014-08-16 07:45    提问者采纳

答:————————————————————————

这是一个比较棘手的工程施工现场的管理问题。

1. 首先应当确定,项目部管理有问题。项目部要严格监督,严格管理,必须有严格的手段,如:那些没有做到落手清的班组,是如何处理的,要拿出严格的手段和严格的管理制度。

2. 解决这个问题的关键在于班组负责人。

3. 要积极培养操作人员,养成良好的习惯很重要。

追问:关键问题就是各个班组同时作业,产生的垃圾,大家都互相踢皮球,清理速度很慢。怎么样才能划分责任,让他们能认真清理垃圾呢?

回答：

1. 在现在比较乱的情况下，先由项目部安排一次性清理。

2. 清理后，无论哪个班组进入作业，都必须有记录，要有跟踪和严格的监督管理，确保每一工种都能做到及时清理。

3. 交代责任，明确责任，如果不清理处罚班组负责人，由班组负责人确实认识到落手清的责任。

## 3.2.15　资料员在项目开工前的准备

建筑资料员开工前应该怎样做好计划，避免做漏资料？包括应该做些什么准备呢？比如怎样列出送检材料清单、施工计划、做资料的顺序。

➤➤ 2014-08-27 11:01　　提问者采纳

答：

建筑资料员，在开工前为了避免做漏资料，所需要必做的功课就是：

1. 做一份《工程资料目录表》。

2. 做一个资料《工作程序清单》。

追问：是生手，不知道怎么做，请问有范例吗？

回答：

在你周围（附近）找一位资料员，你要跟他（她）一段时间，光是别人口头说是不行的。

## 3.2.16　停工后擅自复工所需要补充提交的资料

停工期间擅自施工、复工需要哪些资料保证质量？

➤➤ 2014-11-03 13:16　　提问者采纳

答：————————————————————————————————————

停工期间擅自施工、复工，对该期间所完成的分部分项工程需要进行必要的检测、测试和必要的鉴定。经检测、测试和鉴定合格的部分方可按"让步接收"的有关规定准予验收；不合格的部分，将不予验收。

无论是否同意验收，擅自施工、复工的责任单位和责任人，都将接受处罚或处理。

### 3.2.17 上部结构分开，基础共建的资料整理

为什么地基与基础分 A、B 区共建部位？要是没有的话，那资料又怎么做？

>> 2014-12-12 08:07　　　提问者采纳

答：————————————————————————————————————

你所说的这种情况，表明：

1. 该项目上部结构是分开的，分成了 A 区、B 区两块，但因为 A 区的基础与 B 区的基础均需要放大，并且放大到了两个区域连在一起的情况。这个连在一起的部分，就是你所说的"A、B 区共建部位"。

2. 要是没有的话，那资料当然是分开独立做，没有什么疑问的。其实，一般做资料的人需要了解的是，该共建部分资料怎么做的问题。

3. 上部为两块独立单体，假如是一家施工单位，那可以将整个资料合并为同一份资料，那也是没有问题的。假如上部两块独立单体是完全分开的两个标段，两家施工单位，下部共建部分，一般会单独指定由其中的某一家完成，则该部分资料由完成该部位的施工单位去做，另一单体的资料中应注明该共建部分的资料"详见××××资料"，就行了。

追问：现在就是一个项目，分两栋，一栋为住宅，一栋是商业。要是没有这样的情况，那么基础资料是不是要每栋楼都写？

回答：

有这样的情况与没有这样的情况都一样。既然是两栋楼，那两块就要分开来做资料。中间共建的部位，按我上面的说法去做。

### 3.2.18　保温板在建筑材料中的分类

保温板属于建材里面的哪种类型呢，专用建材还是装饰建材？比如热固型改性聚苯板？

>> 2014-12-17 16:25　　提问者采纳

答：——————————————————————————————————

保温板应该属于建筑工程中的专用建筑材料。

### 3.2.19　工程质量评定资料验收结论的填写法

水电安装隐蔽资料、施工单位检查评定结果与监理单位验收结论是机打还是手写？跨盘箱处理怎么填？

>> 2014-12-28 15:00　　提问者采纳

答：——————————————————————————————————

所有的评定结果，都应该采用手写形式，不得机打。如果因施工单位资料员在评定栏中已打印评定结果的，评定人尚应补写手写评定结果。

### 3.2.20　路基施工所涉及的技术规范

路基施工技术规范？

>> 2014-04-10 13:17　　网友采纳

答：——————————————————————————————————

路基施工没有独立的"路基施工技术规范"。现行关于城镇道路工程的规范主要有:

1.《城市道路设计规范》CJJ37。

2.《城镇道路工程施工与质量验收规范》CJJ1。

## 3.2.21 建筑类资质不维护有后果吗

建筑类资质如果不维护会产生什么后果?

>> 2014-07-18 08:23　　网友采纳

答:

你问"建筑类资质如果不维护会产生什么后果",我告诉你:没有任何后果。因为:你不维护,表明你本来就不想要了,吊销与不吊销对你已经做出的决定,实在是没有任何意义。因此说"被吊销"不是后果。所谓担心后果,一般指的是:自己做出决定后,产生了"自己所意想不到的其他情况",是"后面的情况"。被吊销不是意想不到的,而是在做出不维护的决定之时就已经知道的事情。

## 3.2.22 发现施工单位"违规操作"怎么办

工程师发现施工单位违规操作怎么办?

>> 2014-08-07 06:43　　网友采纳

答:

工程师发现施工单位违规操作怎么办,很简单:

1. 要求整改。

2. 要求整改不听,就责令停工。

3. 所造成的损失，可以进行反向的索赔（通常将施工单位向建设单位的索赔称为索赔，而建设单位向施工单位的索赔，本人的观点应该加上"反向"这个词）。

### 3.2.23　建材检验试验室审批

建材检验试验室审批，好办吗？

>> 2014-08-13 06:25　网友采纳

答：

1. 需要向当地的建设行政主管部门申报。

2. 等待审批过程中，必须要找通相关的人员。

3. 现阶段可能有一定的难度"很不容易"审批下来。

### 3.2.24　商品房存在严重的质量缺陷怎么投诉

房子主梁水泥松散、钢筋腐烂，去哪个部门投诉有效？

>> 2014-08-14 06:23　网友采纳

答：

1. 假如购买的是商品房，或旧城改造所得的拆迁安置房，可以向原来的开发商进行投诉，请求保修。因为房子的主梁是房屋的主体结构，国家强制性规定其在"设计使用年限内"必须终生保修。

2. 假如你还是住的以前的公房，一些城市，过去的老市区房屋大多数都是公房，市民住公房，向房管局交房租。由于这些古老的旧城区改造难度比较大，目前一些中、大城市还很普遍。如果是这种情况，应该向房管局投诉。

根据你描述的情况看，可能应该是第 1 种情况，直接向原开发商投诉，如找不到原开发商，也可以向当地政府投诉。

### 3.2.25　路缘石开槽施工方案编制的方法

路缘石开槽施工方案?

>> 2014-08-21 07:17　　网友采纳

答:

你想编制路缘石开槽的施工方案,可以从以下几个方面去编制:

1. 工程概况;2. 施工平面布置图;3. 施工部署和管理体系;4. 施工方法及技术 措施;5. 施工质量保证计划;6. 施工安全保证计划;7. 交通导行方案;8. 文明施工技术措施;9. 工程资料的收集与归档管理;等等。

按以上条目,每一条目都说上几句,一个完整的施工方案就出来了。

### 3.2.26　丙级公路工程监理资质可以监理的桥梁规模范围

公路监理丙级可以监理多大的桥梁?

>> 2014-08-21 07:20　　网友采纳

答:

丙级资质可以监理跨度不大于 20 m,单项桥梁工程造价小于 1 000 万元的小型桥梁工程。

### 3.2.27　两个单位工程资料是否可以合并在一起做

两栋楼在一张图纸上,资料是否可以做在一起?

>> 2014-08-22 06:09　　网友采纳

答：————————————————————

既然是两栋楼，两栋楼它都能够自身独立发挥其使用功能，因此，它是两个"单位工程"。所以，尽管说两栋楼在一张图纸上，但资料还是不可以做在一起的。

## 3.2.28　开办排险工程企业应考虑的方面

排险工程需要几级资质？

▶▶ 2014-08-22 13:01　　网友采纳

答：————————————————————

排险工程不需要几级资质等级，因为：排险工程，有一种应急体制的性质，所以不需要设置资质等级，可以采取直接指定完成的意思。在中国，目前使用最多的就是部队。

追问：如果我要开一家公司，专门排险的，有这样的公司吗？排险工程人员要什么资质？需要什么手续？政府招投标这样的工程要什么资质？谢谢！

回答：

你见过排险的招投标吗？我没有听说过排险项目招投标。其实我知道你的意思，政府里可能有一些朋友，建议你朝这方面考虑考虑，是可以的。你就直接注册一家排险公司吧，也挂几个建筑工程方面的技术人员在里面。说不定以后哪一天，国家就真的出台一个规定，到时你可以捷足先登。

追问：详细手续怎么办呢？需要哪些单位批复？

回答：

因为目前这方面的资质要求，也不需要哪个单位批复什么的，所以就直接到工商局去登记注册一个公司就行了。

1. 先到工商局做申报登记企业名称申请，时间一个星期左右。

2. 凭工商局企业申请表，到银行预存入企业注册资本，并请银行出具注册资本存入的资金证明。

3. 拿到注册资本银行证明后再到工商局办理企业注册登记手续。

4. 拿到营业执照后去税务局，办理企业税务登记。

所有的事情都在窗口，按窗口提示去做，不麻烦，很简单。

## 3.2.29　什么是水电内业

什么是水电内业？

>> 2014-09-03 06:36　　网友采纳

答：————————————————————————————

水电内业，是相对于外业而言的，因此说，水电内业应包括：

1. 工地现场预埋、管线外架、铺设等之外的室内安装。

2. 水电工程资料及业务外联等也应算作是水电的内业工作。

## 3.2.30　承包建设工程项目所涉及的部门

承包建造一个小区要牵扯到哪些部门？

>> 2014-09-29 10:15　　网友采纳

答：————————————————————————————

承包建造一个小区要牵扯到的部门有：

1. 规划；2. 建管；3. 消防；4. 人防；5. 质监；6. 安监；7. 设计；8. 勘察；9. 城管；

10. 公安；11. 工商；12. 税务；13. 房管；14. 档案；15. 环保；16. 疾控；17. 文明办……太多了，一下子肯定说不完。

总之，只要沾上一点点皮毛的都会来找你的麻烦。就是搞卫生的、扫马路的，都会来找你。

### 3.2.31  二级建筑施工资质可以承接住宅楼的规模范围

二级建筑资质可以建 27 层住宅楼吗？面积约 2.5 万 m²。

>> 2014-10-17 10:52    网友采纳

答：
二级建筑资质不可以以总承包的名义建 27 层住宅楼。

1. 二级资质只可以建 25 层以下的。

2. 二级资质只可以建造价规模 3 000 万元以内的，现在面积约 2.5 万 m²，每平方 4 000 元的话都 1 个亿了。

但二级资质企业可以在该项目中分包部分单项工程的施工，比如装饰装修、门窗、防水或木工、钢筋工、混凝土浇筑等。

### 3.2.32  检验批检测验收与房屋造价无关

造价十万的门房送检验批吗？

>> 2014-10-21 06:47    网友采纳

答：
不管你造价是十万还是几万，只要你所做的这个项目需要完成工程资料的话那就都得做，该送检验的检验批也就得送检。

### 3.2.33  建筑劳务企业开办方法

想开一家建筑工人中介公司？

>> 2014-11-01 07:15    网友采纳

答：────────────────────────

与其说"想开一家建筑工人中介公司"，倒不如直截了当地开一个"劳务施工企业"比较实在。

1. 先到工商局去登记注册一家公司，注册资本最低 10 万元就够了。其他的资料、手续等，到工商局登记注册的窗口，人家会告诉你怎么办。

2. 请 2 ～ 4 位工程师，去建工局申领一个二级的临时劳务资质。

3. 有了临时的劳务资质一年以后，就可以申报正式的劳务施工资质了，一个名副其实的劳务公司就有了。很简单的，一点都不麻烦，只要一心想做，就一定能成功。

# 四、机械、电器及设备管理

## 4.1 工地电工的工作职责范围

工地电工要做哪些活？

>> 2014-05-09 12:05 　　提问者采纳 　　网友采纳

答：────────────────────────

工地电工的工作有：

1. 开工前，施工用电的接入；

2. 主体结构施工过程中，电工负责管线预埋，协助土建其他施工人员临时用电拆、接；

3. 主体结构施工完成后，负责电器设备安装。

## 4.2 建筑升降机的作用

建筑升降机有什么作用？

>> 2014-07-14 09:03　　　提问者采纳　　网友采纳

答：

建筑升降机有载人升降机、载货升降机两种。建筑工程上，禁止人货混载，因此没有人货混载的升降机。顾名思义，它们分别的作用是：载人升降机载人，载货升降机载货。

## 4.3　工装电工是什么意思

工装电工是什么意思?

>> 2014-08-11 09:13　　　提问者采纳　　网友采纳

答：

工装电工，指的是直接在工地上专门从事安装的电工。要注意的一点是，很多工装电工，还真的不怎么懂电工知识!

## 4.4　普通电器电阻大小的标注区别

32 Ω 与 250 Ω 有什么区别?

>> 2014-08-21 08:43　　　提问者采纳　　网友采纳

答：

你没有讲清楚其他什么情况，所以，答案就比较简单了。32 Ω 与 250 Ω 区别是：32Ω 的电阻比 250Ω 的电阻小。

## 4.5　电梯企业 B 级资质可以做电梯维保吗

B 级资质可以维保电梯吗？

▶▶ 2014-08-31 10:16　　提问者采纳　　网友采纳

答：————————————————————————————

B 级资质可以维保电梯，只是对所能维保电梯的条件做出了一些限制，具体你可参照《电梯安装维修 B 级许可条件要求》。

## 4.6　相同功率的灯泡和电炉丝发热量的差别

一个 50 W 的灯泡和一个 50 W 的电炉丝热量一样吗？

▶▶ 2014-10-30 16:35　　提问者采纳　　网友采纳

答：————————————————————————————

一个 50 W 的灯泡和一个 50 W 的电炉丝，所发出的热量是不一样的。这是因为：灯泡发出了一部分光能。

## 4.7　电器施工图中漏电保护器的符号表示

图纸上 Vigi 什么意思？

▶▶ 2014-11-12 12:36　　提问者采纳　　网友采纳

答：————————————————————————————

你说的是电施图纸吧，电施中标注的"Vigi"表示的是漏电保护器。

## 4.8  普通电工怎么学习工地图纸

电工工地图纸怎么看?

>> 2014-11-14 08:54    提问者采纳    网友采纳

答:

要想看懂电工工地图纸,建议:

1. 买本《工程制图与识图》(中国建筑工业出版社)。

2. 买一些相关的电气施工图集。一边看图纸,一边对照,一两个项目做下来就什么都懂了。

## 4.9  目前对高层房屋住户进行太阳能收费没有依据

小高层太阳能收费合乎规定吗?

>> 2014-12-23 14:43    提问者采纳    网友采纳

答:

小高层太阳能收费不合乎规定,目前也没有这方面的规定。

任何一方面前来收费,都要让他们给你出示收费的依据,没有依据的就是乱收费。

## 4.10  混凝土泵车泄压故障

混凝土泵在停机后,S 管过段时间就会慢慢地停到中间,这是为什么?

>> 2014-10-22 12:59    提问者采纳

答：——————————————————————————————

混凝土泵在停机后，S 管过段时间就会慢慢地停到中间。这是一个自动复位功能所发挥的作用。

追问：可以前不是这样的。

回答：如果该泵车原来没有自动复位功能，一开始不是这样的，现在无故变成这样的话，就是局部磨损了，需要请该泵车原生产厂家来检测一下。

追问：就是说有内泄了是吗？

回答：

应该是这个情况。

## 4.11　振动压路机路面施工前应进行封闭交通

震动压路机怎么封路面？

>> 2014-06-06 19:36　　网友采纳

答：——————————————————————————————

既然要使用震动压路机，说明该道路施工尚未完成，还没有开放交通。从理论上讲，施工路段开工前就应该进行封闭了。当然，尽管早已封了路，但事实上还是有可能挡不住的。所以：

1. 压路机开进施工路段后，用道障封闭。

2. 派专人指挥交通。震动压路机进场施工，一定要采取有效的封闭措施，不能再让车辆或行人进入施工路段。

## 4.12　佛塔会把市政管线压坏

佛塔会把三通压坏吗？

>> 2014-09-26 08:24　　网友采纳

答：——————————————————————————————————————————

肯定会的。建佛塔之前，一定要把以前的地下管线移开。否则，不仅仅是三通有可能被压坏，其他管道部分，包括其他各种管线也都有可能被压坏。

## 4.13　工程检测仪中，用靠尺调整水平的方法

建筑工程检测靠尺的水平怎么调？

>> 2014-10-10 08:53　　网友采纳

答：——————————————————————————————————————————

检测靠尺放直后共有三个螺丝脚，在进行水平测量时，一般要把中间的一个脚拆下来，用两个顶端的脚。靠尺的脚是螺丝口的，调整水平时，把靠尺放置到一个水平的平台上，拧动靠尺脚螺丝，直到靠尺上水平气泡居中为准。

## 4.14　30 m 高度桥墩施工中是否需要安装升降机

30 m 高度桥墩是否需要安装升降机？

>> 2014-10-16 08:58　　网友采纳

答：——————————————————————————————————————————

30 m 高度桥墩需要安装升降机，因为人员上下禁止使用吊笼之类的垂直运输工具。

一般高度超过 24 m 的独立建筑结构或构造物、构筑物的施工都会安装升降机的（高压输电线路等纯粹的钢架安装工程无需安装升降机）。

## 4.15 别墅区内卫星信号接收设备管理

关于别墅区设置卫星信号电视的问题？我们这里有 7 栋别墅，每栋别墅里大约有 3 ～ 5 台电视，以前安装有线电视的时候，所有的线路都做好了，都在 1 号别墅的弱电室里，我现在想通过安装锅盖来实现每个电视都能看到电视节目，安装小锅的话，每个电视必须安装一套（一个小锅、一个高频头、一个小锅机顶盒）吗？如果是的话，安装小锅就不太实际了，而且麻烦；安装大锅的话，一个大锅可以供几个机顶盒使用（正常使用）？与中间线路的长短有关系吗？大锅有 1.2 m 的，也有 1.8 m 的。也可以只安装一个 1.8 m 的大锅在 1 号别墅，可不可以通过一个系统分给所有的电视机顶盒？

❯❯ 2014-11-01 10:56 　　网友采纳

答：————————————————————————————————————

你说的这个情况，应该安装一个大锅和一套卫星信号放大设备，再配备一套信号分配装置，给各栋别墅都能共享比较好。

# 五、职业健康及安全文明施工

## 5.1 工人从楼上失足摔死谁负责

工地上一位建筑工人从楼上失足摔死了，谁负责啊？

❯❯ 2014-05-08 14:56 　　提问者采纳　　网友采纳

答：————————————————————————————————————

1. 工地上建筑工从楼上失足摔死，一般由施工单位负责。

2. 但在事故原因没有查清之前不能笼统地这样说，因为建筑工地上的安全事故是比较复杂的。

3. 根据你的提问，就已经反映出一个复杂性来了。你是承包人，工人是你 带过来的吗？你是承包的哪一方的项目？合同跟谁签的？怎么签的？有没有签订 安全合同？安全合同中安全责任是怎么明确的？该事故的发生有没有其他特殊原因？等等。

## 5.2　生活区中民工厕所与食堂厨房所应保留的距离

农民工厕所与厨房的距离？

>> 2014-05-25 13:42　　提问者采纳　　网友采纳

答：

你说到"农民工厕所与厨房"的问题，那肯定指的是建筑工地生活区的布置问题。厕所与厨房要保持一定的距离，一般是将厨房与厕所分别布置在宿舍区的两端。当生活区很大时，也可将厨房布置在生活区的中间，两端设置厕所。

当生活区很小时，厕所与厨房至少也要有 20 m 以上的距离，并且一定要搞好厕所清洁工作，不能滋生蝇、蛆、臭虫，确保农民工有一个环境卫生、条件适宜的生活空间。

## 5.3　石材墙体家庭民房改造

想把家里的窗户改成卷帘门，因此就需要拆掉一面 3 m ×4 m 的石头墙体，但由于房子除屋顶是钢筋水泥质外，其余都是用石条砌成的，所以就怕在拆除过程中，会把其他的石条震松或者震垮。因此想问一下，要采取什么样的方案，才能既把墙给拆了，又不会损伤其他墙体？

>> 2014-05-23 07:47　　提问者采纳　　网友采纳

答：————————————————————————————————

对房屋进行改造是很常见的事，但外面房屋改造过程中"出事"的也很多，所以要特别注意安全。

1. 开始拆之前，先做好一些准备工作。把比较靠近的家具挪开，用 3 ~ 4 根顶柱在房屋内侧把屋顶先临时顶住。该顶柱要等其他所有工作都完成后才能拿掉。

2. 拆除应由上而下顺序进行，被"咬"住不方便拆除的部分石条，尽量用钢筋撬棍轻撬，尽量避免用大锤猛打。

3. 不知道原来的墙顶（屋面板下口）部位有没有圈梁，如果原来没有，现在拆成 3 m 宽、4 m 高的大门，最好增加门框和上部过梁。门框和过梁具体怎么做，在你们当地找一个曾在工程上干过工的人帮你一起做，仅凭在网上几句话说不清楚。

最后再提醒一下：注意安全，祝你顺利完成。

追问：

1. 钢筋水泥的屋顶在失去（墙体）支撑的瞬间会龟裂崩塌吗？需要暂时用柱子加固吗？

2. 我原本是想从窗户边框入手的，就是从窗户顶部拆到屋顶，再从两边从上而下拆起，难点主要是石条都是用砂浆砌的，所以肯定不好拆，而且都呈"品"字形分布，拆到墙体边缘不好弄。

3. 这个应该有吧！如果没有会变得很脆弱吗？

回答：

1. 钢筋水泥的屋顶在失去（墙体）支撑时，肯定会有问题的，所以我跟你说了，假如原来没有圈梁现在把门洞口拆大一点，旁边增加门框，门顶部要加一道过梁。具体尺寸最起码拆到 3.5 m，两边各做 0.25 m 宽的门框兼立柱。上边的过梁高度也 最起码做到 0.25 m 高。立柱、过梁里面的钢筋，在本地找一个在工程上做过的人帮 你看一下。因为这需要到现场查看，根据具体情况来确定。

2. 我知道你说的这种情况，都是用条石砌的不好拆，所以我上次就跟你讲了：拆除由上而下顺序进行，被"咬"住不方便拆除的部分石条，尽量用钢筋撬棍轻撬，避免用大锤猛打。边缘最好用切割机，按你所需要的尺寸打个口子，然后轻轻一敲就行了。

3. 不知道你还问什么"应该有吧"？

追问：

1. 依稀记得当初墙体砌到顶部的时候，有留下一块石条的高度来，不知 道这个当横梁够不够坚固？

2. 切割机估计不好切。您是说用钻头在石条上钻孔，然后用短钢筋塞进去用锤子敲吗？

3. "应该有"是指屋顶的横梁应该有吧！

4. 虽然有计划，但还没打算目前弄，因为没啥银子，所以您能否留个联系方式呢？私信即可，谢谢哈！

回答：njaz163@163.com 追问：好的，谢谢，到时候麻烦您了！

## 5.4　工地生活区血吸虫治理

工地生活区里的血吸虫？

≫　2014-05-29 07:22　　提问者采纳　　网友采纳

答：

血吸虫早已被控制住了，怎么现在会出现在你们工地生活区里？如果是这个情况，应立即向当地卫生防疫部门报告，请求给予治理。

## 5.5　工程项目是否需要监理的有关规定

锅炉安装必须要选用监理公司来进行监理工作吗？有没有明确的规定说必须要选用监理，还是大家按照常规的做法都选用监理公司？

≫　2014-08-14 08:36　　提问者采纳　　网友采纳

答：

有关是否请监理单位的规定是：

1. 投资超过 50 万元的政府投资项目，必须请监理单位监督；

2. 国外银行投资项目，也必须请监理单位监督；

3. 其他政府另有规定的必须请监理单位监督的项目；

4. 民间投资的，且自身有工程管理、工程监督能力的项目，可以不请监理。你对照一下，就知道是否"必须选用监理公司来进行监理工作"了。

## 5.6　电焊工职业病的表现

焊电焊手老抖怎么办？

>> 2014-08-29 12:15　　提问者采纳　　网友采纳

答：——————————————————————————

烧电焊的手老抖，有两种情况：

1. 年轻人刚学习的时候，会出现手老是抖这种情况，不过不要紧，过一段时间就好了，主要原因是技术不熟练所造成的。

2. 第二种情况就是，烧了很多年的电焊，过去一直很好，没问题，现在五十几岁，将近六十岁了。这种情况是职业病，不能继续做电焊工作了，需要调整岗位。否则，就可以考虑提前退休。

第一种情况，没问题。第二种情况，现在非常多，不仅仅是电焊工这样，其他有很多工种，都有这种情况，属于典型的职业病范畴。

希望长期在一线生产的操作人员，一定要加强自我保护意识，同一工种不宜连续操作很多年。

## 5.7　高层建筑地震逃生的方法

地震时住在高楼的人如何逃生？

>> 2014-09-03 11:25 　　提问者采纳　　网友采纳

答：

地震的时候，住在高楼的人，一定要冷静，从楼梯下来是最安全的做法。一方面地震时大楼不会一下子就倒掉，不抢不挤可能是最快的疏散方式，一旦边抢边挤，那就很糟糕！即使大楼倒掉，在楼梯间还是最有机会逃生的，而在电梯 里，一方面地震发生后，可能无法运行而耽误疏散；另一方面，一旦进了电梯轿厢，很不便于外人救援。

所以，地震时，住在高楼逃生的最佳路径就是楼梯间！

## 5.8　女同志在建筑行业内能够从事的工作内容

建筑工程类女性考什么证有用？

>> 2014-09-27 07:29 　　提问者采纳　　网友采纳

答：

建筑工程类的女性所能考的证太多了，而且考什么证都有用：

1. 资料员；2. 造价师；3. 审计师；4. 监理工程师；5. 安全工程师；6. 建造师；7. 建筑师；8. 结构工程师；9. 城市规划师；等等。

## 5.9　什么是违章建筑

已有航拍图的建筑是违建吗？

>> 2014-09-29 10:21 　　提问者采纳　　网友采纳

答：

是不是违建，与有没有航拍图没有直接关系。判断一幢房子是不是违建，主要是审查该建筑原先的手续是否齐全。只要是原先手续不齐全的，一般都会被相关部门认定是违章建筑。

## 5.10 铁路建设工程中即将被拆迁房屋的标注识别

铁路建设旁的待拆迁建筑物上标注环左、环右是什么意思？

>> 2014-09-29 11:07 　　提问者采纳　　网友采纳

答：

你要发个照片过来，看看是不是铁路建设的左侧环道、右侧环道的意思。但肯定的一点是，这只是临时性标注，就是要求拆迁的意思。可能就是指的该待拆建筑物占在左侧环道或右侧环道上。

提问者评价：谢谢！我家房子被标注了这个，呵呵！看来快拆了。

## 5.11 项目经理、生产经理述职报告的写法

如何写矿建工程项目部生产经理的述职报告？

>> 2014-10-10 10:00 　　提问者采纳　　网友采纳

答：

一般的述职报告通常包括以下几个方面：

1. 标题：述职报告的标题常用的写法往往是只写《述职报告》四个字就行了（也可以加上一个副标题）。

2. 抬头：写主送单位名称（指的是向谁述职），如果是在述职会议上直接由本人来宣读，则不写主送单位名称，而直接写 ××× 领导、同志们等。

3. 正文：述职报告的正文，由开头、主体、结尾三部分组成，开头交代任职情况。

4. 主体部分：是述职报告的中心内容，主要写所做的工作，包括工作实绩、工作做法、具体的经验、体会或教训、问题等。这一部分是全文的重点内容，要写好以下几个方面的内容：

（1）项目概况；

（2）工矿建设的政策性很强，在工作过程中是如何对方针政策和指示进行贯彻执行的；

（3）履职过程中上级有没有交办什么工作（这是重点，特别需要说清楚）；

（4）正常应当履行的，职责范围内的工作情况；

（5）分管或兼管的工作情况；

（6）在完成这些工作中出现的问题和采取的措施。这部分要写得具体、充实、有理有据、条理清楚。由于这部分内容比较多，涉及面也比较广，所以需要自己写。

5. 结尾：写上"特此报告，请审查"或"请领导、同志们批评指正"等。

6. 落款：写上自己的工作岗位及自己的姓名，最后写上述职时间。这里我只能帮你起个头：

尊敬的×××（单位领导指的是向谁述职）：

我是×××××矿建工程项目部负责生产的生产经理，今天在这里，我代表××××××项目部，向各位领导、同志们（或用"向大家"）汇报

×××～×××期间，本项目部在生产经营管理方面的工作情况。我的述职报告，共分××个部分：

（1）项目概况；

（2）工矿建设的政策性很强，在工作过程中是如何对方针政策和指示进行贯彻执行的；

（3）履职过程中上级有没有交办什么工作（这是重点，特别需要说清楚）；

（4）正常应当履行的，职责范围内的工作情况；

（5）分管或兼管的工作情况；

（6）在完成这些工作中出现的问题和采取的措施。

## 5.12 建筑工程项目通常的作息时间规定

几点开始施工？

>> 2014-10-20 09:03    提问者采纳    网友采纳

答：——————————————————————————————

你问"几点开始施工"，一般来讲：正常的工程项目的施工时间是每天 6：00 ~ 22：00。也就是说，一般工程项目，每天早上 6：00 就开始施工了。

## 5.13 工业厂房内安全出口的距离要求

厂房内任意一点到最近安全出口的距离，请问二层厂房，在第二层内算距离的时候，这个安全出口是第二层的一个门（不直通室外），还是第一层的门（包含楼梯间的门都直通室外）？

>> 2014-11-12 08:27    提问者采纳    网友采纳

答：——————————————————————————————

二层厂房，在第二层内算距离的时候，这个安全出口是第二层的一个门，而不是第一层的门。这是因为：一旦二层上的某点出现安全事态时，一般认定一层（即使不是直通室外）的状态是安全的。也就是说，以离开了有安全事态环境的层次（二层），即脱离了安全事态环境。

追问：公共建筑和住宅楼规范上要求的是从房间门到安全出口的距离，这个安全出口（直接到楼梯间）也是每一层的安全出口吧？

回答：

对的。其实你简单地想一下就知道了，现在很多超高层建筑，从其中的某一层，如果计算到底层离开该建筑物的话，哪里能满足安全距离呢？

## 5.14 在建工程项目意外险是否包括施工过程中发生的交通事故

在施工过程中发生交通事故，在不在建工意外的责任范围内？

>> 2014-12-02 13:57 　　提问者采纳　　网友采纳

答：——————————————————————————————

你说的这个问题，要分两种情况：

1. 在工地范围内发生的交通事故，在建工意外的责任范围内。

2. 尽管是本工地的工人，跑到工地以外发生的交通事故，不在建工意外的责任范围内。

## 5.15 施工场区内不通视交通部位，应设置折射凸面镜

有个装置可以把太阳光折射照亮整个地下室和与之相通的 1 m 宽的走廊。这个装置叫什么？在哪里能买到？请知道的朋友告之，谢谢！

>> 2014-12-12 06:58 　　提问者采纳　　网友采纳

答：——————————————————————————————

你想了解的这个装置就是凸面镜，到当地的建筑装饰城去购买吧。

## 5.16 自来水爆管类意外突发事件的等级

自来水管爆裂水柱冲天属于什么级别突发事件？

>> 2014-12-24 16:27 　　提问者采纳　　网友采纳

答：————————————————————————————————

各类突发事件按照其性质、严重程度、可控性和影响范围等因素，将突发公共事件由高到低分为Ⅰ级（特别重大）、Ⅱ级（重大）、Ⅲ级（较大）和Ⅳ级（一般）四级。自来水管爆裂水柱冲天，没有说明是否产生了其他的财产损失或人员伤亡情况，故只能认定为Ⅳ级（一般）突发公共意外事件。

## 5.17 建筑工地防散落措施

建筑工程防散落措施有哪几种？

➤➤ 2014-05-20 16:14　　提问者采纳

答：————————————————————————————————

不知你问的建筑工程防散落是"建筑工程施工过程中的防散落"，还是"建筑材料运输过程中的防散落"中的那一种，现我两处措施情况都说一下：

一、施工过程中的防散落措施：

1. 对施工人员加强教育，禁止高空抛物，尤其是建筑垃圾的清理，规定使用垂直运输机械向下运送，不得临空抛撒。

2. 施工过程中钢筋模板，应捆绑牢固后，方可吊装。

3. 混凝土尽量使用商品混凝土，采用泵送垂直运输。

4. 砂浆、砌块等散料，在垂直运输过程中应采取覆盖、包裹、封闭、固定等措施。

二、建筑材料运输过程中的防散落措施：

1. 条状材料（如钢筋、管材等），应采取捆绑措施加以固定。

2. 块状材料（如砌块、板材、袋装材料等），应将运输车辆车厢侧板封闭，车顶用篷布遮盖。

3. 散装材料（如砂、碎石等），应尽量采用商品混凝土，减少散状材料直接运往工地的数量。无法避免时，运输过程中应采取严密的封盖措施。

## 5.18　对火灾事故认定书的解读

消防鉴定结果模棱两可，这个结果能直接告电力部门吗？这样的结果我们不知道什么意思，也不知道该怎么办了，请求大家帮忙！

>> 2014-06-27 06:57　　提问者采纳

答：

1.《火灾事故认定书》的书面形式没有错，也没有含糊其辞用语。用排除法排除了其他各种起火原因的可能性，最后一句"不能排除……"用词很准确。

因为他们不是法院，法院的法槌（过去叫惊堂木）一敲，说是就"是"，"不是"也是；说不是就"不是"，"是"也不是！

2. 因为该火灾事故所造成的损失和后果不是很严重，没有造成人员伤亡或重大财产损失，过火面积仅 700 多平方米，没有很大的社会影响力。如果有了一定的"影

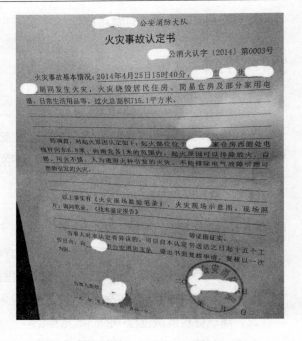

响力"，他们就不能仅仅出《……认定书》，而要出《……事故报告》。所以，出此《……认定书》本意就是想让遭受本次火灾事故所造成损失的人或单位一个"心理安慰"和"法理"上的交代。

3. 所谓法理上的交代，也就是给受损失的人看看，有没有必要按责任认定情况，通过合法的渠道获得一定的损失补偿，如通过诉讼等。

4. 像这样的情况有没有必要，或能不能通过诉讼途径去找供电部门赔偿问题，因为其他情节，你没有在这里提供，我也不是律师，不能给你做准确判断。但仅凭

我的感觉应该是可以的，因为对于普通家庭来说，遭受火灾的损失是无法承受的。按我的感觉，最后的结果应该是：在法庭主持下，接受调解程序获得一定的补偿。

建议：找个律师咨询一下。

提问者评价感谢您的回答，谢谢你给解答得这么清楚！

## 5.19　跟在父亲为包工头后面干活，造成工伤的处理

本人从事外墙干挂，不幸在施工时被三楼工友落下的理石砸中，导致头部缝了3针，手腕筋被砸断两根，缝了5针。活是我爸从理石厂接的，那么这种情况我应该找谁理赔？注：手臂1个月拆石膏。现在已经过去1个月了，上面几个老板都没有表示。

>> 2014-07-07 08:15　　提问者采纳

答：

1. 首先，要理清你爸从理石厂接的活，合同是怎么签的。

2. 按我推断，你爸是没有资质的包工头。如果是这样的话，无论合同怎么签，都应该由他上一级的理石厂负责。

3. 假如你爸不是普通的包工头，而是自己有资质的公司，那这个事情就比较麻烦一点。理论上由公司负责，而实质就是你们家自己负责了。但如果是这样的情况，那你爸他会办理保险的，应该由保险公司进行赔偿。

估计应该不是第3种情况，找上一级的理石厂吧。

## 5.20　劳务人员出现工伤，各相关单位推诿的处理办法

工人在工地干活时出了事故，住院70天，花费近10万元，现医院不收，私下解决也不解决，报案人家也无法受理，该如何解决？

>> 2014-07-07 10:13　　提问者采纳

答：————————————————————————————————

你的这个问题需要从两个方面来解决：

1. 在工地上无理取闹，应通过 110 来处理。

2. 工程事故该处理的部分应通过法院来解决。根据你提问的情况，估计你可能是分包负责人，或劳务负责人，应该不是总包方。

所以，建议你请总包方出面协调。该承担责任的部分不能推，不该承担的部分没有必要揽过来承担。至于责任如何认定，如何承担，由法院最终确定，希望不要在工地上闹事。谁闹事，产生的后 果谁承担。

## 5.21　工程一切险的办理

工程一切险当天能办好吗？

>> 2014-07-24 08:02　　提问者采纳

答：————————————————————————————————

工程一切险当天能办好，但生效时间是次日的 0:00。

追问：那当天可以拿到保单吗？

回答：

当天可以拿到保单。

## 5.22　建筑工程上遇到不讲理的人怎么办

建筑工程上遇到不讲理的人怎么办？

>> 2014-11-18 07:51　　提问者采纳

答：————————————————————————————————

你的这个问题，可能很多人都不能给你比较正确的回答。建筑工程上遇到不讲理的人怎么办？只要自己讲理就行了，不在于别人讲不讲理。

1. 一个人在这个世界上，只有自己来适应环境，而不能追求靠自己的某个力量去改变世界、改变环境。

2. 这个世界上，凡是存在的一切事由，都有其合理性。当某人在很不讲理的情况下，你得去认真研究一下，他为什么现在这个样子？他到底是不是有什么需求？等等。

3. 我要求自己讲理的意思是：经过上述分析后，我是不是应该与"他"（指那个不讲理的人）有同样的需要？

4. 我们认为的那个"所讲的不是理"，会不会是我们的"认为"错了。也就是：实际上他所讲的那个，正是一个"理"，才是个"正理"，而我们恰恰没有认识到。

## 5.23　建筑垃圾清理及现场文明施工

本人刚毕业，是一名小小的施工员，发现施工现场楼内垃圾是个大问题，比如木工的模板、泥工的砖块、水电开槽时墙体碎块，影响美观又降低效率。有时候各个班组交叉作业，清理垃圾时，互相扯皮，互相推诿，不知道该怎么办。望各位前辈指教，谢谢！

▷▷ 2014-08-16 07:45　提问者采纳

答：

这是一个比较棘手的工程施工现场的管理问题。

1. 首先应当确定，项目部管理有问题。项目部要严格监督，严格管理，必须有严格的手段，如：那些没有做到落手清的班组，是如何处理的，要拿出严格的手段和严格的管理制度。

2. 解决这个问题的关键在于班组负责人。

3. 要积极培养操作人员，养成良好的习惯很重要。

追问：关键问题就是各个班组同时作业，产生的垃圾，大家都互相踢皮球，清理速度很慢。怎么样才能划分责任，让他们能认真清理垃圾呢？

回答：

1. 在现在比较乱的情况下，先由项目部安排一次性清理。

2. 清理后，无论哪个班组进入作业，都必须有记录，要有跟踪和严格的监督管理，确保每一工种都能做到及时清理。

3. 交代责任，明确责任，如果不清理处罚班组负责人，由班组负责人确实认识到落手清的责任。

## 5.24　为建房问题与邻居之间的关系协调

我家东西 7.15 m，南北 10 m，已在施工建设，现在后面邻居以我家西边 3 m 的大梁对他家门为由不让建设，请帮助我看看在不改变地基情况下怎样改建？

>> 2014-04-13 13:53　　网友采纳

答：

现在讲迷信没有道理，但我们应该跟人家好好沟通，实在沟通不好可以通过两个途径来解决：

1. 自己做适当的调整，给足人家的面子。比如向哪一侧挪上几厘米，就不跟"你家大门正中"等。稍微挪上几厘米，不会有任何影响。

2. 你家建房手续是否齐全，如果手续齐全，就请有关部门出面协调一下。不要吵架，不要把事情闹僵，大家永远是好邻居，更何况他家也会要盖房子的，所以我相信肯定是可以协调好的。

## 5.25　一般工伤意外事件的处理

工伤事故现在找不到施工方负责人怎么办？

>> 2014-05-23 14:26　　网友采纳

答：————————————————————————————————

根据你跟其他网友的对话，我估计你的这个工伤事故也不会很大，因为假如很大的话，他就是想跑也跑不掉。建议：

1. 遇到这种事情，损失是肯定已经产生了，但心态一定要放宽。如果问题不是很大的话，稍微宽松一点就算了。

2. 即使是损失确实比较大，也建议你"适可而止"。不管什么事情，有一个最通俗的说法"十赔九不全"。过分较真的话，大家的损失还会增加。

退一步海阔天空，忍一下风平浪静！

## 5.26 安全技术交底交底人签字

安全技术交底，安全员签两个名字可以吗？

>> 2014-05-26 16:56 网友采纳

答：————————————————————————————————

1. 当工程项目较大，现场作业人员达到 50 人以上、200 人以下时就应该配备 2 名专职安全员。

2. 作为安全技术交底资料，每次只需要 1 人签字就可以了，也就是说由 1 人负责安全技术交底。

3. 不是不允许 2 人签字，而是由一人交底是可以的，假如确实是由 2 人负责交底，两人都签也是完全可以的，没有问题。

## 5.27 高层建筑施工中人员上上下下方便吗

盖高层楼房用的塔吊工作人员是怎么上上下下、吃饭、上厕所的？

>> 2014-07-24 07:10 网友采纳

答：

1. 盖高层楼房，大多数都用塔吊，但在用塔吊的同时，另外还有附墙电梯，其中就有一部附墙电梯是专供载人上上下下的。

2. 超高层建筑，在施工过程中，施工层往往配有临时厕所，大小便一般不需要下楼。

3. 施工人员的吃饭、休息、上下班，管理人员的上上下下，都是通过载人电梯的。

4. 超高层建筑除了塔吊、附墙载人电梯外，还有一部、两部或更多部专供载货用的电梯，载货电梯内，禁止人货混载。

5. 无论房屋高度是多少层，施工过程中，除了外面(也有内置)的塔吊、载人电梯、载货电梯外，建筑物内部还有专门的安全通道，可以畅行无阻地直接通往各个楼层面。

## 5.28 安全阶段性评价什么意思

什么是安全阶段性评价？

>> 2014-08-07 06:52  网友采纳

答：

"安全阶段性评价"这个词，是一些领导发明出来的"文字游戏"用词，更明了、更确切地说，应该是典型的"官僚主义"用词。只要有一段时间没有出事故，安全阶段性评价就过关了。为什么用"阶段性"呢？

因为"他"并不能保证后面不出事。

## 5.29 消防人员来拍照是什么意思

消防人员来拍照是什么意思？

>> 2014-08-08 07:41  网友采纳

答：

消防人员来拍照是检查消防设施的配备情况，并检查消防设施（如灭火器等）是否都在有效期内。

## 5.30 工地噪音很大，可以投诉吗

我家附近有一工地噪音很大，可以投诉吗?

>> 2014-08-09 06:45 网友采纳

答：

不管哪个工地，在夜间施工影响附近居民正常生活的，均可以进行投诉。所谓夜间施工的时间是：夜里 22:00 ~ 次日 6:00 之间。在这个时间段，没有办理相关夜间施工手续的情况下，都属于非法违规施工。

## 5.31 出现安全事故后，前期的中间介绍人有责任吗

我是一个做装修的，死者是很好的朋友，有时候帮自己干活，这次事件是打电话介绍死者去别人家拆墙，确定并没有跟任何一方谈价钱，刚到工地做了没多久就被墙倒下来砸死，当时房子的主人就逃跑了几天，一直不出面，就把责任完全推到我头上，当时带死者去工地干活的没有我，是房子主人带去的，现在他们两方都在把全部责任推到我身上，我问了很多律师都说我没有最大责任，这种情况我应该怎么反驳？

>> 2014-08-09 07:05 网友采纳

答：

你作为中间的介绍人，是不可能承担什么责任的，放心吧。

1. 你作为介绍人，只是介绍朋友去工作，并不承担相应的安全责任。

2. 施工安全，应由相应的施工单位负责。如果是该项目没有施工单位，而是房子主人单独找人做装修的，则应由房子主人承担安全责任。

3. 任何人都应具有自我保护意识。不管干什么工作，每个人均应按"四不伤害"的原则参与工作，即：不伤害自己、不伤害他人、不被他人伤害和保护他人不被伤害。所以，任何一个人在存在安全隐患处作业，自己也都应该具备自我保护意识。从这个意义上来讲，死者自己也应负有一定的责任。

## 5.32 山水有活石，不能在山下开采作业

花岗岩矿山上有活石头，下面能开采吗？主要想知道 山表皮有大活石头，下面结实的矿体会不会有裂缝？

>> 2014-08-09 07:15 网友采纳

答：
花岗岩矿山上有活石头，千万不能在下面开采，注意安全！

## 5.33 跟了无资质的劳务老板干活，老板跑了怎么办

老板没资质承包了工地主体工程，完工后我们是否有权利向建筑公司主张？

>> 2014-08-14 06:29 网友采纳

答：
你的这个问题没有说完整，让人不知道你想了解什么，按我估计，是不是想了解：
"老板没资质承包了工地主体工程，完工后我们是否有权利向建筑公司（索要工资或劳务费用）？"

如果是这个问题，我告诉你，没有资质的那个人，你可能找不到，如果真的找不到的话，可以向有资质来承包该工程的公司索要工资或劳务费用。

## 5.34　工程意外出现死亡的必须要安监局出具证明

工程保险人死亡了要安检局开证明吗？

≫　2014-08-16 08:14　　网友采纳

答：————————————————————————

你的这个问题，问得有点问题：是"工程保险人死亡了"，还是"工程上的被保险人死亡了"？一般情况，保险人怎么可能死亡呢？被保险人死亡，一般是意外死亡，意外死亡就需要安监局（是安监局，而不是安检局）开证明。反过来说，非意外死亡，变成了不在保险之列，当然也就无需安监局开证明了。

## 5.35　讨要材料款时需要考虑的问题

工地欠材料款却仍在施工，该怎么办？是否能让工地先停工？

≫　2014-08-17 07:54　　网友采纳

答：————————————————————————

根据你的提问，你应该就是给这个工地供料的材料商，不知道你是给施工单位供料的，还是直接给建设单位供料的，现在一般大多是给施工单位供料的情况。如果是给承包商（施工单位）供料的：

1. 先尽量找他商量，看他到底有什么困难。

2. 当发现该承包商确实资金有困难，就帮他们一起去找建设单位商量。一般情况下，如果材料商已经出面与工地承包商一起去找建设方商量时，问题都会解决的。

3. 如果建设单位目前也确有难度，希望你再稍微等一等，那你应当尽量等一等。

## 5.36 一般工伤事故的"十级伤残"标准

胳膊左上臂被钢筋刺穿，大概为几级伤残？

>> 2014-08-18 07:04　　网友采纳

答：

你想了解的伤残等级情况，我把第十级伤残的标准告诉你，你就知道了：十级伤残标准：

1. 日常活动能力部分受限；2. 工作和学习能力有所下降；3. 社会交往能力部分受限。

仅仅是胳膊左上臂被钢筋刺穿，估计十级都难定，也就是说可能定不了伤残。但任何事情，都不是绝对的，假如能找到相应的关系，说不定也能给定出来，甚至还能定出个九级、八级来。

追问：嗯，谢了，找关系是不行了，就是给人民医院干活造成的工伤，是从肌肉那个位置刺穿的。

回答：

1. 肌肉是可以重新长出来的，也不必有太大的担心。

2. 既然是给医院干的活，治疗肯定没有问题。那就是看看，能不能让他们给补贴点营养费、误工费，然后休息一段时间。

## 5.37 一般工伤事故处理需要考虑到的方面

农民工在工地打工从房上摔下，左肘关节脱位（已复位），左大腿股骨下端斜行骨折，髌骨骨折，现已手术内固定，医生说一年后再取钢板。请问律师，在索赔过程中怎样要求如伤残、误工、护理、营养等。谢谢

2014-08-21 08:13　　网友采纳

答：

你说的这种情况，必须要通过法院来解决。私下里谈，双方都会感到没有办法满足自己的心愿，只有通过法院后，双方不接受也得接受。

追问：正常情况下在股骨骨折时误工费怎样计算？

回答：

1. 你说这种情况，股骨骨折，要看骨折的程度，一般情况下，股骨骨折可能定不了伤残。盆骨骨折倒是有的，就是没有股骨骨折。下面我把伤残标准附几点给你参考一下。

2. 误工费包括护理费、营养费等各项费用都应该有，误工一般可以认可到三个月以上。

3. 以下几点伤残标准，供参考。

九级伤残（以上的一至八级就不要说了，更没有谈到股骨的）：

盆部损伤致：a. 骨盆倾斜，双下肢长度相差 4 cm 以上；b. 骨盆严重畸形愈合；c. 一侧输尿管缺失或闭锁；d. 膀胱部分切除；e. 尿道瘢痕形成，尿道狭窄。

十级伤残：

盆部损伤致：a. 骨盆倾斜，双下肢长度相差 2 cm 以上；b. 骨盆畸形愈合；c. 一侧卵巢缺失、萎缩，完全丧失功能；d. 一侧输卵管缺失或闭锁；e. 子宫部分切除或 修补；f. 一侧输尿管严重狭窄；g. 膀胱破裂修补；h. 尿道狭窄；i. 直肠、肛门损伤，瘢痕形成，排便功能障碍。

## 5.38　喷射混凝土会引起粉尘爆炸吗

喷射混凝土会引起粉尘爆炸吗？

2014-09-23 16:12　　网友采纳

答：———————————————————————————————

喷射混凝土会引起粉尘爆炸。不过这种爆炸不是火药爆炸，也不是粉尘引起什么化学反应而爆炸，而是物理性质的爆炸。是喷射混凝土的水泥浆凝结而使得喷射口堵塞，后续喷射不畅，喷射管内压力太大而引起的爆炸。

没有多大的危险性，损失的是喷射管。当然，人员太靠近也会受到伤害的。所以，平时一定要在每一次施工操作完成后注意清理干净，不能有水泥浆或砂浆残留。

## 5.39　工程竣工后维保期间工伤保险的处理和认定

建筑工程维保期受伤怎么办？我们是总包下面一个分包，和总包签订了一份简单的分包协议，没有写明安全责任。工程是今年七月份竣工的，之前我们工人参加了工伤保险，但是今年八月底在维保期有工人摔伤，粉碎性骨折，社保人员说我们是工程竣工验收结束后受伤的，不能报销工伤。请问工程维保期工人受伤能不能报工伤？总包要承担责任吗（工人 受伤后总包不闻不问，连看望一下病人都没有）？现在手术医疗费都是我们自己垫 付的，请教高人我们应该怎么办？

>> 2014-09-27 14:49　　网友采纳

答：———————————————————————————————

像你所介绍的这种情况，建设工程一切险，到工程项目竣工验收之日止结束，所以总包单位和相应的保险公司不会帮你解决这个问题。

但世界上的事情都不是绝对的，好好跟总包单位商量，在分包工程部分结算时，他们是可以针对性地补助一点费用给你们的，这个的前提条件是千万不能闹出矛盾，要好好商量。

此外，不知道你们平时有没有单独给工人办理意外伤害险，像你所说的这种情况，应该在意外伤害险中考虑。如果有意外伤害险的话，需要在事发后及时报案（当然，过了一点时间不要紧，因为有医院医疗证明）。

如果分包的单位没有帮你们办理意外伤害险，那再找一找看看有没有办理社保，办理了社保也是有办法的。

如果连普通的社保也没有的话，那就再看一看受伤的人，自己家里有没有什么其他福寿康宁保险、家庭 财产保险等，在其他相关的保险中找一找有没有与家庭成员伤害方面的保险条款。总之，尽量朝保险的方面多多考虑考虑吧。

## 5.40　幼儿园建筑需要安装消防喷淋

850 $m^2$ 三层高的楼房，做幼儿培训需要安装消防喷淋吗？

>> 2014-09-28 14:14　　网友采纳

答：————————————————————————————————

850 $m^2$ 三层高的楼房，做幼儿培训用，肯定需要安装消防喷淋。

## 5.41　消防泡沫的污染状况探析

消防泡沫污染有多大？怎样处理好污染源？

>> 2014-09-29 08:37　　网友采纳

答：————————————————————————————————

1. 消防泡沫肯定有污染，但你问污染有多大，这个现在还没有能够做出计量的指标来表述污染的大小，只能说凡被泡沫喷到的地方，都叫做被污染了。但污染的程度不是很严重，也就是说对人的伤害不是很大，请大家一定要放心。

2. 要想处理好污染源，这个话题也很复杂。首先应该从防火方面做一些积极的工作，才是最好的防范；其次是消防材料方面的技术研究和创新很重要，争取研制出一种没有污染的消防材料；再次就是在实施消防灭火过程中的适量使用方面来减轻污染等。

其实二氧化碳污染很小，没有什么大的污染，所谓对大气的污染仅仅就消防而言污染太微小了。

## 5.42　地下室漏电保护器故障

地下室漏电保护器上一级在哪？地下室车库没电了，漏保按钮没反应，其他用户的都有反应，电笔检测无输入电压，怀疑上一级有问题，电表下边的开关管楼上，楼上有电。

>> 2014-10-09 13:44　　网友采纳

答：

你说的这个情况，一定要找当地管片电工，自己不能私自去找上一级。

## 5.43　道路施工中单侧通行、道路变窄、路况复杂的危险点及疏导措施

道路左侧施工，道路变窄，路况复杂，请问危险点有什么？

>> 2014-10-10 08:47　　网友采纳

答：

道路左侧施工，道路变窄，路况复杂，一般危险点就在于：

1. 机动车与机动车之间；2. 机动车与非机动车之间；3. 机动车、非机动车与行人之间等的碰擦事故。

具体的解决措施包括：

1. 设置交通便道，确保社会车辆的正常通行；

2. 设置交通导行标志，引导机动车提前减速变道；3. 加派交通导行的疏导人员，加强交通导行管理；等等。

## 5.44　安全 B 证的跨省使用

三类人员安全 B 证可以同时在两个不同省份使用吗？

>> 2014-10-13 13:18　　网友采纳

答：————————————————————————————————————

三类人员安全 B 证可以同时在两个不同省份拥有，但没有必要。因为：

1. 三类人员安全 B 证是省属管理的，所以在两个省里分别考试。

2. 三类人员安全 B 证可以跨省通用，所以没有必要跨省再考。

## 5.45　消防通道不能堵塞

消防龙头下面什么地方不能放东西？

>> 2014-10-14 11:16　　网友采纳

答：————————————————————————————————————

消防龙头下面至少要有能够使得两辆消防车相向通行的距离。一般不少于宽度 6 m 范围内不能放东西。

## 5.46　作为中间人的"包工头"亡故，没有与建筑公司签订合同怎么处理

在工地上，包工头死了，又没有与建筑公司签合同，只是口头协议，我们工人还能拿到钱吗？

>> 2014-10-16 06:53　　网友采纳

答：————————————————————————————————

像你们的这种情况，要想拿到钱难度很大，建议你从以下几个方面准备一下：

1. 哪个介绍你过来的？ 2. 当时工价是怎么谈的？有哪些人跟你是一样的？ 3. 从什么时候开始干的？ 4. 哪一天干的什么？ 5. 有什么人跟你一起干的？ 6. 整理一份自己上工的计工记录。

以上材料整理好后交给现在负责的人，多说一些好听的话，让后来的人接受你是最重要的。一定要本着实事求是的原则去做事情，问题就好解决。

## 5.47 爆破工程项目中的主要管理人员构成

爆破八大员都有哪些？

>> 2014-10-16 07:52 　　网友采纳

答：————————————————————————————————

建筑施工通常提出了八大员，指的是：施工员、造价员、质检员、安全员、材料员、试验员、测量员、资料员。爆破工程一般所说的四大员，指的是：爆破员、押运员、守护员和安全员。

## 5.48 施工现场无证摩托车事故的责任认定

修路方在收工后没把横放在路上的下水管道收起（下水管道与路面均黑色），无牌无证驾驶摩托车的，在晚上视线不好的情况下，没看到障碍物，误以为是平路，直接骑了过去致重伤，请问责任在谁？

>> 2014-10-16 08:37 　　网友采纳

答：————————————————————————————————

你介绍的这个情况，双方都有责任。

1. 作为施工方来说，工完场清，是施工的基本常识，必须承担一定的责任。

2. 无牌无证驾驶摩托车，属于交通违法行为，应禁止上路行驶，是这起事故的直接责任方。

因此，就本次事故而言，交通事故责任由无牌无证的摩托车方承担，而施工方应接受建设行政主管部门的行政处罚，才是比较合理的处理结果。

追问：那在医药费上您觉得应该怎么承担呢？还是就驾驶摩托车的直接负责吗？

回答：

医药费不应由施工方承担，因为这属于交通事故责任。

追问：可我认为无证驾驶摩托车是违反了交通规则，但如果不是摩托车在这出的事故，而换成是另一辆有牌有证的，照样也是在这里出了车祸，相信主要责任应该是修路方吧？

回答：

还是不能这样说。有牌有证的摩托车行驶过程中也必须有自我保护意识，必须在确保安全的状态下行驶。任何可能存在不安全状况的路况条件，均应在确保安全的状态下通过。造成事故的直接原因与道路状况、是否存在安全隐患等外界因素没有直接联系。

## 5.49　热熔型涂料路面标线冒的白烟对人有害吗

热熔型涂料路面标线冒的白烟对人有害吗？

➤➤ 2014-10-18 13:28　网友采纳

答：

热熔型涂料路面标线冒的白烟对人有影响是肯定的，至于有多大的危害那就不能乱说了。其实，大家简单想一下就知道了，如果对人没有任何影响，还要那些施工作业人员那么严格要求带什么口罩、手套的？不过，这是在露天作业，放心吧，对施工人员不会造成什么影响的，对其他行人就更加不会有多大影响了。

## 5.50    长期接触防锈油类物质对人体是有害的

防锈油属于油漆类吗？接触久了会致癌吗？

>>> 2014-10-20 08:54    网友采纳

答：
1. 防锈油当然是属于油漆类的。油漆本来就是油类涂料和漆类涂料的统称。

2. 其实，我理解你想了解的意思，就是防锈油是不是漆类，接触久了会不会致癌。油漆是否致癌目前还不好说，但未固化或未黏结成膜的油漆涂料对人体有害这是肯定的。

所以，做油漆涂料工种的操作人员，一定要注意，过一段时间后，应该调换一下工种。

## 5.51    钢筋工在保险业务中的职业类别

工地钢筋工在意外保险中是几类职业？

>>> 2014-10-21 09:05    网友采纳

答：
工地钢筋工在意外保险中是五类职业，是一种危险性很大的职业。

## 5.52    因工程项目开工，而要对市政公用单位所作"开口承诺书"怎么写

工程路面开口承诺书怎么写？

>>> 2014-10-22 13:44    网友采纳

答：————————————————————————

工程路面开口《承诺书》应包括以下内容：

1. 致 ×××单位。

2. 为什么要在工程路面开口，即说明开口的原因。

3. 说明路面开口的时间，路面开口后的占用时间。

4. 占用完结后，路面恢复的措施。也就是要说清楚是自己恢复，还是另请专业单位恢复。

5. 因路面开口占用而产生相应损失的赔偿。

6. 注明该工程路面开口期间，承诺单位的联系人，联系电话。

7. 写明承诺单位、承诺日期。把以上内容都说到就可以了。

## 5.53 有建设工程施工所造成噪声的概念

工程上的噪声是什么？

▶▶ 2014-10-28 11:11　网友采纳

答：————————————————————————

1. 噪声指的是声波的频率、强弱变化无规律所形成的杂乱无章的声音。

2. 从生理学的角度来看，凡是妨碍人们正常休息、学习和工作的声音，以及对人们要听的声音产生干扰的声音，都构成了噪声。从这个意义上来说，噪音的来源很多，如街道上的汽车声、安静的图书馆里的说话声，以及邻居电视机过大的声音，都是噪声。

3. 所谓工程上的噪声，指的是建筑工地的机器声，施工人员所进行的操作、锤击声等。因为这些声响一般都会对人们的正常休息、学习和工作带来一定的影响，因此，这些声响都构成了工程上的噪声。

## 5.54　小区内施工，不得影响居民正常生活

小区施工影响取暖，应该怎么办？

≫　2014-11-01 12:11　　网友采纳

答：

　　小区施工不得影响居民的正常生活，这是任何一个施工方都必须遵守的常识。既然小区施工对你们的正常生活造成了影响，你们小区受影响的任何一家住户都有权给予投诉。投诉部门是：（1）所在地的建工局；（2）当地其他相应的建筑工程管理机构。

# 03

>> 计价成本篇

# 一、成本管理

## 1.1 诚信计价，电缆沟里的支架和管子不要漏项，也不要重复计算

电缆沟是土建做的，那么安装预算时要算电缆沟里的支架和管子吗？

>> 2014-04-08 14:04　　提问者采纳　　网友采纳

答：

要查清楚：

1. 土建和安装是一家做的，还是两个不同的单位做的。是一家做的可以直接查一查土建部分的预结算里有没有包括进去，没有包括就算进去，包括了就不要重复计算。假如是两个不同的单位做的，又不便查找，那你先算进去，由甲方（或甲方的审计单位）帮你理清。

2. 不管是不是你们做的，不要重复计算，也不要漏项。如果不是自己做的，应本着诚实信用原则，将这一部分让给人家，或提醒人家把这一部分算进去。

## 1.2 我国现行建设项目投资构成的说法

下列关于我国现行建设项目投资构成的说法中，正确的是（　）。

A. 生产性建设项目总投资为建设投资和建设期利息之和

B. 工程造价为工程费用、工程建设其他费用和预备费之和

C. 固定资产投资为建设投资和建设期利息之和

D. 工程费用为直接费、间接费、利润和税金之和

这是之前的一道考试试卷题目，答案是选 D，我觉得 C 和 D 都是对的。

>> 2014-04-11 11:49　　提问者采纳　　网友采纳

答：————————————————————————

A 是错误的。因为生产性建设项目总投资除建设投资、建设期利息外，至少还有生产设备投资等。

B 也是错误的。因为把建设投资与工程造价的概念混淆了。

C 同样也是错的。固定资产投资除了建设投资和建设期利息外，至少还应包括工程建设其他费用。

## 1.3 如何运用企业定额进行成本控制

如何运用企业定额进行成本控制？

》》 2014-04-23 15:35　　提问者采纳　　网友采纳

答：————————————————————————

企业定额是指"能让工程完成的最基本数量"。因此：

1. 严格采购控制。

2. 严格领料数量限额。

3. 项目经理负责制，即领料必须经项目经理签字。等等，太多了，一时说不完。

## 1.4 增加人力资源调整计划后，月度完成量计算示例

工程量长度计算问题，某建筑工程队计划六月份完成某段下水道的检修工作，在修检了 20 天后，接到市气象局通知，今年汛期可能提前，有关部门指示该工程队，要求六月份检修的总长度比原计划增加 20%。该工程队迅速加派人员参加检修，实际每天比原来计划多检修 200 m，结果比原计划提前 2 天完成任务，求六月份该工程队实际检修的下水道的长度。

》》 2014-05-14 14:38　　提问者采纳　　网友采纳

答：————————————————————————

解：设原计划每天检修 $x$ m，则原计划六月份完成检修总长度为 $30\,x$ m，

现在按有关部门指示要求比原计划增加 20%，则六月份要求完成 $30\,x$ $(1+20\%)=36\,x$ m。

前 20 天完成检修数量为 $20\,x$ m，

从第 21 天起加派人员后每天完成 $(x+200)$ m，

结果比原计划提前了 2 天完成任务，即六月份 30 天的总天数，到 28 日就完成了，那加派人员后共检修了 $28-20=8$ 天。该 8 天内实际完成检修总米数为 $8(x+200)$，则有 $36\,x=20\,x+8\,(x+200)$，解得 $x=200$ m。

故原计划每天检修 200 m，六月份实际完成检修总米数为 $36\times200=7\,200(\text{m})$。

## 1.5　两个施工班组合作项目的工期与各自工程量完成情况计算示例

一项工程甲、乙两人合做，一天完成工程的六分之一，甲、乙两人的工作效率比是 3：2。照这样的速度，余下的工程由乙独做，还需几天完成？

>>> 2014-05-30 06:30　　　提问者采纳　　网友采纳

答：————————————————————————

1. 根据题意，甲、乙两人已经合做了一天，完成了总工程量的 1/6，还剩下 $1-1/6=5/6$。

2. 因剩下的由乙单独做，故需要知道乙的工效情况。甲、乙两人的工作效率比是 3：2，即两人同时工作时，乙在总工程量中的比重为 $2/(3+2)=2/5$。

3. 第一天乙所完成的工程量在总工程量中的比例为 $(1/6)\times(2/5)=1/15$。

4. 剩下的工程量由乙单独完成所需要的天数为：$(5/6)/(1/15)=12.5(\text{天})$。

## 1.6 刚性防水屋面钢筋含量

谁知道屋面做法钢筋含量是多少（不是屋面板）？比如直径 4@200 的直径 6 的多少，有个含量的！

>> 2014-08-08 10:01 　提问者采纳　　网友采纳

答：——————————————————————————————

你想了解的是刚性防水屋面，刚性防水层的钢筋含量：

1. 按屋面面积以平方米来计算，22.2 kg/m²。

2. 按混凝土的体积以立方米来计算：555 kg/m²。

## 1.7 地下室无梁楼盖与有梁楼盖的经济性比较

地下室无梁楼盖和有梁楼盖哪个更经济问题是这样的，普通地下室大部分是 8.2 m×8.2 m 的柱网，1.2 m 的覆土，占地面积 122 m×132 m。

我想知道的是，这样的地下室顶盖是用梁板结构节省还是无梁板结构节省，个人认为是无梁板节省，但苦于没有依据。请问各位网友有没有这方面的经验。

>> 2014-08-21 14:05 　提问者采纳　　网友采纳

答：——————————————————————————————

你所说的这个地下室占地面积 122 m×132 m，大部分柱网是 8.2 m×8.2 m 的，1.2 m 的覆土层。因为有梁楼盖，不仅仅有梁板施工上的麻烦，更主要的是：因为有梁的高度存在，需要增加地下室的层高，地下室里所增加的层高，不是正负零以上的层高，实际上就是增加的埋深。你简单地想一想就知道了，将地下室的埋深，人为地增加 1 m 深，那代价是很大的！

所以，你说的这种情况，设计成有梁楼盖肯定不经济。

追问：我也是这么想的，但是没有依据。我也知道这东西只有同一个结构建两种模型，通过预算才能达到。

回答：

用预算的方法来进行比对是不行的。因为用预算的方法比对不够充分，预算比对只是对图示工程量进行计算后的比较。如：柱间距 8.2 m，主梁高度至少近 1 m，基础埋深增加，工程量是可以计算的，但施工难度的增加，深基坑的风险，工期的延长，不是在工程量中计算的。而我们现在所说的都是比较概念性的东西，但真正要做比较准确的结论，那就需要做比较全面的技术经济比较，才能下结论。

## 1.8  承包土方工程商谈承包价需要考虑到的问题

土方承包是怎么算的？

>> 2014-08-29 11:01　　提问者采纳　　网友采纳

答：

土方承包按所承包的土方工程量计算，也就是说，跟人家谈多少钱一方。土方价格主要考虑的因素是：

1. 土方的开挖条件。

2. 土方运输的运距。

3. 土方运输的条件，包括场外运输道路情况等。

## 1.9  基础工程、主体结构、装饰装修等各项构成，在建筑工程中的造价比例关系

基础工程、主体工程、装饰工程的造价比例是多少？

>> 2014-10-24 09:05　　提问者采纳　　网友采纳

答：————————————————————————————————————

基础工程、主体工程、装饰工程的造价比例主要取决于装饰装修的要求和标准。
对于一般居住建筑来说，大约是：（2～2.5）：（4～4.5）：（3～3.5）。

追问：你好，对于学校教学楼来说呢？

回答：

对于学校教学楼来说，大约是：（2～2.5）：（4.5～5）：（2.5～3）。

## 1.10 工程干到一半半成品如何保护

工程干到一半半成品如何保护？

>> 2014-11-20 09:48 　　提问者采纳　　网友采纳

答：————————————————————————————————————

工程干到一半，如果已经停工，或短时间内不会继续施工，那当然就变成了半成品。那么半成品如何保护呢？其实很简单：

1. 将工地封闭，禁止闲杂人员入内。

2. 外露的钢筋需要进行防锈处理，具体的防锈处理方法要根据可能停工的时间长短来确定。有涂刷防锈漆的处理方法，也有采用水泥砂浆包裹的防锈处理等。

## 1.11 工地散状材料现场收方计算示例

工地收方怎么收？如：宽2.5 m，高9 m，长20 m，一共是多少立方米？是怎么算的？

>> 2014-04-09 14:07 　　提问者采纳

答：————————————————————————————————————

工地收方就是：长×宽×高。从你所提供的数字算出来就是 $20 \times 2.5 \times 9$

= 450 m$^3$。

这里，我怀疑你提供的数字不对，可能是你们工地进的砂或碎石，通过折算后大致尺寸是长 20 m，宽 9 m，高 2.5 m。因为一般工地上是没有宽度只有 2.5 m，而高度达到 9 m 的材料来让你收方的！

## 1.12 通过工程形象描述了解实际进度情况示例

我想知道，这些楼栋里面哪几个楼栋的进度稍微快些，哪几个稍微慢些，我选的是 10 号楼，同事选的是 20 号楼？

1 号楼，电梯井桩头破除，电梯基坑砖胎膜砌筑准备施工；

2 号楼，电梯坑、集水坑开挖，桩头破除，塔吊基础施工完成；

3 号楼，CFG 桩施工完成，混凝土龄期第 4 天；

4 号楼，CFG 桩施工完成，混凝土龄期第 5 天；

5 号楼，CFG 桩施工中，累计完成 440 根，剩余 125 根；

6 号楼，CFG 桩施工完成，混凝土龄期第 13 天；

7 号楼，塔吊安装完成，电梯井开挖；

8 号楼，电梯基坑砖胎膜砌筑施工；

9 号楼，碎石褥垫层施工完成，因新增人防方案未定，暂缓施工；

10 号楼，CFG 桩基静载检测，桩间土开挖；11 号楼，17 号楼，CFG 桩施工中，累计完成 422 根，剩余 330 根；

12 号楼，CFG 桩基静载检测完成，塔吊基础施工；

13 号楼，电梯基坑、集水坑开挖，电梯基坑砖胎膜砌筑；

14 号楼，20 号楼，防水基层处理；

15 号楼，CFG 桩养护第 11 天；

16 号楼，18 号楼，CFG 桩施工完成，累计完成 759 根，混凝土龄期第 1 天；

19 号楼，桩间土开挖。最好能帮我把这个按照进度的快慢顺序排列一下。

>> 2014-04-15 07:54　　提问者采纳

答：

总体来说，目前都在基础施工阶段。

14、20 号楼比 10 号楼稍快一点。

14、20 号楼桩基已经完成，垫层已经完成，现在在做垫层上的防水层处理。

10 号楼桩基才在检测，部分土方（桩间土）还没有完成，至少说垫层肯定还没有浇筑。

提问者评价：

多谢了，这样的话我心里就有数了。

## 1.13　基础桩破桩头时产生的碎块能不能就地铺在垫层下

基础桩破桩头时产生的碎块能不能就地铺在垫层下，如果不能，为什么啊？

>> 2014-04-19 20:51　　提问者采纳

答：

基础桩破桩头后产生的碎块是不能就地铺在垫层下的。这是因为"理论上"：

基础垫层应该直接浇筑在"未被扰动的"原状土基层上。但实际施工过程中，为了能让监理"放一马"的"偏理"是：当基坑内存在软弱层时，通常都可以采用"清除软弱基层后，换填碎石等材料"，而我们破碎的桩头"总可以把它当碎石"来用吧！

## 1.14　工程量偏差所造成工程款调整的处理

工程量偏差从暂列金额中支出吗？结算中，由于实际完成的工程量与清单工程量有偏差，偏差部分的工程价款调整是不是也应该算为暂列金额中支出？请高人解答。

>> 2014-04-21 18:53　　提问者采纳

答：

结算中，实际完成的工程量与清单工程量有偏差时，如偏差部分的工程价款"不超过无具体项目的暂列金额"时，可以在暂列金额内予以调整。

## 1.15 管桩清孔存在更有效的办法吗

预应力管桩直径 500 mm，灌芯长度 6.5m。现在人工清孔难度比较大，比较费工，有人提议用高压水枪，但是这种做法没有接触过，具体不知道怎么做。现在用勘探用的打孔机清孔，效率也不高，有高手知道更有效率的办法吗？

>> 2014-05-09 08:05　提问者采纳

答：

你说的这是一种抗拔桩，因为普通承压桩是不需要 6.5 m 灌芯的，不仅仅是 6.5 m 灌芯，而且里面还要插入很多"抗拔钢筋"，所以深度不够的话是不行的（监理稍微严格一点，根本过不了关）。

因为管桩中间的孔径太小，你所说的项目大概应该是"pHC500-125AB 的桩"，桩孔内说不定还有水泥浮浆，中间实际的孔径还不到 250 mm，所以没有多少好办法，只有多投入点人力，用薄壁钢管顶头焊上两片像电风扇一样的螺旋叶片，向下"绞进"取土。但实际孔内存土也不会很多，也不要听别人"乱"吓唬人。

用高压水枪冲孔，那是"哄"人的。假如孔内确实有很多存土的话，一方面 6.5 m 深根本冲不下去，另一方面冲的过程中泥浆出不来。假如孔内本来存土就不多，那采用人工取土所用的人工也不会很多。

追问：现在已经找到方法了，用勘探用的打孔机，边钻边打水，把泥巴搅成稀泥浆，不断打水，泥浆就溢出来，最后搅到位置后，用泵把剩余的泥浆抽出来就可以了，这样效率蛮高，半小时一根桩。

回答：

应该说你稍微上了一点当，桩孔里没有"那么多的土（泥）"。

追问：有的，不过淤泥层较厚，自然地面 3 m 以下有 10 m 左右的淤泥层，所以桩孔里淤泥较多，比黏土或粉土好清一些，现在两台机子在清，基本可以满足进度要求。

回答：

满足进度要求就行了。如果你想了解"他"到底帮你"清出"了多少"泥"，到完成后你自己看一看泥浆沉淀的地方。

追问：我们这的桩有 PHC-500-110 和 PHC-500-110-a 两种，后一种是抗拔桩，但是由于淤泥层较厚，设计关于抗压和抗拔桩统一按 6.5 m 灌芯，不管清出多少泥，6.5 m 的钢筋笼放下去就可以了。

回答：

安排好了就行了。

## 1.16  建筑主体结构上有插筋一说吗

建筑主体上有插筋一说吗？

**>>** 2014-05-22 18:29　　　提问者采纳

答：

一般情况下很少，有几种特殊情况，不知道你想了解的是哪一种：

1. 主体结构底层（或低层）大空间，上部需要分隔小空间时，在梁上插筋做构造柱。

2. 上下层是较大差别的变截面柱。如底层柱并非是按结构计算结果要求，而是按建筑要求或造型要求设置的较大尺寸柱，上部紧接着就按标准层做，那就出现了插筋。

3. 第三种情况就是施工的问题，下部本应也有柱，但施工时"漏"了，底下采用一些别人不一定能想得到的办法"封"住，而在上部插筋继续往上做。

其实，我估计你今天把这个问题放到网上来咨询，可能说的就是"第三种"情况。

## 1.17　钢筋混凝土钢筋搭接处箍筋加密怎么确定

钢筋混凝土柱钢筋搭接处的箍筋应加密，具体怎么加密？是哪本规范里的哪一条呢？

>> 2014-05-27 08:04　　提问者采纳

答：

钢筋混凝土柱钢筋搭接处的箍筋加密一般由设计文件中做出规定，当设计图纸中未予明确的可按下表中的有关规定加密：

一级 纵向钢筋直径的 6 倍和 100 中的较小值　　　10

二级 纵向钢筋直径的 8 倍和 100 中的较小值　　　8

三级 纵向钢筋直径的 8 倍和 150(柱根 100)中的较小值　　8

四级 纵向钢筋直径的 8 倍和 150(柱根 100)中的较小值　　6(柱根 8)

具体可参见《建筑抗震设计规范》（GB 50011-2010）（表 6.3.7-2）

追问：纵筋搭接处也需要加密吗？谢谢。

回答：

纵筋搭接处也需要加密。

## 1.18　5000 m² 砖混结构 5 层 3 单元住宅楼，门窗面积大概有多少

建筑面积 5 000 m² 砖混结构，5 层住宅楼 3 个单元门窗大概有多少平方米？

>> 2014-05-28 06:45　　提问者采纳

答：

你这种问题在网上无法给你回答，一定要看图纸后算一下，很简单的事情。也许是人家有这么一个项目，你想去承包他的门窗来做，人家又没给你图纸，自己又

没经验，估计不出来，那我就大概帮你估计一下：连封阳台、进户门在内总共大约两千多平方米。

## 1.19 上级检查一定要投入人力、物力、财力吗

上级检查中说的意见和建议是不是一定要投入人力、物力、财力?

>> 2014-08-05 20:21    提问者采纳

答:

有时候上级检查后提出的意见和建议，不一定需要投入人力、物力、财力的。有些意见和建议只是作为对后续工作的改进计划。

## 1.20 工程建设项目前期工作程序

报方案、拿《建设用地规划许可证》、施工图审查通过、拿《建设工程规划许可证》，这 4 个的顺序是怎样的？哪个在前哪个在后，各个地方的顺序有没有不一样?

>> 2014-08-11 18:35    提问者采纳

答:

你所说的四个方面，就后面的两个次序换一下就行了，前面次序是对的，也就是说：报方案一拿《建设用地规划许可证》一拿《建设工程规划许可证》一施工图审查通过。其实，很多情况下，施工图早已完成，也审查好了，但往往是因为前面手续不全，而不能签字盖章给你，经常会让你等到其他手续齐全后才给你。

追问：有点纳闷了，怎么是先报方案，再拿《建设用地规划许可证》，还没允许规划，怎么就可以规划方案、报方案了?

回答:

方案有两种：

1. 规划前期必须有用地方案，没有用地方案怎么规划，规划范围怎么定。

2. 就是你所考虑的，拿到《建设用地规划许可证》之后的方案问题。你考虑的这个方案，不是用地问题的方案，而是建设方案。这个方案的前提条件就是必须在前一方案的框架之下，尤其是在用地方面的范围已经确定，不能突破用地范围。

因此，在领取《建设用地规划许可证》之前必须有方案，并且方案必须得到审批之后才能有效，无方案肯定不行。

## 1.21  工程初期费用的处理

最初的工程所有费用都挂在在建工程吗？

>> 2014-08-13 06:15    提问者采纳

答：

最初的工程费用当然都应挂在相应的在建工程项目上。相应的意思是，有可能在同一时期，不止一个工程项目在建，那所有的在建项目都要分别建账，工程费用也应按项目分别入账。

## 1.22  灌注桩项目中"退水费、退电费"的来由

钢筋混凝土钻孔灌注桩费用中为什么有退水费、退电费？

>> 2014-09-02 16:41    提问者采纳

答：

钢筋混凝土钻孔灌注桩费用中为什么有退水费、退电费？你的这个问题，应该是供水、供电部门委托建设单位向施工单位预收的水费、电费。

如果不是供水、供电部门预收，那就是建设单位自己的事了，需要向领导了解。

## 1.23 工程项目开工前施工单位应缴纳的"两金"

单位施工要交哪两金?

>> 2014-07-30 07:15    网友采纳

答:

农民工工资保证金、城市环境卫生综合治安管理押金(有个别城市收)。

以上两金施工完成后都可以退还,并且连同银行活期利息一并退还。

## 1.24 砂石等堆积材料存量测算

石子沙土山如何知道深度?

>> 2014-09-26 08:08    网友采纳

答:

石子沙土山的深度,可以用深度探测仪,也可以直接采用钻探的方法。

## 1.25 施工阶段成本控制所应考虑的方面

施工阶段造价控制的内容有哪些?

>> 2014-09-28 06:56    网友采纳

答:

施工阶段的造价控制,其实质就是施工成本的控制,其内容应包括:

1. 严格执行施工成本计划:在不影响工程质量和工程进度的前提条件下,优化施工组织设计，细化施工过程的分析，以适应施工现场的相应变化。

2. 强化成本要素管理：成本要素主要包括人、材、机、法、环五个方面。

（1）人的方面：强化人的方面管理，应注重考虑两个方面：一是本单位职工；二是外包工及劳务人员。应根据成本管理计划的不同要求来制定不同的责任制度及不同的考核指标。

（2）材的方面：对于材料的管理应从材料供应的源头抓起，从材料采购、材料进场验收、材料抽检等各个环节，严格按规章制度，按办理程序控制，确保材料的供货日期、供货数量、供货质量。凡未经项目经理签认的单据都无效。

（3）机的管理：对于机械设备的管理也分为两个方面，即自有设备和外租设备 两种。对于施工成本控制则应特别注重外租机具，要严格办理租赁协议，明确租赁 价格、计价方式、实际使用的台班数量，合理调配使用时间，严格执行台班签证制度，及时签认，及时结算。

（4）法的管理：这里的"法"指的是施工方法、施工措施，除了上述第1条的优化施工组织设计，细化施工方法、施工过程分析外，着重强调施工措施的制定和优化。

（5）环的管理：对施工阶段的成本控制，施工环境方面严格来说，不能用"管 理"一词来表述，而应是如何在成本最低原则下来适应环境的影响。因此，应该表 达为如何适应环境来获得对施工成本的有效控制。

3. 原始单据的控制：对施工项目原始单据的管理，是施工成本控制的一个重要环节。施工现场的主要原始单据包括：施工人员的考勤记录、材料进场记录、材料出库单、施工工程量计量验收单、施工机具现场使用签证单等。

其实，对于施工现场施工成本控制的方面很多，尚有很多方面需要大家在施工过程中不断总结经验，不断强化管理，努力采用最先进的管理方法、管理手段、管理措施来实现成本管理的有效化。

# 1.26  总分包之间对材料浪费的控制

在抹灰工程中，对材料浪费太大的整改通知单如何写？

≫ 2014-09-28 10:52　　网友采纳

答：

不知道你是站在监理单位的角度，还是总包单位的角度。因为这种情况，往往监理单位不怎么管这个事情，而总包单位的现场项目部抓得比较严。但作为总分包关系之间，又不用整改通知单的说法。

## 1.27　渠底淤泥采用人工清理所能完成的平均工程量

人工清渠底淤泥一天可以清多少方？

≫ 2014-09-28 14:04　　网友采纳

答：

你的这个问题一般不好回答，因为人工清淤泥要看现场的实际情况和具体的工作安排。

一般情况下，平均一个人清理 3 ~ 4 方左右。

## 1.28　塔吊配置租赁

哪有出租预制塔吊基础的？

≫ 2014-09-29 07:38　　网友采纳

答：

1. 塔吊基础一般只能在施工现场用混凝土浇筑，而没有制成品出租。

2. 但我估计，你是不是想了解那种能够在轨道上行走的塔吊，这种塔吊底下需要的配重是预制的制成品，也是可以出租的。这种配重不能叫做塔吊基础，它是可以出租的配重块。

3. 假如是想租用塔吊配重块，但不知道你项目在哪里，能不能帮到你。

## 1.29　商谈价格相差太大，是否需要书面说明

价格相差太大，建筑工程做不了，书面报告怎么写？

>> 2014-10-08 16:41　网友采纳

答：

价格相差太大，建筑工程做不了，书面报告应该反映实际情况，把实际的价格调查情况说清楚。否则，你怎么知道该工程做不了呢？

追问：我们预算价是 10 万元多，但是他们的预审价格是 2 万元多，老板说做不了，这个委婉的书面报告怎么写呢？

回答：

按你所说的这个情况，并不是一般的价格偏差，因为你们的预算价是 10 万元多，而人家的预审价格才 2 万元多，相差很多倍，表明的是理解上的错误，而不是市场价格上的偏差。

所以，我认为：

1. 这种情况不需要向任何人写什么"委婉"的报告。

2. 如果实在要写的话，那就把你们的预算拿过去与人家的预审价格对照一下，到底是哪个弄错了。

3. 因为这不是误差问题，所以不弄清楚错在哪里，报告也就没有办法写。

## 1.30　工程数量和工程量的区别

工程数量和工程量有什么区别？

>> 2014-10-10 09:07　网友采纳

答：————————————————————————————————

工程数量和工程量的区别在于：

1. 工程数量往往用于某个项目工程中有多少个单位工程。如新建一所大学，它包括教学楼、办公楼、实验室、学生宿舍、食堂等很多个能够独立发挥功能的单位工程。工程数量的单位往往是个数，直接指的是多少个。

2. 工程量是工程费用计量的基础，指的是：按一定的方式方法，按一定的计算规则程序，能够准确计量的，有关分部分项工程的，可以直接用于具体计价的工程量的数量。

说得比较不好理解，望谅解！

## 1.31 普通三层居家房屋的造价估算

长 13 m、宽 4 m 盖三层楼要多少钱？

➤➤ 2014-10-14 07:01　网友采纳

答：————————————————————————————————

长 13 m、宽 4 m 盖三层楼，这个尺寸合适盖三层吗？

长度 13 m 基本可以的，主要是宽度仅有 4 m，你想盖三层的话，这个宽度尺寸太小了点。

不管尺寸大小问题，只要想盖的话，也是可以的。按目前的材料价格、人工费用等及行业价格水平，该一幢"长 13 m、宽 4 m 盖三层楼"不含装饰装修，10 ~ 12 万元左右。装饰装修的水平、标准、档次差距太大，不好估计。

## 1.32 国标更新后，厂家未及时更新铭牌数据的理解

国标过期，厂家未更换铭牌数据怎么办？

➤➤ 2014-10-18 08:07　网友采纳

答：─────────────────────────────

你说的这种情况比较多，还要多多理解生产厂家。

1. 制定国家标准，或修改国家标准，除了标准主编单位和参编单位以外，不是其他哪一家企业所能提前预知的。就是主编、参编单位，也不一定知道发布实施和开始执行的准确时间。

2. 作为一家企业来说，制作铭牌往往不是一件一件地制作，而是批量制作的。一般铭牌上只留下出厂时间，临出厂时单独打刻上去。3. 铭牌的制作，一般都需要单独制版、制模，所以制作成本也是比较大的，既然已经制作出来了，扔掉不用实在可惜。

4. 除了以上对铭牌问题的分析以外，还有一个问题也值得我们注意，那就是实际产品与最新技术标准的滞后性问题。标准更新了，但实际产品也完全有可能仍然是按原标准执行的。

5. 假如是仍按原标准执行的问题，那就得对照一下，查清楚旧标准的有效执行时间和明确的废止时间，对于不符合标准要求的可以拒绝接受。

通过以上分析，我们就知道了，如果仅仅是铭牌问题，那我们就应该理解一下，而要求厂家单独出具符合标准要求的产品说明书。

作为生产厂家，单独提供产品说明书应该不是问题，这一点不应该需要任何人去理解他们。

## 1.33　工人洗漱用水量大吗

工地工人早上洗漱每人大约用多少水？

>> 2014-10-22 08:25　　网友采纳

答：─────────────────────────────

你的这个问题"工地工人早上洗漱每人大约用多少水"，我大体上知道了你想了解的意思。

1. 到生活区接水进来的附近查一查，看看会不会哪里在漏水。

2. 查一查水表有没有问题。如果水表坏了，抓紧更换，避免造成不必要的损失。

# 二、计量计价

## 2.1 建筑台阶工程量计算示例

建筑台阶工程量计算。

>> 2014-04-11 13:26    提问者采纳    网友采纳

答：

建筑台阶的工程量计算就是按"台阶的水平投影面积，以平方米计算"。按你所提供的图纸中的台阶工程量应包括从 B 轴到 C 轴与 4 轴到 6 轴之间的门斗内平台面积，因 B、C 之间的尺寸没有，估计 800 mm 左右，现按 0.8 m 计算，该部分工程量是：

$$（0.9+2.4+0.9+0.9+0.3×2-0.25）×（2.4+0.3×2-0.25）+（4.2-0.25×2）×0.8=16.717\,5（m^2）$$

4 轴上有一实心柱所占面积不予扣除。

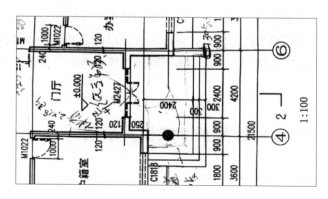

## 2.2 按建筑面积承租工业厂房时，面积怎么计算

租厂房平方怎么算？

>> 2014-05-12 08:24    提问者采纳    网友采纳

答：————————————————————————————————

租厂房的平方计算问题，不知道你跟人家合同是怎么签的，一般来说：

1. 服从合同约定。

2. 合同无明确约定时，按建筑面积计算。建筑面积的计算方法服从当地现行的《建筑安装工程单位估价表》中相应的建筑面积计算规则进行计算。

## 2.3 管道下料坡口长度计算

管道下料坡口算不算长度？

>> 2014-07-28 11:26    提问者采纳    网友采纳

答：————————————————————————————————

不知道你想了解的是什么管道，什么情况？如果你想计算管道总长度，管道与管道之间是用丝扣连接的话，那么内接的共丝部分不能加到管道总长度里。如果是钢管焊接，那么管道下料坡口部分应计算在总长度以内。如果是其他连接（如法兰连接或管道内衬接头连接等），那么管道下料坡口不但要算，而且还要加上连接件的长度等。

## 2.4 用图示坐标计算长度工程量示例

图纸上怎样用坐标算尺寸？

>> 2014-07-31 10:30　　[提问者采纳]　　[网友采纳]

答：———————————————————————————————

1. 先用左侧的坐标进行计算，（2-A）至（3-Q)的长度是

[(31 163.168 − 31 254.581) × 2 + (81 499.590−81 489.899) × 2] × 1/2 − 28.2 − 28.2= 35.525（m）

2. 再用右侧的坐标进行复核，（2-A）至（3-Q)的长度是

[(31 256.866 − 31 165.272) × 2 + (81 520.413 − 81 528.213) × 2] × 1/2 − 28.2 − 28.2= 35.525（m）说明以上计算是正确的。

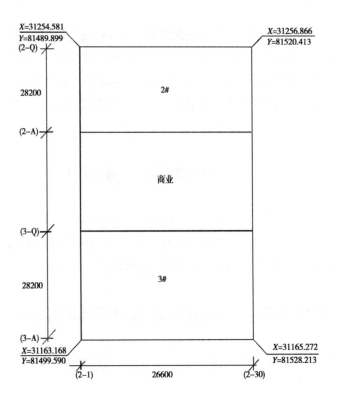

## 2.5　园林工程土方工程量计算

园林怎样算土方？

>> 2014-08-15 08:47　　提问者采纳　　网友采纳

答：

园林所需要的挖方和填方，均应按设计要求，以实际的挖方工程量和填方工程量计算。挖方和填方，均按实际发生的土方体积作为工程量的计算单位。

## 2.6　自制屋面钢梁定额子目套用

屋面梁钢结构，套定额用土建还是安装？污水处理厂房做了几十根屋面梁，应该是属于土建钢结构吧？另外供货根本不是 h 型钢，是 Q345 和 Q235 两种钢板，完全由我们下料拼装焊接，还包含打眼无数，这部分是不是要另外再套一遍 h 型钢制作子目后，再 套一遍土建钢结构安装？2014 年内蒙古土建定额中，钢结构比安装定额高很多。

>> 2014-08-16 08:36　　提问者采纳　　网友采纳

答：

确实是你们现场制作的屋面梁钢结构，可以按你的这个思路去套定额。即：制作部分套用 h 型钢结构制作子目，安装部分另再套钢结构安装。

## 2.7　框架填充墙工程量中怎么计算墙的长度

框架填充墙怎样计算墙的长度？

>> 2014-10-15 09:08　　提问者采纳　　网友采纳

答：———————————————————————
框架填充墙按填充墙的几何净尺寸计算墙的长度。

## 2.8 主体结构墙高从哪算起

墙高是从哪算起?

>> 2014-10-20 09:16    提问者采纳    网友采纳

答：———————————————————————
通常所说的主体结构墙高,一般都是从基础顶面算起的,也就是从正负零开始算。

## 2.9 24 墙、37 墙、50 墙是什么意思

24 墙、37 墙、50 墙是什么意思?

>> 2014-10-20 10:03    提问者采纳    网友采纳

答：———————————————————————
1. 你想了解"24 墙、37 墙、50 墙是什么意思",得先了解标准砖的几何尺寸概念。标准砖的几何尺寸是 240×115×53,了解了标准砖的几何尺寸后,也就知道了。

2. 所谓 24 墙指的就是一砖厚的墙体,37 墙和 50 墙指的是一砖半厚墙和两砖厚的墙体。

3. 37 墙和 50 墙,一般是用于北方地区房屋的外墙。因为北方地区冬天天气比较寒冷,必须采用加厚的墙体才能达到房屋的保温要求。因此,这两种墙体,在南方地区很少采用。

4. 北方地区建筑物内的隔墙,一般还是采用 24 墙的。

## 2.10 铝合金工程税金怎么算

铝合金工程税金怎么算?

>> 2014-10-21 09:09　　　提问者采纳　　网友采纳

答:

铝合金工程税金是:

1. 包工包料的话,是不含税总造价乘以税率。

2. 包清工的话,是人工费加管理费后乘以包清工的税率。不过,这种做法,同时要求建设方提供材料购置费的税票。

追问:税率是多少?

回答:

1. 包工包料的话,税率 3.41%。

2. 包清工的话,营业税 3%,增值税税率 17%。

## 2.11 中砂、碎石、卵石堆积密度紧密密度大约是多少

请问,中砂的堆积密度和紧密密度大约是多少?

5 ~ 40 mm 碎石的堆积密度和紧密密度大约是多少?

5 ~ 40 mm 卵石的堆积密度和紧密密度大约是多少?

>> 2014-10-21 09:23　　　提问者采纳　　网友采纳

答:

1. 中砂的堆积密度大约是 1.6 ~ 1.8,压实后的紧密密度大约是 2.0 ~ 2.2。

2. 5 ~ 40 mm 碎石的堆积密度大约是 1.6 ~ 1.7,紧密密度大约是 1.8 ~ 2.0。

3. 5 ~ 40 mm 卵石的堆积密度大约是 1.7 ~ 1.8,紧密密度大约是 1.8 ~ 2.0。

追问:中砂的会不会偏高了,我做过几次是 1.5 的?

回答：

我报给你的中砂数字，稍微偏高一点，原因是在实际收方时，往往方量不足。

追问：那碎石和卵石的是不是也偏高了点？

回答：

堆积密度稍偏高一点。原因都是一样的，因为这类材料一般都是按方收料。卖的人给了你这个数字，你跟他讲来讲去，他不卖给你。其实，到量方的时候稍微扣住一点，最后是一样的。

## 2.12　9 m 高的训练馆怎么计算建筑面积

9 m 高的训练馆怎么计算建筑面积？

➤➤ 2014-11-03 16:55　　提问者采纳　　网友采纳

答：————————————————————————————————

建筑面积的计算规则中规定：不管建筑物高度如何，均按建筑的平面面积计算建筑面积。也就是说不管是 9 m 还是 10 m，只要里面没有楼层情况，均按单层计算。当该训练馆内含有高度大于 2.2 m 的技术层时，如更衣房等，其建筑面积应另行计算。

## 2.13　做预算时梯梁能和框架梁并在一起算吗

做预算时梯梁能和框架梁并在一起算吗？

➤➤ 2014-11-05 09:23　　提问者采纳　　网友采纳

答：————————————————————————————————

做预算时梯梁能和框架梁并在一起算，不需要严格地分开来。

追问：那么梯柱能和框架柱并在一起算吗？构造柱呢？

回答：

作为预算定额，每个分项、工种、工序等，都有比较明确的子目，梯梁就是梯梁，梯柱就是梯柱，框架柱就是框架柱，构造柱就有单独的构造柱子目等。

所有的按道理都应该分开来分别计量，但那样是不是工作量太大了点。所以，一般就不再严格地分开计算了。但你细细地分析一下，就知道了，其实，一方面各子目的工、料、价相差都很小；另一方面，在现场的实际施工过程中，根本就没有分开做。为什么说做内业工作的人员，最好要到现场多看看，多多了解现场情况，指的就是这个意思。

## 2.14　施工图上的 $h$ 是什么意思

施工图上的 $h$ 是什么意思？

>> 2014-11-11 12:24　　提问者采纳　　网友采纳

答：

施工图上的 $h$ 一般表示为高的意思。

如梁上标注为 250（$b$）× 550（$h$），括号中的 $h$ 就是指梁的高度尺寸。

## 2.15　梁钢筋的弯锚长度怎么确定

梁钢筋的弯锚长度怎么确定？

>> 2014-11-13 16:08　　提问者采纳　　网友采纳

答：

梁钢筋的弯锚长度问题还是比较复杂的，但说起来往往很简单，这要看锚固在柱内、梁内还是剪力墙内，当然锚固的长度是一样的，都是大于 $0.5h_c+5d$。具体要查看 G101—1，或与设计单位联系解决也行。

## 2.16 钢木屋架中弦的钢筋长度怎么计算

弦的钢筋长度怎么计算

▶▶ 2014-11-14 08:25    提问者采纳    网友采纳

答：————————————————————————————————

你问：弦的钢筋长度怎么计算？是钢木屋架吗？钢木屋架弦的钢筋长度为屋架计算节点长度外加两端所需加工的螺丝口尺寸。

两端的螺丝口尺寸一般为 150 ~ 200 mm 左右，也就是说弦的钢筋长度等于节点计算长度外加 300 ~ 400 mm。

## 2.17 定额为什么用"一"表示

定额为什么用"一"表示？

▶▶ 2014-11-27 09:44    提问者采纳    网友采纳

答：————————————————————————————————

你所提供的是装修定额中的工料分析情况。表中"一"表示该栏目所指定的材料不存在、不需要或可以忽略不计。

| | 单位 | 单价/元 | 65mm | 113mm | 20mm | |
|---|---|---|---|---|---|---|
| | 工日 | 25.68 | 112.20 | 145.97 | 116.27 | |
| 1：0.08：2 | m³ | 15058.22 | 0.89 | 1.09 | 0.68 | |
| ：0.07：0.15 | m³ | 33404.65 | 0.20 | 0.20 | 0.20 | |
| | m² | 356.11 | — | 98.09 | | |
| | m² | 252.40 | 98.09 | — | | |
| | m² | 25.60 | — | — | 101.28 | |
| | m² | 25.60 | — | — | | |
| | m² | 25.60 | — | — | | |
| | m² | 25.60 | | | | |

| 项 目 | | 单位 | 单价/元 | | | |
|---|---|---|---|---|---|---|
| 人工 | 综合工日 | 工日 | 25.68 | 112.20 | 145.97 | 116.2 |
| | 环氧树脂胶泥 1：0.1：0.08：2 | m³ | 15058.22 | 0.89 | 1.09 | 0.6 |
| | 环氧树脂底料 1：1：0.07：0.15 | m³ | 33404.65 | 0.20 | 0.20 | 0.2 |
| | 瓷砖 230×113×113 | m² | 356.11 | — | 98.09 | |
| | 瓷砖 230×113×65 | m² | 252.40 | 98.09 | — | |
| 材料 | 瓷板 150×150×20 | m² | 25.60 | — | — | 10 |
| | 瓷板 150×150×30 | m² | 25.60 | | | |
| | 瓷板 180×110×20 | m² | 25.60 | — | — | |
| | 瓷板 180×110×30 | m² | 25.60 | | | |

追问：综合工日为 25.68、112.20、145.97，这些数字是什么意思？能帮我分析一下定额从左至右的含义吗？你有其他交流方式吗，如 QQ、E-mail，我想向你请教请教。

回答：

1. 25.68 为综合工日的单价：25.68 元 / 每工日。

2. 112.20 为：使用规格为 65 mm 时，每 100 m² 面积用工为 112.20 工日 /100 m²。

3. 145.97 与第 2 条说法一样，使用规格为 113 mm 时，每 100 m² 面积用工为 145.97 工日 /100 m²。

我没有 QQ，只有一个邮箱：njaz163@163.com，有事可以发到邮箱来。

追问：下面第二行 33 404.65、0.20 呢？

回答：

33 404.65 是环氧树脂底料的单价，为每立方米 33 404.65 元。

0.2 为每 100 m² 所用环氧树脂的数量为 0.2 m³。

## 2.18　小高层太阳能收费合乎规定吗

小高层太阳能收费合乎规定吗？

>> 2014-12-23 14:43　　提问者采纳　　网友采纳

答：

小高层太阳能收费不合乎规定，目前也没有这方面的规定。

任何一方面前来收费，都要让他们给你出示收费的依据，没有依据的就是乱收费。

## 2.19　不列入分部分项工程量清单的内容包括

不列入分部分项工程量清单的有哪些？

>> 2014-12-28 15:58    提问者采纳    网友采纳

答：——————————————————————————————

不列入分部分项工程量清单的有：利润、规费、税金、预备费以及部分未进入清单工程量的零星措施费。这里需要注明的是：未进入清单工程量的部分零星措施费，实际施工中不一定发生。在实际发生的情况下，应由现场办理签证，方可进入结算。

追问：不列入分部分项工程量清单的是（    ）。

A. 项目名称          B. 计量单位      C. 工程内容      D. 工程量

回答：A。

## 2.20　灌注桩工程量是按实际高度还是设计高度进行计量

灌注桩是按实际高度还是设计高度进行计量的？

>> 2014-12-28 16:11    提问者采纳    网友采纳

答：——————————————————————————————

一般灌注桩的高度，都是按设计高度进行计量的。

当现场出现特殊情况时，应另行存在设计变更或现场签证。

当存在设计变更时，按变更计量，从理论上来说，还是执行的设计高度，因为"变更设计"或"设计变更"也是一种设计。

当现场存在签证时，方可认为是按实际高度进行计量的。

## 2.21　最后一个月工程预付款回扣的通常做法

高手您好，关于刚才您为我解答的二级建造师预付款提问再请教一下，如果预付款扣到最后一个月，剩余的未扣除预付款金额，比最后一个月工程量金额的 60% 要多，那最后一个月的预付款是不是按剩余量一并扣除，不需要再按工程量的 60%

扣除了呢？谢谢啊！

>> 2014-04-08 14:25 　　提问者采纳

答：

最后，可以不按比例扣除。因为存在实际工程量比合同工程量少的情况。

## 2.22　工程费用包括的组价内容

工程费用为直接费、间接费、利润和税金之和，这句话对吗？为什么？

>> 2014-04-10 14:15 　　提问者采纳

答：

这句话是对的！

1. 直接费包含了直接工程费和措施费，直接工程费中又包含了人、材、机。

2. 间接费包含了管理费和规费，管理费又包含了企业管理费、现场管理费等。

追问：有说对的，有说不对的，搞糊涂了，到底是对还是不对？

回答：

工程费用的组成就这四大项。为什么让人糊涂，就是因为组成这四大项中除利润、税金外，都有很多小项，有很多人把那里面的小项当成了大项。具体你可以看看一建的相关教材就知道了。

## 2.23　对基础梁中拉筋、箍筋、加密筋的理解

基础主梁拉筋需不需要全程布置？我知道箍筋是需要全程布置的。还有一个问题，基础主梁箍筋加密范围图集中怎么没有？顺便找一个师傅。

>> 2014-04-15 08:32　　提问者采纳

答：————————————————————————————

1. 基础主梁拉筋需要全程布置，有箍筋的位置都要有拉筋。拉筋的作用与箍筋的作用是一样的，是解决梁身高度比较大的情况下，仅仅靠箍筋的一个箍环达不到"稳固"整个梁身构架的一种构造措施。

2. 基础主梁箍筋加密范围一般不是仅仅靠图集中的要求来加密的，一般是设计图纸中采取的加密措施，因此要到《图纸设计说明》中去找一下。

## 2.24　房屋净空高度计算

建筑标高（房屋净空），一层地面结构标高 − 0.05，建筑标高为正负零。一层结构层高 2 920 mm（建筑层高 2 900 mm），板厚 120 mm，二层楼面建筑标高 2.900 m，板厚 120 mm。图纸做法：1. 20 mm 的地坪；2. 30 mm 的预留层（用户自理）。请问：一层的净空是多少？按正负零为标准，20 mm 地坪应该做到什么位置？二层的净空是多少？

>> 2014-04-17 08:08　　提问者采纳

答：————————————————————————————

所谓建筑标高，有两个重要概念：1. 绝对标高，指的是建筑物假定正负零位置相当于绝对高程（平均海平面）的数字。如通常图纸上所注明的"本工程正负零相当于绝对高程 + 5.600 m"等。2. 相对标高，指的是假定建筑物完成后的底层室内地坪面标高为 ± 0.000 m，以此为标准设计成建筑物各部位的相对高度，这个相对高度的数字即为相对标高。

你所说的情况：

1. 一层的净空是 2 900（建筑层高）−30（预留层）−20（地坪找平层）−120（楼板结构厚度）−15（板下抹灰）= 2 715 mm。

2. 假如二楼的标准层高也是 2 900 mm，则理论上二层的净空高度应与一层相同，二层的净空高度为 2 715 mm。

这里需要说明的是，因为 30 mm 厚的预留层是由自己装修用的，所以在你接手房屋的时候应把这个数字加上去，为 2 715＋30＝2 745 mm。

追问：你好，你的解答很详细，谢谢！我想请问下，一层地面结构标高是－0.05，那么按图纸做法，20 mm 地坪做完后的标高是否为－0.03？用户接房 后，装修 30 mm 至正负零？

回答：

你说的意思我已经清楚了，但单位搞错了，工程上标高是以"m"为单位，平面尺寸是以"mm"为单位。一层地面结构标高是－0.050 m，20 mm 地坪做完后是－0.030 m，用户接房后装修 30 mm 至 ±0.000 m，你现在理解得非常对。

## 2.25  建筑工程取费下浮是什么用意

建筑工程取费按一类降二类税前下浮百分之二（人工费、材料费不下浮）是啥意思？

>> 2014-04-22 08:20　提问者采纳

答：

你所说的是招标文件中的一句话，意思是说：

1. 本工程"本应该"属于一类工程，可以按一类工程进行取费，但假如"愿意"参加投我们这个标，就"必须"接受我们给定的这个前提条件"建筑工程取费按一类降二类"的标准取费。但涉及施工要求、施工安全、质量标准等均不得降低，还必须执行"一类"标准。

2. 建筑工程费是由直接费、间接费、规费、税金四部分组成的，前三项累计后叫"税前工程费总价"，"税前下浮百分之二"指的就是"税前工程费总价下浮百分之二"。

3. 税前工程费三部分中的第一部分"直接费"中，又包含直接工程费和措施费两部分，直接工程费又分为人工费、材料费、机械使用费三部分。上述问题括号中"（人工费、材料费不下浮）"就是：按正常程序汇总成"税前工程费总价"后，再把其中的人工费、材料费"扣减"出来后下浮百分之二。下浮后的数字重新加上被"临时"扣减出来的"人工费、材料费"，形成所要求得的"下浮后的'税前工程费总价'"，再用"下浮后的'税前工程费总价'"乘以规定的税率得到税金，最后汇总成"符合要求"的"建筑工程费"报价。

4. 这里还需要注意的是，一个工程项目中不仅仅是房屋的"建筑工程"部分，除了建筑工程部分以外还有强弱电、给排水、设备安装等。按该招标文件"规定"，该工程项目中仅仅是建筑工程部分的工程取费下浮，而其余的安装工程部分"不下浮"。

追问：那该取费的设定，对最后利润相差百分之几？取费合理吗？

回答：

按他们的"设定"，最终相差其实并不大，肯定不合理。但有可能这个"标"预先有"设定"的目标，所以遇到这种情况的标，一般"我"不投！其实，即使"他"不设定这个条件，做成真正的"公开标"，投标者经过严格测算后也会在很多方面做出"降价""下浮"措施来提高自己的竞争力。也就是说：一个项目出来后"真正需要多大的'造价'才能'建起来'，每个'投标人'心里都有'一个尺度'"。为了考虑增强自己在各个竞争对手面前"确保"一定的竞争优势，因此，每个投标人都会对准备的投标总价（报价）有一个"精心"准备，所以对最终报价影响并不大。但事实上减少了国家的"税收"——这个说法，很多人一下子还"转不过这个弯来"。

## 2.26 最终支付证书与中间计量支付证书的区别

工程上的最终计量支付证书的问题。请干过公路和土建工程的达人帮个忙：请问下一个工程完工多久后业主给批复最终计量支付证书，是交工后立即批复还是要等到竣工完成和审计完成后才批复？是要等到缺陷责任期过了之后吗？我没干过工程计量，不太清楚这一块的规则，主要是想弄清楚完工后最终计量支付证书和中间计量支付证书的区别？

>> 2014-04-26 18:15  提问者采纳

答：

工程项目的《最终计量支付证书》是在整个项目交工完成，审计完成，并按《施工合同》"保修协议"条款中规定的"最后一次"付款时间"签出"。其余的所有付款（后期付款，一定要注意建设单位（业主）的付款意向），都是开出《中间计量支付证书》。

## 2.27　各类取费与计税的次序关系

建筑工程综合取费后，税金再取费吗？比如按四类 17.04% 综合取费后，还计取税金吗？

>> 2014-04-26 18:41  提问者采纳

答：

无论什么费率，都不包含"税金"，其他所有计费项目计费完成后才能"计税"。

## 2.28　三桩承台工程量中体积计算公式

三桩承台体积怎么算？计算公式是什么？

>> 2014-05-07 16:44  提问者采纳

答：

你没有提供图纸或相关尺寸，叫人怎么帮你算，算什么呢？

追问：bp 尺寸为 350 mm，$S$ 尺寸为 1 400 mm，$L_1$ 尺寸为 810 mm，$L_2$ 尺寸为 405 mm，$H$ 尺寸为 700 mm，求挖土体积和承台体积。

回答：

你要把图纸发出来才好算。你现在给出的"相关尺寸"，用什么办法能把这些尺寸标注在图纸的哪些相应位置描述清楚？

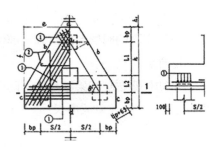

此外，要求出挖土的体积还需要提供承台标高、垫层厚度、现场自然地面标高、地基土质条件（是否需要放坡）、周围操作面要求等。

追问：我给出的承台尺寸是 2004 浙 G25CTmJ-9 中的尺寸，承台底标高为 -1.5 m，室外地坪标高为 -0.3 m，垫层厚度为 100 mm。地基土质条件不清楚，暂且不计算放坡吧。工作面算 300 mm，$H$ 为承台的高度。我的想法是把两边的直角三角形算进去，算出长方体的整体面积再扣除两个三角形的面积，最后算出体积。但是这个算法跟我在网上看到的算法不一致，不知道正不正确？

回答：

你的这个算法是可行的，不要管人家怎么算的，最终承台的体积数量是一致的。

人家的算法可能是把上部按梯形算，下部按长方形算，然后两个数字相加。无论哪 种算法，都无关紧要，目的是把体积数量算出来。

就你现在的情况，还算不出来，还差一个图示中 a 的尺寸。但现在你已经不需要别人帮你算了，因为你实际已经会计算了。

## 2.29 关于基础梁土方开挖工程量计算

关于基础梁，在定额挖土方的时候遇到独立基础和基础梁已挖土方的问题，假设混凝土基础工作面 0.3，因为挖独立基础土方的时候已经挖的底面积是垫层加了 0.3 以后的宽度，挖深是从垫层底面到室外地坪，所以挖基础梁土方的长度要扣去这部分的独立基础已经挖的工作面宽度吧？

同样的问题，因为基础梁土方工作面也是基础边加 0.3，所以挖基础梁土方时，基础梁与基础梁相交，挖基础梁土方的长度也要扣去基础梁已经挖掉的工作面的宽度吗？其实就是实际挖方长度问题。

还有一种情况是因为独立基础边与基础梁的边平行靠得太近，所以挖独立基础土方放工作面的时候会把基础梁部位的土也挖掉一部分，这个时候要怎么处理？按实际挖方量吗？

求助！谢谢！如果不是按实际挖方量来算长度，而是挖沟槽公式的话，难道就直接 $S$ 断面 × 基础梁净长？

>> 2014-05-09 11:14　　提问者采纳

答：

按实际挖方量计算，凡有重叠的部分均应扣去。独立基础部位（尺寸较大的话）按挖土方计算，基础梁部位按挖沟槽计算。计算之前，应在基础图上绘制开挖线，按开挖线内的实际挖方量计算。

## 2.30　乡村公路承包计价方式

修一条长 7 km 的路，要求宽度 4.5 m，厚度 18 cm。这是该以平方米计算还是立方米啊？造价的问题怎么计算？谢谢！

>> 2014-05-15 07:27　　提问者采纳

答：

凡是涉及混凝土的一般都按立方米计算。

像你说 7 km 的一条路，厚度 18 cm，其工程量为 7 000×4.5×0.18 = 5 670 m³。

追问：如果说按照 17 元一个平方米计算，这个该怎么理解？

回答：

人家跟你讲的人工费 17 元一个平方米。谈到工程造价，应包括材料费、人工费、机械使用费，另外还要加上措施费、管理费、规费、税金等，所以谈到造价是一个比较复杂的话题。而你现在实际想了解的，仅仅可能是"想去做这一段路"，这段路的人工费是跟人家怎么谈、怎么算、怎么包的问题。我告诉你：按平方算也是可以的。

追问：嗯，你说对了。就是"想去做这一段路"，跟你说的一样，就是去跟人家怎么谈、怎么算、怎么包的问题，那按平方该怎么计算？这一系列的问题我该怎么跟人家谈，我才能获利最多？

回答：

你以前有没有做过？

追问：实话实说吧，没有相关的经验。希望能得到你的帮助，帮我弄明白上面几个问题，谢谢。

回答：

人家答应你 17 元一个平方米的人工费，价格并不低。第一步：先答应下来，让他们不要从中再有人插手。第二步：因为你没有经验，所以不着急签合同（只是你不要急），先干起来再说。可能对方会一定要签好合同后才肯开工，签合同时尽量争取做到"净人工费，其他什么都不管"最好。

追问：长 7 km，宽 4.5 m，厚度 18 cm，一共多少平方米？至此，我已经非常感谢你的帮助。

回答：

$7\,000 \times 4.5 = 31\,500\ \text{m}^2$

按 17 元 $/\text{m}^2$ 计算，总价 $31\,500 \times 17 = 535\,500$ 元 $= 53.55$ 万元

## 2.31　空心砖与普通烧结砖交接点处工程量计算界面的确定

请高手详解下面这句话意思：空心砖墙与烧结普通砖墙交接处，应以普通砖墙引出不小于 240 mm 长与空心砖墙相接，并与隔 2 皮空心砖高在交接处的水平灰缝中设置 2φ6 拉结钢筋，拉结钢筋在空心砖墙中的长度不小于空心砖长加 240 mm。

>> 2014-05-15 17:19　　提问者采纳

答：————————————————————————————————————

这句话说的是：该工程设计中，砌体部分存在"空心砖墙与烧结普通砖墙"两种，但在"空心砖墙与烧结普通砖墙""搭接"处是如何进行搭接处理的问题。

1. "应以普通砖墙引出不小于 240 mm 长与空心砖墙相接"，说的是（举例说明）：假如当图中标注为"距 ×× 轴与 ×× 轴 2.5 m 处采用空心砖墙"时，但实际采用"烧结普通砖墙"砌筑的长度至少为不少于 2.5 + 0.24 = 2.74 m。

2. "隔 2 皮空心砖高在交接处的水平灰缝中设置 2φ6 拉结钢筋"，说的是：因为此处为"空心砖墙与烧结普通砖墙"两种的交接处，故需要采用"墙内配置 2φ6 拉结钢筋"的构造措施来给予加强。

3. "拉结钢筋在空心砖墙中的长度不小于空心砖长加 240 mm"，这句话已经 不需要解释都能理解了，说的是拉结钢筋的长度问题。但要注意的是：尽管该"拉结钢筋压在烧结普通砖"的长度没有进行明确的界定，但该拉结钢筋成型后的总长度不得小于 1.0 m，即压在"空心砖墙与烧结普通砖墙"内的长度"都"分别不少于两砖长。

## 2.32　建筑安装工程费在建筑工程中的发展趋势

建筑安装工程费在建筑工程中的发展趋势？

>> 2014-05-27 08:21　　提问者采纳

答：————————————————————————————————————

建筑安装工程费在建筑工程中呈上升趋势。这是因为：随着建筑施工技术的发展，预制式装配结构工程量在全社会建安工程总量中所占比重越来越大，呈上升态势。

## 2.33　建筑工程项目中，建筑面积怎么计算

想问建筑物有些部分无法计算面积，或者只能计算一半的面积，那样岂不是让承包方很吃亏吗？那到底是该如何计算呢？能否举一个例子。

**≫** 2014-06-07 06:33　　提问者采纳

答：——————————————————————————

你提的这个问题，很多刚接触的人都不好理解。

1. 计算建筑面积有一个统一的计算规则，不管什么事情，没有统一的规则，那就"乱套"了。

2. 凡是"规则"那就是让所有需要用到的人共同遵守的，不存在"让承包方很吃亏"的说法。因为承包单价或投标单价，是你自己按统一规则测算出来的。如果不是有"统一"规则，那才有可能吃亏。那些不能计算或只能计算一半建筑面积部分的造价已经折算、摊派到总建筑面积里面去了。

3. 你说的这种情况有一些典型条款，如：

（1）高度小于 2.2 m 的技术层、建筑物阳台按一半计算建筑面积。

（2）高度小于 1.2 m 的技术层、管道夹层、建筑物内分隔的单层房间、屋顶水箱、花架、凉棚、露台、露天游泳池等都不计算建筑面积。

具体还是多看看《建筑工程建筑面积计算规范》（GB/T 50353—2005），多看多领悟，自然也就理解了。

## 2.34　某项目经理部投标报价计算示例

这个能帮我做下吗？某建筑分包企业的第六项目经理部欲对一栋住宅楼工程进行投标，该工程建筑面积 5 234 m²，主体结构为砖混结构，建筑檐高 18.75 m，基础类型为条形基础，地上六层，周边离原有住宅较近。工期为 290 天。业主要求按工程量清单计价规范要求进行报价。经过对图纸的详细会审、计算，汇总得到单位工程费用如下：分部分项工程量计价合计 376 万元，措施项目计价占分部分项工程量计价的 6.5%，规费占分部分项工程量计价的 1.5%，营业税率 3.4%。试计算该单位工程的工程费。

**≫** 2014-06-25 14:28　　提问者采纳

答：————————————————————————————————

1. 分部分项工程量计价合计 376 万元；

2. 措施项目计价占分部分项工程量计价的 6.5%，则措施项目费为：

$376 \times 6.5\% = 24.44$ 万元；

3. 规费占分部分项工程量计价的 1.5%，则规费为：$376 \times 1.5\% = 5.64$ 万元；

4. 不含税总价：为以上 1 + 2 + 3，即：$376 + 24.44 + 5.64 = 406.08$ 万元；

5. 税金：为不含税总价 $\times 3.4\%$，即：$406.08 \times 3.4\% = 13.806\,72$ 万元；

6. 该单位工程的工程费为，不含税总价 + 税金，即：

$406.08 + 13.806\,72 = 419.886\,72$ 万元

但假如作为投标报价，往往是由"项目经理"（或实际项目负责人）凭经验预先估计一个"有一点竞争力"的价格（总价），然后由造价人员倒推计算，而不是由造价人员"顺向计算"所得到的什么投标价，所以要注意这一点。

## 2.35 某项工程三队合作需要多少天完成

一项工程，如果甲队单独做五天可以完成全部工程的三分之一，如果由乙丙两队合作十二天可以完成全部工程，三队合作多少天可以完成全部工程？求过程。

>> 2014-06-27 07:31　　提问者采纳

答：————————————————————————————————

1. "甲队单独做五天可以完成全部工程的三分之一"，那甲队每天能完成全部工程的（1/3）/5 = 1/15；

2. "乙丙两队合作十二天可以完成全部工程"，那乙丙两队合作每天能完成全部工程的 1/12；

3. 甲乙丙三队合作每天能完成全部工程的多少呢？

1/15 + 1/12 = 4/60 + 5/60 = 9/60 = 3/20

4. 甲乙丙三队合作完成全部工程需要多少天呢？

1/（3/20）= 20/3 = 6.67 天 = 7 天

这道题目，能让人产生最大的误会就是：甲、乙、丙三个队，是不是三个未知量？

如果是三个未知量，那就变成了条件不够，不能解。而实际上，因所需求解的结果并不涉及乙、丙两队分不分的情况，因此乙丙两队是合并起来的同一未知量。只要理解了这一点，这道题目就迎刃而解了。

最后，还有计算结果是 6.67 天，回答问题时，天数不能拆分成小数，应回答成 7 天。

## 2.36  甲乙丙三队工效不同，满足工期要求的成本最优方案

>>  2014-08-04 17:18    提问者采纳

答：

1. 设甲队单独每天能够完成的工程量为 $x$ 元 / 天；乙队单独每天能够完成的工程量为 $y$ 元 / 天；丙队单独每天能够完成的工程量为 $z$ 元 / 天；则：

$(x+y) \times 6 = 8\,700$ ……………………………………（1）

$(y+z) \times 10 = 9\,500$ ……………………………………（2）

$(x+z) \times 5 = 5\,500$ ……………………………………（3）

联（1）、（2）、（3）三式得：$x = 800$ 元 / 天，$y = 650$ 元 / 天，$z = 300$ 元 / 天

由以上计算可知：丙队每天所能完成的工作量最小，因此说甲队、乙队分别与丙队合作时，都将直接影响甲队、乙队自身的工作效率。

当然，甲队与乙队之间也存在一定的差距，但由于误差不大基本可以忽略。因此可以（1）式作为判定甲队与乙队之间，如果单独作业而所需要的时间：

由（1）式可知，如果甲队单独完成全部工程量所需要的时间为：

$6 + 6 \times 650 \div 800 = 10.875$ 天 即：甲队单独完成全部工程量所需要的时间为 11 天。同理，如果乙队单独完成全部工程量所需要的时间为：$6 + 6 \times 800 \div 650 = 13.385$ 天

即：乙队单独完成全部工程量所需要的时间为 14 天。

由以上计算可以明确，甲队或乙队单独去做该项目，都可以满足工期不超过 15 天的要求。

由（2）式可知，由丙队单独完成，所需时间为：
10＋10×650÷300＝31.667 天

由（3）式可知，由甲队与丙队合作完成，所需时间为：（5＋5×800÷300）÷2/3＝27.5 天

有（2）式和（3）式所计算出来的差异，是因为（3）式中丙队跟甲队在一起合作时，甲队工效比乙队工效更大所引起的。

尽管采用（2）式计算出丙队单独完成需要 31.667 天，由于乙队工效的关系，实际丙队单独去做，31.667 天还将远远不够。

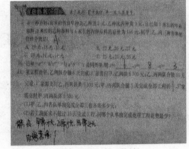

2. 通过以上计算可知，丙队单独去做该项工程，无法满足工期不超过 15 天的要求，因此：甲队单独完成全部工程量所需要的时间为 11 天，厂方需要实际支付 11×800＝8 800 元。

乙队单独完成全部工程量所需要的时间为 14 天，厂方需要实际支付 14×650＝9 100 元。

甲队单独完成，厂方需要实际支付的花费最少，为 8 800 元。

## 2.37　工程造价专业入行选择

工程造价学生咨询装饰家装问题，我是今年毕业的大专生，学习的专业是工程造价，因为毕业生没有什么能力，加上现在工程行业不是很乐观，家里这边工程活少用人也少。前一阵去了一个消防公司，由于不熟悉消防这块，没工作多久，老板就找了有经验的人来顶替我了。我现在想从事装饰家装这块，因为工程造价就业不是很乐观，还有装饰和我学习的还是有联系的。不过我现在顾虑的是设计这个我从来没接触过，美术什么的更是不懂了，只掌握了一些 CAD，不知道我从事这个会不会有妨碍。还有我现在是找个单位边实 习边学习好，还是去系统地学习软件然后再找单位工作好呢？还有装饰公司是不是不只是设计，还有预算这块吧？是不是还是要掌握软件才能进公司工作呢？希望有从事这个行业的人给我一些指导，学生真的不是很了解，谢谢了。

>>　2014-08-05 20:18 　　提问者采纳

答：————————————————————————————————————

你现在最要紧的是找个单位边工作边学习最好，现在进任何一家单位都行，要跟人家讲清楚：

1. 懂就是懂，不懂就是不懂，要实事求是，不要怕丢脸面。

2. 要舍得吃苦耐劳。有了以上两点就足够了。

追问：嗯，您说的这两点我都明白，我考虑的是现在我都不会这些软件，到了公司也会给带我的师傅带来困难，没有学过后掌握了这样好吧？

回答：

只要你虚心学习，认真学习，用心做事，一切都不存在问题。

追问：好的，我知道了。

## 2.38　工业厂房夹层电梯建筑面积计算

夹层楼梯电梯各算面积吗？厂房的底层层高 6 m，局部做了 2 层，上下层高各 3 m，下层卫生间和楼梯电梯，上休息室楼梯电梯，但上层电梯是没门的。

>>　2014-08-11 09:33 　　提问者采纳

答：————————————————————————————————————

按你所介绍的情况，厂房内的夹层，需要计算建筑面积。

夹层的层高超过 2.2 m 的都需要计算建筑面积，现在你说的情况，夹层层高是 3.0 m，满足和符合建筑面积的计算规则中"夹层建筑面积计算规定"的有关要求。

追问：上层电梯是没门的，上层电梯也算？

回答：

没有门的电梯部分不算。

## 2.39  独立基础与基础梁、基础底板混凝土分别计量时的界面

基础梁与独立基础相连,该如何计算混凝土的量?

>> 2014-08-14 08:05    提问者采纳

答:

1. 独立基础算完整的方量。

2. 跟独立基础相连的基础梁,只要计算到独立基础的外皮,按净尺寸计算。

追问:梁底、板底、基础底都是同一高度 −1.6,计算板的混凝土需要扣除梁的部分吗?

回答:

梁底、板底、基础底都是同一标高的情况下:

1. 计算板的工程量时,板内的梁不需要扣除。

2. 计算梁的工程量时,只计算梁高出板的部分。

3. 与独立基础相交的部分梁的体积,计算在独立基础内,梁只计算净尺寸。

## 2.40  层高 4.7 m 内脚手架怎么计量

建筑楼层高度为 4.7 m,搭内脚手架时用不用增加层?

>> 2014-10-11 07:40    提问者采纳

答:

你说的这个情况需要用增加层,这是因为:内脚手架搭设,每步脚手架搭设高度不能超过 2 m,现在建筑楼层高度是 4.7 m,净高就将近 4.6 m,一步脚手架 2 m,加一人高度,够不到 4.6 m。

但这里可以告诉你，那只是规定，而实际操作人员往往不会按规定去做。也就是说，实际做的时候不会再加一层。

追问：增加了增加层那工程量会不会增多？看规定说工程量按建筑面积计算。

回答：

如果增加了，作为操作人员的工程量肯定会增加。但在做造价的时候，是按建筑面积计算的，不得增加。此外，我前面已经说过了，"事实上"施工人员也是不会增加的。

## 2.41 施工现场有高出地面 3m×4m×70m 的土堆，怎么做签证

施工现场有高出地面 3 m × 4 m × 70 m 的土堆，怎么做签证？

>> 2014-10-17 09:25    提问者采纳

答：————————————————————————————————

这个土堆才 3 × 4 × 70 = 840 m³，工程量不是很大。

1. 在施工之前请甲方现场代表、监理工程师到现场拍照，做现场记录。

2. 施工过程中注意留出土体样墩，留做最后确定实际挖土高度用。

3. 挖土完成后请甲方现场代表、现场监理工程师一起到现场实际勘察挖方平面尺寸、挖方实际高度等。

4. 编制工程量清单，办理现场签证手续。

## 2.42 造价控制的最高限额

哪个是控制造价的最高限额？投资估算还是初步设计总概算？

>> 2014-10-22 08:50    提问者采纳

答：
初步设计总概算是控制造价的最高限额。

## 2.43 彩钢净化板吊顶面积计算

彩钢净化板吊顶面积计算时应该扣除独立框架柱吗？

>> 2014-10-27 10:56 提问者采纳

答：
彩钢净化板吊顶面积计算时应该扣除独立框架柱、隔墙、未做吊顶的梁等所占面积。

追问：你说的定额理论上是对的，但实际上是不合理的，吊顶遇到框架柱不但需要增加人工费，还要增加柱边包边费用。

回答：

1. 对于这一类的问题，不能讲合理不合理，而是定额单价中本来就综合考虑了这些因素。

2. 我知道，现在做这一类的项目，往往并不是按定额计算的。但当遇到这一类所占工程量比较大的时候，可以把这些情况拿出来说给甲方听，让他们在确定单价的时候考虑一下。

## 2.44 容积率的概念及计算

请问容积率是什么意思？怎么计算？计算的依据又是什么？

>> 2014-11-03 10:26 提问者采纳

答：

1. 所谓容积率这个词，是规划部门对某一区域规划时，所采用的一个衡量土地规划利用效率的指标。它是指建设项目在用地范围内地上总建筑面积（但必须是标高以上的建筑面积）与项目总用地面积的比值。对于开发商来说，容积率决定地价成本在房屋中占的比例，而对于住户来说，容积率直接涉及居住的舒适度。一个良好的居住小区，高层住宅容积率应不超过 4，多层住宅应不超过 1.5，绿地率应不低于 40%。但由于受土地成本的限制，并不是所有项目都能做得到。

2. 容积率 = 总建筑面积 / 用地面积。

3. 关于容积率的计算依据问题，国家目前还没有统一的容积率计算规则，一般可以参照北京市规划委员会发布的《容积率指标计算规则》（市规发［2006］851 号）来进行计算。

## 2.45　合同清单组价构成中常见的"乱象"

造价工程师来解答清单单价组成问题？一份单价合同：（1）清单计价中已包含了施工所需的保险费用、资料编制费用、人工费、材料费、机械费、其他工程费、规费、管理费、利润、税金等完成此项工程所需的全部（包括风险责任及其所导致的风险费用增加）费用；（2）清单计价中已 包含了施工所需的人工费、材料费、机械费、其他工程费、规费、管理费、利润、税金等完成此项工程所需的全部（包括风险责任及其所导致的风险费用增加）费用。上面两个写哪一个更好一点？说明：一般第二个就可以了，也挺专业的，但是第二个里面是否包括了第一个中写到的保险费用。

>> 2014-11-10 15:37　　提问者采纳

答：

你所给出的该合同中的两个说法，都不对，原因是：

1. 第（1）个说法中有点乱：保险费用分别部分包含在其他工程费中和部分包含在管理费中。资料编制费用更不要说，它在管理费中已包含。

2. 第（2）个说法中仅有一点存在问题，就是：清单计价中，不能包含税金。税金需要单独计算，不能包含在清单计价中。

追问：如果我现在写在合同中，为的是证明税金应该在报价的单价中考虑的意思。您觉得，这样可以吗？

回答：

你现在是建设单位的吗？如果你在建设单位，这样写就是让施工单位自行承担税务的意思，是可以这样写的。至于我前面说的"有点乱"，在实际的合同应用中，"有点乱"不是坏事。

## 2.46  框架间墙高度如何确定

框架间墙高度如何确定？

>> 2014-11-10 16:53    提问者采纳

答：

框架间墙高度，是梁下高度净尺寸。

## 2.47  凹阳台建筑面积计算规则

是不是所有的凹阳台都在主体结构内？

>> 2014-11-21 09:45    提问者采纳

3. 0. 21 在主体结构内的阳台，应按其结构外围水平面积计算全面积；在主体结构外的阳台，应按其结构底板水平投影面积计算 1/2 面积。

3. 0. 22 有顶盖无围护结构的车棚、货棚、站台、加油站、收费站等，应按其顶盖水平投影面积的 1/2 计算建筑面积。

3. 0. 23 以幕墙作为围护结构的建筑物，应按幕墙外边线计算建筑面积。

答：

既然你说的是凹阳台，那不是自己给自己已经做出了答案吗？假如称为"凹阳台"，那就是在主体结构内的。

追问：凹阳台的定义是只有一个对外开敞面的阳台为凹阳台，那种复合阳台呢，是一半主体内一半主体外吗？

答：

你说的一半在里面的，一半在外面的，突在外面的部分叫挑出阳台，凹在里面的部分叫凹阳台。这种情况，对于整个阳台而言，可以用一个笼统的说法，就叫阳台。这种情况下，对于整个阳台而言，不能简单地定义为"挑出阳台"，也不能简单地定义为"凹阳台"。想简单定义，那就是"阳台"两个字比较适宜。

追问：单从建筑平面图上看这个阳台是凹阳台还是凸阳台就可以判断是否在主体结构内外吗？

回答：

这不就是我跟你说的"突在外面的部分叫挑出阳台，凹在里面的部分叫凹阳台"的意思。内外有别，要分开计算。既然你把建筑面积计算规范发上来了，一并说一下：当在主体结构外的阳台做封闭的时候，也应按全面积计算。所以，现在基本上已经没有多少算一半的阳台了。

追问：嗯，最新建筑面积计算规范只分主体内外，不管封闭与否了。谢谢你！

回答：

现在的房地产公司注意到了这个问题，所以就采用该规范的 3.0.23 条："以幕墙作为围护结构的建筑物，应按幕墙外边线计算建筑面积"来计算阳台建筑面积了。

## 2.48 工业厂房建筑面积计算

钢结构厂房层高面积计算方法，如层高超多少米可按第二层计算？

>> 2014-11-30 07:25 　提问者采纳

答：————————————————————————————

关于"钢结构厂房层高面积计算方法，如层高超多少米可按第二层计算"，这个问题应该看看《建筑面积建设规范》：

1. 单层建筑物的建筑面积，应按其外墙勒脚以上结构外围水平面积计算。

2. 室内有维护结构的层高大于 2.2 m 的看台、控制室、临时堆料仓库等另行计算建筑面积。

也就是说：单层钢结构厂房，无论层高多高，也不会因层高问题"超过了多少米，就可按第二层计算"，只能按单层计算。

## 2.49 在定额中构造边缘暗柱套什么子目

关于定额套用问题：构造边缘暗柱套什么子目一个类似下图的 L 形 GBZ，如果 $a$ 、$d$ 两边长度为 300，总宽度是 600×600。套直形墙子目时，应套墙厚 300 以内还是 300 以上。

>> 2014-12-12 10:32    提问者采纳

答：————————————————————————————

你说的是剪力墙结构中边角处边缘暗柱情况。

1. 该部分工程量应该合并在剪力墙工程量内。

2. $a$ 、$d$ 两边长度为 300，总宽度是 600×600。套直形墙子目时，应套墙厚 300 以内，而不是 300 以上。一般来说，采用"以内"一词的时候，包括该数，而采用"以上"一词的时候，则不包括该数。具体的说法，可以到单位估价表的说明里去查看一下。

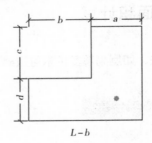

## 2.50  挖基坑高度（深度）计算界面

挖地坑时高度何时算到基础底，何时算到垫层上？

>> 2014-04-25 15:27    网友采纳

答：

要弄清一个概念：

基础有两种做法：1. 有垫层的做法，即基础做在垫层上；2. 无垫层的做法，即基础直接做在"未被扰动"的原状土上。

那么你问的"挖地坑时高度何时算到基础底"，当然就是指的无垫层的情况了。地坑开挖好，修整完毕，就可以直接做基础，这时的"挖地坑高度就是算到基础底"。

没有"挖地坑高度'只'算到垫层上"的情况。因为，既然有垫层，那做垫层的部分土方也需要开挖掉，既然开挖了，怎么可能"不算"呢，除非施工单位"故 意"不要。但故意不要"又不值得"，任何一家业主（建设单位）也不可能在意"你 故意少算"的这"一点点"工程量。

最后，还有一种"情况"，就是"预算员"搞错了。

## 2.51  道路长度计算示例

挖一条路，第一个工程挖了全长的二分之一，第二个工程挖了全长的 20%，还剩下 600 m，这条路有多长？

>> 2014-05-13 15:00    网友采纳

答：

设路的全长为 $x$，则：

第一个工程挖了 $0.5x$，第二个工程挖了 $0.2x$，还剩下 600 m，即

$x = 0.5x + 0.2x + 600$，解得 $x = 2\,000$（m）。

## 2.52 扶手电梯长度计算

建筑层高为 4.5 m, 倾斜角度为 30°，求扶手电梯的长度？

>> 2014-05-19 10:21　　网友采纳

答：

建筑层高为 4.5 m，倾斜角度为 30° 时，该扶手电梯的长度是 4.5/sin30° = 9 m。

其实计算扶手电梯长度时，还应加上下两端平直段长度，上端一般 1 m 左右，下端 1.5 m 左右。如果加上去，总长度约在 11.5 ~ 12.0 m 之间。

## 2.53 现场材料复验谁负责

工地材料复验谁来做？

>> 2014-05-22 07:28　　网友采纳

答：

工地材料进场后，一般均由施工单位负责复验，遵循的原则是：谁施工谁负责，谁使用谁负责。供应材料的人，负责提供的是材料的"产品合格证"。这样大家就可以理解了，即使是甲供材料，复验也是由施工单位负责。

## 2.54 已建成的大楼外墙面积怎么测量计算

大楼外墙平方怎样量？

>> 2014-05-25 10:17　　网友采纳

答：————————————————————————————————

大楼外墙平方一般都是按图纸计算。但假如一定要进行实测的话，尽量采用全站仪或经纬仪加测距仪等仪器，现场测量，现场计算。需要提醒的是：尽量不要登高作业，或尽量减少登高作业。

## 2.55　水电费在工程款中的费用归类

工程水电费分别属于材料费还是机械费？

▶▶ 2014-06-10 07:01　　网友采纳

答：————————————————————————————————

工程上的水电费属于材料费，不是机械费。而燃料动力费属于机械费的部分，如果把水电材料放到燃料动力费里面，那就乱套了，等于你这个问题还没有回答。

追问：电一般是机械设备在用，明山施工是夜间照明用，隧道洞内需要照明。也就是说基本都是机械用电，为什么属于材料费？

回答：

施工用电为什么属于材料费，我不能答复，如果你一定要追究，那你要到定额站去。

## 2.56　别墅与高层公寓的价格比较

别墅建筑造价比高层造价高的原因？

▶▶ 2014-07-31 07:35　　网友采纳

答：————————————————————————————————

别墅如果不包括精装修的话，那它的建筑造价并不比高层建筑的造价高：

1. 一般别墅销售价高的原因是土地占用比较大，用建筑上的话说就是：单位土地上的"容积率"比较小，要把土地价格摊到房屋的结构中去，那当然就卖价高。

2. 如果你实在要说别墅建筑造价比高层造价高的话，那就是：装修代价大。既然能买别墅，那装修肯定不能太便宜，尤其是装修公司，他们给你的价格肯定要"下刀"。

## 2.57  选择工程造价作为第二专业需要学习的内容

没有建筑类的基础，但是想学造价，需要看哪些书？我的情况是：1. 建筑方面的基础为零；2. 大学本专业学的是应用电子技术，但是已经丢了 12 年了，现在基本的电路 图会看；CAD 会最基本的使用（只会看图）；3. 造价方面没有一点基础；4. 想利用业余时间学习。

>>> 2014-08-11 09:28　　　网友采纳

答：

你的第一学历是什么层次？按你所说，你大学毕业，理论基础知识已经具备了相当的层次，所以只需要针对性地了解和掌握一些专业的、实用的知识就可以了。不需要看什么专业的书籍，只需要实际学习一下有关现行的造价规范、相关造价编制文件就可以了。如《建设工程工程量清单计价规范》（GB 50500-2013）、《建筑安装工程费用项目组成》（建标［2013］44号）、《建设工程施工合同（示范文本）》（GF-2013-2010)等就行了。

追问：我第一学历是统招大专，专业是应用电子技术，主要课程是数电、模电、电路分析、工厂供电、现场供电等；我现在在学第二专业，网校本科，专业是工程造价管理，但是学校不开课，课程全是视频，效果也很差，考试也很水，完全是为了拿文凭，什么都没有学到。

回答：

1. 你现在把工程造价管理作为第二专业非常好。

2. 为了拿文凭是对的，学校不开课不要紧，也是可以从中学到东西的，你不要按混文凭的思路去做。

3. 该专业在网校上的课程设置肯定是有效的、很好的，你就按该课程设置去学习就行了。

## 2.58 PPR 水管定额工料分析

42 元一个定额工，怎么算 PPR 水管多少 1 m？

>> 2014-08-13 06:51　　网友采纳

答：────────────────────────────────

你的问题可能漏了一个字：

"42 元一个定额工，怎么算 PPR 水管多少 [（钱）或（工）]1 m？"

无论你是想了解"多少钱 1 m"，还是想了解"多少工 1 m"，到相应的单位估价表里面的"工料分析表"栏目里查一查就查到了。

## 2.59 六层砖混结构房屋各层次间价格比例

6 层砖混结构每层的售价怎样计算？

>> 2014-08-14 06:46　　网友采纳

答：────────────────────────────────

6 层砖混结构每层的售价当然是有差别的，一般来说：

1. 人们大多喜欢住 3 层、2 层，因此 3 层、2 层的价格可以高一点。

2. 底层生活很方便，应该紧次之。

3. 再后面就是 4、5 层。

4. 因为你想了解的是 6 层的混合结构房屋，6 层就是顶层，顶层一般存在很多问题，如：保温、隔热、防雨、防水以及高度最大、让人们的感觉不舒适等，所以价格差别应该大一点。

5. 但具体各楼层的价格怎样计算、怎么区分没有具体规定或绝对公式，一般假如以底层用 1 为系数，则可以按 1 : 1.1 : 1.2 : 1.1 : 1 ～ 0.95 : 0.8 来作为各楼层售价的比例。

## 2.60 地下室通道配筋工程量计算

一个地下道，底板、顶板、两边的剪力墙都是 800 mm 厚度。通道里面，宽 7 500 mm，高 3 950 mm，求钢筋根数。所配钢筋间距是 150 mm，最外层混凝土保护层厚度是 50 mm。

▶▶ 2014-08-15 08:29　　网友采纳

答：—————————————————————————————————

你的这个问题，需要有资质的设计单位来做结构计算，正式地出施工图纸，哪里是你在网上问问就行的事情呢？

追问：我只是在学习预算而已，师傅不愿教，我只能上网问啊。

回答：

你是在学习预算的话，那他应该给你图纸的，按图纸上标注的计算。

追问：我就是不理解，底板钢筋数是应该用 7 500 来算，还是需要加上两边的两个 800 来算？

回答：

你要发个图纸给我们看看就清楚了。

按我估计，7 500 是什么轴线尺寸，而计算钢筋，必须要计算到外侧。

追问：就是一个直通道，这是剖面配筋图。

回答：

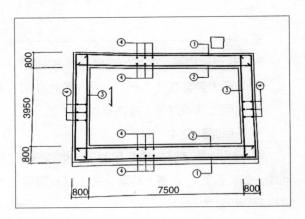

7 500 是内径尺寸，比如说②号筋的长度就应该是：

7 500 + 800 + 800 - 2 个保护层厚度

高度 3 950 也是内径尺寸，那③号筋的长度就是：

3 950 + 800 + 800 - 2 个保护层厚度

其余的，你以此类推。

追问：我是想知道，比如求④号钢筋所需要的根数，是用 7 500 来算，还是需要加上两边的 800，钢筋间的间距是 150？

回答：

想求④号钢筋所需要的根数，用 7 500 加上两边的 800 来计算。从理论上来说，分布筋是应该分布到头。

## 2.61　标准砖的表面积

长是 0.24，宽是 0.11，厚度是 0.5，怎样算它的面子？

>> 2014-08-19 07:27　　网友采纳

答：

你所说的这些尺寸数字，正好是一块标准砖的尺寸数字，标准砖的规定尺寸是 0.24 × 0.115 × 0.053，都是以米为单位的（建筑行业通常以毫米为单位），那标准砖的标准尺寸就是 240 × 115 × 53。

你是想求标准砖的表面面积吗？标准砖的表面面积是 92 830 mm²，用米为单位就是 0.092 83 m²。但按你提供的数字就少了一点，是 0.087 8 m²。

## 2.62　电气工程占整个房屋造价的大概比例

一栋大楼的电气部分要多少钱呢？

>> 2014-08-19 08:07　　网友采纳

答：—————————————————————————————————

一栋大楼的电气部分造价是多少，要看大楼的设计情况。高层一般占到总造价的 20% 左右，普通多层建筑，或电器设计比较简单的建筑也在总价的 10% 以上。

## 2.63　地下室无梁楼盖与有梁楼盖的经济性比较

地下室无梁楼盖和有梁楼盖哪个更经济？问题是这样的，普通地下室大部分是 8.2 m×8.2 m 的柱网，1.2 m 的覆土，占地面积 122 m×132 m，我想知道的是这样的地下室顶盖是用梁板结构节省还是无梁板结构节省，我个人认为是无梁板省，但苦于没有依据。各位大神有没有这方 面的经验，麻烦了。

>> 2014-08-21 14:05　　　网友采纳

答：—————————————————————————————————

你所说的这个地下室占地面积 122 m×132 m，大部分柱网是 8.2 m×8.2 m 的，1.2 m 的覆土层。因为有梁楼盖，不仅仅有梁板施工上的麻烦，更主要的是：因为有梁的高度存在，需要增加地下室的层高，地下室里所增加的层高，不是正负零以上的层高，实 际就是增加的埋深。你简单想一想也就知道了，将地下室的埋深，人为地增加 1 m 深，那代价是很大的。所以，你说的这种情况，设计成有梁楼盖肯定不经济。

追问：我也是这么想的，但是没有依据。我也知道这东西只有同一个结构建两种模型，通过预算才能达到。

回答：

用预算的方法来进行比对是不行的，因为用预算的方法比对不够充分，预算比对只是对图示工程量进行计算后的比较。如：柱间距 8.2 m，主梁高度至少近 1 m，基础埋深增加，工程量是可以计算的，但施工难度的增加，深基坑的风险，工期的延长，不是在工程量中计算的。而我们现在所说的都是比较概念性的东西，但真正要做比较准确的结论，就需要做比较全面的技术经济比较，才能下结论。

## 2.64　50 000 m² 建筑工程木工需用量

承包 50 000 m² 建筑工程的木工需要多少工人？

答：

你仅说了"承包 50 000 m² 建筑工程的木工需要多少工人"。

1. 不知道是什么结构，也不知道模板工程量大不大。如普通多层的混合结构，模板工程量就不会很大，用人自然少一些；框架结构，模板工程量就大一些，所需要的工人稍微多一些；如是全部现浇的剪力墙结构或筒体结构，那所用模板工就更多。

2. 没有说清楚工期要求。如 50 000 m² 是一幢单体，工期要求很紧，六个月内主体就要封顶，那 100 个工人都不一定够。如果是十幢乃至十几幢的小单体，两年的总工期，主体施工采用流水作业，一年左右才要求全部封顶，那 50 000 m² 的工程量，30 个人肯定够了。

## 2.65　现浇板膨胀加强带的定额子目套用

现浇板膨胀加强带套哪个定额子目？

答：

1. 该膨胀带假如在地下的部分，可以套用后浇带。

2. 假如是上部结构，仍然是套用现浇板。

3. 假如该板带尺寸、厚度比较大，而宽度比较小的话，可以按梁来套用。

## 2.66 亮化工程单位时间工程量

楼体亮化一个大工一天能完成多少工程量？

>> 2014-09-22 08:56    网友采纳

答：

楼体亮化工程，也是一项工程，它需要按设计要求去做。一天能完成多少工程量，要看设计方案情况而定：比较简单的以挂灯带为主的亮化情况，一天能够挂好几幢楼房。假如以安装座灯为主的话，得要好几天才能完成一幢楼。所以，你的这个问题不怎么好回答。

追问：我的意思是说，假如是一幢高楼，二十层左右，一个大工一天可以做洗墙灯多少米，投光灯多少个？这都是正常的施工环境，都是横管。

回答：

1. 你说的这个工种，目前还没有什么定额可供参考。

2. 一个人一天所能完成的工程量，只能看个人的操作熟练程度。

3. 在高层的室外挂灯带作业，一个人一天五六十米的到一百多米的都有。

4. 在地面上作业的投光灯，要看基座设计情况。如果不谈基座，纯粹讲灯具安装的话，一个人一天可以安装十几个到二十个左右。

## 2.67  10 万 m² 的建设工程项目消防弱电的工期

消防弱电 10 万 m² 工期需要多少天？

>> 2014-09-24 07:00    网友采纳

答：

消防弱电的工期是与主体结构的工期联系在一起的，不能独立计算工期。尤其是 10 万 m² 的项目，比较大，消防弱电的工期一定是由主体结构施工决定的。

追问：谢谢！我再问一下，跟主体在一起，主体快，我也要快吗？弱电平均价格 1 m² 多少钱？大工工资有多高？普工多少钱？

回答：

1. 工期是肯定要服从主体结构的。

2. 平均承包价格，不能给你提供。

3. 做消防、弱电的大工工资一般 200～250 元 / 天，普工 120～150 元 / 天左右。当然，工价要看项目地点在什么地方，一线城市，这个工价还不够，还要提高一点 才会有人做。

追问：我想包个弱电活，不知工人好找不？我包个 50 万元的活找人需多少费用？你说的大小工价钱管吃住吗？

回答：

1. 工价合适的话，人肯定好找。

2. 你笼统地说 50 万元的活，没有办法帮你核算费用。

3. 一般来说，从中赚 7 万～8 万元没有问题。

4. 管住，吃饭到土建单位吃大食堂，不能单独开火做饭。

追问：工人是一下找够吗？

回答：

工人要按工程进度情况进场，一下子全部进场肯定都坐在那里没事做，时间长了工人就会向你要生活费。

## 2.68 石砌拱圈的工程量如何计算

怎么计算石砌拱圈的工程量？

>> 2014-09-24 07:42 网友采纳

答：

1. 石砌拱圈的工程量，从起拱点开始，按该石拱截面面积与形心线长度的乘积，以立方米计算。

2. 有变截面的，按变截面起止点分别计算。

## 2.69  怎样才能把 2000 万元的工程量压缩到 1900 万元

怎么把 2 000 多万元的工程压缩到 1 900 多万元?

>> 2014-09-27 13:19  网友采纳

答:

不知道你是建设单位，还是施工单位。

1. 如果你是从建设单位的角度来考虑问题，那就在原来的设计上减掉一些不必要的辅助功能设施。

2. 如果你是施工单位的，现在已经中标，做施工组织设计阶段，那你就应该在优化施工方案方面，从采用新材料、新工艺、新技术、新设备四方面入手，做施工成本控制。

## 2.70  特殊异性结构梁的定额套用

一根梁一段为直的，一段为斜的，按定额中的什么梁套项?

>> 2014-09-28 14:36  网友采纳

答:

其实我知道你说的这根梁不是异形梁，但你可以套用异形梁试一试。通常所说的异形梁,指的是梁截面"异形"，但你说的这种情况确实存在于施工比较复杂的情况，所以在审核时好好与审计的人商量， "按普通梁来套太亏了点"。

## 2.71 工程变更的内容指的是

工程变更的内容一般有：

A. 改变合同工程中任何工程数量，包括工程量的偏差；

B. 改变合同工程中任何工程数量，但不包括工程量的偏差；

C. 删减可以转由发包人自行完成的工作；

D. 改 变合同工程量的施工时间和已批准的施工工艺或顺序。

为什么选 B 和 D ？

➤➤ 2014-10-17 15:04　　网友采纳

答：——————————————————————————————

所谓工程变更，一般指的是：

1. 合同中所列出的工程项目中工程量的增加或减少（但不包括工程量计算的偏差）。

2. 取消合同中部分工程细目的工作（被取消的工作继续由业主或其他承包方实施者除外）。

3. 改变合同中某项的工作性质、质量要求及种类。

4. 改变工程部分的标高、线形、位置和尺寸。

5. 改变为完成本工程所必需的种类的附加工作。

6. 改变本工程部分规定的施工时间安排等，包括有关规定的施工顺序等。由以上概念，我们就可以知道：

A. 属于工程量上原来的计算误差，当然不属于工程变更。

B. 后面补充了不包括工程量的偏差，当然属于工程变更。

C. 删减可以转由发包人自行完成的工作，对照上述第 2 条就知道了，当然不属于工程变更。

D. 改变合同工程量的施工时间和已批准的施工工艺或顺序，可对照上述的第 6 条，应属于工程变更。

## 2.72　不等高的毛石墙工程量计算

毛石挡土墙不一般高，怎么计算工程量？

>> 2014-10-17 15:45　　网友采纳

答：
你说的这种情况，应按不同高度的各部位分别计算。

## 2.73　土方工程中实际工程量与设计工程量不符怎么办

工地实际土方量与设计土方量不符怎么办？

>> 2014-10-19 08:33　　网友采纳

答：
当现场实际土方量与设计土方量不相符时，实际结算时以"现场实际土方工程量为准"。

## 2.74　隧道工程中实际喷锚工程量与设计喷锚工程量相差近 2 倍是什么情况

隧道喷锚实际用量比设计量超两倍，哪位高手知道量在什么范围内属于合理的？

>> 2014-10-21 13:15　　网友采纳

答：
你说"隧道喷锚实际用量比设计量超两倍"，那肯定是不合理的。一般应该比设计用量略低才是正常的，稍微高一点问题也不大，但你说已经超过了两倍，一定是哪里出了问题。如：是否漏了浆，或地质勘察不准，或实际用量的计量不准确等，有很多可能性，要一项一项进行排查。

## 2.75  计算板工程量时需要扣除柱的量吗

计算板的工程量时需要扣除柱的量吗？

>> 2014-10-21 14:42　　网友采纳

答：————————————————————————————

计算板的工程量时，不需要扣除柱的量。计算柱的工程量时，按柱的净高度尺寸计算。

追问：计算板工程量的时候都需要扣除什么？谢谢！

回答：

计算板工程量的时候，需要扣除的很少。一般就是大于 $0.3\ m^2$ 预留洞需要扣除，其余没有什么需要扣除的东西。

## 2.76  脚手架工程量计算

外脚手架的长度是按建筑物的实际长度算还是按搭设长度算？

>> 2014-10-27 12:58　　网友采纳

答：————————————————————————————

外脚手架的计算长度是按建筑物的实际长度每边各外加 2 m 计算的。既不是按脚手架的实际长度，也不是按建筑物的实际长度。

## 2.77　定额中未使用的工料机在工程审计中可以扣除吗

工程审计时，定额中未使用的工料机是否可以删除？

>> 2014-10-28 15:35　　网友采纳

答：

工程审计时，定额中未使用的工料机是可以删除的。但不删除不要紧，因为只要没有"量"的存在，在汇总的时候，不受任何影响。

追问：当然是有量，只是根据实际情况有些材料机械可能没有使用到，所以要删了。

回答：

有量的，而实际没有使用的工料机就要删除。不删除的话，肯定都将被汇总进去。

## 2.78　建筑工程中的地税与国税

建筑工程按国家标准已经缴纳税赋，地税部门是不是还追征？

>> 2014-10-29 07:31　　网友采纳

答：

你所说的这个问题，有两个概念弄清楚就行了：

1. 建筑工程的施工方，缴纳的就是地税，而不是国税。

2. 房产销售，缴纳的是国税，而不是地税。

## 2.79　公园式建设项目资金回收补偿

最新政策历史建筑公园收回有补偿吗？

>> 2014-10-31 06:57 网友采纳

答：

建筑公园收回的补偿办法就是：

1. 门票收入补偿。

2. 园内游乐项目收入补偿。

3. 园内其他经营性项目收入补偿。

4. 非经营性公园的政府补贴补偿。经营性盈利公园项目，也有部分政府补贴，但政府补贴部分不是主要补偿来源。

## 2.80 工程款一定要开票后才能拥有"优先受偿权"

工程款一定要开票才能享受优先受偿权吗？

>> 2014-10-31 10:19 网友采纳

答：

工程款一定要开票才能享受优先受偿权，这是肯定的。

## 2.81 自控仪表前端环形管算不算工程量

自控仪表前端环形管算不算工程量？

>> 2014-11-01 07:30 网友采纳

答：

只有"自控仪表"上自带的部分不另行计算，其余前端环形管都应计入工程量。

# 三、合同管理

## 3.1 非承包商原因的索赔案例分析

一建考试的索赔类问题，非承包商原因造成工期延误且不影响总工期，一、索赔成立工期不顺延；二、索赔不成立。一、二哪种答题方法对不对？

>> 2014-08-07 07:11 　　提问者采纳　　网友采纳

答：————————————————————————————

非承包商原因造成工期延误，但不影响总工期，表明该事件发生在非关键线路上。答案是：二、索赔不成立。原因是：

1. 所谓索赔成立，就是要求对方赔偿的；

2. 工期不顺延表明对方不赔偿，对方不赔偿就是表明索赔不成立。

## 3.2 工程预（决）算书应加盖造价师（员）执业资格印章

工程预（决）算书在哪里办理？要加盖什么章？我家在盖房子，房子包给了农民工来盖！今天我去取公积金，公积金管理中心的人跟我说要工程预（决）算书，我们家包工头是个农民工他不会弄。请问我应该去什么部门办理这个工程预（决）算书，要加盖什么章？

>> 2014-08-26 15:25 　　提问者采纳　　网友采纳

答：————————————————————————————

到你们当地有资质的建筑公司，找一个有造价师（或造价员）证书的人，帮你编一份结算书，然后请他帮助盖个章就行了。

追问：我有个朋友是搞工程造价预算的，我找他盖个章行吗？他不是造价师，他只是造价员。

回答：

因为你是自家盖的房子，你朋友有造价员的证书就行了，做好后要盖上他的造价员的章。

追问：是不是只要盖一个造价员的章就行了啊？还要盖别的什么章吗？

回答：

除了盖他自己的造价员章外，还要盖上他们单位的公章。

## 3.3 物业管理单位对小区内管道堵塞所应承担的责任

下水管的公共部分被堵，家里被泡，物业有责任吗？

>> 2014-10-20 09:10    提问者采纳    网友采纳

答：————————————————————————

小区内属于物业管理的部分下水管公共部分堵塞，造成家里的物件被泡，物业管理是有责任的。具体的责任是：

1. 负责疏通该下水管；

2. 查清该段下水管被堵塞的原因，并应采取相应的措施，以防后期再次堵塞；

3. 承担被泡物件的损失赔偿，不过这个赔偿仅限直接损失的赔偿，不承担连带损失。

此外，有些比较好的物业企业，还会在相应的公示栏目内张贴公开《道歉信》。

## 3.4 设计采用 PE100 的盲板，能改用 DN100 的盲板吗

设计采用 PE100 的盲板，能改用 DN100 的盲板吗？

>> 2014-10-22 11:13 　　提问者采纳　　网友采纳

答：————————————————————————————————

设计采用 PE100 的盲板时，能用 DN100 的盲板代替。但设计采用 DN100 的盲板时，不能用 PE100 的盲板代替。

## 3.5　基础工程、主体工程、装饰工程的造价比例

基础工程、主体工程、装饰工程的造价比例是多少？

>> 2014-10-24 09:05 　　提问者采纳　　网友采纳

答：————————————————————————————————

基础工程、主体工程、装饰工程的造价比例主要取决于装饰装修的要求和标准。对于一般居住建筑来说，大约是：（2～2.5）：（4～4.5）：（3～3.5）。

追问：你好，对于学校教学楼来说呢？

回答：

对于学校教学楼来说，大约是：（2～2.5）：（4.5～5）：（2.5～3）。

## 3.6　5万 m$^2$ 工程高峰期劳动力是多少

5万 m$^2$ 工程高峰期劳动力是多少？

>> 2014-11-02 08:39 　　提问者采纳　　网友采纳

答：————————————————————————————————

你仅说了"5万 m$^2$"这个数字，怎么给你答复呢：

1. 普通混合结构的多层，大约需要 300 人。

2. 框架结构大约需要 300 ~ 350 人。

3. 假如是高层建筑，只能 250 人左右。

追问：谢谢你给出的答案！地下室 7 110 m²，商业裙楼（五层）29 220 m²，洋房面积 15 142 m²（共三栋楼，每栋一个单元，其中两栋 18 层，一栋 32 层），工期 正常和较紧张两种状况下，请问各工种如何配置？如钢筋工，木工，混凝土工，泥瓦工，内、外墙抹灰工，保温、防水、外墙涂料等人数如何配置呢？非常期待你的回答，谢谢！

回答：

根据你说的这个情况要组织流水施工，正常情况下：

1. 木工（模板工）：70 ~ 80 人（采用钢模板做大模施工的话可以减少 10 到 20 人问题不大）。

2. 钢筋工：40 ~ 50 人（有时候钢筋工还可能有点紧张，但又不能增加太多）。

3. 泥工：50 ~ 60 人（包含项目上所必要的一些杂勤人员）。

4. 项目部管理人员：15 人左右。如果工期比较紧的话，根据当时的情况，每个工种都可以增加 10 ~ 20 人，再多的话就会有点窝工，不好安排了。当然，施工人员增加的时候，相应管理人员也要有所增加。

## 3.7　DN800 和 DN600 雨水管道的断面尺寸

在做市政资料时，不知道 DN800 和 DN600 雨水管道的断面尺寸，就是分项工程现场检测记录表内，雨水管道的断面尺寸

》》 2014-11-03 10:58　　提问者采纳　　网友采纳

答：────────────────────────────────

DN800 雨水管的断面尺寸就是直径 800 mm，DN600 雨水管的断面尺寸就是直径 600 mm。

## 3.8　决定建设工程价值和使用价值的主要阶段

什么阶段是决定建设工程价值和使用价值的主要阶段?

>> 2014-12-27 10:11　　提问者采纳　　网友采纳

答:

设计阶段是决定建设工程价值和使用价值的主要阶段,这是因为:通过设计工作使建设工程的规模、标准、组成、结构、构造等各方面都确定了下来,从而也就基本确定了建设工程的价值。另一方面,任何建设工程都有预定的基本功能,这些基本功能也只有通过设计才能具体化、细化。也就是说:

1. 建设工程中的主要物化劳动价值是通过材料和设备的确定而确定下来。

2. 设计工作的活劳动是在设计阶段已经形成,而施工安装的活劳动价值的大小也是由于设计工作的完成才能够估算出来。

因此,在设计阶段已经可以基本确定整个建设工程的价值,其精度取决于设计所达到的深度和设计文件的完善程度。

## 3.9　道路工程质保期内养护工作是施工单位负责吗

道路工程竣工后在质保期内的养护工作由施工单位还是建设单位来负责?依据何在?

>> 2014-04-17 20:56　　提问者采纳

答:

道路工程竣工后在质保期内的养护工作由建设单位或建设单位指定的管养单位负责,与施工单位无关。

1. 道路工程竣工后,肯定的是"已经验收合格",并已经"交付使用",因此说尽管在质保期内,但已经交付给了建设单位"正常使用"。正常使用阶段的养护工作是建设单位或建设单位指定或建设单位委托的专业管养单位来负责养护。

2. 作为施工单位，只是"在保质期内出现质量问题的情况下负责保证质量的维修责任"。其依据应查看《施工合同》中"保质维修条款"中的有关约定，以及《施工合同》通用条款中的有关"保质维修条款"中的有关规定。

## 3.10　前年的工程项目至今迟迟不给钱怎么办

我前年包的工程钢筋但迟迟不给钱怎么办？没有签合同，只是口头协议。

>> 2014-04-26 18:36　　提问者采纳

答：

应该说：麻烦了！ 前年包的工程钢筋"问题是到现在"迟迟不给钱，麻烦的是"没有签合同"，口头协议是无效的。但不管遇到什么"事情"，都不要怕，注意以下三点：

1. 注意搜集证据。如：当时有没有进料（货）单、领料单、相关会议纪要、当事人、经手人等。

2. 注意时效性。普通民事纠纷的诉讼时效为 2 年，你是前年的项目，应该注意到"最后一次"用料时间和"最后一次"对方给你付款的时间。

3. 最后一点是要特别注意的：你与对方的"相处"情况。也就是说：对方是否"确有难度"，而不是"恶"意拖欠。如对方诚心想解决，但确有困难之处，应予以谅解。如果有"恶"意倾向，应提高"警惕"。

但不管怎么说， "害人之心不可有，防人之心不可无"！ 既然你都把这事情拿到网上来咨询了，还是按第一条" 搜集点证据"吧！做好通过法律途径来解决问题的准备。

## 3.11　为讨要工程款拆掉已完工程属于违法行为

为工程款拆掉工程犯法吗？

>> 2014-04-28 16:54　　　提问者采纳

答：——————————————————————————————————

为"讨要"工程款拆掉工程"肯定"是违法的。

1. 你有权建设，但你无权拆除。不管什么项目，一旦建成后就是"国家"财产，即使是"私人房屋"都会被一并"套用""国家财产"这个说法（因为每个人都是国家的人，否则怎么会有"国民"一词呢）。一旦把事情搞僵，到头来就是用"破坏国家财产"这个"词"来追究法律责任。

2. 国家"给每个国民"都提供了"维权的途径"——司法。所以，不管什么事情，应当首先考虑好好"沟通"，即使不好"沟通"也不能"胡来"。"实在"没有沟通余地了，再通过正当的"司法"途径来解决。

## 3.12　确保工程质量实现合同履约的具体做法

确保工程质量实现合同履约的具体做法？

>> 2014-05-10 10:40　　　提问者采纳

答：——————————————————————————————————

要想确保工程质量，按期实现合同的履约，最基本的至少要做到以下几点：

1. 加强施工管理。

2. 严格执行规范和操作规程。

3. 坚持项目监督和验收。

4. 严格控制按计划进度的执行。

…… 再如加强职工操作技能培训，强化安全管理，推行新材料、新技术、新工艺，实现科学化管理等。其实内容太多了，仅仅靠网上几句话说不清楚。

## 3.13　农村水泥路工程量计算方法和承包业务谈判技巧

修一条长 7 km 的路，要求宽度 4.5 m，厚度 18 cm。这是该以平方米计算还是立方米啊？造价的问题怎么计算？谢谢！

>> 2014-05-15 07:27　　提问者采纳

答：

凡是涉及混凝土的一般都按立方米计算。

像你说 7 km 的一条路，厚度 18 cm，其工程量为 7 000×4.5×0.18 = 5 670 m³。

追问：如果说按照 17 元一个平方米计算，这个该怎么理解？

回答：

人家跟你讲的人工费 17 元一个平方米。谈到工程造价，应包括材料费、人工费、机械使用费，另外还要加上措施费、管理费、规费、税金等，所以谈到造价是一个比较复杂的话题。而你现在实际想了解的，仅仅可能是"想去做这一段路"，这段路的人工费是跟人家怎么谈、怎么算、怎么包的问题。我告诉你：按平方算也是可以的。

追问：嗯，你说对了。就是"想去做这一段路"，跟你说的一样，就是去跟人家怎么谈、怎么算、怎么包的问题，那按平方该怎么计算？这一系列的问题我该怎么跟人家谈，我才能获利最多？

回答：

你以前有没有做过？

追问：实话实说吧，没有相关的经验。希望能得到你的帮助，帮我弄明白上面几个问题，谢谢。

回答：

人家答应你 17 元一个平方米的人工费，价格并不低。第一步：先答应下来，让他们不要从中再有人插手。第二步：因为你没有经验，所以不着急签合同（只是你不要急），先干起来再说。可能对方会一定要签好合同后才肯开工，签合同时尽量争取做到"净人工费，其他什么都不管"最好。

追问：长 7 km，宽 4.5 m，厚度 18 cm，一共多少平方米？至此，我已经非常感谢你的帮助。

回答：

$7\,000 \times 4.5 = 31\,500\ \text{m}^2$

按 17 元 $/\text{m}^2$ 计算，总价 $31\,500 \times 17 = 535\,500$ 元 $= 53.55$ 万元

## 3.14　分包工程的有关规定

分包工程一般都是单位工程吗？

>> 2014-05-23 15:17　　提问者采纳

答：

分包工程一般不是单位工程，除非总包单位违法分包。分包单位一般分包的是某一单位工程中除主体结构之外的某个分部工程、子分部工程或某个分项工程。

2011 年修订执行的中华人民共和国《建筑法》第二十九条规定：建筑工程总承包单位可以将承包工程中的部分工程发包给具有相应资质条件的分包单位；但是，除总承包合同中约定的分包外，必须经建设单位认可。施工总承包的，建筑工程主体结构的施工必须由总承包单位自行完成。当总包单位以某一单位工程整体分包出去时，就意味着连同主体结构一起分包了出去。

## 3.15　索要工程款去劳动监察大队有用吗

索要工程款去劳动监察大队有用吗？

>> 2014-06-27 08:11　　提问者采纳

答：

索要工程款去劳动监察大队没有用：

1. 你所说的是"索要工程款",谈到"工程款"就是承包人与发包人之间的关系。

2. 劳动监察大队主管的是用人单位与劳务人员之间的劳务纠纷。

3. 索要工程款的途径只有：（1）好好沟通，好好商量；（2）确实不能商量，通过诉讼。

建议：尽量不要诉讼，能商量尽量商量！退一步海阔天空！

## 3.16　合同工程量计算方式与规范不一致时的处理和做法

建筑工程中，合同的工程量计算方式和规范工程量计算方式相矛盾时怎么处理？

▶▶ 2014-10-09 14:09　　提问者采纳

答：

一般在建筑工程中，工程量的计算方式不会有什么矛盾，出现计算方式矛盾的可能性很小，但不能排除这种矛盾的可能性。当合同的工程量计算方式和规范工程量计算方式不一致，甚至相矛盾时，必须服从合同计算方式！所谓规范指的是：合同中没有明确的时候，才参照规范。当合同中有明确做法时，应首先服从合同，按合同约定执行。

## 3.17　未经发包方允许的变更不能索赔

因设计图纸内容无法实现，施工方在未经发包方允许的情况下所做的变更，施工方索赔是否成立？

▶▶ 2014-11-25 09:53　　提问者采纳

答：

施工方在未经发包方允许的情况下所做的变更，施工方索赔不能成立！无论原"设计图纸内容"是否可以实现。

## 3.18 包工程亏了，怎么处理

我干工程亏了钱，怎样向公司要钱？

2014-04-26 07:45　网友采纳

答：

是不是公司承包给你做的？如果是这样的，那要看看：

1. 有没有签订合同？

2. 如果签订了合同，合同上是怎么签的？

3. 如果没有签合同，如何能找到"相关的证据"来证明项目是你做的。内容很多，没有办法在网上用几句话就能帮你"很全面"地想到办法。对于这件事，我认为：如果没有签订合同，就好好协商；如果签订了合同，那就得看合同内容。所以，通过这个事情能汲取很多教训，"签订合同要慎重"。

## 3.19 层层挂靠或非法分包引发的矛盾处理

我做了梅山宝钢储运库钢结构厂房清包施工工程，当时是跟中建八局下属的龙腾设备安装工程公司一个叫为民的老板做的，合同写好后，我签字盖章，开始施工。他说把合同带回公司签字盖章，之后施工中就难得遇到他人，他外地也有很多工程。几个月下来工程结束，合同我没拿到手！工钱 他只付了 10 万多一点，还余十多万未付，就电话不接，人 不照面了！起诉他，没合同，而且他还没和我结算。工程结束时，我在武汉，武钢有一项目等我回来，梅山项目已撤场了，他将我价值 6 万多的施工设备一起带走了。现在找不到他人，我该怎么办？打了 12345，他们答复是让我起诉！如果我有合同，我会打 12345 吗？我也不知道可不可以重新审计该项目，结算了再起诉。他挂靠的龙腾设备安装公司呢？我该怎么办？

2014-05-14 10:47　网友采纳

答：

遇到这种事情很麻烦，建议你：

1. 自己先顺藤摸瓜找找看，一般情况下都是能找到的。如他挂靠的"龙腾设备安装公司"，这家公司是肯定能联系得上他的。因为不管挂靠哪一家公司，钱都要从公司账上走。

2. 在顺藤摸瓜找不到的情况下，只有报警了。

记住：若顺藤摸瓜能理出一点线索来尽量不要报警。

## 3.20 工程款要不上怎么办

我现在的工程款要不上怎么办？

>>> 2014-05-22 19:02 网友采纳

答：

因为你问的是"我现在的工程款要不上怎么办"，所以，不是追讨的农民工工资。遇到这种事情，首先要冷静，最重要的也是要冷静，只能好好跟人家商量。

不知道你的相关合同和施工过程中的相关证据是否齐全，当然，即使所有的东西都很齐全，但还是要冷静，尽量不要采取非常规的手段。

## 3.21 疏通下水道一年能赚多少，专业运作怎么做

疏通下水道一年可以赚多少？专业做怎样运作？

>>> 2014-05-23 18:18 网友采纳

答：

这是一个很多人都不愿意干的活。到大一点的城市去比较好做，第一年的生意可能差一点，5万元左右。多打点广告，同行之间多拜托拜托，后面生意就好了。

像在南京，人家打个电话请你跑一次，一般情况都是 150 ～ 200 元。假如再带点什么东西给人家换换弄弄的，还能多赚一点。

## 3.22 讨要民工工资的方法

讨要民工工资？

>> 2014-05-30 06:38 　网友采纳

答：

1. 好好商量，理性解决。

2. 注意搜集证据，以防恶意拖欠，如自己的上班记录、一起干活的同伴等。

3. 在确实商量无果的情况下，请求法律援助，如报 110、直接到派出所，或到法律援助中心等。

千万注意，好好商量，尽量不要把事情弄僵。

## 3.23 被骗去的工程保证金怎么讨要

去年年底时我的一个朋友以做工程为由叫我入伙，要交工程保证金，我给了他十万元，他有打条子。到现在我才知道他骗我，他根本没有包到工程，一切都是他伪造的，我要怎么办才能拿回我的钱？

>> 2014-06-09 08:27 　网友采纳

答：

既然过去是朋友，以后还可能是朋友，尽量不要打官司，好好跟他沟通一下。他不一定是不想包工程的，有可能是遇到了他自己也没有想到的情况发生了。

如有可能的话，跟他一起去解决他所遇到的"异常"情况。一旦打官司，把事情闹僵，可能还真的就拿不到了，千万记住我的话！

## 3.24　发包人、承包人、分包人的概念和相互关系

指定发包人属于发包人的分包人，是对还是错？

>> 2014-06-26 08:53　　网友采纳

答：————————————————————————————————

这句话错在：

1. 发包人是不能指定的。

2. 发包人的下一层级不是分包人。所以这句话应该说成：在实施招投标的过程中，发包人可以针对该工程项目中的某一项或某几项非主体结构、非关键项目对承包人指定分包人。

## 3.25　到工程上做木工能拿多少钱

建筑工人做木工一个月多少钱？

>> 2014-07-14 08:20　　网友采纳

答：————————————————————————————————

建筑工人做木工，只要没有什么特殊情况，一般都在 5 000 元 / 月以上。

## 3.26　工程中标后的工作步骤

工程中标后怎样计划施工具体步骤和注意事项有哪些？

>> 2014-07-19 17:42　　网友采纳

答：————————————————————————————————

这个问题比较大，在网上只能简单地说说：

1. 领取中标通知书，商谈合同，签订合同。

2. 落实施工队伍，做进场准备。

3. 现场安排临时设施，组建施工项目部，包括项目经理（现场执行经理）、技术负责人、施工员、安全员、质量员、材料员等。

4. 做开工前技术准备，包括编制施工组织设计、施工方案、施工进度计划、质量保证措施、安全保证措施、应急预案、文明施工措施、各种审批表、开工报审表等。

5. 组织施工队伍进场，按施工组织设计组织施工。其实，内容太多了，不是在网上短短的几句话就能说清楚的，还是找一个比较熟悉的人，作为你的现场执行经理吧！

## 3.27 一般工程项目施工单位进场后要交纳哪"两金"

单位施工要交哪两金？

》》 2014-07-30 07:15 　网友采纳

答：

农民工工资保证金、城市环境卫生综合治安管理押金（有个别城市收）。以上两金施工完成后都可以退还，并且连同银行活期利息一并退还。

## 3.28 未竣工验收的建筑物能否用于抵债

未竣工验收的建筑物能否用于抵债？

》》 2014-08-06 07:59 　网友采纳

答：

未竣工验收的建筑物，从理论上讲，还不具备建筑物的使用功能，因此，还不能算得上是建筑物。所以，不能用于抵债。或者说，你想直接用于抵债，债权人不一定认可。

但很多人都采用了未竣工的建筑物进行抵押的做法，因为抵押从理论上讲，还是应该收回的。抵押，就不一定需要是不是建筑物，或是否具备建筑物使用功能等条件，它只需要认定抵押物是否具有一定的价值。

## 3.29 剩下的工程款不给怎么办

我是做建筑的，把屋主的房子建好了，剩下的工程款不给怎么办？

>> 2014-08-13 06:18　　网友采纳

答：────────────────────────────

只要你在施工过程中没有什么问题，最终人家肯定会给你的，可能现在资金上确实有困难。好好商量商量，会给你的，放心吧！

## 3.30 无资质承包人完成工程项目后的权益主张

老板没资质承包了工地主体工程，完工后我们是否有权利向建筑公司主张？

>> 2014-08-14 06:29　　网友采纳

答：────────────────────────────

你的这个问题没有说完整，让人不知道你想了解什么，按我估计，是不是想了解：

"老板没资质承包了工地主体工程，完工后我们是否有权利向建筑公司（索要工资或劳务费用）？"

如果是这个问题，我告诉你，没有资质的那个人，你可能找不到，如果真的找不到的话，可以向有资质来承包该工程的公司索要工资或劳务费用。

## 3.31 土建工程不签正式合同可以吗

土建不签合同正规吗?

>> 2014-08-16 07:08　　网友采纳

答：——————————————————————————————

土建不签合同肯定不正规。土建工程不仅仅应该有合同，而且必须签订书面合同。

## 3.32 工地欠材料款，能阻止他们施工吗

工地欠材料款却仍在施工，该怎么办？是否能让工地先停工？

>> 2014-08-17 07:54　　网友采纳

答：——————————————————————————————

根据你的提问，你应该就是给这个工地供料的材料商，不知道你是给施工单位供料的，还是直接给建设单位供料的，现在一般大多是给施工单位供料的情况。如果是给承包商（施工单位）供料的：

1. 先尽量找他商量，看他到底有什么困难。

2. 当发现该承包商确实资金有困难，就帮他们一起去找建设单位商量。一般情况下，如果材料商已经出面与工地承包商一起去找建设方商量时，问题都会解决的。

3. 如果建设单位目前也确有难度，希望你再稍微等一等，那你应当尽量等一等。

## 3.33 联合体投标的通常做法

招标公告要求："工程勘察专业类岩土工程甲级、工程设计公路行业甲级"。现主办方具备工程设计公路行业甲级资质、工程勘察专业类工程测量乙级，联合体

成员具备工程勘察专业类岩土工程甲级。

　　请问这个联合体符合要求吗（疑问点就是两家都具备了工程勘察专业类资质，主办方是测量乙级，联合体成员具备岩土甲级，联合体资质怎么确定）？

≫ 2014-08-31 09:51　　网友采纳

　　答：

　　你说的这个情况，所组成的这个联合体符合要求。其实这个道理很简单，你想一下就知道了：如果不是因为一家资质条件有缺陷，怎么会来组建联合体呢？所谓组建联合体的目的就是补充自身某一方面的不足。

　　追问：可是法律条文规定，同专业按低的算。这个同专业怎么解释？

　　回答：

　　哪个叫你把那个低等级的资质文件拿出来的呢？

　　1. 一般情况下，就是拿出来了也不要紧，没有人去追究这个事情。

　　2. 在联合体合作文件中，应做明确的分工说明：涉及公路的部分，由公路行业甲级资质的单位负责设计；涉及工程勘察或岩土的部分，由具备工程勘察专业类岩土工程甲级资质的单位来完成。

## 3.34　工程资料中分项工程汇总表必须归档

　　分项工程汇总表用不用归档。

≫ 2014-09-24 16:45　　网友采纳

　　答：

　　你说的是不是工程验收资料。在工程验收资料中，分项工程汇总表是需要作为工程资料归档的，因为分项工程汇总表是分部工程质量评定的依据。

## 3.35  做政府工程的工程款

做政府工程的工程款一年了还不给怎么办？

>> 2014-10-13 16:01　　网友采纳

答：

干政府的工程，只要你手续齐全，工程款就不要担心。怕就怕你不是直接做的政府的活，而是中间有好几个中间人，那是比较麻烦的事。不过，总体上来说，只要是政府项目，即使稍微拖了点时间也不要紧，一般都不会出什么问题，耐心地等一下吧！

## 3.36  劳务承包合同范本来源

建筑房屋劳务承包合同？

>> 2014-10-14 06:31　　网友采纳

答：

你仅仅出了这么一个标题，不知道你想了解什么？

1. 要想取得《建筑房屋劳务承包合同》的示范文本可以到建筑书店去购买后直接填写，也可以在网上下载后打印。

2. 假如你是想到哪里承包工程项目的劳务，那就得自己到相应的工程项目上去找。

3. 假如是工程项目有了，就是不知道劳务合同跟人家怎么签，那就把情况发到网上来，我们帮你想办法。

## 3.37　包清工合同中包含的零碎工作

建筑清包工副料是什么？

>>> 2014-10-15 09:11　　网友采纳

答：————————————————————————————————————————
建筑清包工副料指的是：一般不在清包工正常工作范围内的一些零碎工作。

## 3.38　包工头出现意外了，工资有问题吗

在工地上，包工头死了，又没有与建筑公司签合同，只是口头协议，我们工人还能拿到钱吗？

>>> 2014-10-16 06:53　　网友采纳

答：————————————————————————————————————————
像你们的这种情况，要想拿到钱难度很大，建议你从以下几个方面准备一下：

1. 哪个介绍你过来的？ 2. 当时工价是怎么谈的？ 有哪些人跟你是一样的？

3. 从什么时候开始干的？ 4. 哪一天干的什么？ 5. 有什么人跟你一起干的？ 6. 整理 一份自己上工的计工记录。

以上材料整理好后交给现在负责的人，多说一些好听的话，让后来的人接受你是最重要的。一定要本着实事求是的原则去做事情，问题就好解决。

## 3.39　单位授权后，单位还能向甲方收受工程款吗

揽工程由甲的资质证授权给乙后，甲还是否有权向业主方收取工程款？

>>> 2014-10-16 08:46　　网友采纳

答：

你说的这种情况属于违法的建设工程承包行为。要使这一行为成为合法的，只有认定乙为甲的施工队伍，或乙为甲的某一施工班组。正因为如此：

1. 乙可以在甲的授权下向工程发包单位收受工程款。

2. 甲也可以不授权给乙，而直接由甲收受工程款。

3. 当甲已经给予乙授权，则甲无权再向发包单位索取或收受工程款。

4. 甲可以根据具体情况收回对乙的授权，收回授权后，即可以向业主方收取工程款了。

## 3.40　购买商品房时"所属面积"指的是什么

实际建筑面积是多少？楼后面还剩多少所属面积？

>> 2014-10-17 07:09　　网友采纳

答：

房地产单位在销售房屋时，一般都是按建筑面积销售的，但他们卖给购房者的建筑面积，购房者回去后怎么也算不到那么多，这是怎么回事呢？这就是你想要了解的核心问题"楼后面还有多少所属面积"，为什么不能按实际面积销售？

这个问题是由房屋建筑的基本特性所决定的，因为任何一套房屋，它都不可能单独悬浮在空中，那楼梯、走道、电梯井、管道井、设备用房等，这些在自己的房屋内根本就不能直接看到。那不在房屋套内能直接看到的，而又必须存在的公用建筑面积，怎么来妥善安排呢？这就必须分派到相应的所属房屋里去。这就是所属面积的一个基本概念。

## 3.41　商品房延期交付与是否免收燃气管道费无关联

2011 年买的楼房，2014 年 10 月才交工，是否给免收燃气管道费？

>> 2014-10-20 12:44　　网友采纳

答：————————————————————————————

你说的这种情况，本来就不存在免收与应当收取的说法。燃气管道本来就是包含在房屋的造价之内的，怎么可以另外加收，然后再说成免收呢？

## 3.42　工程开孔业务怎么来的

工程开孔业务怎么来？

>> 2014-10-22 09:05　　网友采纳

答：————————————————————————————

这个问题可以从以下几个方面努力：

1. 最常用的办法就是在比较集中的，很多做开孔生意的人在一起，做一块牌子在那里等待。

2. 到现在正在施工的工程项目上去，找项目经理联系。

3. 到已经建成的小区去，张贴一些广告，等待准备做装饰装修的人家来电话。当然，方法很多，还得自己发挥聪明才智，业务肯定就会有的。

## 3.43　老旧建筑物补建筑平面图收费吗

老旧建筑补建筑平面图如何收费？

>> 2014-10-29 07:39　　网友采纳

答：————————————————————————————

不知道你所说的"老旧建筑补建筑平面图"是哪里用的。如果是房产部门要在房产证上补什么平面图，那就是应该补图不收费，对实际参与现场勘察测量人员给予一定的出勤补助就行了。没有另行收费的说法，因为这就是他们应该做的工作。如果另行收费，那就是乱收费，可以举报。

## 3.44 做小工，老板跑了找谁

做小工，工地老板跑了找谁？

>> 2014-11-01 07:27　　网友采纳

答：

你的这个问题首先应该弄清楚，一开始你跟他联系的时候，是直接跟该"老板"谈的，"他"当时没有以什么单位的名义来出面跟你谈吗？找单位！那么就不是以单位名义签的合同，都可以找单位。该项目是由哪一家施工单位总承包的，就找该总承包的"法人"单位。

## 3.45 小区内业委会选举做法的法律效应

业委会选举中，业主入户登记表出现了重复入户而选票没有多出的这种情况，选举是否有效？

>> 2014-11-01 07:33　　网友采纳

答：

"业委会选举中，业主入户登记表出现了重复入户而选票没有多出"，你说的这种情况，说明是重复入户的没有重复进入选票。

追问：第一次入户选举没有过半，第二次补选出现了业主重复票，但是选票数没有重复，请问从法律上讲是有效还是无效？

回答：

小区里需要举行业委会选举，但住户一般都是有工作的，即使不在工作，任何人也有权支配自己的时间，不可能完全按小区里指定的任意时间内都能参加。所以，你说的这种情况很正常，从法律上来讲也是有效的。

1. 第一次入户选举没有过半，肯定需要重新选举，直到过半，才能有效。

2. 第二次选举出现重复票，很正常。作为第二次选举，人人都有权利参加。参加了的不能称之为重复；第一次已经参加过的，而第二次没有参加的不能称之为弃权。

3. 第一次参加了但第二次没有参加的，属于他自己认定为：第一次已经参加投票的有效票，属于他真实的意思表达。

4. 按你所说，经过两次组织选举后，总的选票数没有重复。

综合上述情况，可以认定：从法律意义上来说，这种选举情况是有效的。

# 04

执业教育篇

# 一、报名认证

## 1.1 报考建造师工作年限证明

二级建造师，我在 2013 年 6 月毕业于自考园林专业，二建规定毕业两年的工作时间是按毕业证上的注册年限算还是资格后审时按公司证明算？工作已经有三年了。

>> 2014-03-26 10:35　　提问者采纳　　网友采纳

答：

有关报考建造师工作年限的计算分两种情况：

1. 全日制的学历按毕业证上的注册时间，同时还需单位出具工作年限证明。也就是说，尽管你毕业了，但你一直都不参加工作，也没有哪个单位来帮你出具工作证明，那是不能报考的。

2. 非全日制的学历工作时间不是按毕业证上的注册时间，只需要在报名之前已经取得了毕业证就行了，工作年限按单位出具的证明。

按你所说的是自考毕业，实际工作已经有三年了，完全可以报考，你是自考的园林专业，可以报市政公用工程。祝你成功！

## 1.2 注册安全工程师报名

注册安全工程师报名，最高学历是 2013 年 7 月的建筑工程技术专业大专函授学历，工作时间有 5 年了，能不能报上名？或者怎样才能报上名？求指点！非常感谢！

>> 2014-03-29 07:43　　提问者采纳　　网友采纳

答：

可以报名，你放心地去报，安全工程师不难考！报了名，会给你提供考试用书和相关的考试资料。

## 1.3  二级建造师相近专业报名

二级建造师报名条件的问题，本人的专业是税务（和二级建造师的报名条件是"工程类或工程经济类专业"没法对口），已经在建筑公司上班 2 年，想要报考建造师，请问达人们，我如何才能取得国家承认的工程类或工程经济类专业学历？又以何种方式取得？（函授？成人自考？还是？）请不要复制百科经验这些。谢谢了！

2014-04-27 14:24　　　　提问者采纳　　　网友采纳

答：

税务专业属于工程经济类的"相近专业"，可以报考。没问题！ 祝你成功！

不过，二级不是终点，以后还要争取考一级。所以我建议通过电大拿个学历，国家承认，考试报名有效，而且容易一点，又不影响工作。

追问：请问，税务专业真的是工程经济类的相近专业？怎么我在网上没有查到呢？

回答：

1. 税务专业属于经济类专业。

2. 你实实在在地"已经在建筑公司上班 2 年"，单位出证明没有问题。像你这种类似情况报考的人很多，放心吧！今年的报名早已过了，明年你去报报看，是没有问题的！

追问：那报考一级的话就必须要有个国家承认的工程类学历才行，是吧？这个电大拿学历的话，是怎么个流程？麻烦你了。

回答：

从理论上来说一级、二级其实都是一样的，都要求工程类或工程经济类专业。但报考二级的，有很多都是以"相近专业"参加报考的。因为你现在要工作，那就要想办法既不影响工作，又能拿到文凭，所以我才建议你去拿个电大文凭的。现在的电大可以免试入学，拿满学分就可以毕业。

## 1.4 一级建造师报名是否需要经过公司或培训机构

一建报名不需要经过公司或者培训机构吗？自己直接在网上报名审核的时候呢？

>> 2014-06-05 06:10　　提问者采纳　　网友采纳

答：────────────────────────────────

1. 一级建造师自己直接在网上报名审核的时候不需要经过公司，但至少在报名之前你要先与公司说一下，否则报名表打出来，公司不盖章怎么办？

2. 一建报名不需要经过培训机构，但有很多人，因为自己不会报名，而请培训机构帮助"代"报名。原因有两种，一种是自己不会在网上操作；还有一种是怕自己考不上，而让公司其他同志笑话，所以不想以自己公司的名义报名。

请培训机构帮助自己代报名的大多数是后一种情况。

## 1.5 报考建造师的条件及相关专业的包含类别

我在理工学校学的工科专业，但不是建筑类，能考建造师资格证吗？

>> 2014-06-11 07:31　　提问者采纳　　网友采纳

答：────────────────────────────────

你没有讲清楚学的是什么专业，所以我只能告诉你，相近专业都可以报考建造师。哪些是相近专业呢？以下都是可以报考的相近专业，自己对照一下就知道了。

航海技术　海洋船舶驾驶　轮机工程　　　轮机管理　　　交 通 运 输
交通运输管理工程

载运工具运用工程　汽车运用工程　道路交通管理工程

自动化　流体传动及控制　　流体机械　　压缩机　水力机械　　　工业自动化　　工业电气自动化

生产过程自动化　　电力牵引与传动控制　　自动控制　　　交通信号与控制

水下自航器自动控制　　飞行器制导与控制　　飞行器自动控制 导弹制导惯性 导航与仪表

生物医学工程　　　生物医学工程与仪器

核工程与核技术　　核技术 同位素分离　　　核材料 核电子学与核技术应用核工程

核反应堆工程　　　核动力装置

工程力学

园林　　　观赏园艺　　　风景园林

相近专业对照表中包含：

工商管理 工商行政管理　　企业管理　　　国际企业管理　房地产经营管理 工商管理　　投资经济 投资经济管理 技术经济　邮电通信管理 林业经济管理

所以，能够考建造师的范围很宽泛。

追问：我是航海技术，谢谢你，我毕业后需要多久才能报考？

回答：

因为你没有讲清楚你现在的学历层次，所以我把报考建造师的资格条件发给你自己对照：

凡遵守国家法律、法规，并具备下列条件之一者，可以报名参加一级建造师资格考试：

1. 取得工程类或工程经济类大学专科学历，工作满 6 年，其中从事建设工程项目施工管理工作满 4 年。

2. 取得工程类或工程经济类大学本科学历，工作满 4 年，其中从事建设工程项目施工管理工作满 3 年。

3. 取得工程类或工程经济类双学士学位或研究生班毕业，工作满 3 年，其中从事建设工程项目施工管理工作满 2 年。

4．取得工程类或工程经济类硕士学位，工作满 2 年，其中从事建设工程项目施工管理工作满 1 年。

5.取得工程类或工程经济类博士学位，从事建设工程项目施工管理工作满 1 年。

## 1.6　一级建筑师报考条件

从建筑学专业本科毕业后，如果考虑最顺利的情况，多少年可以拿到一级注册建筑师，其流程是怎样的（注意是建筑师，不是建造师）？

>> 2014-07-23 08:15　　　提问者采纳　　　网友采纳

答：————————————————————————————————

我把国家一级注册建筑师的报考条件告诉你，你就知道了。符合下列条件之一的，可以申请参加一级注册建筑师考试：

（一）取得建筑学硕士以上学位或者相近专业工学博士学位，并从事建筑设计或者相关业务 2 年以上的；

（二）取得建筑学学士学位或相近专业硕士学位，从事建筑设计或者相关业务 3 年以上的；

（三）具有建筑学大学本科毕业学历，并从事建筑设计或者相关业务 5 年以上的，或者具有建筑学相近专业大学本科毕业学历并从事建筑设计或者相关业务 7 年以上的；

（四）取得高级工程师技术职称并从事建筑设计或者相关业务 3 年以上的，或者取得工程师技术职称并从事建筑设计或者相关业务 5 年以上的；

（五）不具有前四项规定的条件，但设计成绩突出，经全国注册建筑师管理委员会认定达到前四项规定的专业水平的。

按你所说的本科毕业，但不知道有没有学士学位。如果有学位的话 3 年以上就可以报考；如果没有学位，那就等到 5 年以后才能报考。你不要相信人家说的"一定要取得高级工程师职称后"，那是针对"不具备规定学历"的人而言的。

## 1.7　报考建筑师与建造师的区别，以及注册的相关规定

请问资源环境与城乡规划管理专业是不是满两年工作经验就可以报考二级注册建筑师？另外，是不是报考市政方向的就要提供市政方向的工作经历，报考土建就要提供土建方面的，还是只要提供项目施工方面的哪个方向的都可以报考？请问注册是怎么回事？是不是考后必须注册？

>> 2014-11-12 07:26　　提问者采纳　　网友采纳

答：

1. 你说的情况是对的，满两年工作经验就可以报考二级注册建筑师。

2. 报考市政方向的就要提供市政方向的工作经历，报考土建就要提供土建方面的。

3. 提供项目施工方面的不可以报考二级建筑师，而只可以报考二级建造师。

4. 注册指的是：取得建筑师（或建造师）执业资格证书后，必须经过单位注册，方可在该单位以建筑师（或建造师）的名义执业，从事建筑师（或建造师）工作。不经过注册，只是代表虽然具备了该执业资格，但还不能以该执业资格的名义从事该项工作。

## 1.8　水电专业能增项市政吗

水电专业的一建能考市政吗？

>> 2014-11-19 09:01　　提问者采纳　　网友采纳

答：

你的意思是：已经有了水利水电专业的一级建造师，现在想再增加一个市政专业是吗？这个是比较正常的增项，完全可以。

## 1.9 土建八大员培训考试的归口管理

土建八大员在哪里报名（全国通用那种）？

➤➤ 2014-11-19 11:02　　[提问者采纳]　[网友采纳]

答：———————————————————————————

土建八大员，没有全国通用的那种，土建八大员都是属地管理的。你所说的全国通用，实际上是持证人离开持证所管辖的属地时，新工作地点没有及时提出要求，临时认可原证的一种情况，而不是说原来所持证件是"全国通用"的。目前，只有国家级的注册证，才是全国通用的执业资格。

土建八大员的报名、培训、考试，全国都是统一的，由所在地建设行政管理部门主管，有些地方是建工局，有些地方是建委。

1. 报名：所在单位集体报名，该所在单位指的是在当地登记注册的施工企业，也包括外地企业在本地注册备案公司。这里要注意的是：凡私自报名培训考证的，最终都是无效的。

2. 培训：一般都是委托所在地高校或教育培训机构接受委托培训。

3. 考试：由所在地建设行政主管部门组织命题、统一考试，直至最终发证。要注意的是：这个过程都是单位行为，而不是个人行为，不得私下里自行查档、查分等。

## 1.10 市政公用工程一建要增项机电工程管理

我考取了一级建造师市政工程专业，一直从事施工管理工作，工作已经 8 年了，现在想考取注册设备公用工程，但我不满足从事设备公用工程设计工作满 8 年这一条，我能报考吗？如果能考，最后能注册吗？

➤➤ 2014-11-26 09:51　　[提问者采纳]　[网友采纳]

答：———————————————————————————

1. 一级建造师中没有独立的设备公用工程这个专业，而只有机电工程管理专业。

2. 你已经考取了市政工程专业的一级建造师，现在想考取注册机电工程管理工程专业的话，不需要什么证明，是属于普通的增项，直接报名就是了。到时候注册也不存在问题。

3. 一级建造师是执业资格，设备公用工程师是职称，而不是执业资格，不存在重复问题。

追问：你能加下我 QQ 吗，我还有几个问题，到时候我追加分行吗，一些关于工程师注册的问题。

回答：

还有什么问题可以直接在上面提出来，我等你。我不用 QQ，有一个邮箱 njaz163@163.com。

追问（2014-11-26 10:20）：我给你发过去了，你看看，我等你邮件。

回答（2014-11-26 10:36）：

我已经发过去了。

## 1.11　历年来一级建造师合格标志有变化吗

历年来一级建造师合格标准会有变化吗？

>> 2014-12-24 16:42　　　提问者采纳　　网友采纳

答：——————————————————————————————

历年来一级建造师的合格标准从来没有变化过，但今年比较蹊跷，到现在还没有公布合格标准。

（后来证实，市政公用工程实务标准降低了 8 分，合格标准为 88 分，详见附件）

人力资源社会保障部办公厅关于 2014 年度一级建造师资格考试合格标准有关问题的通知
人社厅发〔2015〕21 号

根据 2014 年度一级建造师资格考试数据统计分析，经商住房城乡建设部，现将考试合格标准有关问题通知如下：

一、合格标准

| 科目名称及专业类别 | | 试卷满分 | 合格标准 |
|---|---|---|---|
| 建设工程经济 | | 100 分 | 60 分 |
| 建设工程法规及相关知识 | | 均为 130 分 | 均为 78 分 |
| 建设工程项目管理 | | | |
| 专业工程管理与实务 | 建筑工程 | 均为 160 分 | 均为 96 分 |
| | 公路工程 | | |
| | 铁路工程 | | |
| | 民航机场工程 | | |
| | 港口与航道工程 | | |
| | 水利水电工程 | | |
| | 机电工程 | | |
| | 通信与广电工程 | | |
| | 矿业工程 | | |
| | 市政公用工程 | 160 分 | 88 分 |

二、请各地按上述合格标准对考试人员各科目(类别)成绩进行复核，并与人力资源社会保障部人事考试中心核对相关数据，确认无误后，按要求逐项填写 2014 年度一级建造师资格考试情况统计表(见附件)，于 2015 年 3 月 13 日前送人力资源社会保障部专业技术人员管理司备案，备案数据作为发放资格证书的依据。

三、请按照有关文件精神，及时向社会公布考试合格标准，并抓紧做好资格证书发放及考试后期的各项工作。

人力资源社会保障部办公厅
2015 年 2 月 15 日

## 1.12　研究生毕业的当年能报考中级职称吗

研究生今年6月毕业，但是3月31日职称考试报名截止，我想今年考中级职称，请问这样的情况能报名考试吗？

>>> 2014-03-29 08:11　　　提问者采纳

答：————————————————————————————————

能！因为考试是在你拿到毕业证之后，也就是说只要你在考试之前已经拿到了毕业证就可以了。这方面有很多人都错过了一年的机会！

## 1.13　二级建造师报名是否通过查询

浙江省二级建造师报名是否成功怎么查看？在浙江省人才考试网上查看不到，我没有注册过这个网址，我钱也交了，报名表也打了，怎么查看？

>>> 2014-04-02 14:23　　　提问者采纳

答：————————————————————————————————

早就报名了，剩下一个月就要考试，怎么现在想起来查的？考试前一个星期就要在你原来报名的这个网址上打印准考证，如果打不出来，今年就没办法了。但我认为报名表是从网上打出来的，缴费也是在网上缴的，报名就肯定成功了。

追问：好像今年浙江不需要考前审核的吧，是考完试再说的吧？

回答：

临考前一周看看准考证能不能打出来，能打出来就行了。如果准考证打不出来，也不要紧，临考前一周还是来得及的。只要你报名时打过了报名表，缴费也没有延迟，考试中心会帮你想办法，肯定会让你考试的，不用担心！

凡是考试通过了的情况，还没有因为回过头来审核不通过的情况发生过！只要考前不审核，考后就不要担心，考试不是招投标。招投标有"资格后审"之说，考试从来都没有过"后审"的说法，放心吧，只要不影响考试就行了。

## 1.14 一级岩土工程师报名条件

一级注册岩土工程师的报名条件中，关于专业课的考试要求从事岩土工程专业满五年，我在设计院工作五年可以考这个证吗？还有就是我都可以考哪些证？想多考点证提前退休。

≫ 2014-04-14 07:19 提问者采纳

答：—————————————————————————

你在设计院工作五年可以考这个证。岩土工程专业包含的工作有：地基工程设计，矿井工程设计，地质工程（包括地质资源）勘察，地基、矿井等与岩土相关项目的施工等。因此说在设计院工作只要单位出具相关证明是肯定可以报考的。

不知道你一开始学的是什么，作为在设计院工作的人可以报考的项目很多，一级结构工程师、一级建造师、水电、给排水、排暖通风等都需要。

追问：我本科学的土木工程，我觉得设计院都会从事地基工程设计，还有就是要求设计院出具相关的证明，对设计院资质有要求吗？

回答：

要求工作单位出具"工作证明"，对工作单位资质没有严格要求。

## 1.15 二级建造师已有课程通过时考试报名注意点

我考二级建造师，2012 年过实务，2013 年过管理，2014 年我三门都报了，那么我今年过法规和实务就可以拿证还是得三门都通过了才算通过呢？

≫ 2014-05-10 08:27 提问者采纳

答：—————————————————————————

2014 年你的《施工管理》不要考，考了反而麻烦了。万一考了没过，尽管去年考过的成绩有效，但要办理很多手续才能把今年的考分消掉。

## 1.16  一建考试违纪，第二年可以报考造价吗

一建考试违纪，第二年可以报考造价吗？

>>  2014-10-16 08:21     提问者采纳

答：————————————————————————————
一建考试违纪，据说目前第二年还可以报考其他的，也就是说目前还没有联网，这当然也就包括可以报考造价了。据说，以后肯定会联网的，但具体什么时候才能联起来，目前还不知道。所以，以后考试还真的要小心点，不能出问题。

## 1.17  工业环保与安全技术专业能报考二建吗

工业环保与安全技术能报考二建吗？

>>  2014-11-12 12:02     提问者采纳

答：————————————————————————————
工业环保与安全技术这个专业能够报考二级建造师。属于相近专业，可以报考，没有问题。

## 1.18  江苏省 C 类安全证考试后成绩查询时间

江苏建筑 C 类安全员考试多久之后可以查成绩？ 3 月 29 日考完的。

>>  2014-03-31 07:49     网友采纳

答：

江苏建筑 C 类安全员考试每年考试 2 次，上半年一次，下半年一次。上半年大约在每年 3 月下旬的最后一个星期六或星期天，下半年大约在每年 10 月下旬的最后一个星期六或星期天考试。你参加的是今年上半年的考试。每次考试过后一个月左右公布考试结果，到时密切关注，祝你顺利过关！

## 1.19　二级建造师报名表打印

二级建造师考试报名，照片传上去了，钱也交了，当时资格审查表没有打印出来，现在想打印却不能打印了，求指点该怎么办？

>> 2014-04-02 14:33　　网友采纳

答：

两种情况：

1. 如果你是老考生，那不需要打印资格审查表，因为你以前已经审查过了。

2. 如果你是新考生，当时没有打印出来，就说明报名没有成功，现在打印报名表的窗口早已关闭了，当然打不了。

根据你说的情况，你应该是去年的考生，当时没打出来，你也没有在意。现在你不要担心，如果去年考过，临考前一个星期左右直接打印准考证就是了。

追问：当时也打印了，可打印出来的有几张是乱码，我就撕掉了，打算过段时间再打的，结果没窗口了。

回答：

临考前一周看看准考证能不能打出来，能打出来就行。如果准考证打不出来，临考前一周还是来得及的。只要你报名时打过了报名表，缴费也没有延迟的情况，考试中心他们会帮你想办法，只要能让你考试也就行了。

现在心里不要乱，还有一个多月，抓紧时间复习迎考。如果实在不放心可以打电话向考试中心咨询一下。

## 1.20  质量工程师中级考试条件

质量工程师中级考试，我是 2011 年毕业的专科生，目前从事质量工作，何时能报考中级质量工程师？

>> 2014-04-04 13:49  网友采纳

答：

根据国家《质量专业技术人员职业资格考试暂行规定》，现摘录与你有关的部分如下：

第四条　质量专业实行职业资格考试制度后，不再进行工程系列相应专业技术职 务任职资格的评审工作。也就是说，只能通过考试获得资格证书。

第六条　质量专业资格分为：初级资格、中级资格和高级资格。

第七条　参加质量专业资格考试的人员，必须遵守《中华人民共和国宪法》和各 项法律，认真贯彻执行国家质量工作的方针、政策，遵守有关质量工作法律、法规，热爱质量专业工作，恪守职业道德。

第九条　参加质量专业中级资格考试的人员，除具备本规定第七条所列的基本条件外，还必须具备下列条件之一：

（一）取得大学专科学历，从事质量专业工作满 5 年。

（二）取得大学本科学历，从事质量专业工作满 4 年。

（三）取得双学士学位或研究生毕业，从事质量专业工作满 2 年。

（四）取得硕士学位，从事质量专业工作满 1 年。

（五）取得博士学位。

（六）本规定发布前，按国家统一规定已受聘担任助理工程师职务，从事质量专业工作满 5 年。

根据你的情况"2011 年的专科生，目前从事质量工作"，最早也要在 2016 年的下半年方可报考。这里，还要提醒你一下，到时还要请单位帮你出具"五年来，一直从事着质量管理工作"的证明。当然，这个肯定不是问题，问题是既然想考，那就早一点看看这方面的资料积极备考。

祝你早日成功！

## 1.21 建筑工程师资格证好考吗

建筑工程师资格证好考吗？

>> 2014-05-27 06:59    网友采纳

答：────────────────────────────

建筑工程师是一种中级职称，职称反映的是一个人的理论水平和能力水平。在职称体系中有初级的技术员、助理工程师、中级的工程师、高级的高级工程师（副高职称）、教授级高级工程师（正高）等。

职称不需要技术水平的考试，前些年因为教育体系中存在外语和计算机的薄弱环节，故申报中级以上职称时，加考职称外语和职称计算机两门，其余均不需要考试，并且两门考试科目的难度不大，属于一种比较简单的应知、应会题。

建造师才是一种执业资格，强调考试，并且难度比较大，考试严格。建造师国家的分为一级、二级两种，各省、市、自治区为了配合"企业三级资质"的对应，一般都加设了一个"小型项目管理（建造）师"执业资格。全体系也相当于三个级别，均以考试为主。

## 1.22 安全员 C 证报名与培训

办理真的安全员 C 证要多少钱？

>> 2014-05-27 08:16    网友采纳

答：────────────────────────────

你要想办理安全员 C 证，就要参加所在地建筑工程质量安全监督站举办的 C 证考试培训班。培训完成后参加考试，不是很难。费用一般由所在单位出，不接受个人报名。

## 1.23　高中毕业生如何能报考建筑师

建筑师职业资格考试，我是一名高中生，在建筑工地做主体施工管理，我想提高自己的专业水平，想 参加国家从业资格考试，可是我的文凭太低，不知道能参加哪些？有什么具体要求？

**》》 2014-06-09 07:46**　网友采纳

答：
1. 普通高中毕业，连续工作五年就可以报考二级建造师。
2. 在这连续的工作期间，再想办法弄个工程类或工程经济类专科以上的文凭。建议采用电大或函授的方法，门槛低，文凭有效，而又不影响工作。
3. 拿下相应文凭后再想办法考一级，这是最理想的职业规划。只要认真努力就一定能成功，好好努力吧！

## 1.24　江苏省内那些高校建筑设计类专业比较好

哪些高校建筑设计类专业比较好？最好是江苏省内的。

**》》 2014-06-25 08:34**　网友采纳

答：
江苏境内的建筑设计类好高校当数东南大学、南京航空航天大学、南京工业大学、南京理工大学、河海大学等。但江苏的建筑类高校大多偏于工科，偏于结构。

## 1.25　建筑经济管理专科毕业可以报考建筑师吗

建筑经济管理专科可以报考建筑师吗？

>> 2014-07-15 07:39　　网友采纳

答：

1. 建筑经济管理专科可以报考建造师。

2. 要想报考建筑师，一般需要建筑学专业。

3. 尽管你是建筑经济管理专业，当你在设计院连续工作很多年，有一定的设计工作经历，想考建筑师也是可以的，不过因为专业不对口，考试难度比较大。

有志者事竟成，如果真是一心想考建筑师，也是一定可以的，好好努力！

## 1.26　江苏省的安全 B 证能转到福建省用吗

江苏省建筑施工安全 B 证可以转入福建省用吗？

>> 2014-07-30 07:08　　网友采纳

答：

江苏省建筑施工安全 B 证是完全可以转入福建省用的。施工安全 B 证，是项目经理施工安全证，是与建造师证合起来才有效的施工必备证件之一。

既然你有江苏省的建筑施工安全 B 证，又想到福建省使用，说明两个问题：1. 你在江苏有单位，且说不定就是项目经理；2. 你想到福建省使用，说明福建有项目需要你去做。

很简单，把公司相关手续（营业执照、资质证书等）和你的注册建造师证、安全 B 证一起带到福建省，到你相应需要的地方建筑施工管理部门备案就可以使用了。

这里还要告诉你：安全 B 证是不允许跨省转注册的。也就是说，从江苏某单位跳槽到福建省某单位去工作，你的建造师（一级）可以跨省转注册，但安全 B 证要到福建相应单位所在地重考。

## 1.27　建筑学入学考试的课程

烟台大学建筑学入学考试的基本内容？

>> 2014-08-01 08:43　　网友采纳

答：

重点就是语、数、外三门，再加上物、化或史、地都可以。也就是说，学习建筑学，文科、理科都是可以的。

## 1.28　第二专业选择工程造价需要怎么学习

没有建筑类的基础，但是想学造价，需要看哪些书？我的情况是：1.建筑方面的基础为零；2.大学本专业学的是应用电子技术，但是已经丢了12年了，现在基本的电路图会看；CAD会最基本的使用（只会看图）；3.造价方面没有一点基础；4.想利用业余时间学习。

>> 2014-08-11 09:28　　网友采纳

答：

你的第一学历是什么层次？按你所说，你大学毕业，理论基础知识已经具备了相当的层次，所以只需要针对性地了解和掌握一些专业的、实用的知识就可以了。不需要看什么专业的书籍，只需要实际学习一下有关现行的造价规范、相关造价编制文件就可以了。如《建设工程工程量清单计价规范》（GB50500-2013）、《建筑安装工程费用项目组成》（建标[2013]44号）、《建设工程施工合同（示范文本）》（GF-2013-2010)等就行了。

追问：我第一学历是统招大专，专业是应用电子技术，主要课程是数电、模电、电路分析、工厂供电、现场供电等；我现在在学第二专业，网校本科，专业是工程造价管理，但是学校不开课，课程全是视频，效果也很差，考试也很水，完全是为了拿文凭，什么都没有学到。

回答：

1. 你现在把工程造价管理作为第二专业非常好。

2. 为了拿文凭是对的，学校不开课不要紧，也是可以从中学到东西的，你不要按混文凭的思路去做。

3. 该专业在网校上的课程设置肯定是有效的、很好的，你就按该课程设置去学习就行了。

## 1.29  有监理工程师证报考消防工程师是否有通用课程可以免试

有注册监理工程师证，可以免试消防工程师考试的消防实物吗？

>> 2014-08-13 06:45  网友采纳

答：

注册监理工程师证和消防工程师，是完全不同的两回事。有注册监理工程师证，想考消防工程师，不存在什么能够免试。同样，假如有消防工程师证的，想考监理工程师，也不存在什么能够免试的。

## 1.30  有安全 C 证，能在另一个单位报考 A 证吗

安徽省三类人员 C 证在一个单位，能在另一个单位考 A 证吗？

>> 2014-08-22 12:16  网友采纳

答：

C 证在一个单位，想在另一个单位考 A 证，说明你跳槽后，已经到企业层面的领导工作了，完全可以在新一家考 A 证。A 证拿下来以后，同时更能说明你也已经不会再回过头来，重新做专职安全工作了，还要那个 C 证干吗呢？

## 1.31　安全 B 证可以同时在两个不同省份使用吗

三类人员安全 B 证可以同时在两个不同省份使用吗？

>> 2014-10-13 13:18　　网友采纳

答：

三类人员安全 B 证可以同时在两个不同省份拥有，但没有必要。因为：

1. 三类人员安全 B 证是省属管理的，所以在两个省里分别考试。

2. 三类人员安全 B 证可以跨省通用，所以没有必要跨省再考。

## 1.32　施工员岗位证书的获取

施工证价格问题，我们学校考证要 1 500 元，这个证是否真实？必须要有施工证才能去工地吗？我听学长说这些证公司会发，要公司检验合格才能发施工员证。

>> 2014-10-14 10:45　　网友采纳

答：

施工员证不是哪个负责施工的公司能够发证的，而是由所在地的工程质量监督站委托培训机构进行培训发证的。

现在很多大学都在做培训发证这个工作，所以，他们相应发的证一般都是有效的。至于培训发证的费用问题，各个学校应该是有差别的，你说的发个施工员证需要 1 500 元，应该差不多。

## 1.33 建设领域岗位证书培训考试

建设领域岗位证书培训考试是真的吗?

>> 2014-10-14 13:17 网友采纳

答:

只有接受当地建设行政主管部门委托的培训机构所进行的"建设领域岗位证书培训考试"才是真的。

## 1.34 要获得资料员、造价员证书,赶紧去报名参加培训吧

求建筑资料员、造价员考试近几年的真题,越多越好,万分感谢!

>> 2014-10-28 21:12 网友采纳

答:

想要建筑资料员、造价员考试近几年的真题,建议你直接到百度去搜索。在这里来询问,一般是很少有人能够直接给你发送的。

追问:我下载不了,本来希望有人有下载好了的,可以直接发给我的。

回答:

资料员、造价员考试都是很简单的,不要当成多复杂的事情。一般在临考之前都有培训班的,参加培训后再考试,90%以上的人都能通过。

这类比较简单的考试题,想下载的人不多,不要烦这个心思,参加培训去吧。

# 二、试题解析

## 2.1 现行建设项目投资构成的说法

下列关于我国现行建设项目投资构成的说法中，正确的是（    ）。

A. 生产性建设项目总投资为建设投资和建设期利息之和

B. 工程造价为工程费用、工程建设其他费用和预备费之和

C. 固定资产投资为建设投资和建设期利息之和

D. 工程费用为直接费、间接费、利润和税金之和

这是之前的一道考试试卷题目，答案是选 D，我觉得 C 和 D 都是对的。

≫≫ 2014-04-11 11:49　　　提问者采纳　　网友采纳

答：———————————————————————————————————————

A 是错误的。因为生产性建设项目总投资除建设投资、建设期利息外，至少还有生产设备投资等。

B 也是错误的。因为把建设投资与工程造价的概念混淆了。

C 同样也是错的。固定资产投资除了建设投资和建设期利息外，至少还应包括工程建设其他费用。

## 2.2 建筑力学向量法解题示例

建筑力学向量法解题

≫≫ 2014-04-29 17:16　　　提问者采纳　　网友采纳

答：

1. 先将 $F_1$、$F_2$、$F_3$ 分别向 x 轴投影，得

$F_{1x} = 300 \times \cos 30° = 300 \times 0.866 = 259.8$（N）

$F_{2x} = -200 \times \cos 60° = -200 \times 0.5 = -100（N）$

$F_{3x} = 200\sqrt{2} \times \cos 45° = 200\sqrt{2} \times 0.707 = 200（N）$

$F_x = F_{1x} + F_{2x} + F_{3x} = 259.8 - 100 + 200 = 359.8（N）$

2. 再将 $F_1$、$F_2$、$F_3$ 分别向 y 轴投影，得

$F_{1y} = 300 \times \sin 30° = 300 \times 0.5 = 150（N）$

$F_{2y} = 200 \times \sin 60° = 200 \times 0.866 = 173.2（N）$

$F_{3y} = -200\sqrt{2} \times \sin 45° = -200\sqrt{2} \times 0.707 = -200（N）$

$F_y = F_{1y} + F_{2y} + F_{3y} = 150 + 173.2 - 200 = 123.2（N）$

3. 因为 $F_x = 359.8$ N 为正数，$F_y = 123.2$ N 也为正数，所以合力的方向在第一象限内。

合力的大小 $F$ 为：

$F = \sqrt{F_x^2 + F_y^2} = \sqrt{359.8^2 + 123.2^2} = 380.3（N）$

## 2.3　简要说明内力的概念及分类

简要说明内力的概念及分类？

>> 2014-05-08 19:36　　[提问者采纳]　　[网友采纳]

答：────────────────────────────

所谓内力，指的是材料在外力作用下，对材料内部所产生的应力作用。内力一般大致分为拉应力、压应力、剪应力、扭应力四大类。但扭应力从本质意义上来讲，是材料在外部扭力作用下，使材料内部发生剪切作用而产生的剪应力。

## 2.4　闭水试验和满水试验的概念和区别

"闭水试验"和"满水试验"有什么区别？

>> 2014-05-10 16:58　　[提问者采纳]　　[网友采纳]

答：————————————————————

1. 闭水试验指的是市政给排水工程中管道的功能性试验，给排水工程中管道的功能性试验，除了闭水试验外还有水压试验、闭气试验共三种检验、试验。

2. 满水试验指的是给水排水构筑物的主要功能性试验，一般是对水池池壁的防渗漏情况及其预留洞、预留管口、进出水口的封堵等防渗漏情况的功能性检验。两个概念是完全不同的两回事。

## 2.5 弯矩图怎么画

弯矩图怎么画？

>> 2014-05-12 10:48　　　提问者采纳　　网友采纳

答：————————————————————

要想学会绘制弯矩图，首先要学会弯矩计算。

1. 通过计算所求得的各控制截面的弯矩值标注到相应的控制截面位置上，所标注的控制弯矩值的点用直线或曲线连接起来。

2. 弯矩图中弯矩标注的方法是，梁：正弯矩标注在梁的下方，负弯矩标注在梁的上方。竖向构件框架柱的弯矩：正弯矩标注在框架柱的内侧，负弯矩标注在框架柱的外侧。

3. 要注意的是：弯矩值标注的长度尺寸要有一定的比例，这样才能让人看到后一目了然，知道哪里弯矩大哪里弯矩小。

## 2.6 钢结构课程设计中的跨中高度计算示例

钢结构课程设计，屋面坡度为 1：9，计算跨中高度时为小数，如何取值？

>> 2014-06-26 07:53　　　提问者采纳　　网友采纳

答：————————————————————————————————————————

你所想了解的"钢结构课程设计，屋面坡度为 1：9，计算跨中高度时为小数，如何取值"这个问题，我只能用举个例子的办法说说。

1. 假如该项目是钢结构屋架的厂房，跨度为 18 m、坡度 1：9 的两面坡屋面，则从屋脊分水线到边柱的距离为 9 m，按 1：9 的屋面坡度计算，跨中高度正好为 1 m。假如该钢屋架支座处屋架高度为 1.2 m，则跨中的屋架高度为 2.2 m。

2. 但你所说的跨中高度为小数，则该屋架的跨度不是我所举的正好 18 m 的这种例子，而是如 24 m 或 30 m 这种情况（一般钢结构比较大的跨度模数为 6 m）。如按 24 m 考虑，则从屋脊分水线到边柱的距离为 12 m，按 1：9 的屋面坡度计算，跨中高度为 1.333 m，遇到这种情况尺寸取值精度到 mm。如该钢屋架支座处屋架高度仍按 1.2 m 考虑，则跨中的屋架高度为 2.533 m。跨中高度遇到小数时的取值原则为：精确到 mm。

## 2.7　一建考试中的索赔类问题解析

一建考试的索赔类问题，非承包商原因造成工期延误且不影响总工期，一、索赔成立工期不顺延；二、索赔不成立。一、二哪种答题方法对不对？

▶▶ 2014-08-07 07:11　　提问者采纳　　网友采纳

答：————————————————————————————————————————

非承包商原因造成工期延误，但不影响总工期，表明该事件发生在非关键线路上。答案是：二、索赔不成立。原因是：

1. 所谓索赔成立，就是要求对方赔偿的；

2. 工期不顺延表明对方不赔偿，对方不赔偿就是表明索赔不成立。

## 2.8　剪力静定杆的概念

什么是剪力静定杆？

如图，为何 CD 杆剪力静定？

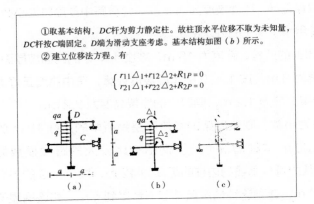

①取基本结构，DC杆为剪力静定柱。故柱顶水平位移不取为未知量，DC杆按C端固定。D端为滑动支座考虑。基本结构如图（b）所示。

②建立位移法方程。有

$$\begin{cases} r_{11}\Delta_1 + r_{12}\Delta_2 + R_{1P} = 0 \\ r_{21}\Delta_1 + r_{22}\Delta_2 + R_{2P} = 0 \end{cases}$$

（a）　　　　（b）　　　　（c）

>>> 2014-10-08 12:12　　　提问者采纳　　　网友采纳

答：

你的这幅照片不像是教材，而是习题集什么的，因为教材里没有提到"剪力静定杆"这个"专用"名词。静定杆指的是在结构体系中，不存在多余约束的杆件。静定杆件上有可能存在剪力，也有可能不存在剪力，这都是很正常的。但在特定的结构中，当考察剪力问题时，没有"剪力静定杆"或剪力"非"静定这样一种说法。

追问：但是解析是这么说的，或者你能解释这道题吗？

回答：

该题用了一个不规范的解析语言，他想表达的意思是：

1. CD 杆是竖直方向的，所受的外力是水平方向的；

2. D 点右侧远端的支座也是竖直方向的，故在 CD 杆的剪力计算中，可以不考虑远端竖直方向支座对 CD 杆剪力计算中的影响，而把 CD 杆按类似竖直悬臂杆来考虑。这一考虑，竟被他说成了"剪力静定杆"。

3. 他所说的意思是：

（1）悬臂结构，当没有其他支座附加时，是"静定结构"；

（2）既然不考虑 D 点远端的支座，那就可以把该结构说成"剪力静定杆"了。

他想表达的意思是对的，但他用了不规范的语言模式。

## 2.9 复杂静定结构弯矩图计算示例

求 *D* 点弯矩，画出弯矩图？

>> 2014-10-15 11:02　　[提问者采纳]　[网友采纳]

答：————————————————————————

这是一个静定结构。*CD* 竖向杆的水平均布荷载对于 *AB* 水平杆水平向的受力状况不构成影响。

经计算，得出：

$V_a$ = 9.5 kN（方向朝上）

$V_b$ = 8.5 kN（方向朝上）

$V_c$ = 48 kN（方向右向左）

$M_d$（左侧）= 45 kN·m（下部受拉）

$M_d$（右侧）= −3 kN·m（上部受拉）

$M_d$（上侧）= 48 kN·m（右侧受拉）

提问者评价：嗯，是，完全正确。

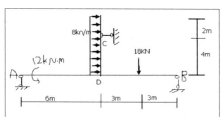

## 2.10 某医科大学工程费组价示例

某医科大学土建工程直接工程费为 87 万元，管理费占直接工程费 9%，利润占直接工程费的 4%，规费为直接管理费、利润合计的 5.5%，税率为 3.51%，零星工程费为土建直接工程费的 5%，脚手架摊销费为土建直接工程费的 3%，其他措施费经测算为土建直接工程费、零星工程费和脚手架摊销费合计的 5.7%。计算该工程的土建单位工程概算造价？

>> 2014-10-21 07:30　　[提问者采纳]　[网友采纳]

答：————————————————————————

1. 要先求出工程直接费，那就得先求出：

零星工程费 = 87×5% = 4.35（万元）

脚手架摊销费 = 87×3% = 2.61（万元）

措施费 = （87+4.35+2.61）×5.7% = 93.96×5.7% = 5.356（万元）

工程直接费 = 土建直接工程费 + 零星工程费 + 脚手架摊销费 + 措施费

= 87+4.35+2.61+5.356 = 99.316（万元）

2. 管理费 = 99.316×9% = 8.938（万元）

3. 利润 = 99.316×4% = 3.973（万元）

4. 规费 = （工程直接费 + 管理费 + 利润）× 费率

=（99.316+8.938+3.973）×5.5% = 112.227×5.5% = 6.172（万元）

【注：规费应该不包括工程直接费，但因你在题干中这么写的，我只能按这个条件来做】

不包括直接工程费时应为：

【规费 = （8.938+3.973）×5.5% = 12.911×5.5% = 0.71】

5. 税金 = （工程直接费 + 管理费 + 利润 + 规费）× 税率

= （99.316+8.938+3.973+6.172）×3.51% = 118.399×3.51%

= 4.156（万元）

6. 总价 = 工程直接费 + 管理费 + 利润 + 规费 + 税金

= 118.399+4.156 = 122.555（万元）

## 2.11　对建筑材料塑性、韧性、脆性的理解

塑性、韧性、脆性怎么理解？

≫≫ 2014-11-06 08:41　　　提问者采纳　　网友采纳

答：

对材料的塑性、韧性的理解，必须先从材料的物质组成方面入手，才能比较容易理解。

钢筋为什么弯折了之后不断，而木棍一折就断了呢？钢筋的物质组成成分是铁（Fe），由原子态的铁（Fe）所组成的晶格结构，其最大特点是材料内部性能表现为"各向同性"。木棍的组成物质为木质纤维素，纤维素的特点是径向结构的，受力性能和抗拉强度都比较突出，而横向结构的力学性能，远远不能与其径向的力学性能相比，因此就表现为"各向不能同性"。

所以，木棍被弯折破坏时，是首先由材料内部，纤维素与纤维素之间的抗剪强度不够，被顺着纤维素方向的剪力而产生破坏的，也就是通常我们所看到的木棍被折断后，断口处所表现出来的"锯齿状"结构的原因。

那材料的硬、脆又是怎么回事呢？如一块钢铁，打了只会变形，混凝土用锤敲打就会碎，那是什么原因呢？

这是与材料内部组成的纯度有关。我们一般都知道，生铁是脆性的，钢就具有很大的韧性，为什么呢？为了理解这个问题，我们就必须从它的材料组成物质的自身性能、材料内部组成物质的纯度、内部组成物质之间的性能差异性三个方面去研究。

1. 材料组成物质的自身性能：如混凝土的组成物质是氢氧化钙、氧化铝、二氧化硅等硅酸盐材料（水泥），以及碳酸钙等砂、石材料组成，这些材料都是以化合物形态所组成的。而钢材、生铁的主要成分是铁（Fe），是单质材料。这几种化合物的力学性能和强度，都远远小于单质材料的铁。

2. 材料内部组成物质的纯度：我们知道，钢材与生铁的区别就是其内部材料物质组成的纯度问题，当其含碳量大于等于 2% 时，我们就称之为生铁，而含碳量小于 2% 的，我们就称之为钢。含碳量越低，就表明纯度越高。钢材力学性能中的强度、韧性等，都比生铁要优越，就是这个道理。

3. 内部组成物质之间的性能差异性：当内部组成物质之间的性能差异性不大时，对组成材料后整体的性能影响就比较小；反之，则对组成材料后的性能影响比较大。如钢铁中碳的含量达到 2% 及其以上时，强度、韧性就有显著降低。而锰合金钢的锰掺合量能达到百分之十几，不但没有使其性能下降，反而使强度有很大的提高，

这是由锰性能与碳性能的差异性所造成的。这方面的理论太多了，可能说得还不是很透彻。有机会的话，以后再聊。

## 2.12　超静定结构简化分析

为什么在求杆端弯矩表达式时，B 点处的水平线位移可以简化掉？

>> 2014-11-12 08:14　　提问者采纳　　网友采纳

答：

为什么在求杆端弯矩表达式时，B 点处的水平线位移可以简化掉，是因为：

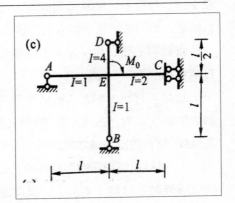

1. B 点为可动铰支座，不存在弯矩。

2. 从该结构图示来看，C 点是固定铰支座，A 点、D 点和 B 点都是可动铰支座，即整个系统为十字钢架的铰支座固定系统。

3. 从以上分析可知，B 点即使产生水平位移，对该系统的其他部位也不会产生任何结构性影响。

## 2.13　挣值法计算题示例

某土方工程月计划工程量 4 800m³，预算单价 25 元 /m³，到月末时已完工程量 5 000 m³，实际单价 26 元 /m³，对该项工作采用赢得值法进行成本偏差及进度偏差分析？

>> 2014-12-18 15:11　　提问者采纳　　网友采纳

答：

1. 该土方工程已完工程量预算挣值为：BCWP = 5 000 × 25 = 125 000（元）

2. 计划工程量预算挣值为：BCWS = 4 800 × 25 = 120 000（元）

3. 已完工程量实际挣值为：ACWP = 5 000 × 26 = 130 000（元）

4. 成本（挣值）偏差为：CV = BCWP−ACWP = 125 000−130 000 = −5 000（元）

（CV 为负值，表示实际运营挣值大于预算挣值）

5. 进度偏差为：

SV = BCWP−BCWS = 125 000−120 000 = 5 000 元

这里 SV 为正值，即表示实际进度快于计划进度。

## 2.14 二级建造师中时标网络图计算示例

二级建造师疑问，求 A 的总时差：答案是 1 天。请问 1 天怎么算出来的？

>> 2014-03-26 08:09　　提问者采纳

答：—————————————————————————————————

我们要先从自由时差和总时差的定义上来解决你对这个问题的疑点和症结。

1. 概念：自由时差：是不影响下道工序的情况下，本工序可以利用的自由时间。总时差：是不影响总工期的可利用时间。因此从概念上我们就知道了总时差是不能轻易利用的时间。

2. 本题计算：

从上述时标网络图上来看，工序 A 的紧后工序所分出的线路有三条，分别是：

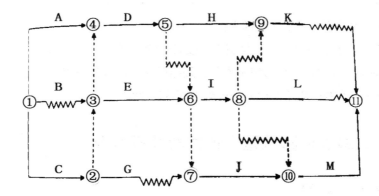

1. D – h – K；

2. D – I – L；

3. D – J – m。很显然：

第一条线路的总时差是工序 K 的自由时差 3 天；

第二条线路的总时差是节点 5、6 虚工序的自由时间 1 + 工序 L 的自由时差 1 = 2 天；

第三条线路的总时差是节点 5、6 虚工序上可以利用的自由时间 1 天。

3. 本题的总时差是：

工序 A 的紧后工序所分出的三条线路中最小的一个数字，就是第三条线路的总时差 1 天。也就是说，如果工序 A 的实际工作时间，突破了节点 5、6 虚工序上可以利用的自由时间 1 天的话，肯定会对整个总工期造成影响。

## 2.15　能引起资产总额增加的选项

下列各项能引起资产总额增加的有：A. 接受投资者投资；B. 将资本公积转增资本。

希望能详细解释一下每个选项为什么选，为什么不选。

>> 2014-03-26 11:01　　提问者采纳

答：

选 A，接受投资者投资。这是因为：

1. 接受了投资者的投资后，显然资产负债表中的资产总额出现了增加。

2. B 选项中"将资本公积转增资本"，顾名思义，资本公积本来就是资本，只是相当于从衣服下面的口袋里拿出来，放到上面的口袋里。

## 2.16　二级建造师试题中预付款解析示例

二级建造师预付款提问？

　　某工程项目难度较大，技术含量较高，经有关招投标主管部门批准采用邀请招标方式招标。业主于 2001 年 1 月 20 日向符合资质要求的 A、B、C 三家承包商发出投标邀请书，A、B、C 三家承包商均按招标文件的要求提交了投标文件，最终确定 B 承包商中标，并于 2001 年 4 月 30 日向 B 承包商发出了中标通知书。之后由于工期紧，业主口头指令 B 承包商先做开工准备，再签订工程承包合同。B 承包商按照业主要求进行了施工场地平整等一系列准备工作，但业主迟迟不同意签订工程承包合同。2001 年 6 月 1 日，业主书面函告 B 承包商，称双方尚未签订合同，将另行确定他人承担本项目施工任务，B 承包商拒绝了业主的决定。后经过双方多次协商，才于 2001 年 9 月 30 日正式签订了工程承包合同。合同总价为 6 240 万元，工期 12 个月，竣工日期 2002 年 10 月 30 日，承包合同另外规定：

　　（1）工程预付款为合同总价的 25%。

　　（2）工程预付款从未施工工程所需的主要材料及构配件价值相当于工程预付款时起扣，每月以抵充工程款的方式陆续收回。主要材料及构配件比重按 60% 考虑。

　　（3）除设计变更和其他不可抗力因素外，合同总价不做调整。

　　（4）材料和设备均由 B 承包商负责采购。

　　（5）工程保修金为合同总价的 5%，在工程结算时一次扣留，工程保修期为正常使用条件下，建筑工程法定的最低保修期限。

　　经业主工程师代表签认的 B 承包商实际完成的建安工作量（第 1 个月—第 12 个月）见下表：

　　本工程按合同约定按期竣工验收并交付使用。在正常使用情况下，2006 年 3 月 30 日，使用单位发现屋面局部漏水，需要维修，B 承包商认为此时工程竣工验收交付使用已超过 3 年，拒绝派人返修。业主被迫另请其他专业施工单位修理，修理费为 5 万元。

　　问题：

| 施工月份 | 第 1 个月—第 7 个月 | 第 8 个月 | 第 9 个月 | 第 10 个月 | 第 11 个月 | 第 12 个月 |
|---|---|---|---|---|---|---|
| 实际完成建安工作量 | 3 000 | 420 | 510 | 770 | 750 | 790 |
| 实际完成建安工作量累计 | 3 000 | 3 420 | 3 930 | 4 700 | 5 450 | 6 240 |

本工程预付款是多少万元？工程预付款应从哪个月开始起扣？第1个月~第7个月合计以及第8、9、10个月，业主工程师代表应签发的工程款各是多少万元（请列出计算过程）？

答案：本工程预付款为：$6\,240 \times 25\% = 1\,560$ 万元

本工程起扣点 = $6\,240 - 1\,560/60\% = 3\,640$ 万元，从第9个月起开始扣

第1个月~第7个月：$3\,000$ 万元

第8个月：420 万元

第9个月：$510 - (3\,930 - 3\,640) \times 60\% = 336$ 万元

第10个月：$770 - 770 \times 60\% = 308$ 万元

请问第9个月预付款为什么扣 $(3\,930 - 3\,640) \times 60\%$，根据是什么？在达到预付款起扣点后，预付款扣回的比例应该是什么？请高手解答，谢谢！

>>> 2014-04-08 13:06 　　提问者采纳

答：

回答这样的问题，要弄清一些概念：

1. 从理论上来说，施工单位不应该为工程"垫资"，所以产生了"预付款"的概念。即：建设单位先预付一部分资金由施工单位为本工程购买"材料"之用。预付款是工程款的一部分，不是无偿"奉送"的资金，所以当工程施工到了一定的程度就应该扣回。到什么时候扣回呢？到工程所剩下的总工程量中，所需要使用的材料费"相当于"预付款数额时，给予起扣。

2. 起扣点：拿本案例来说，预付款 $1\,560$ 万元可以完成 $1\,560/0.6 = 2\,600$ 万元工程量。即：总工程量只剩下 $2\,600$ 万元时就应该开始陆陆续续扣回预付款。那起扣点就是 $6\,240 - 2\,600 = 3\,640$ 万元。

3. 你所要问的问题是：到了第9个月为止已完成了的总工程量为 $3\,930$ 万元，其中 $3\,640$ 万元以内的部分是建设单位"按合同规定应该全额支付的部分"，只有超出 $3\,640$ 万元的部分工程量中的"材料费"部分应由建设单位"作为预付款中的应扣回"部分，即 $(3\,930 - 3\,640) \times 60\% = 483.3$ 万元。

4. 这个题目出得比较简单，还没有把工程实际情况中，合同里"进度款支付"

的有关规定加上去，再加上去理不清的人就更多了点！

好好学习，祝你早日通过！

提问者评价解答了我的疑惑，谢谢啊！

## 2.17 自学钢结构需要了解和掌握的知识

想自学钢结构知识，本人想转行从事钢结构行业，但不知道从何学起，看网上有很多方向,钢结构深化、细化、详图等,不知道从哪个阶段开始学相对来说容易入手，请各位高手指教，最好能帮忙推荐一下相关书籍。

▷▷ 2014-04-10 12:45　　提问者采纳

答：————————————————————————————————

钢结构需要了解和掌握的知识主要有：

1. 钢材的化学成分：如碳素钢、合金钢等。

2. 钢材的力学性能：抗拉性能、抗弯性能、弹性极限、屈服点、强度极限。

3. 钢材的加工：焊接、铆接、螺栓连接等。总之，你想学习钢结构不费事，很简单，买一本中国建筑工业出版社出版的《钢结构》看看就行了！

追问：您好，那您看像我这样的初学者先从哪一部分更容易入手一些？

回答：

初学者，先看书！因为学习动手是很简单的事情。

追问：那软件要学习什么软件呢，除了 CAD 之外，比如说 XSTEEL，还有 PKPM 什么的需要学习吗？

回答：

你想学习钢结构，不知道是想学钢结构设计，还是钢结构施工，或是准备做钢结构的老板。除了准备想朝钢结构设计方面发展外，你所提出来的软件都联系不上，只要能看懂图纸就行了。

## 2.18　公路二灰基层质量的检验项目

公路二灰基层施工完毕后，且在面层施工前，检测了如下项目：弯沉、压实度、平整度、回弹模量。错项是哪个？答案：弯沉、回弹模量——为什么"弯沉"是错的？

>> 2014-04-10 13:51　　提问者采纳

答：

公路二灰基层施工完毕后，对其基层质量的检验项目主要有：集料级配、混合料配合比、含水量、拌和均匀性、基层压实度、7天无侧限抗压强度等。没有弯沉，也没有回弹模量的说法。

## 2.19　柱顶斜坡长度计算

左面柱子（a柱）高5 m，右面柱子（b柱）高4.5 m，用三角连起来下方直线是10 m长，求上方斜线的长度，用什么公式解？

>> 2014-04-11 20:20　　提问者采纳

答：

两柱子的高差是 5.0 - 4.5 = 0.5 m，下方直线是 10 m，则上方斜线长度为 $\sqrt{0.5^2 + 10^2} = 10.012$ m，计算出来的结果是 10.012 m，也就是说，只长了 1 cm 多一点点。

## 2.20　桁架结构中杆件内力计算

每段杆件长度均为 $a$，求图中 1、2、3、4 号杆件内力？

>>> 2014-04-13 12:49　　　提问者采纳

答：

不知道你是解题方法还是答案。方法我想你可能知道，我给你答案吧：

1 = − 86.6 kN　　　2 = + 43.3 kN

3 = − 57.7 kN　　　4 = − 72.2 kN

追问：要的就是详细解题过程，帮忙算一下，发出来就给分。

回答：

你所给定的桁架图中没有给出桁架中三角形的角度，但从你给的图形中分析应该是正三角形，所以我们就按正三角形来计算。正三角形就是每个角都是 60° 的三角形，但因在网上没法画图，现只能写出计算过程和列出计算式：

1. 设你所要求的一侧支座为 $A$，另一侧支座为 $B$，1、3、4 杆交点为 $C$ 点。

2. 先必须求出两个支座的反力：$V_a = V_b = $（ 25 + 50 + 50 + 25 ）/2 = 75 kN 简支桁架，两边支座反力相等。

3. $A$ 支座节点处除了 1、2 两根桁架杆外，还有支座反力 $V_a$，形成了一个三力平衡力系。

2 杆与支座反力方向垂直，

故 1 杆内力 = $-V_a$/cos30° = −75/0.866 = −86.6 kN。　　　　　　　（压力）

同样：由 $A$ 节点可计算 2 杆内力 = $V_a$ × tan30° = 75 × 0.577 = 43.3 kN

4. 通过 $C$ 节点可以看出是一个四力平衡力系，仅有两个未知力 3 杆、4 杆，其中 4 杆为水平力，通过各力在垂直方向的投影关系可知：

3 杆内力 =（ 75−25 ）/cos30° = 50/0.866 = 57.7 kN　　　　　　　（拉力）

同样：由 $C$ 节点可计算 4 杆内力 = −86.6 × sin30° −57.7 × sin30°

　　　　　　　　　　　　　　= −72.2 kN　　　　　　　　　　　　（压力）

求平面平衡力系的方法是：

1. 要标出该力系中所有的力，包括外荷载和所有被截杆件的已知内力和未知内力。

2. 将所有的已知力、未知力朝水平方向和垂直方向分别投影，已知力可以直接计算出数字，未知力用未知数来表示。

注意：力的方向性，投影时不能弄错。

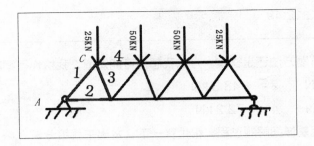

## 2.21 结构力学中几何构造分析和"刚片"的概念

结构力学几何构造分析该怎样判断用什么规则？什么情况下用两刚片，什么情况下用三刚片？本人刚学，不太懂，求指教，谢谢！

>> 2014-04-16 12:17    提问者采纳

答：————————————————————————————————

结构力学中"刚片"这个概念，其实还是一种结构。我们通常把结构体系中部分（局部的或部分的）静定的几何稳定结构，假想成"刚片"，这样使原本很复杂的结构体系通过这种假定后予以简化。有时甚至会把已经被局部简化后的体系进行进一步的假想简化。

那么什么情况下采用两刚片，什么时候需要简化成三刚片，这一定要看具体的结构模型，而不是在网上几句话能讲得很清楚的。

## 2.22 建筑制图模拟试题解析

建筑制图建施制图方面的相关模拟试题

1. 国标规定（      ）1：50 的平面图应画出抹灰层，并给出材料图例。

A. 大于        B. 等于        C. 小于        D. 大于等于

2. 在建筑施工图中，详图索引符号的圆及直径均用细线绘制，圆的直径为（    ）。

A. 10 mm          B. 8 mm          C. 6 mm          D. 14 mm

3. 在建筑施工图的立面图中，地坪线用（　　）。

A. 特粗实线          B. 中实线          C. 粗实线          D. 细实线

4. 在建筑施工图中，详图符号的编号圆的直径是（　　）。

A. 14 mm          B. 8 mm          C. 10 mm          D. 6 mm

5. 指北针应在建筑施工图的（　　）上画出。

A. 底层平面图          B. 标准层平面图          C. 顶层平面图          D. 总平面图

6. 在建筑平面图中被剖到的墙体的轮廓线用（　　）。

A. 粗实线          B. 中粗实线          C. 细实线          D. 特粗实线

7. 表示楼梯详图，下列规定正确的是（　　）。

A. 剖视符号一般绘在底层平面图上

B. 用平面图、立面图、剖面图表示

C. 绘图比例比建筑平面图大

D. 楼梯剖视图无需反映踢面高度

8. 我国把（　　）海平面的平均高度定为绝对标高的零点。

A. 青岛附近黄海          B. 渤海          C. 青海          D. 东海

>> 2014-04-17 21:05          提问者采纳

答：——————————————————————————————

1. A    2. B    3. C    4. C    5. D    6. A    7. A    8. A

追问：砖头只给了图！网格还是什么？

回答：

砖头不是网格线，而是 45° 间距为 4 mm 的平行的细斜线。

## 2.23　选修建筑工程概率的论文选材方向

我是学审计学的，但选修了建筑工程概率，老师要求我们写一篇论文，这两个之间最好是有联系的，我写什么题目好呢，很迷茫？

>> 2014-04-22 08:36　　提问者采纳

答：

题目就选：建筑工程审计。其实建筑工程的各种费用中，"水分"很大，现在规定政府投资项目必须接受审计，一般非政府项目现在也已经"跟风"进入了"被审计"的范畴。能写的东西很多，找点建筑工程项目的审计资料看看，文章就写出来了。

仅仅在网上可能说不了很多，还是找找建筑工程的审计资料吧。

追问：那如果纯写建筑方面的，作为选修可以写些什么？我们上课基本上没有太多的专业知识，都不知道写什么。

回答：

你说的这个问题太大，让人不好回答你，因为建筑工程涉及的内容太多了。你选修的是建筑工程概率，那就从工程建设投资方面找内容吧！

## 2.24　三角形或梯形荷载如何转化成均布荷载

一跨内同时有三角形和梯形，如何转化成均布荷载？

>> 2014-04-22 18:55　　提问者采纳

答：

不知你说的是不是"在梁（或板）的一跨范围"内同时存在一部分三角形分布荷载和一部分梯形分布荷载的情况下，如何将这两种荷载转化为均匀分布的"均布荷载"？

1. 如果是想把"这两种"荷载作用下的最大弯矩求出来，则应考虑将该两种荷载简化为两个"集中力"，而不能简化为"均布荷载"。这是因为简化为"均布荷载"后将直接降低在"原来"的两种荷载（受力模型）实际受力作用下的"最大弯矩峰值"；

而简化成两个"集中力"可能对"弯矩峰值"有所增加，但计算结果能使结构"偏于安全"。

2. 假如不是为了"求算最大弯矩"的要求，而是想构建"某个假想的力学模型"来转化，也比较简单：将三角形和梯形的两部分荷载总量求出来，然后按"你想均匀分布"的长度（或面积）相除，就可以得到你所假想的均布荷载情况了。

## 2.25 复杂荷载组合下的叠加法解析示例

三角形、梯形荷载和均布荷载，共同作用跨中最大弯矩怎么求？要详细过程！急！在线等。已知 $M_A$、$M_B$ 和 $q_1$、$q_2$，左边是三角形加均布，右边是梯形和均布。

>> 2014-04-26 15:53　　提问者采纳

答：────────────────────────

你的这个问题，很多数据没有，也不知道你图中 3 600 上所标注的 $X$ 是什么，3 900 处梯形荷载的上边尺寸也没有标注，所以，你想精确计算的话，我给你说说方法，具体你自己计算：

1. 总体思路是采用叠加法求解。

2. 先求出支座反力 $V_A$ 和 $V_B$。

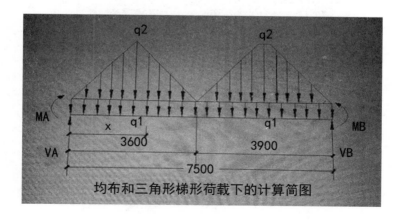

均布和三角形梯形荷载下的计算简图

3. 将 $q_1$ 和 $M_A$、$M_B$ 三个一起求出来，这一步比较简单。最大弯矩值在跨中，画出这一部分的弯矩图。

4. 将3 600 三角形荷载部分的弯矩独立计算出来，并画出这一部分的弯矩图。同理，将3 900 梯形荷载部分的弯矩也独立计算出来，并画出弯矩图。

5. 将以上三部分弯矩图进行叠加，就可以得到你所想求的结果了。

## 2.26 施工员考试试题解析示例

第五题施工员考试，追加分！

>> 2014-04-27 11:18    提问者采纳

答：

1. 分部工程施工顺序应遵循的原则是：先地下，后地上；先结构，后装修；先主体，后围护。

2. 排序是：土方工程—基础工程—主体工程—二次结构围护工程—主体装修工程。

3. 同一楼层内室内装修的施工顺序一般采用：天棚—墙面—地面。

4、编制单位工程施工进度计划的步骤是什么？
5、简述《建筑法》主要包括几个方面？

五、案例分析题（根据要求在答题纸上对应位置回答问题，共20分）

某施工单位承建了市经济技术开发区的一药厂搬迁项目工程。该工程为5层纯框架结构，层高4m，内外墙采用加气混凝土砌块。考虑到项目建成后要安装特大型的机械设备，这些设备要求精度很高，所以业主对本工程的工程质量极其重视，工期能够满足正常施工需要。适当合理的施工顺序对工程的顺利进展以及工程质量的保证非常重要。

问题：
1、分部工程施工顺序遵循的原则是什么？
2、请按照分部工程施工顺序遵循的原则对以下分部工程进行排序。（基础工程、主体工程、土方工程、主体装修工程、二次结构围护工程）
3、同一楼层内室内装修的施工顺序一般有：地面→天棚→墙面；天棚→墙面→地面。简述这两种施工顺序各自的优缺点。

这种装修顺序一般适用于普通装修。其优点是：自上而下顺序施工，有利于施工成品保护。缺点是：只适用于普通装修。当采用精装修施工时，天棚、墙面材料需要在整洁的地面上制作、加工的情况下不适用。

当室内装修采用高级精装修时往往采用：地面—天棚—墙面装修顺序。其优点是：天棚、墙面材料有一个整洁的制作、加工场所，有利于加工的精度、规格、整洁。缺点是：不利于已完成地面的成品保护。

## 2.27 建筑施工与管理专业"建筑构造实训"论文写作要点题材

本人专业建筑施工与管理，请教下"建筑构造实训"的写作要点？

>> 2014-05-07 16:09    提问者采纳

答：

我发一份比较简单一点的"钢结构"安装方案给你，不知道你能不能用得上。这也是我刚刚在网上给人家回答的一个问题。

某钢机构的单层厂房，跨度 8 m，总长 84 m，柱间距 6 m，柱子截面尺寸 400×200，钢材组焊为Ⅰ型坡口焊，柱高 8 m，基础为钢筋混凝土独立基础，预埋地脚螺栓，屋盖为钢屋架，铺设钢檩条，钢檩条上铺彩钢板，柱之间配有十字形钢支撑，屋架之间另设有支撑。

具体安装方案如下：

1. 钢结构厂房的安装必须在各独立基础施工完成并达到规定强度后方可进行。

2. 该钢结构厂房的安装顺序是：从一端向另一端顺序安装。

3. 基本安装次序是：

柱—柱间支撑（垂直支撑）—钢屋架—屋架支撑（水平支撑）—钢檩条—屋面板（彩钢板）

4. 该项目钢结构厂房的具体安装方案如下：

（1）该厂房为钢结构单层厂房，单跨度 8 m，比较简单。厂房总长度 84 m，计 14 跨，15 条轴线，可从第 1 轴开始向第 15 轴顺序安装。

（2）柱安装：用两台经纬仪在相互垂直的两个不同方向对柱子进行垂直度控制，确保柱安装垂直。柱调整垂直后，检查柱脚与基础之间是否存在空隙，如有空隙应采用锲型钢板垫块给予垫牢。

（3）屋架安装：屋架安装需要控制的是水平标高和每榀屋架安装的垂直度。屋架水平标高的控制主要是注意控制柱顶标高。当因基础不平整使用了垫块以后，极有可能使柱顶标高出现误差。调整标高误差的措施仍是采用锲型钢板垫块。每榀屋架的垂直度控制，应在安装檩条之前采用临时支撑来加以固定。

（4）檩条安装：当连续两跨的柱、屋架安装完成后，应随后将该跨内的檩条安装完成，并形成整体结构。

（5）在第一跨的檩条安装完成后，即可安装相应位置的屋面板（彩钢板），完成第一跨内安装的全部工作。

（6）柱间垂直支撑安装：一般地，柱间垂直支撑大多安排在第二跨内，如本项目即安排在第 2 轴到第 3 轴之间和第 13 轴到第 14 轴之间。当第一跨内的安装工作完 成后即可安排第二跨的安装。将第 3 轴线上的柱、屋架安装完成，即安装 2 轴到 3 轴之间的"柱间垂直支撑"。

（7）按以上顺序接着安装 4、5、6、…、13、14、15 轴，直到最后完成。

（8）焊接质量控制：本项目除基础中你所提到的"预埋了地脚螺栓"外，其余均要求采用 I 型焊接连接，因此焊接质量控制非常重要。一般要求焊接不能出现漏焊、夹渣、咬边等，最后还应做必要的焊缝探伤检验，确保焊缝质量。

我给你做这些简单的提示，你再用"你自己"的语言模式，把这段文字重新组合、重新加工一下，看看能不能把你的"专业实训"写出来。

## 2.28 工程预付款试题解析示例

我老是卡在这个问题上，应签证的工程款是多少，怎么算？

>> 2014-05-10 14:56 　 提问者采纳

答：────────────────────────

1. 工程预付款：

（2 300 × 180 + 3 200 × 160）× 20% = 185 200 元 = 18.52 万元

2. 各月完成工程量价款、监理工程师签证工程款计算：

1 月份：（500 × 180 + 700 × 160）= 202 000 元 = 20.2 万元

1 月份监理工程师签证工程款数为：20.2 ×（1−5%）= 19.19 万元 < 25 万元

实际签发的付款凭证为：0 万元　　因应付款金额 19.19 万元不足 25 万元

2 月份：（800 × 180 + 900 × 160）= 288 000 元 = 28.8 万元

2 月份监理工程师签证工程款数为：28.8 ×（1−5%）= 27.36 万元

实际签发的付款凭证为：　19.19 + 27.36 = 46.55 万元

3 月份：（800 × 180 + 800 × 160）= 272 000 元 = 27.2 万元

3 月份监理工程师签证工程款数为：27.2 ×（1−5%）= 25.84 万元

3 月份应付款金额为：25.84 − 18.52 × 50% = 16.58 万元

实际签发的付款凭证为：0 万元　　因应付款金额 16.58 万元不足 25 万元

4 月份：因总工程量已经全部完成，故 4 月份应进行最终结算。

甲项实际完成：500 + 800 + 800 + 600 = 2 700 > 2 300 ×（1 + 10%）

　　　　　　　= 2 520

故甲项应按合同约定的第（3）条规定进行调价

乙项实际完成：700 + 900 + 800 + 600 = 3 000 > 3 200 ×（1−10%）

　　　　　　　= 2 880

故乙项无需按合同约定的第（3）条规定进行调价

4 月份监理工程师签证工程款数计算：

项目总价款数：（2 700 × 180 × 0.9 + 3 000 × 160）× 1.2

　　　　　　　= 1 100 880 元 = 110.088 万元

项目保留金：110.088 × 5% = 5.504 4 万元

项目扣除保留金后应付总价款数：110.088−5.504 4 = 104.583 6 万元

前 3 个月已签出的价款数：19.19 + 27.36 + 25.84 = 72.39 万元

4 月份监理工程师尚应签证付款数：104.583 6−72.39 = 32.193 6 万元

4 月份实际应签发的付款凭证为：104.583 6 − 18.52 − 46.55 = 39.513 6 万元

整个项目尚留 5.504 4 万元保留金，待合同约定的支付时间支付。

追问：帅哥，你看，书上答案我总是想不通，你的我看懂了，到底是不是书上答案错了？为什么他的应签证工程款要用 1.2 减去 0.5？你看看到底怎么是对的？

回答：

教材 P215 上写的（1.2 − 0.05）显然是不正确的：

1. 0.05 他应该写成 5%，5% 是按月扣留的"保留金"比例。如果不理解为 5%，那这个 0.05 就没有"来"处，那书上的这个"小差错"就变成了更大的"大错"。

2. 1.2 是市场价格调整系数，与 5% 的保留金比例是"风马牛不相及"的两回事，怎么可能放在一起去进行加减。

3. 这里的（1.2 − 0.05），起初应该是编稿人的"笔误"，准备写（1.0 − 5%）的，而后来误写成了（1.2 − 5%），后来又怎么想起来直接把 5% 改写成 0.05。这样就一误再误，并且"误"到后面，就接着按（1.2 − 0.05）计算下去了。

所以，一般在扣除某个比例时应直接按（1−A%）的写法，而不要画蛇添足地写成（1.0 − 0.0A）。

追问：太感谢了，你是高手！

## 2.29　建筑识图试题解析示例

关于建筑识图的一些考试题

&gt;&gt; 　2014-05-13 09:37　　提问者采纳

答：

1. 涉及建筑工程方面的图纸包括: 总体规划图、建筑总平面图、单体建筑施工图、结构施工图、给排水施工图、电器设备设施施工图、排暖通风配置施工图等。每种图纸一般还要配置相应的设计说明。除了各图纸单独的小说明外，还有大的总说明，如：×××总体规划说明、建筑设计总说明、结构设计总说明等。

你这里需要的是施工图组成，一般指的是：不包括前面两项的后面几 项，即建筑施工图、结构施工图、给 排水施工图、电器设备设施施工图、排暖通风配置施工

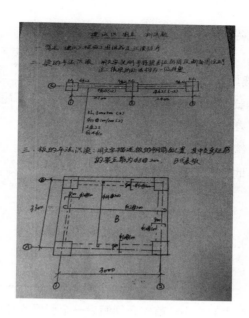

图等，阅读程序一般是先阅读建筑施工图，其余的都是称之为"各专业施工图"，均可单独 阅读，在阅读"各专业施工图"的过程中，凡涉及其他各相关图纸的，按需要进行针对性的阅读。

2. 第 2 题是 1# 框架梁的"平法"标识详图，因该图的标注不够规范，所以就图论图帮你回答一下：1. 该梁截面尺寸为宽 300，高 500；2. 梁上部为配筋为 2 根 22 的 II 级钢通长配置，在框架柱附近梁根部为抵抗较大负弯矩设 4 根 22 的 II 级钢；3. 梁下部在①到②轴之间为 4 根 25 的 II 级钢，②到③轴之间为 4 根 22 的 II 级钢；箍筋为 Φ10（"Φ"I 级钢表示法）的 I 级钢，间距为 200，在梁根部加密区的箍筋间距为 100，通长均为 4 肢箍。

3. 该现浇板的配筋为，板下①到②轴方向为 Φ12 的 I 级钢，间距为 200；A 到 B 轴方向为 Φ14 的 I 级钢，间距也是 200；板上口的四周均采用间距为 100、长度为 800、Φ10 的 I 级钢沿该现浇四周上口给予加强来抵抗板根部负弯矩，并要求把钢筋加工成直角弯钩。但该图中没有标注该负筋的分布钢筋，而是把分布钢筋叙述在题干里，表述为"架立筋"采用 Φ8 的 I 级钢，间距为 200。

## 2.30　悬臂梁配重底座计算解析

悬臂梁，配重底座具体计算，如图，已知悬臂梁极限处承载 $G$，梁长度 $L$，立柱连接，立柱高度 $A$，立柱固定在配重底座上。不用地脚螺栓固定在地面，而直接使用配重放在地上，如何计算配重的大小和重量？

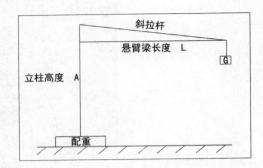

>> 2014-05-19 19:01 　　 提问者采纳

答：

要计算如图所示配重的大小，首先必须假设一个配重的几何尺寸，还要假设一个相当于作用在立柱顶端集中力的风载 $F$，现假设配重为边长是 $B$ 的正方形，重量为 $N$，则：$N \cdot B/2 > F \cdot A + G \cdot L \Rightarrow N > 2 (F \cdot A + G \cdot L)/B$

追问：这个 $F$ 是怎么算的？

回答：

$F$ 需要查阅项目所在地的当地风压情况表，到当地建筑设计院（所、室）去查阅。

## 2.31　岩层厚度计算示例

某倾斜岩层倾角为 60°，真厚度为 35 m，那铅直厚度为多少？

>> 2014-05-21 16:47 　　 提问者采纳

答：

倾角 60° 的倾斜岩层，你所说的"真厚度为 35 m"实际指的是垂直岩面的厚度，那铅直厚度为 35 ÷ cos60° ＝ 70 m。

追问：是有这个公式吧，谢了啊。

回答：

这个公式是中学里面就有的，这个算法不会错！

## 2.32　学习建筑工程法规的意义，论文思路与题材选择

结合实践工作与学习收获，论述工程技术人员学习建筑工程法规的意义。
（800～1 000 字）

>> 2014-05-30 08:19　　　提问者采纳

答：

不能给你写文章，但可以提供思路给你：

1. 法规实际是由两个概念组成的，即法和规两部分。由全国人民代表大会才有权通过的法律文件才能叫法。法是在宪法的框架下所制定的民法、商法、刑法等一系列的法律体系。

2. 所有部门规章、操作规程、验收规范等。部门规章一般按行业分类，区域规章一般按区域范围施行。操作规程按工种规制，验收规范具有一定的广泛适用性，不分区域限制。

3. 现在是法制社会，不仅仅是工程技术人员要学法，所有国民都要学法。普通国民要学法，但不一定要学规。

4. 作为工程技术人员不仅仅需要学习法律的内容，也要学习规章、规程、规范的内容。要学法、懂法，还要用法。作为工程技术人员涉及最多的有合同法、劳动法、建筑法等。

5. 规章、规程、规范是作为一个工程技术人员必须遵循的基本准则、行为标准和运行依据。

能说的内容很多，但再说的话，你就会有点乱，好好整理加工一下，这种文章很好写。

## 2.33　某住宅楼含税工程造价计算示例

关于工程含税工程造价，某住宅为一类工程，施工地点在市区，该工程工料机费用为600万元，构件增值税为15万元，施工技术和施工组织措施费用共计42万元，无价差，试根据鄂建〔2003〕44号规定计算该工程含税工程造价。

>> 2014-06-25 09:40　　　提问者采纳

答：

根据鄂建〔2003〕44号规定，你所想了解的含税工程造价应按以下程序计算：

1. 工程直接费：600 + 15 + 42 = 657万元

   2. 施工管理费：657 × 10% = 65.7万元

   3. 规费：657 × 5% = 32.85万元

   4. 企业利润：657 × 7% = 45.99万元

   5. 不含税总价：657.00 + 65.70 + 32.85 + 45.99 = 801.54万元

   6. 税金：（801.54−15）× 3.41% + 15 = 41.82万元

   （税不重复计税，很多人都没有把这一数字扣减出来）

   7. 含税总价：801.54 + 41.82−15 = 828.36万元

最后还要说明一点：所谓不含税总价801.54万元中，实际已经包含了构件增值税15万元。也就是说，构件增值税已经以发票形式进入了工程直接费。在中国现行的税制下，所谓"税不重复计税"仅仅是形式而已，其实质上前面的税收，已经转化为成本后进行了"重复计税"。

## 2.34　某建筑分包单位建筑工程费计算示例

这个能帮我做下吗？某建筑分包企业的第六项目经理部欲对一栋住宅楼工程进行投标，该工程建筑面积 5 234 m²，主体结构为砖混结构，建筑檐高 18.75 m，基础类型为条形基础，地上六层，周边距离原有住宅较近。工期为290天。业主要求按工程量清单计价规范要求进行报价。经过对图纸的详细会审、计算，汇总得到单位工程费用如下：分部分项工程量计价合计 376 万元，措施项目计价占分部分项工程量计价的 6.5%，规费占分部分项工程量计价的 1.5%，营业税率 3.4%。试计算该单位工程的工程费。

**>>** 2014-06-25 14:28    提问者采纳

答：

1. 分部分项工程量计价合计 376 万元；

2. 措施项目计价占分部分项工程量计价的 6.5%，则措施项目费为：376×6.5% = 24.44 万元；

3. 规费占分部分项工程量计价的 1.5%，则规费为：376×1.5% = 5.64 万元；

4. 不含税总价：为以上 1+2+3，即：376 + 24.44 + 5.64 = 406.08 万元；

5. 税金：为不含税总价 ×3.4%，即：406.08×3.4% = 13.806 72 万元；

6. 该单位工程的工程费为，不含税总价 + 税金，即：406.08 + 13.806 72 = 419.886 72 万元。

但假如作为投标报价，往往是由"项目经理"（或实际项目负责人）凭经验预先估计一个"有一点竞争力"的价格（总价），然后由造价人员倒推计算，而不是由造价人员"顺向计算"所得到的什么投标价，所以要注意这一点。

## 2.35 施工作业时间计算示例

一项工程，如果甲队单独做五天可以完成全部工程的三分之一，如果由乙丙两队合作十二天可以完成全部工程，三队合作多少天可以完成全部工程？求过程。

**>>** 2014-06-27 07:31    提问者采纳

答：

1. "甲队单独做五天可以完成全部工程的三分之一"，那甲队每天能完成全部工程的

（1/3）/5 = 1/15；

2. "乙丙两队合作十二天可以完成全部工程"，那乙丙两队合作每天能完成全部工程的

1/12；

3. 甲乙丙三队合作每天能完成全部工程的多少呢？

1/15 + 1/12 = 4/60 + 5/60 = 9/60 = 3/20

4. 甲乙丙三队合作完成全部工程需要多少天呢？

1/（3/20）= 20/3 = 6.67 天 = 7 天

这道题目，能让人产生最大的误会就是：甲、乙、丙三个队，是不是三个未知量？如果是三个未知量，那就变成了条件不够，不能解。而实际上，因所需求解的结果并不涉及乙、丙两队分不分的情况，因此乙丙两队是合并起来的同一未知量。只要理解了这一点，这道题目就迎刃而解了。

最后，还有计算结果是 6.67 天，回答问题时，天数不能拆分成小数，应回答成 7 天。

## 2.36　柱距变更移动数量计算

共有 25 根柱子，每根柱子相邻 50 m，若改为 60 m 相隔，几根柱子不需移动？

>> 2014-07-21 09:15　　提问者采纳

答：

1. 共有 25 根柱子，每个柱子相邻 50 m，则 25 个柱子之间的总距离为：

（25-1）× 50 = 1 200 m。

2. 若柱子与柱子之间的距离改为 60 m，则 1 200 m 需要用柱子：

1200 ÷ 60 + 1 = 21 根。

3. 因为 50 与 60 的最小公倍数是 300，所以每 300 m 就有一个点是重合点。

4. 若柱子之间的相邻距离由 50 m 改为 60 m，则每 300 m 就有一根柱子不需

移动。以距离来讲就是：起点 0 m 处一根，以及向后的 300 m、600 m、900 m、1200 m 等共计 5 处的柱子不需要移动。

5. 一般来说，在工程上大多不用实际尺量的办法去确定，而直接按数数字的办法来确定，那就是第 1、第 7、第 13、第 19、第 25 的 5 根柱子不需要移动。

## 2.37 建造师考试模拟试题示例解析

建造师考试用的模拟习题有谁能帮忙做一下呢？

6. 某合同采用抵押作为合同担保方式时，（ ）不可以作为抵押物。满分：2 分

A. 房屋　B. 机器设备　　C. 股票　D. 大型施工机具

7. 承包商运到施工现场用于本工程的自有施工机具和设备，在施工过程中（ ）。满分：2 分

A. 可自由运出现场

B. 不得再运出现场

C. 经过监理工程师批准后可运出现场

D. 经过业务主管部门批准后可运出现场

8. 施工合同承包方对（ ）承担责任。　　满分：2 分

A. 施工图设计或与工程配套的设计的修改和审定

B. 分包单位的任何违约和疏忽

C. 办理有关工程施工的开工手续

D. 遵守有关部门对施工噪音的管理规定，经业主同意后办理有关手续

9. 施工合同文本规定，发包人供应的材料设备在使用前检验或试验的（ ）。满分：2 分

A. 由承包人负责，费用由承包人承担

B. 由发包人负责，费用由发包人承担

C. 由承包人负责，费用由发包人承担

D. 由发包人负责，费用由承包人承担

10. 施工合同文本规定，承包方有权（ ）。　满分：2 分

A. 分包所承包的部分工程

B. 分包和转让所承包的工程

C. 经业主同意分包和转包所承包的工程

D. 经业主同意分包所承包的部分工程

11. 施工中由于业主原因使分包商造成损失，则分包商应向（　）提出索赔要求。满分：2分

　　A. 业主　B. 承包商　C. 工程师　D. 工程师代表

12. 工程师要求的暂停施工的赔偿与责任的说法错误的是（　）。满分：2分

　　A. 停工责任在发包人，由发包人承担所发生的追加合同价款，赔偿承包商由此造成的损失，相应顺延工期

　　B. 停工责任在承包人，由承包人承担发生的费用，工期不予顺延

　　C. 停工责任在承包人，因为工程师不及时做出答复，导致承包人无法复工，由发包人承担违约责任

　　D. 停工责任在承包人，由承包人承担发生的费用，相应顺延工期

13. 监理合同中未明确规定业主为监理机构提供工作车辆，开展监理业务时监理单位使用自备车辆，则在监理服务期间的车辆使用费应由（　）。满分：2分

　　A. 监理单位承担

　　B. 承包商承担

　　C. 业主补偿，属于附加监理费用

　　D. 业主补偿，属于额外监理费用

14. 某工程部位未经监理工程师质量认可，承包商自行隐蔽，监理工程师要求剥露检验，检验后发现工程质量已达合同要求，则剥露、重新隐蔽费用和工期处理为（　）。

满分：2分

　　A. 费用和工期损失由业主承担

　　B. 费用和工期损失由承包商承担

　　C. 费用由承包商承担，业主给予工期顺延

　　D. 费用由业主承担，工期不予顺延

15. 按照施工合同文本的规定，（　）是承包人应当完成的工作。满分：2分

　　A. 使施工场地具备施工条件

B. 提供施工场地的地下管线资料

C. 做好施工现场地下管线的保护工作

D. 组织设计交底

16. 工程设计招标的评标过程中，主要考虑的因素是（　　）。　满分：2分

A. 设计取费高低

B. 设计单位的资历

C. 设计方案的优劣

D. 设计任务的完成进度

➤➤ 2014-08-21 08:23　　提问者采纳

答：

6.D　7.C　8.D　9.C　10.D　11.B　12.C　13.A　14.B　15.C　16.C

## 2.38　《工程经济》中有关增长率问题解析

《工程经济》中有关增长率问题。

1. 2009年上海市人均月收入为2 500元，2010年随着民生工程进一步落实，上海市人均月收入达到2 800元，请问2010年对2009年人均月收入的增长率是多少？

2. 某一家电商场2010年销售额为400万元，比2009年增长了5%，该商场计划2011年通过家电下乡活动将全年销售额的增长率比上一年提高两个百分点，求2011年该家电商场的全年计划销售额。

➤➤ 2014-11-29 12:05　　提问者采纳

答：

1. 2010年对2009年人均月收入的增长率是：（2 800-2 500）/2 500×100% = 12%

2. 2011 年该家电商场的全年计划销售额是：$400 \times (5\% + 2\%) + 400 = 428$ 万元

追问：第 2 题能详细点吗？谢谢！

回答：

第 2 题：

1. 题干上只讲到"该商场计划……增长率比上一年提高两个百分点"，因此，解题中并不需要求解 2009 年的销售额情况。

2. 做下一年度增长的计划，是以当年的实际数为依据的，而不是以"隔年以前的"（如本题中的 2009 年的情况等）某一数据为参照基础或考核依据。

## 2.39　截面法解题思路

这个截面法怎么求？

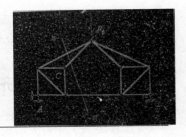

>> 2014-12-01 09:38　提问者采纳

答：

这道题目是很好做的：

1. 先求出 $A$ 点、$B$ 点两个支座反力 $V_a$、$V_b$。

2. 单独画出被 $m$—$m$ 截开后的 $A$ 支座附近的截图。

3. 分别用三个轴力标注到截开后的被截杆件上。

4. 因 $PC$ 杆和 $AB$ 方向的杆轴线都通过支座 $A$ 点，取 $A$ 点的总力矩为 0，可知，外侧的上斜向的上弦杆的轴力为 0。

5. 上弦杆的轴力为 0，则原桁架就变成了三角形的、最普通的屋架了。

后面的，你就可以迎刃而解了。

追问：能不能画图具体写一下？

回答：

我这边电脑有问题，图发不上去。该图中被 $m$—$m$ 截开后，在被截开的杆件上，用三轴力代替被截开的部分，这三个轴力，就是被截开部分的三个外力。这样被截开的部分中，只有这三个外力和支座 $A$ 的反力，合计四个外力。

四个外力中三个外力的作用点都通过 $A$ 点，只有一个外力不通过 $A$ 点。取 $A$ 点的总力矩 $\Sigma M_a = 0$，就知道这一个不通过 $A$ 点的外力必须是 0。

你简单地想一下就知道了，该力如果不是 0 的话，则被截开的部分不就产生转动了吗？

## 2.40　《材料力学》中梁的剪力和弯矩解题示例

材料力学问题，求剪力和弯矩，顺便问一下这种题目怎么求支座反力？两个箭头是什么意思？

>> 2014-12-29 16:47　[提问者采纳]

答：————————————————————

1. 取 $\Sigma M_a = 0$，
则：$F_{Rb} \times 2.5 + 10 = 0$，得 $F_{Rb} = -4\ \text{KN}$。
2. 取 $\Sigma M_b = 0$，则：$F_{Ra} \times 2.5 - 10 = 0$，得 $F_{Ra} = 4\ \text{KN}$。
或取 $\Sigma y = 0$，则：$F_{Ra} + F_{Rb} = 0$，得 $F_{Ra} = 4\ \text{KN}$。

## 2.41　一次超静定悬臂梁计算

求助结构力学怎样计算支座反力及内力？怎样计算内力弯矩图、剪力图及计算过程。

>> 2014-09-23 16:40　[网友采纳]

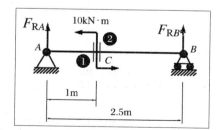

答：————————————————————

用力法计算，假设在 B 支座处有一个力的作用，然后通过该悬臂梁在外力矩

$M = 611$ kN·m 和 $q = 0.107$ kN·m 的作用下 $B$ 点所产生的位移值，与该悬臂梁在 $B$ 点假设的一个力作用下所产生的位移相等，来求得 $B$ 点的支座反力。

后续把问题变成由三个外力作用的悬臂梁就算出来了。

因为你没有提供其他已知条件，所以，现在还没有办法能帮你直接算出来。

追问：在 $B$ 点的支座反力怎样计算？

回答：

上面我已经说得比较清楚了，如果还没有理解，那就得看书，看《结构力学》教材。即使你把题目条件全部给出来，我帮你把题目全部做好，你还得看书。

## 2.42　一幢 50 米高的 15 层楼，7 层的楼面大约多高

一幢楼高 50 m，共 15 层，小萍家住 7 楼，问下她家的地板离地面有多高？

>> 2014-10-15 13:42　　网友采纳

答：

这个问题不好准确回答。

1. 楼高 50 m 15 层，每层的高度不一定是相同的。如底层往往比上面的楼层高度要大。

2. 楼高 50 m，往往包括楼顶的架空层。

3. 底层室内地面与室外地面标高往往还不一致。

综上所述，小萍家住在 7 楼，是 6 个楼层高度，只能说是大致离地面 20 m 左右。

# 三、就业指导

## 3.1　从业资格证过期处罚正确吗

从业资格证超一个月没验，罚 2000 元合法吗？

>> 2014-05-08 12:16　　　提问者采纳　　网友采纳

答：——————————————————————————————————

你问"从业资格证超一个月没验，罚 2000 元合法吗"这个问题，根本就没有什么"法"来给这个"行为"进行"法律"方面的调整，所以肯定不合"法"！即使 他们"拿出"过什么"文件"，"拿出"过什么"规定"来，也不是"法"。

## 3.2　设计院项目负责人所需要的相应资格

设计院设计项目负责人应具备什么样的资格？

>> 2014-05-11 10:25　　　提问者采纳　　网友采纳

答：——————————————————————————————————

设计院设计项目负责人应具备的资格是：

1. 负责建筑设计的是注册建筑师。

2. 负责结构设计的是注册结构工程师。

3. 负责给排水、电器、排暖通风设计的分别都有相应的注册工程师。

## 3.3　建造师考试档案的建立

建造师考试报名问题，2014 年的二级建造师我已经报名成功，现场审核也已经通过了。由于个人原 因不能去参加考试，这样的话，明年的二建我是不是就不需要再现场审核了？还是继续以新考生的身份继续报名？

>> 2014-05-12 07:10　　　提问者采纳　　网友采纳

答：——————————————————————————————————

你今年参加考试通过了，明年才不要参加审核，因为公布了分数才算建立了参考档案。今年不参加考试，等于你还没有参考档案，更重要的是既然有想考的愿望，去看一下考卷，对你明年考试也是有利的！

追问：过几天要出国，怎么可能有时间参加考试。是不是必须人到现场答题，然后有分数才能变成老考生呢？

回答：

如果是要出国，那就算了，到明年报名的时候再说吧。话又说回来，今年能顺利通过，明年更加能顺利通过，这不是什么大事情。

## 3.4　我的明天不平凡

我是学建筑的学生，我的明天不平凡怎么写？

>> 2014-05-12 10:25　　提问者采纳　　网友采纳

答：

可从以下几个方面来写：

1. 先从自己小时候对房子的理解开始，写得天真一点。

2. 再简单叙述一下上学的情况，主要是为什么会选择学习建筑这一块的。

3. 叙述自己对建筑行业的热爱、感情。因为不知道你现在学的是建筑本科、大专还是中专，所以也只能提示一下。假如是大学层次的话，就从理想是成为工程师、设计师、经理人方面入手；假如是中专层次的，就从做好施工，将来做"经理"、做"老板"等方面设想。这部分是全文的重点内容，要情文并茂，要有具体的内容。

4. 最后，还要用简单的、用一小段篇幅做一个全文总结，点明"我的明天不平凡"的主题。

## 3.5　做建筑设计的想跳槽

做建筑设计的想跳槽，求指导，如果这辈子都没有考上建筑师一级，怎么办？有没有一些好的职业规划？现在在一个院里面做了一年，画的图都是景观杂七杂八的，住宅什么还没有画，画了售楼部一些建筑施工图，现在出去再找是不是很难？但是这样待下去不知道什么时候能够得到锻炼，而且方案也需要自己去摸索。想问现在可以跳槽吗？

》》 2014-06-05 07:02　　提问者采纳　　网友采纳

答：————

建议你不要跳槽！

1. 就这样"杂七杂八"乱画，总会有一天，在你那"杂七杂八"的图中出来一件"像样"的作品。到那时，那件"像样"的作品就是你的成就。

2. 利用"杂七杂八"乱画的这个时机，把"杂七杂八"乱画的东西与学校里理论书籍进行对照，争取找到一两个结合点！

3. 利用"杂七杂八"乱画的这个"大好"时机，做积极考证的准备。"证"拿下来了，你就一下都理顺了。

## 3.6　报考工程专业时对基础课程的要求

地下工程与隧道工程技术，这个专业对学习的人有什么要求吗？比如数学要很好，或者其他什么的，我是今年的高三生，面临填志愿？

》》 2014-07-25 06:30　　提问者采纳　　网友采纳

答：————

学习地下工程与隧道工程技术这个专业，关键是对语文、数学要求，相关科目是物理和化学。学习这个专业的施工方面，一般机械化程度比较高，很多东西都不需要自己去动手，但现场的状况，你要能正确地描述出来，否则领导想了解情况的时候，"一问三不知"，不能正确表达，那就糟糕得很。

所以，学好语文，是人生命运的第一要务！语文是纲，纲举目张！

## 3.7　21 岁无学历女孩想学预算员的推荐学习方式

女孩子 21 岁，没上大学，想学工程预算做预算员，请问有什么推荐的好学校吗？谢谢！

>> 2014-08-06 07:30　　提问者采纳　　网友采纳

答：

女孩子 21 岁想学工程预算做预算员，将来可以考个造价师，专门做预决算，非常好！建议去电大看看，有免试入学的大专班，三年左右就可以拿到大专文凭，拿到文凭后就可以考证。

追问：您能详细地和我说一下吗？谢谢。

回答：

1. 电大的全称是中央广播电视大学。

2. 电大在全国各地到处都有分校。

3. 只要具备县一级的行政单位所在地，都有电大。

4. 文凭电子注册，国家认可，只要专业对口，考什么证都有效。

## 3.8　"工装电工"的概念和工作能力要求

工装电工是什么意思？

>> 2014-08-11 09:13　　提问者采纳　　网友采纳

答：

工装电工，指的是直接在工地上专门从事安装的电工。要注意的一点是，很多工装电工，还真的不怎么懂电工知识！

## 3.9 学习木工图纸难不难

木工图纸难不难？几天可以学会？

>> 2014-08-31 10:56 　　提问者采纳　　网友采纳

答：————————————————————————————————

1. 木工图纸肯定不难，不过要有师傅带一下。

2. 单张图纸几分钟就学会了。

3. 不过要想自己能带人的话，需要亲自做到几个项目。

4. 如果用时间来衡量的话，一般需要两年左右，几天是解决不了问题的。

有志者事竟成！仅仅是跟在别人后面做的话，随时随地都可以。不管多复杂的图纸，只要有人讲一下，几分钟就能搞定，不需要几天。

## 3.10 纺织厂公用工程包括的工作内容及工作紧张程度

纺织厂的公用工程主要是做什么的？前景怎么样？

>> 2014-09-25 07:00 　　提问者采纳　　网友采纳

答：————————————————————————————————

纺织厂的公用工程主要是做厂区内道路、设备基础整修，自来水管道、下水道、蒸汽管道维护保养，厂区内树木花草维护治理等。你想了解这种工作的"前景怎么样"，实事求是地说：比较清闲，不紧张！

追问：比较清闲、不紧张是什么意思？

回答：

所谓清闲、不紧张指的是：

1. 可以按时上下班；2. 除了紧急情况维修外，正常的保养、维护等工作量不是很大。

## 3.11 一级建造师和国注监理工程师的工作比较

有一级建造师和国家监理工程师证应该干施工还是监理？

>> 2014-09-27 13:58    提问者采纳    网友采纳

答：

你有两个证，但现在国家规定，一个人不管你有多少证，都只能在一个单位注册，并且还规定，在任一时刻，一个人不允许同时经手管理两个及两个以上的工程项目。为此，建议可以从以下几个方面来考虑你的这个问题：

1. 干建造师，就是考虑自己做，朝做老板的方向发展，但确实有一定的压力，责任大、负担重。

2. 干监理，人轻松，但收入不如意。当然，人心永远都没有满足的时候，只有放宽心态，我认为干监理比较好。

## 3.12 建筑工程项目质检员考试及必须掌握的主要内容

建筑质检员考试都考什么？

>> 2014-10-27 15:43    提问者采纳    网友采纳

答：

建筑质检员考试的内容包括：1. 各工种施工及验收规范；2. 建筑工程质量检验评定标准。

## 3.13 有了建造师证后要当一个好的项目经理还需要学习什么

才一年施工员经验，一级、二级建造师证有了。可当项目经理肯定不够，就会施工员放线，管木工钢筋工，算混凝土方量等，可这技术还不够，还要学什么呢？谢谢指教！

>> 2014-10-31 09:39 　　提问者采纳　　网友采纳

答：——————————————————————————————

你的这个问题，需要更新观念！不能认为"才一年施工员经验"就不能担任项目经理。既然能把建造师资格证考下来，说明已经具备了相当的理论基础，也就已经具备了承担项目经理责任的相关要求。作为项目经理来说，其主要工作还是在于把握进度控制、质量控制、安全控制和成本管理，以及施工现场管理、人员关系协调等方面。

因此，你说的这种情况，可以担任项目经理，要说再学习，那就是再学习一些现场的实际工作经验，主要是涉及人力资源管理方面的有关知识。

## 3.14　学工程建设要具备什么条件

学工程建设要具备什么条件？

>> 2014-03-24 11:05 　　提问者采纳

答：——————————————————————————————

不知道你现在学的是什么，其实学工程建设什么条件都可以。如果你已经大学毕业了，学的是其他专业而又不想干，把工程建设可以作为第二专业，并且可以转到工程建设这一行来。如果你还没有上大学，现在是高中阶段，只是想咨询一下，我告诉你，学工程建设最好要具备的条件是"舍得吃苦耐劳"。因为搞工程都是露天作业，不要一下子就想坐在办公室里，因为那样你的发展情景就不会很理想。有了能吃苦耐劳的精神，工程建设上的发展情景是很广阔的，甚至将来能做成"大老板"。

其实，学习工程建设真的什么条件都可以，即使你一点文化水平都没有，学工程建设也是可以的。可以先到工地做工，然后一边干，一边学，只要有志向，一切都是可以成功的。

这里，我要告诉你，搞工程的为什么收入高一点，原因就是：太辛苦！

追问：是吗？

回答：

我能告诉你的，那肯定都是实际情况。

## 3.15　二级建造师合格人员登记表填写

二级建造师考试通过后的问题，请好心人帮忙解答。我在河南，是2013年6月参加的二建考试，后来通过了。当时报考的时候因为在一家建筑设计公司工作，所以就由单位统一报名。我今年（2014年）3月从原单位辞职，进入了一家工矿企业做管理工作。近期我查询到相关信息（参见河南职称网相关链接 http://www.hnzc.gov.cn/），说从3月底到6月将开始二建领证的工作，考试合格人员办理证书需提供本人准考证、身份证、单位办证介绍信、考试合格人员登记表（1份）。我需要的单位介绍信该怎么开具呢？是去原单位开还是现单位开（现单位和建设工程没任何关系），还是随便一个与建筑业相关单位都行呢？另外，那个考试合格人员登记表该怎么填写（详见照片附件）？因为第一次弄，好多都不懂，请好心人明示。

河南省专业技术（职业）资格考试合格人员登记表

| 姓　名 | | 性别 | | 出生年月 | | 照片 |
|---|---|---|---|---|---|---|
| 本专业最高学　历 | | 毕业时间、学校及专业 | | | | |
| 参加工作时　　间 | | 从事本专业时　　间 | | | | |
| 工作单位 | | | | | | |
| 现有专业技术资格及取得时间 | | | | 聘任时间 | | |
| 报考专业 | | | 级别 | 准考证号 | | |
| 取得资格名称 | | | 授予时间 | 证书编号 | | |
| 考试档案号 | | | | 管理号 | | |

>> 2014-03-26 10:45　　提问者采纳

答：

到领证的地方去填写，底下的几个栏目你还没有拿到证书，填不了，到了领证书的地方负责发证书的人会教你填写的。领过这类证书的人都知道怎么做，没有领过这类证书的都不知道。

## 3.16 本科工程管理毕业后读研的方向性建议

上海大学研究生管科下的工程与项目管理专业，这个专业是不是刚开的？与建筑方面有关吗？研究生主要学什么科目啊？我是女生，本科是工程管理，研究生的话学这个专业将来就业前景是什么样的？求解答。

>> 2014-03-26 11:47　　提问者采纳

答：————————————————————

因为你是女生，这个专业可以，毕业后朝"职业经理人"方向发展。

追问：工程与项目管理专业，与建筑的关系大不？我想学偏建筑类的。

回答：

建筑工程管理与其他项目管理方面的内容是相通的，即使是看上去好像与建筑工程管理关系不大，但学了以后完全可以用到建筑工程的管理上来，一点问题都没有，放心去读。

追问：好的，真是太感谢啦。

回答：

不用谢！希望你采纳我的建议，对你肯定有用。

追问：嗯嗯，还想请问一下，你了解上大的这个专业不？

回答：

我是江苏人，一级建造师，高级工程师。对上大不太了解，对上大的这个专业也不了解，但对建筑工程管理很了解，我也曾在清华读过两年的 mBA，但没有毕业（外语过不了），现就在上海担任项目经理（不在市内）。你本科读的是工程管理，所以你还应该在"管理"二字上下功夫，将来朝"职业经理人"方向发展。你所希望的偏于建筑可以，但千万不能"舍本求末"，把自己变成"土木工程""建筑学"等方面的专业。有很多人读研，都改变了自己原来的"本位方向"，这是非常不对的。

追问：嗯，谢谢您的点拨。能问您一下，女生从事建筑的前景怎么样？这个"职业经理人"能不能详细解释一下？

回答：

职业经理人：

1. 经理人：经手打理的人。现在"经理"二字已经成为一种职务、职位、职称的专用名词，但无论是职务上的经理，还是职位、职称上的经理，都不能改变其"经手打理的人"这一基本职能。

2. 职业经理人：顾名思义，就是专门把"经理"作为自己职业的人，而不是把自己变为普通"打工者"身份的职业人。职业经理人是管理者，其他普通打工者是专门从事某项具体事务的职业人。

3. 职业经理人在西方发达国家有一个相对统一的概念，在中国目前定义还不统一，一般认为是将经营管理工作作为长期职业、具备一定管理素质、掌握企业经营权的一组人员群体。职业经理人是通才，必须掌握人力资源管理、生产管理、技术管理、财务管理、经营战略管理、资源整合管理等各方面的专业知识。

4. 职业经理人不是专才，因此你所想偏于建筑方面一点的是可以的，但无需太刻意建筑方面的专业知识。

5. 职业经理人不是老板，是专门为老板打理的人，但也是最有可能做成老板的人。其实这些都是我班门弄斧，因为你本来学的就是管理专业。

## 3.17　专业知识学习与参加工程活动的关系

活动涉及简历，专业涉及工作。怎么安排好学习专业知识和参加活动这两项呢？

》》 2014-03-28 12:48　　提问者采纳

答：

1. 为了将来的发展，一般的社会活动最好都要参加，因为不参加社会活动，就没有社会交往，就没有实践知识！

2. 刚从学校出来，至少每天还要安排 1 小时左右的学习时间。因为随着社会的发展，知识的更新，任何人都必须紧跟时代的发展。否则人家在进步，自己看上去没有后退，但实际上别人的进步等同于自己在同一时期的后退。

## 3.18 土木工程师、结构工程师、建筑师和建造师有什么区别

土木工程师、结构工程师、建筑师和建造师有什么区别?

>> 2014-04-02 10:57    提问者采纳

答:———————————————————————————

你所探求的不是土木工程师、结构工程师、建筑师和建造师的概念,而是寻找它们相互之间的区别:

1. 土木工程师是一种职称,其他三个都是执业资格。

2. 学习房屋建筑、结构力学、材料力学等"建筑工程方向"的土木工程专业,其发展方向简单来说,就是建筑工程方向,与岩土工程、港口与航道工程、水利水电工程等根本就不是一回事。

3. 寻求发展方向,不知道你现在有没有毕业。如果马上毕业,建议抓紧时间在毕业前先到一家设计院实习一段时间,尽量接触建筑结构方面的内容。毕业后到监理单位(施工单位也行,不过考证难度大了点)工作 2 ~ 3 年,然后一边工作,一边接触设计院,一边做考证的准备。等拿到结构工程师资格证后,转向设计院工作。这样你的理论知识、实践知识都比较全面,以后做出来的设计才能出类拔萃,令人称道,令人佩服!

4. 也可考建造师,出来当项目经理,朝创业做老板的方向发展。

5. 建筑师大多来自建筑学专业,而非土木工程。所以,考起来可能有点偏,不建议!

## 3.19 电气工程专业报考一建的方向选择

本人是电气工程专业,打算考一建,请问哪个方向比较接近本专业?

>> 2014-04-04 13:30    提问者采纳

答：

报考水利水电专业、机电工程、市政公用工程都可以。

## 3.20 建筑工程技术与地基基础工程专业的比较

建筑工程技术与地基基础哪个好？

>> 2014-04-15 08:05　　提问者采纳

答：

建筑工程技术是一个大概念，它包括地基基础工程技术在内，地基基础工程只是建筑工程技术中的一部分。所以不能用哪个好或者哪个不好这个概念来回答你的问题。

追问：大学分专业选这两个。

回答：

大学专业过去比较笼统分得不细，涉及建筑方面的就是一个专业——工业与民用建筑。后来逐步细化，分出了建筑学、土木工程。建筑学是文科专业，出来一般到设计院专门从事建筑设计，把建筑设计拿出来后交给负责结构的来为他配置结构设计。土木工程是工科专业出来后一部分到设计院，以结构为主；一部分到施工单位，负责施工技术。建筑学专业基本定型，但土木工程还是比较笼统。

后来又分出施工管理专业与建筑结构专业两类，但建筑结构方面还比较笼统，继续细分为工程结构与岩土工程等。但是各个学校分专业的方法、模式都不尽相同，专业取名也没有统一的标准和规定，因此，在整个工程系列方面的专业设置还是比较混乱的。

你所提到的建筑工程技术与地基基础如果是某学校分出的专业的话，那应该是：

1. 可能是专科设置而不是本科；

2. 建筑工程技术是偏向于施工技术方面的，出来后可以到工程项目上从事施工技术管理，如施工员、项目技术负责人等；

3. 地基 基础是一种更为专业的偏向，出来后仅仅能专业从事地基处理与基础工程等方面的技术工作，一般工资水平稍微高一点。从执业偏向上来讲地基基础专业的从业难度大一点。

## 3.21　建造师注册过期被撤销后重新注册

注册建造师被撤销注册后，再次注册还用考试吗？执业资格证书是不是一直有效？

>> 2014-04-23 15:23　　提问者采纳

答：───────────────────────────────

是一级还是二级？

追问：二级，我的问题不知道为啥没有问完，刚补充了，谢谢！

回答：

二级建造师执业资格证书长期有效，过了一定时间后无需重考，只需要参加"继续教育"。继续教育很简单，放心吧！

追问：嗯，明白了，谢谢你，特送上 10 分，以表谢意。

回答：

谢谢你！

## 3.22　对于刚入行者，要开办监理企业指导性看法

我是即将毕业的大学生，但不是建筑相关专业，有亲戚搞建筑，也有点关系，现在想开监理公司不知可行吗？是找个有经验的老手一起开分利润还是需要我去学习相关知识后 再开？和老手一起的话我怕他老谋深算，我会吃亏吗？请各位出出主意，给点意见，谢谢！

>> 2014-04-27 18:01　　提问者采纳

答：───────────────────────────────

你还是别忙开吧。

1. 你还没有毕业。

2. 学的也不是这个专业。

3. 作为监理企业，是必须有一定"高技术含量"，即使学的是建筑相关的专业，也毕业了，还需要"理论"与实际相结合的过程！

我没有打击你积极性的意思，我积极鼓励你去创业，但首先做监理企业不妥，而应先从施工做起。

## 3.23 两个以上执业资格证重复注册办法

二级建造师变更注册，我有个问题咨询下，我的二级建造师变更单位用的是新的企业锁，于2014年3月公示，现在证章已领取，现在要注册监理工程师，可住建部管理系统还显示我在老公司不能注册，怎么办呢？

>> 2014-05-11 13:36　　　提问者采纳

答：

不管你考多少证，只能在一家单位注册、执业。尽管你的二级建造师已经变更注册到了其他单位，但没有注销，所以你的监理工程师是注册不了的。要在你的二级建造师注销之后，在住建部的管理系统里才可以注册新的"执业资格证"。

追问：二级变更和监理注册是同一家单位。

回答：

因为你的监理证是国注，所以建议你把二级建造师先暂时停掉，等国注弄好后再来看看二级能不能注进去。

## 3.24 现场工装水电工应继续学习和深造的知识内容

我是工地上搞水电的，干了两年左右，细部什么都会，但就是没系统地了解过水电方面的细部准则，我应该看哪些书？

>> 2014-05-14 14:52　　提问者采纳

答：—————————————————————————————————

你这是一种"典型"的我"什么都会做"，实际就是"不懂"的情况。建议：

1. 一开始要多看看图纸，看看图纸上的《设计说明》，而不是看什么书。

2. 等你在图纸上遇到问题的时候买一本《建筑工程制图》，在上面查找对照你所要了解的图例。

3. 等你能把图纸都看懂的时候，对设计说明里的内容还不清楚的，可以买本《建筑工地水电工》看看。

到那时，实际你什么都会了。

## 3.25　现在做工程的发展前景

现在做工程的前景怎么样？

>> 2014-05-30 14:13　　提问者采纳

答：—————————————————————————————————

不知道你问"现在工程怎么样"到底想了解什么，搞工程这个行业总体上说还是"朝阳产业""发展的行业""进步的行业""是短时间之内不会衰退的行业"。我简单介绍一下工程建设方面的前景：

1. 中国人口众多，城市发展的必然要求就是——房子，所以人们用房方面的刚性需求短时间内不会消除。

2. 中国除人口多的特点外，还有一个"底子薄"。过去的农村房屋的正常使用年限一般都不超过30年，有些甚至20年、10年都不到就不能使用，因此都急需更新。

3. 尽管现在设计的房屋使用年限都是50年、70年、百年大计，但实际使用情况远远不是这样。随着建筑材料的不断更新，新材料、新技术的不断发展，尽管20年前在"当时是很先进的"，但20年后的今天已经远远落后了。所以出现了很多20年的房子"没有结构问题"，但早已变成了"空关房"，所以，常常看到城市里好好的大楼被拆就是这个原因。

总之，太多道理都表明建筑行业在短时间之内是不会衰退的行业。

## 3.26　长期在施工单位应该学习和注意的内容

长期待在施工单位应注意什么？

>> 2014-06-05 18:54　　提问者采纳

答：

长期待在施工单位，要注意的是：老板的一举一动，向老板学习，力争将来自己做。否则，你长期"呆"在施工单位干吗呢？

## 3.27　非土建专业在工程行业的职业规划

我会看图纸、会土建工程 CAD 制图，可以到地产公司做什么工作？我是专科生，学的不是土建工程专业，现在一直做物业，也考虑过做档案员，但是不知道证好不好考？

>> 2014-06-09 07:36　　提问者采纳

答：

既然你会看图纸，还会土建工程 CAD 制图，又在地产公司工作，建议你：

1. 到项目现场去管工程，不要在物业这里消磨时光。

2. 一边管工程，一边参加成人教育，学习建筑施工或建筑工程管理等专业。

3. 争取考建造师。先报考二级，条件简单一点，等拿到相关专业的文凭后，考一级建造师。

以上是我帮你考虑的最理想的职业规划，望你树立理想，早立大志，只要你矢志不移，就一定会成功的。

## 3.28 施工员属于技术工种的管理型岗位

施工员和汽车吊哪个更好？本人现在 20 岁，亲戚在国企做土建方面的项目经理，请问下是去做施工员或 汽车吊履带吊哪个好一点，前景好一些，希望大家能给点建议。

>> 2014-07-12 08:04　　提问者采纳

答：————————————————————————————————

施工员是技术工种，是管理岗位。开汽车吊履带吊，是技术岗位，是技术工人。不知道你的志向在哪方面。

追问：就工资而言哪个好点？

回答：

施工员将来有一定的发展前景，但现阶段工资应该稍低一点。

## 3.29 木工负责人的年薪收入范围

请问做木工的项目经理年薪一般是多少？

>> 2014-07-14 08:12　　提问者采纳

答：————————————————————————————————

首先，向你说明一点：做木工的，不能称之为项目经理，一般称之为木工带班。目前"项目经理"一词已经被建筑施工行业基本定位成了专业的工程项目管理人员，有总承包的项目经理和分包工程的项目经理之分。但木工在项目施工中往往被看作单一的工种，一般不做单独的分包，故木工带班人一般不能称之为项目经理。

在工程上，因为木工的普遍工资都比较高，所以木工带班人员的工资报酬相应的也就比较高。工程项目不是很大的，一般都在 10 万元左右。

## 3.30　劳务企业升一级资质的相关条件

请问：建筑劳务分包企业（架业公司）二级升一级是否需要省级建设厅审批？是否需要提供职工保险资料？恳求答案。

≫≫ 2014-07-19 18:31　提问者采纳

答：
1. 无论哪一种类型的施工企业，升一级资质，都必须由省、自治区、直辖市一级的建设行政主管部门批准。
2. 劳务企业的职工保险资料不是必需的，只要求企业主要负责人的社会保险。

## 3.31　工程管理专业毕业后的就业方向

建筑工程系工程管理专业毕业可以找什么工作？

≫≫ 2014-07-22 08:40　提问者采纳

答：
先到工地从施工员、资料员等工作做起，一边工作，一边学习，准备考建造师，将来朝项目经理的方向努力。前景是光明的，道路是曲折的！认真学习，勤奋工作，刻苦努力吧！

## 3.32　设计院工作的发展方向

设计院发展问题？

≫≫ 2014-08-12 06:18　提问者采纳

答：————————

你是建筑安全管理专业本科毕业，想进设计院，无论是想搞建筑设计，还是搞结构设计，你所学的专业都有点"偏"。但问题不大，因为大部分基础课都是相通的，稍微纠一点偏就行了。建议：

1. 先要确立方向。一个人一定要有自己的主见，是想朝建筑方向发展，还是想朝结构方向发展，要先确立下来，不能东一榔头西一棒，到头来把自己搞得什么都不是。

2. 利用刚进去仅仅是画画图的机会，一边画图，一边学习。这里所说的学习，不是学习书本知识，而是去注意领会人家的设计意图，领会设计的精神实质。

3. 积极准备考证，如果想搞建筑，那就准备考建筑师，如果想搞结构，那就考结构师。

4. 按自己确立的方向，按考证需要所设置的课程，早点买书，提前介入，等到具备报考条件后立即报考，争取早点进入"角色"，尽早成为自己理想中的建筑师或结构师。

最后，跟你说，你所学的专业没有问题，设计院的发展也没有问题，只要自己学得好，肯定会有很好的发展前景的。

早点准备，早点成功！

追问：我还想问一下，结构师和建筑师哪个好一点？

回答：

1. 建筑师与结构师之间不能做简单的比较，不存在哪个好哪个不好的说法。

2. 建筑与结构的选择问题，应该根据各人自己的思维模式、自己的爱好去考虑。

3. 建筑师需要的是文科基础，一般都把建筑学作为文科。结构师需要语文基础，但是属于理工方面的，是工科范畴。

## 3.33  建筑工程技术专科毕业后的发展方向

专科建筑工程技术毕业后好不好找工作，有没有发展前景？

≫ 2014-08-27 10:30   提问者采纳

答：

你想了解"专科建筑工程技术毕业后好不好找工作，有没有发展前景。" 我告诉你，无论什么层次毕业出来后都是有前景的。但你何必急急忙忙地出来找工作呢，建议你升本后再出来找工作不是更好吗？多学点东西，总比少学要好得多。

追问：升本的话要两年时间，出去外面能学到的经验比学校多。

回答：

你可以考虑：一边工作，一边学习。记住：一定要不断提高自己，才能让自己立于不败之地！

## 3.34　施工员和建造师的区别和联系

施工员和建造师有啥区别？施工员属于建造师吗？

>> 2014-09-02 15:38　　　提问者采纳

答：

施工员和建造师的区别就在于：

1. 施工员是建造师的初级阶段（这仅仅是我瞎说的）。

2. 有建造师资格的人，已经具备从事项目经理的资格，同时建造师也可以去从事施工员的职业。

3. 仅有施工员证的人，不具备从事项目经理的资格，只能做施工员的职业。

追问：也就是说施工员是建造师的前身。

回答：

你的悟性好，理解非常正确，一般的施工员都在考建造师。

## 3.35　在设计院工作的职业资格方向

矿物加工工程毕业在设计院工作，做选矿厂设计，注册公用设备工程师与注册结构工程师，我该考哪个？

>> 2014-09-28 10:22　　提问者采纳

答：

因为你在设计院工作，所以应当考注册结构工程师。

注册公用设备工程师也很好，对你也很有用，但是我建议你先拿下结构工程师以后有机会再考，因为结构工程师通用性比较强，对稳定自己的工作地位有好处。

追问：注册结构工程师，听说很难，我大学学的专业只涉及部分结构设计，结构力学与土力学学得也很浅，这样的情况通过是不是很难？

回答：

注册结构工程师为什么很有价值，关键就是很多人都认为"比较难"而放弃的。

我告诉你，十几年从小学到大学都能读下来，就仅仅两三本读不下来吗？这个又不是什么"没完没了"的事情。

不知道你是哪年毕业的？

追问：2003 年，我这个算其他工科，年限应该够了。

回答：

2003 年毕业，年限肯定够了。

现在正是人一生中精力最充沛的时期，努力攻克下来，这是一个人对其一生美好追求的努力。我相信，只要认真努力一把，理想的目标肯定能实现。祝你早日成功！

## 3.36　材料试验员能朝施工员方向发展吗

做工程试验员能学到施工员方面的知识吗？

>> 2014-10-09 14:41　　提问者采纳

答：————————————————————————————————
做工程试验员肯定能学到施工员方面的知识。只要用心向学，没有学不到的。建议：经常跟施工员在一起，就行了。

追问：好的，谢谢！那么请问试验员发展几年后会是怎样的？

回答：

一般在试验员岗位上，哪里有好多年的说法。肯定是要调整的，调整的方向先朝施工员方向走，后朝建造师方向发展。

## 3.37 学习水电设计与建筑造价的区别和比较

请问学水电设计好还是建筑造价好？

>> 2014-10-13 14:47 　提问者采纳

答：————————————————————————————————
学习水电设计比较冷门，将来的工资收入会好一点，但找工作可能难度大一点。建筑造价比较热门，工作非常好找，刚开始工资较低，到了后期阶段，收入比较可观，所以，建议你可以考虑学建筑造价。

## 3.38 二建证与商品混凝土上岗证有没有冲突

二建证和商品混凝土上岗证有没有冲突，本人吉林长春人，二建证挂在了一家施工单位，已注册成功，接下来准备考增项。我现在在另一家公司做商品混凝土试验员，单位给出钱考商品混凝土预制 构件上岗证，该怎么办？第一，我们单位要求试验员必须要有上岗证，和那个公路水运的还不一样；第二，两个证好像都在住建厅备案，我感觉如果不冲突的话，那我不就是在两家单位供职了吗？

>> 2014-10-24 11:23 　提问者采纳

答：————————————————————————————

二建证和商品混凝土上岗证没有冲突。像你的这种情况可以再考，不存在任何问题，放心吧。对于你补充的问题是这样的：

1. 考证没有影响。

2. 注册的时候，一个人不管有多少证，只允许在一个单位注册。要从你以前注册的那个单位转出来，转到你现在工作的单位来，新证注册才能成功。

追问：现在的单位不需要二建证，转到这个单位是不会多给我钱的。

回答：

1. 如果二建证所注册的单位需要你的话，去跟他们好好谈谈。假如工资高一点，就到他们单位去，或许将来还有做成老板的可能性。

2. 假如尽管有二建证，但并不想出去做工程，那真的是要浪费一个证了。

## 3.39　市政公用工程建造师可以用于园林绿化吗

市政公用工程无在建证明，可以用于园林绿化吗？

>> 2014-11-03 11:14　　提问者采纳

答：————————————————————————————

市政公用工程专业的建造师，只要有无在建证明，就可以用于园林绿化。

追问：但是他标书里用的建造师证是园林绿化的，这样也可以吗？

回答：

建造师只有市政公用工程专业，而没有单独的园林绿化专业，可以用，放心吧！

## 3.40　工程太难做，转行哪里有好项目

现在的工程太难做，转行哪里有好项目？

>> 2014-11-14 08:56　　提问者采纳

答：

搞工程有个重要特点，就是周期性。过一段时间就好了，耐心等一等吧。

## 3.41 如何取得施工员证

施工员证怎么可以拿到？

>> 2014-04-18 11:52    网友采纳

答：

参加当地质监站举办的施工员培训班，经考试合格就可以拿到了。这里需要注意的是各大学举办的培训班，拿的证当地质量监督站"有时候"不认可。

## 3.42 对施工员的就业方向指导

建筑施工员？

>> 2014-04-24 15:50    网友采纳

答：

不知道你仅仅用"建筑施工员"五个字作为问题，是想问什么？是想考证吗？是有证想找工作吗？

1. 假如是想考证，很简单，不知道你在哪里？但无论在哪里，先挂到当地的一家施工单位，然后由单位开具证明，到当地的建筑工程质量监督站报名参加培训考试，即可取证。

2. 如果你已经有证想找工作，那不知道你有什么证？建筑方面的施工员种类很多，有土建的施工员、给排水专业的施工员、电气专业的施工员、排暖通风专业的施工员等。

## 3.43　如何学习建筑面积计算

哪里有报名看图纸算面积的学校?

>> 2014-04-24 16:39　　网友采纳

答：

学习图纸算面积太简单了，看看《建筑安装工程单位估价表》中的工程量计算规则就行了，没有独立的学校单独学习这个。

## 3.44　干工程的"五一"休假吗

干工程的"五一"有假吗?

>> 2014-04-27 18:40　　网友采纳

答：

放假是国家统一的假期，但搞工程的又有搞工程的特殊性：

1. 做老板的随时都有假，不受国家上班时间的限制，也就更不受国家节假日等放假规定的限制。这叫天天都是假，天天都有事（但这是符合国家有关法律规定的，叫无定时工作制）。

2. 干工程的高级"打工者"，原则上执行国家上班工作时间的规定，也能按国家出台的节假日休假（也有极少部分的"超高级"管理人员能够实行"无定时工作制"）。

3. 一般搞工程的管理人员，无假日，干工作叫"没完没了"。

## 3.45　大家都说搞工程不错，真的很好吗

大家都说搞工程不错，真的很好吗?

答：————————————————————————————

其实工程不好搞！

1. 既然称之为"工程"，就要建立一个概念——复杂。"工程"一词怎么理解？工程就是具有很多很复杂的"工作"、很多很复杂的"工种"、很多很复杂的"工艺流程"，"必须"经过一定的工作流程、"必须"经过一定的运作"程序"才能完成的"事情"。我这一说，是不是太复杂了一点！

2. 其实工程的种类很多，什么信息工程、电子工程、航天工程、"221工程""571工程"等种类太多了。但现在人们通常谈到的"工程"，大多指的是"建筑工程"。

3. 按我的直观感觉，估计你所说的"搞工程不错，很好"，有可能指的就是"建筑工程"。这里我告诉你，建筑工程跟其他"工程"相比除了有以上第一点所说到的复杂性外，还有它工作条件的"艰苦性"——野外作业，和它受害维权的"艰巨性"等，所以工程不好搞！

那既然工程不好搞，为什么还有那么多的人"乐此不疲"去做呢？这是非常值得人们去"深思"的问题。一句话：不入其内，不知其"道"。

A. 劳动报酬相对比较高。大家都知道，搞工程的工资收入，高于社会平均水平，因为他的辛苦程度太大（其实，搞工程的真正报酬与自己的劳动付出"并不对等"，但大多数人都是因为"别无选择"）。

B. 吸纳人员的空间非常大。高端人才到教授、博士、高级工程师、低等操作工到"一个大字不识"的都有各人的用"武"之地。

其实，说得太多了，有机会以后再聊吧！

## 3.46　毕业后刚就业的进一步发展的方向性建议

求本建筑类的书，要求如下：本人初学者，刚毕业，现在在甲方，主要负责住宅这块，现在想要了解住宅从最开始地基到最后竣工验收整个过程的工序，每个阶段要做哪些东西，也就是涉及的分项工程以及顺序，主要是施工的工序，最好还有相应阶段有哪些证件需要办理，求推荐一本教材，万分感谢！

>> 2014-04-29 09:12    网友采纳

答: ————————————————————————

去考建造师吧。

你毕竟刚刚接触，仅凭在网上几句话哪里能够说得清楚呢？话再说回来，"别人说得再清楚，但你也不能一下子记住"，真正你能记住的话，建造师也就肯定能考过了。

## 3.47 建筑工程中满负荷工作的完成量怎么确定

建筑工程各工种一天十个小时能完成多少工作量？

>> 2014-04-29 09:51    网友采纳

答: ————————————————————————

你这个问题是一个"让别人"没办法回答的问题：

1. 工作量的计算单位在建筑工程上有 m、$m^2$、$m^3$、个、件、台、座等，各个计量单位是根据各个工种的不同而不同，你需要明确"工种"。

2. 同一工种不同技术等级的操作人员所完成的工作量是不同的，所以，还需要明确操作人员的情况。

3. 同一工种、同一操作人员在不同的天气条件下（气候、季节）所完成的工作量也是不同的。如春秋季与夏季、冬季所完成的工作量都是不同的。

## 3.48 感觉搞建筑工程太累，想自主创业行吗

搞建筑太累了，麻烦各位给提供个信息，本人想换工作或者自主创业。

>> 2014-05-08 08:22    网友采纳

答：

搞建筑是累了点，想换一下工作环境可以理解，但不建议改行。想自主创业很好，希望你多"累"几年，然后出来直接做"老板"。

## 3.49 图纸会审记录中监理单位盖什么章

图纸会审记录，监理公司盖章的话是盖项目章还是盖公章？

>> 2014-05-08 14:23 　网友采纳

答：

进行图纸会审的时候，一般都是开工前的事，这个时候往往监理公司的现场项目部还没有组建起来，所以大多数情况下图纸会审记录，监理公司都是盖的公章。

## 3.50 学建筑的想改行，对吗

今年是我难过的一年，本来搞建筑的，被某人给忽悠了，几个月没有做事钱倒花了不少，没有办法，只有找个厂做事，再不做事今年就过去了。从没进过工厂打工，假如我去的那个工厂工资以后能达到我的目标的话我会不会放弃我的建筑专业呢？被同学知道了，我在他们心中曾经高大威猛的形象是不是会打折？

>> 2014-05-11 09:13 　网友采纳

答：

不知道你现在找的是什么厂，干的是什么工作？但我觉得：应该继续在与建筑相关的行业里面找事情做，也不应该改行啊。

追问：无所谓了，我也想换其他工作，这两年搞土建让我很伤心，没激情了。

回答：

可以换环境、换工种，没有必要改行啊。人并不怕走弯路、不怕摔跟头，关键是走了弯路之后如何把路理顺，找到不弯的路或少弯的路，在摔了跟头之后如何站起来、如何站得更直、如何站得更挺，不再摔类似的跟头。

## 3.51 想请原钢筋工老板给自己介绍业务所要考虑的问题

想让工地钢筋工带班给介绍个工地自己包，不知该怎么说，求指教。

>> 2014-05-11 15:17　网友采纳

答：

你想让工地钢筋工带班给介绍个工地自己包，需要看以下几个条件：

1. 你跟在他后面做了多长时间。

2. 你平时在他面前的表现怎么样。

3. 你自己的钢筋做得怎么样。

4. 你平时的为人处世在他心目中印象如何。

5. 以上四条都没问题，就看最后一条，现在外面是不是正好有"活"需要找人做。在以上条件都具备的时候，根据你平时跟他相处的情况，说几句好话就行了。

## 3.52 建设工程中"建造者"的概念

什么是建造者？

>> 2014-05-27 11:55　网友采纳

答：

所谓建造者，其定义应为：参与工程建设的人。从这个定义上来说，建造者应该包括建设工程中所有参与的人，即应包括：项目策划人、项目投资人、工程设计师、施工管理人、现场操作工等全部参与人员，而不能狭义的单指哪一个方面的参与人。

## 3.53 钢筋工与木工的比较

当老板的话包钢筋赚钱还是木工赚钱?

>> 2014-06-06 19:47　　　网友采纳

答:

木工的技术含量高，所以木工单价比较高，当然也就是包木工能够赚钱多。不过问题在于:

1. 你又想包钢筋,又想包木工,恐怕什么都不赚钱。因为这两个工种都是技术活,专业性比较强,不是什么人都能做的事。

2. 你又能包钢筋,又能包木工,说明你什么都不能。我估计,你现在问这个问题,说明你正在寻求方向,目前还什么都不是。

建议:只做一样事,不能什么都做。如果什么都做,那什么都做不好。只有把一样事情做"精"了,什么工种都赚钱,而且都能赚大钱。

## 3.54 工程建设人员会失业吗

工程建设的人会失业吗?

>> 2014-06-26 08:25　　　网友采纳

答:

1. 搞工程的人太容易失业了,因为一个项目结束后,随即就失业了。

2. 搞工程的人也太容易就业了,因为这个项目结束了,可以跑到另一个项目上去。

从第2点意义来看,搞工程的人,永远都不会失业。只有自己在某一时段需要休息一下,不想干,但不能用失业来表述这个"暂时休息"的时段。

## 3.55 驻地监理与旁站监理概念上的区别与联系

驻地监理和旁站监理是同一个人吗?

>> 2014-06-26 08:43    网友采纳

答:

驻地监理和旁站监理的区别和联系分别是:

1. 一般情况下旁站监理,现场施工期间必须旁站,当某一工序完成了,在施工现场停止作业的情况下,旁站监理就可以离开现场,到点可以按时下班。但驻地监理,在施工现场正常作业的情况下,不一定要求驻地监理进行旁站(但大多数情况还是要求他参加旁站的),驻地监理不能说走就走随意离开工地(所谓工地,不一定是施工现场)。

2. 驻地监理要请假离开现场,必须向总监理工程师请假,得到总监理工程师批准后,仍需要等到替换人员(或代岗人员)到场并完成交接后方可离开现场。而普通旁站监理,一般按点上下班。

## 3.56 建筑工程专业的就业方向比较

建筑专业方向有哪些高收入工作?

>> 2014-07-06 07:23    网友采纳

答:

希望你心态平和一点,所有高收入的工作,都是与高风险联系在一起的。

1. 做老板收入最高,但受罪最大。

2. 一般做老板的大多对建筑专业都不是很了解,所以,项目拿下来以后,总要"高薪"聘请项目经理,但项目经理的责任却是最大的。

3. 建筑专业方向论技术精英,当数注册建筑师、结构师,一般国家一级注册建筑师、一级结构工程师，一年总有 20 万～30 万元以上甚至更高，但风险是最高的。

所以，任何一个人都要以平和的心态去面对这一切。

## 3.57　建筑工程专业实习过程中需要参考和学习的书籍

建筑工程专业，实习中，应该看哪本书？求介绍一下。

>> 2014-07-14 10:14　　网友采纳

答：

1. 建筑工程专业毕业出来，应该研究的是工作。

2. 等到工作确定下来后，根据工作需要，再考虑相应看什么书。

3. 如果搞施工，看看能不能考建造师，看看建造师的书。

4. 如果确定下来搞造价，也可以看看造价师的书，将来准备迎考造价师。所以你的这个问题，应该按第 1 点考虑，尽快研究工作问题。

## 3.58　掰钢筋的能开上法拉利吗

掰钢筋挣钱吗？

>> 2014-07-16 06:42　　网友采纳

答：

不要听别人乱说，目前一天三四百的钢筋工是有，但不是很普遍，今年 80% 以上的人都达不到 300 元 / 天。

每个人都要脚踏实地，一步一个脚印地去走。

能开上法拉利的不是钢筋工，而是钢筋老板。如果仅靠"掰钢筋"想掰出法拉利来，不要说自己买，就是人家送过来，也不能开。

不要听人家乱说，要脚踏实地！

## 3.59　现在学土建有前景吗

现在学土建有前途吗？怎么学才能快点学会？

**≫** 2014-07-17 06:57　　网友采纳

答：——————————

要回答你的这个问题，先向你介绍一下建筑行业的前景：建筑这个行业总体上来说是"朝阳产业""发展的行业""进步的行业""是短时间之内不会衰退的行业"。简单来讲：

1. 中国人口众多，城市发展的必然要求就是房子。所以人们用房方面的刚性需求短时间内不会消除。

2. 中国除人口多的特点外，还有一个"底子薄"。过去农村房屋的正常使用年限一般都不超过 30 年，有些甚至 20 年、10 年都不到就不能使用，因此都急需更新。

3. 尽管现在设计的房屋使用年限都是 50 年、70 年、百年大计，但实际使用情况远远不是这样。随着建筑材料的不断更新，新材料、新技术的不断发展，尽管 20 年前在"当时是很先进的"，但 20 年后的今天已经远远落后了，所以出现了很多 20 年前的房子"没有结构问题"，但早已变成了"空关房"，所以，常常看到城市里好好的大楼被拆就是这个原因。

总之，太多道理都表明，建筑行业在短时间之内是不会衰退的行业。说到这里，就可以给出答案：认真学习，将来努力工作，就一定会有很好的前景。至于怎么学才能快点学会：认真学习，将来努力工作，一步一个脚印，就是最快的学习方法。其他任何所谓的捷径，那都是哄你的。所谓的找人带，人家说的时候看上去懂了，轮到自己做还是做不起来。知识需要慢慢积累，需要厚积薄发。

追问：怎么学才能快点上手？

回答：

1. 第一步先找单位。

2. 跟定一个自己值得信赖的人。

3. 养成写日记的好习惯，认真做笔记。把凡是被自己认为有用的语言、行为、举止等都做较详细的记录。一个项目下来，你就基本都学到手了。

4. 后面就是找机会自己独立见习。也许其他人还能说出一些方法，自己多多领悟。

但有一点可以肯定，能说出准确时间的都不可信，关键是需要一两个完整的项目。

追问：现在我天天跟一个半桶水的师傅做拆墙、挖水沟、补楼等，感觉这跟农民工的生活没什么区别，跟他学得稀里糊涂的，我怎样才能达到土建施工员的位置？

回答：

我叫你跟定一个自己值得信赖的人，也就是一个比较全面的人。

追问：人是别人帮我安排的，我也是刚接触这个行业一个多月。

回答：

刚开始，不要急，静心跟一段时间。因为是人家帮你安排的，所以在跟的过程中仔细观察，才会找到你真正需要的、值得信赖的人。一旦找到后，就果断跟过去！

## 3.60　怎么才能成为一名合格的建筑师

怎样才能成为一名合格的建筑师？需要哪些证件，要多久？

**▶▶** 2014-07-23 07:53　　网友采纳

答：

怎样才能成为一名合格的建筑师，很简单：取得了建筑师职业资格证，再经单位注册后成为注册建筑师，那就是一名合格的建筑师了。要想成为一名合格的建筑师，需要的证件有：

1. 大学毕业证（最低是专科，最好是本科、硕士、博士）；

2. 考取建筑师执业资格证；

3. 取得建筑师执业资格证后，再经单位注册取得注册建筑师执业证资格注册证。

你问"要多久"，不好回答，因为你没有告诉我"起点"。假如按出生时间开始起算，取得国家一级注册建筑师，最起码也得二十八九年到三十年，甚至到四十年、五十年的也有。假如从已经研究生毕业算起，那就这一两年的事。

追问：多谢你的解答，写了这么多。我是从事模具设计行业的，工作有 7 年了，高中学历，感觉这行业到了瓶颈了，现在在考网络教育大专文凭，想换到建筑这个专业来，不知道这条学习道路要走多久？

回答：

有志者事竟成！只要你一心扑上去，没有什么事情做不成。你从现在作为起点，六年后可以报考二级建筑师。一切顺利的话，七年后能成为二级注册建筑师。

追问：我想知道建筑行业更多的信息，比如就业情况，如何学习，如何不会被一些虚假的培训机构忽悠。

回答：

行业没有问题，前景也很不错，关键要靠自己努力！

不要上一些培训机构的当，你要人家帮你培训什么呢？自己努力学习，其他任何人都帮不到你，别听他们瞎吹。

## 3.61 专科学建筑好不好

专科学建筑好不好？

>> 2014-07-25 07:13　　网友采纳

答：

专科学建筑非常好，将来好就业。

1. 毕业工作几年后考个建造师，先做几年项目经理，最后朝做老板的方向发展。

2. 如果不想外业工作，做内业也不错。做做预决算，考个造价师什么的也很好。

3. 实在不想辛苦，搞搞资料，做做监理也行。不过，我还是建议你：认真学习，努力朝第 1 条的想法发展，有理想才有动力！

## 3.62　学习建筑学的前景

建筑学怎么样？

>> 2014-07-30 08:13　　网友采纳

答：

如果你是刚刚高考，想报建筑，那我告诉你：

1. 学建筑好就业。建筑是目前全国吸收就业量最大的行业。

2. 学建筑收入高。建筑为什么收入高于社会平均水平，是因为搞建筑的辛苦程度远远高于全社会的平均辛苦程度。

3. 搞建筑有前景。只要翻翻"财富"多少强的人里面去看看，就会发现，"财富"强人十有八九都与建筑有"瓜葛"。搞建筑是最容易通向"老板"的重要途径之一。

4. 学习建筑学，不等于搞设计，更不等于"端坐办公室"。学习建筑学的人很多，但设计院对于建筑学的容量很小。

股市里通常有句话，投资有风险，入市需谨慎。这里我也借用一下，建筑有前景，入行很艰辛！想学建筑，就要有不怕辛苦的精神准备。

## 3.63　工程预算员与交警的工作性质差别和比较

工程预算和交警哪个赚钱多？

>> 2014-08-06 08:04　　网友采纳

答：

你说的这两项好像不具备一定的可比性：

1. 搞工程预算的是一种技术工作，是可以以赚钱为目的的。

2. 交警应该属于国家公务人员（当然不一定都有公务员资格），是不允许以赚钱为目的的。

所以，哪个赚钱多，哪个赚钱少，是没有可比性的。

## 3.64　实习期间能拿到工资吗

工地上实习施工员做了 2 个月不想做了，可以拿到全部工资吗？

>> 2014-08-16 08:40　　网友采纳

答：————————————————————————

工地上实习施工员做了 2 个月不想做了，想拿到全部工资，从理论上说应该是可以的，但我估计可能不一定拿得到，所以建议你：

临走之前，能拿到多少就拿多少走，不要等什么"后面打给你"的说法。

追问：怎样才能多拿？

回答：

想办法找点借口，"不是你想走的，而是他们让你走的"，这样可以多拿一点。当然，即使是他们让你走的，你也应该有思想准备，不能全拿到，因为是他们让你走的，他们就会找点借口"扣你一点"。但总比你自己主动提出来要走好一些，能够多拿一些。

## 3.65　学建筑将来能当老板吗

学建筑将来能当老板吗？

>> 2014-08-20 07:19　　网友采纳

答：————————————————————————

"学建筑将来能当老板吗？"你想得太对了。至少说，到目前为止，搞工程是通向做老板的最主要的途径之一。

只要你细心地看一下就知道了，在中国，有几个大老板跟建筑工程挂不上号的？什么十强、五十强、一百强、五百强的亿万富翁，90% 以上都与搞工程有着千丝万缕的联系。

## 3.66　刚就业，不知道怎么做

这个工程刚刚施工我不知道要做什么？要去现场学习吗？

>> 2014-08-28 11:01　　网友采纳

答：————————————————————————————

刚到一个工地，一定要先跟定一个人。你所跟定的人，会安排你的，放心吧！一般工地刚开始，可能在测量放线方面的事情比较多一点。不过你刚过来，服从安排吧。

## 3.67　不想待在工地上，想学习预算怎么做

不想待在工地，但又想学预算怎么办，或者找个近点的工地也行。

>> 2014-08-29 12:43　　网友采纳

答：————————————————————————————

不想待在工地，想学预算是可以的，也是很好的。不过，要想学好预算，最好还是先在工地多待一段时间，先多学现场知识，对学习预算才会更好。

## 3.68　学岩土的辅修工程造价就业方向分析

学岩土（以后做隧道地铁地下一切以及地下地基处理等部分）专业，去辅修工程造价。以后能不能直接找毕业的工作呢？辅修的话是不是比较困难，即使主专业也是土木类的。如果有能力拿到双学位会好多少呢？求前辈给出客观解答？

>> 2014-08-30 09:50　网友采纳

答：————————————————————

拿到双学位，那当然是好了：

1. 双学士学位，在就业的时候，有些单位可以参照研究生来用人。

2. 即使双学位没有得到有效的利用，但间接作用也是非常明显的。众所周知一个道理，人的知识面有一个触类旁通的"叠加"原理，对将来就业肯定会有很大的好处。

所以，我非常赞成你多学点东西。

追问：前辈，我说的是如果辅修的话好不好找造价的工作？

回答：肯定好找，放心吧！多学了知识，怎么会变得不好找工作呢？

追问：不是有很多单位会觉得多而不精吗？

回答：

你认为"很多单位会觉得多而不精"，那倒不会的。为了解决这个问题，你找工作的时候，不要先拿出两个证，等到正式工作以后，再选准 "适当"的时机露一点才。

1. 有才，一定是要露的。不露才，就是没有才。

2. 如果在找工作的时候拼命露才，那就会人为地给自己找工作制造障碍。

3. 找工作的时候过分露才，会让人家产生"纸上谈兵"的感觉。用你自己的话说，也会让人家形成"多而不精"印象。

4. 找工作的时候过分露才，还会让人以你的才"太大"，我们不能"屈了"你的才为借口而不用你，那不就可惜了。

5. 在确定了用你以后，露才还要"适当"，还要防止人家对你的期望值太高，给自己的工作带来困难。

## 3.69　人事部取消建筑师项目管理，是否会影响企业资质保级

人事部取消建筑师项目管理会不会影响一建？

>> 2014-09-01 09:14    网友采纳

答:

你后面问的是"会不会影响一建",让人有些看不明白。按我估计:你说的应该是建造师的项目管理问题,企业放松了对建造师项目的管理,会不会影响企业一级资质的保级。如果是这个问题,我就可以回答你:

现阶段,人事部取消建造师项目管理,不会影响企业保级。一方面,通过这几年的考试,现在一级建造师数量已经很多了,全国已经达到四十多万,想要的时候,随时都可以找到。另一方面,现在企业负担很重,平时要"养"那么多的建造师。

所以,现在企业不需要去保留那么多的富余建造师。

## 3.70 总监出事后,手下的监理员该怎么做

总监理被抓,监理员该怎么做?

>> 2014-09-03 11:31    网友采纳

答:

监理员是给公司打工的,而不是给总监打工的,总监被抓,与监理没有关系。其实,我知道,大多数项目中,监理员都是总监直接找的,但作为监理员自己一定要清楚一点:

我并不是给总监打工,而是给该监理公司打工。

## 3.71 职称属于什么部门审批

职称,分别属于什么部门审批的? 工程师类职称项目认证介绍:

1. 农牧业:农艺师、畜牧师、兽医师;

2. 医药工程：工程师（药品、医疗器械、制药机械、药用包装）；

3. 水产工程：工程师；

4. 经济类：会计、经济、统计、经济管理、工商企业管理、市场营销、劳动工资、农业经济、运输经济、财税金融；

5. 建筑工程：工程师、建筑师、规划师（城乡规划、建筑、建筑结构、给水排水、暖通空调、电气、概（预）算、环卫工程、堤坝护坡、施工安装、建筑装饰、岩土工程、工程测量、市政道路、桥梁、园林绿化）、土木建筑、土建结构、土建监理、土木工程、岩石工程、岩土、土岩方、风景园林、园 艺、园林、园林建筑、园林工程、园林绿化、古建筑园林、工民建、工民建安装、建筑、建筑管理、建筑工程、建筑工程管理、建筑施工、建筑设计、建筑装饰、建 筑监理、装修装饰、装饰、测量、工程测量、电力、电子、电子信息、电子系统、电气、电气工程、电气设备、电气自动化、工业自动化、制冷与空调维护、暖通、暖通空调安装、腐蚀与防护、热能动力、机电、机电工程、机电一体化、光电子技 术、化工、化工机械、机械、机械制造、机械设计制造、机械机电、汽车维修、设备安装、水利、水利水电、水电、水暖、水电安装、水电工程、给排水、锅炉、窑炉、路桥、路桥施工、道路与桥梁、隧道工程、计算机技术、计算机及应用、市政、市 政工程、市政道路工程、建筑预决算、概预算、结构、结构设计、通信、安全、造价、统计师等；

6. 计算工程：计量工程师、质量工程师；

7. 交通运输工程：工程师（道 路与桥梁工程、港口与航道工程、交通工程）；

8. 林业工程：工程师；

9. 轻工工程：工程师（食品发酵工业、造纸工业、日用化工工业、包装印刷业）；

10. 冶金工程：工程师；

11. 石油化工工程：工程师；

12. 电力工程：工程师；

13. 测绘工程：工程师；

14. 机械工程：工程师；

15. 机械机电类：机械机电、锅炉、设备安装、水利电 力、电气、电子等专业；

16. 电子信息工程：工程师（电子计算机、通信设备与系统、电子仪器与测量、电子系统工程、电子材料）

>> 2014-09-03 12:35　　网友采纳

答：————

过去各个县级以上行政单位，都有一个归口单位（部门）就是——科学技术委员会。现在一般都在人力资源和社会保障部门执行职称的审批工作，但审批权限并没有下放：初级职称（技术员、助工等）在县级，中级职称（工程师、经济师、政工师等）、高级职称在省级（高级工程师等）。

## 3.72　木工改行做生意的方向

木匠可以卖什么类型的建材？

>> 2014-09-23 13:43　　网友采纳

答：————

木匠当然可以做有关木材方面的生意，做工程上的模板最好、最合适。

## 3.73　中专毕业改学建筑设计行吗

农村人，中专毕业，现在想换工作，学建筑设计，哪类比较合适？

>> 2014-10-08 16:32　　网友采纳

答：————

你的这个想法非常好，中专毕业没有问题。关键在于不断学习，不断进步，不断提升自己，只要有想法，就一定能够实现。至于选择建筑设计中的哪种类型，谈到建筑工程方面的设计，一般包括建筑设计部分和结构设计部分两类。因为你是中专基础，所以搞建筑设计难度比较大，建议学习结构设计，比较可行。

## 3.74 世界上没有快速精通的东西

水暖图纸怎样能快速精通？

>> 2014-10-09 13:49　　网友采纳

答：

不管什么，世界上都没有能够快速精通的东西。既然是快速的，那只能是粗略的了解。要想把水暖图纸搞得很精通，那就得花很长的时间去自己做水暖设计，或做水暖安装施工。

## 3.75 给排水专业本科毕业的女生想到深圳找一家设计院工作

女友本科学的给排水，现在很多设计院都要求有工作经验，资深工程师才行，研究生刚毕业，简历投了很多，都是石沉大海，深圳有哪些比较好的设计院？

>> 2014-10-13 09:08　　网友采纳

答：

刚开始工作，不要去追求什么"比较好的设计院"，因为这是需要"有一定工作经验支持"的。最重要的一步就是尽快干起来，有了工作经验之后，什么事情都将迎刃而解了。

对于深圳这个特殊的城市来说，土生土长的本地设计院并不多，并且本地的设计院也并不怎么样，但现在的要求还挺高。建议想在设计院干，那就考虑外地的设计院在深圳有分院的情况。

建议到东北设计院深圳分院去看看，他们所有的设计资质都是甲级的。

追问：考虑了，可是简历都没人回，看来只能直接打电话，或者直接去公司推销了。

回答：

你这个办法很正确：直接登门推销。

往往很多单位都是以貌取人的，讲究第一印象，直接感官。因为刚毕业的不存在什么经验，简历里也只是一些学习的情况，那他们凭什么来取人呢？没有直接依据，所以直接推销跨出第一步，后面再考虑跳一跳。

## 3.76 学习做预算需要掌握的知识和书籍

预算部门除了定额外，还需必备哪些书籍？

>> 2014-10-15 09:03 网友采纳

答：

预算部门除了定额外，还需必备：

1. 各种图集、施工规范、技术标准。

2. 建筑、结构、给排水、强弱电、排暖通风等的一些结构、构造方面的书籍。

3. 施工技术方面的书籍等。

## 3.77 结构工程师后续发展方向分析

结构设计工程师是向管理层方向发展还是向技术层方向发展？

>> 2014-10-18 07:13 网友采纳

答：

现在管理层的人员，大多数都是从比较专业的人员转过来的，因此，作为一名结构设计工程师，完全可以朝着管理这个方向发展。

但是，随着现代管理技术的发展和进步，管理专业化越显突出。因此，出现了很多不是本专业的管理人员。包括现在的大学里，在早些年就相应出现了各种各样的管理专业设置，如工商管理专业、经济管理专业、行政管理专业等。这些管理专业的人员走上岗位以后，虽然业务专业知之甚少，但是，管理技术比较全面。就现代管理现状和未来发展趋势而言，已经逐步形成了一种管理团队阶层化的发展趋势。

由以上分析可知，原来的结构设计工程师跳出自己的强项不做，而出来冲击阶层化了的专业管理团队，恐怕是走了一个大拐弯的路。

建议：守住自己的专业不放，成为行业上的专家，才是人生职业生涯发展的最高境界！

## 3.78　没有文凭在工地合适做什么

没有任何文凭在工地适合做什么？

>>> 2014-10-18 13:07　　网友采纳

答：——————————————————————————————

你应该是个年轻人，所以，这个问题我来回答你：

1. 年轻的时候，应该考虑多学点东西，求进步才对。

2. 为了不影响工作挣钱，建议你先到工地上一边做零工，一边学手艺。最好学习木工或钢筋工等稍微有一定技术含量的工种。

3. 利用业余时间再学点理论知识。不知道你的基础怎样，但不管过去的基础怎么样，只要想学习就会有进步。

## 2.79　从建筑师身上得到的启发

从建筑师身上得到什么启发？

>>> 2014-10-19 08:22　　网友采纳

答：——————————————————————————————

建筑师，是一个具有惊人毅力的，高智商尖端人员群体。

1. 首先，需要谈谈建筑师的惊人毅力。一个建筑师担任一建筑项目的设计任务之后，经常会在没有任何人对其加以要求、限制的情况下通宵达旦连续工作，这是为什么呢？建筑设计是需要灵感的，一个灵感往往会在一闪念之间产生，但同样也会在瞬息之余消失殆尽。因此，当灵感出现之时，作为一名合格的建筑师，一定会在竭尽全部精力之间，全部托出！

2. 高智商问题，毫无疑问，能成为一名建筑师，绝非普通智商之人所能达到。

3. "尖端人群"一词的意思：表明的不是所有高智商人员都能成为建筑师，而每一位建筑师一定是一位高智商人才。

4. 一个人要想成为一名建筑师，必须经过层层考核、选拔的过程，在这个过程中，同时还必须保持一个不断吸收新知识的过程。所以说，建筑师这个荣誉称号，足可以被认定是一个高智商人才集成的塔尖。

## 3.80 工程内业好学吗

工程内业一点基础没有好学吗？我不懂电脑知识，但是想学工程内业。

>> 2014-10-20 09:00　网友采纳

答：

你的这个问题要分开来回答：

1. 过去不懂电脑搞资料是可以的，但现在不行，既然想学习搞资料，那就得先学一下简单的电脑操作知识。

2. 工程内业，其主要内容就是通常所说的搞资料。工程资料一点都不难，很好学，只要有这个想法，肯定能学习起来的。

## 3.81　中专学习建筑，一天要学习多长时间

中专建筑一天学几个小时？

>> 2014-10-20 12:56　　网友采纳

答：

中专建筑班，刚开始的时候，都是学习基础知识，每天上课可能是：

1. 上午四节课或两节大课，但总课时是一样的，三个多小时。

2. 下午一般三节课，也有两节大课的做法，课时约三个小时。

3. 一天总课时六个多小时。

## 3.82　专科学建工的以后能干啥

专科学建工的以后都能干啥？

>> 2014-10-20 13:04　　网友采纳

答：

专科学建工的以后能干的事情可多着呢：

1. 施工员，以后朝建造师、项目经理方向发展。

2. 预算员，以后朝造价师方向发展。

3. 监理员，以后朝注册监理工程师方向发展；等等。

## 3.83　在设计院工作很累吗

平面施工图设计很累吗？

>> 2014-10-27 07:41　　网友采纳

答：————————————————————————————————————

平面施工图设计很累。因为在做平面设计时，所需要考虑的问题比较多。毕竟这是一项比较专业的工作，不是什么人都干得了的。

## 3.84　土建施工与环境工程的区别和联系

一般土建施工与环境工程土建施工的区别和联系？

>> 2014-10-27 11:15　　网友采纳

答：————————————————————————————————————

1. 除了指定的或特定的工程项目之外的所有土建工程项目，均为一般土建工程项目。

2. 环境工程就是一种特指的工程项目，指的是与环境保护相关的，目的往往在于提高人们的生产环境、生活环境或自然环境等方面质量水平相关的工程项目。

## 3.85　理科学生在专科层次上工程管理专业与施工管理专业的选择

理科学生学建筑工程管理好，还是建筑施工管理好？

>> 2014-10-27 11:54　　网友采纳

答：————————————————————————————————————

不知道你指的是本科层次，还是专科层次。本科层次学习建筑工程管理好一点，专科层次学习建筑施工管理好一点。这是因为：专科层次应倾向于施工现场的管理，重点放在施工上比较好一点。

追问：那就是专科建筑技术上的更好？

回答：

专科学习建筑施工技术方面好一点。

## 3.86  非工程类专业，想改行成为一名建筑设计师怎么做

我大学的专业是非工程类的，想以后能够成为一名建筑设计师，我想知道需要学些什么，掌握什么样的能力？对我自身而言，我感觉自己是一个很有灵感去创作设计的人，特别是一个人在安静的地方思考的时候？

≫ 2014-10-30 09:11    网友采纳

答：————————————————————————————

过去是什么专业并不重要，重要的是你有了这个想法。因为你大学学的不是工程类专业，所以，你需要补充学一些工程类的各种专业课程，尤其是建筑学部分，要认真学习、用心思考、细心琢磨。只要用心做事，我相信，你一定会成为一名很出色的建筑师。

## 3.87  建筑工程自学方法推荐

想自学工程建筑，不知道买什么书，怎么买？本人在天津，求赐教。

≫ 2014-11-01 10:22    网友采纳

答：————————————————————————————

想学习工程建筑，不建议你自己买书自学。

1. 自学肯定是重要的，但你可记得：韩愈的《师说》里，"古之学者必有师"；荀子的《劝学》中，"吾尝终日而思矣，不如须臾之所学也；吾尝跂而望矣，不如登高之博见也……"

2. 自学是学习效率比较低的学习方法，从师而学是正确的选择。为什么很多名人都有那么一段"师从某某人"等的说法。

3. 不知道你以前是什么基础。当然，不管什么基础，只要想学习，那都是可以的。建议你去电大、函授看看。

追问：是不是也有网课呢，我可以适当借助啊！

回答：

各个大学基本上都开通了网络学院，而且基本上都是免试入学的。你的这个想法很好，既不影响工作，又能继续学习、继续深造，是很多人努力的方向。

追问：我在读大一，不是在职，不喜欢现在的专业，想寻找另一个努力方向。我该怎么办呢？

回答：

现在大学是可以转学其他专业的，就在本校申请转专业就行了。

追问：我在财经院校，没办法转到喜欢的，并且我还没听到可以转专业的消息。

回答：

不知道你在哪里的学校读书，一般的学校里面转学其他专业的很多，也是很正常的事情。但你们学校，没有你所喜欢的专业，那就没有办法了。但告诉你，不喜欢归不喜欢，挨也要挨过去。因为一个人一生当中第一学历非常重要。尽管很多人走上工作岗位后都转了行，但他们的第一学历人家都必须是承认的。

建议你在把第一专业挨过去的同时，联系一下其他学校，想办法再修第二专业。

追问：我可以直接考研。

回答：

考研的时候把专业稍微偏向一点不是更好嘛。